国家林业和草原局职业教育"十三五"规划教材

果树生产技术

黄华明　李永武　主编

中国林业出版社

内容简介

本教材根据生产实际情况进行编写,共分 12 个项目,主要内容包括:果树生产基础知识、柑橘生产、枇杷生产、龙眼生产、荔枝生产、番木瓜生产、香蕉生产、橄榄生产、葡萄生产、桃生产、猕猴桃生产和樱桃生产。本教材区别于其他果树生产相关教材之处:本教材由多所职业院校与生产单位联合编写,贴近果树生产实际,按照果树生产季节进行编写,具有很强的实用性;内容新颖,符合国家果品生产规范要求。

图书在版编目(CIP)数据

果树生产技术/黄华明,李永武主编. —北京:中国林业出版社,2021.6
国家林业和草原局职业教育"十三五"规划教材
ISBN 978-7-5219-1195-4

Ⅰ.①果… Ⅱ.①黄…②李… Ⅲ.①果树园艺一高等职业教育一教材 Ⅳ.①S66

中国版本图书馆 CIP 数据核字(2021)第 108002 号

中国林业出版社·教育分社

策划、责任编辑:曾琬淋
电话:(010)83143630 传真:(010)83143516

出版发行	中国林业出版社(100009 北京市西城区刘海胡同 7 号)
电子邮件	jiaocaipublic@163.com
网　　站	http://www.forestry.gov.cn/lycb.html
印　　刷	北京中科印刷有限公司
版　　次	2021 年 6 月第 1 版
印　　次	2021 年 6 月第 1 次印刷
开　　本	787mm×1092mm 1/16
印　　张	19.5
字　　数	450 千字
定　　价	55.00 元

未经许可,不得以任何方式复制或抄袭本书之部分或全部内容。

版权所有　侵权必究

编写人员名单

主 编

黄华明
李永武

副主编

杨治国

编写人员

黄华明（福建林业职业技术学院）
李永武（福建三明林业学校）
杨治国（江西环境工程职业学院）
余小军（安徽林业职业技术学院）
王 琳（广东生态工程职业学院）
王英珍（丽水职业技术学院）
陈艺晖（福建农林大学）
陈 杰（福建省南平市范桥国有林场）
韦莹瑛（福建省南平市浮农农业发展有限公司）

前 言

本教材是根据教育部《关于职业院校专业人才培养方案制订与实施工作的指导意见》及《职业院校教材管理办法》的文件精神，在中国林业出版社的精心策划和组织下编写而成的。作为一门实践性强的应用型专业课程的教材，本教材编写从高等职业教育人才培养目标和教学改革的实际出发，内容上由浅入深，循序渐进，着重加强学生智力开发和实践能力的培养，将高等职业教育"必需、够用、实用"的原则贯穿于教材编写的全过程。在知识阐述和内容结构上力求通俗易懂、简明扼要、条理清晰，突出实际应用，使教材尽量能反映出高等职业教育的特点，突出了教材内容与生产实际的结合，理论知识与实训的结合，形成了涵盖专业能力培养应知应会的知识和技能的结构体系。本教材可供高职高专园艺技术、林业技术、生物技术、经济林培育与利用等相关专业使用。

参加本教材编写的人员都是各院校从事本门课程教学、实践多年的骨干教师和企业专家，结合教学实践，集思广益，共同研究编写大纲，对内容框架进行悉心的构思，力求使教材更好地适应高职高专人才培养层次的教学需要。教材编写的具体分工为：黄华明编写项目1至项目3、项目7、项目8，以及项目10的知识讲解；李永武编写项目4、项目5；王琳编写项目6；杨治国编写项目9；王英珍编写项目10的实训；余小军编写项目11、项目12；陈艺晖、陈杰、韦莹瑛提供部分工艺流程；全书由黄华明统稿。

本教材的编写得到了各位编者所在单位的大力支持，编写中参阅了许多国内外的文献、资料，在此一并致以衷心的感谢！

由于编者水平有限，书中难免存在不足，恳请广大读者批评指正。

编 者

2020年12月

目 录

前 言

项目 1　果树生产基础知识 ··· 1
　一、果树生产概述 ··· 1
　二、果树分类 ··· 3
　三、果树结构 ··· 5
　四、果树生长发育特点 ·· 10
　实训 1-1　主要果树树种识别 ··· 14
　实训 1-2　主要果树物候期观察 ·· 15

项目 2　柑橘生产 ··· 17
　一、生产概况 ··· 17
　二、生物学和生态学特性 ··· 18
　三、种类和品种 ··· 20
　四、育苗与建园 ··· 23
　五、果园管理 ··· 30
　六、有害生物防治 ··· 32
　七、果实采收 ··· 45
　实训 2-1　柑橘生长结果习性观察 ·· 47
　实训 2-2　柑橘整形修剪技术 ··· 48

项目 3　枇杷生产 ··· 50
　一、生产概况 ··· 50
　二、生物学和生态学特性 ··· 51
　三、种类和品种 ··· 54
　四、育苗与建园 ··· 56
　五、果园管理 ··· 58

六、有害生物防治 …………………………………………………………………… 62
　　七、果实采收 ………………………………………………………………………… 74
　　实训 3-1　枇杷生长结果习性观察 …………………………………………………… 78
　　实训 3-2　枇杷的整形修剪 …………………………………………………………… 79

项目 4　龙眼生产 ……………………………………………………………………… 81
　　一、生产概况 ………………………………………………………………………… 81
　　二、生物学和生态学特性 …………………………………………………………… 82
　　三、主要优良品种 …………………………………………………………………… 85
　　四、育苗与建园 ……………………………………………………………………… 86
　　五、果园管理 ………………………………………………………………………… 90
　　六、有害生物防治 …………………………………………………………………… 96
　　七、采收和贮藏 ……………………………………………………………………… 103
　　实训 4-1　龙眼整形修剪 ……………………………………………………………… 107

项目 5　荔枝生产 ……………………………………………………………………… 109
　　一、生产概况 ………………………………………………………………………… 109
　　二、生物学和生态学特性 …………………………………………………………… 110
　　三、主要优良品种 …………………………………………………………………… 115
　　四、育苗与建园 ……………………………………………………………………… 118
　　五、果园管理 ………………………………………………………………………… 119
　　六、有害生物防治 …………………………………………………………………… 124
　　七、采收与贮藏保鲜 ………………………………………………………………… 124
　　实训 5-1　荔枝主要品种识别 ………………………………………………………… 129
　　实训 5-2　荔枝、龙眼花序发育及开花坐果习性观察 ……………………………… 131
　　实训 5-3　荔枝的整形修剪 …………………………………………………………… 132

项目 6　番木瓜生产 …………………………………………………………………… 133
　　一、生产概况 ………………………………………………………………………… 133
　　二、生物学和生态学特性 …………………………………………………………… 133
　　三、种类和品种 ……………………………………………………………………… 136
　　四、育苗与建园 ……………………………………………………………………… 139
　　五、果园管理 ………………………………………………………………………… 140
　　六、有害生物防治 …………………………………………………………………… 142
　　七、果实采收 ………………………………………………………………………… 149
　　实训 6-1　番木瓜生长结果习性观察 ………………………………………………… 151

项目 7　香蕉生产 ……153
一、生产概况 ……153
二、生物学和生态学特性 ……154
三、种类和品种 ……156
四、育苗与建园 ……157
五、果园管理 ……159
六、有害生物防治 ……163
七、果实采收 ……167
实训 7-1　香蕉种类和品种识别 ……170
实训 7-2　香蕉生长结果习性观察 ……172
实训 7-3　香蕉留芽与除芽 ……173

项目 8　橄榄生产 ……175
一、生产概况 ……175
二、生物学和生态学特性 ……175
三、种类和品种 ……180
四、育苗与建园 ……183
五、果园管理 ……188
六、有害生物防治 ……192
七、采收及采后处理 ……200
实训 8-1　橄榄的整形修剪 ……203

项目 9　葡萄生产 ……205
一、生产概况 ……205
二、生物学和生态学特性 ……206
三、种类与品种 ……208
四、育苗与建园 ……210
五、果园管理 ……213
六、有害生物防治 ……218
实训 9-1　葡萄生长结果习性观察 ……230
实训 9-2　葡萄整形修剪技术 ……230

项目 10　桃生产 ……233
一、生产概况 ……233
二、生物学和生态学特性 ……233

三、种类和品种 ………………………………………………………… 236
　　四、育苗与建园 ………………………………………………………… 239
　　五、果园管理 …………………………………………………………… 240
　　六、有害生物防治 ……………………………………………………… 242
　　七、果实采收 …………………………………………………………… 253
　　实训 10-1　桃生长结果习性观察 ……………………………………… 255
　　实训 10-2　桃的整形修剪技术 ………………………………………… 256
项目 11　猕猴桃生产 ………………………………………………………… 258
　　一、生产概况 …………………………………………………………… 258
　　二、生物学和生态学特性 ……………………………………………… 259
　　三、种类和品种 ………………………………………………………… 261
　　四、育苗与建园 ………………………………………………………… 264
　　五、果园管理 …………………………………………………………… 266
　　六、有害生物防治 ……………………………………………………… 269
　　实训 11-1　猕猴桃生长结果习性观察 ………………………………… 275
　　实训 11-2　猕猴桃整形修剪技术 ……………………………………… 276
项目 12　樱桃生产 …………………………………………………………… 278
　　一、生产概述 …………………………………………………………… 278
　　二、生物学和生态学特性 ……………………………………………… 279
　　三、种类和品种 ………………………………………………………… 281
　　四、育苗与建园 ………………………………………………………… 284
　　五、果园管理 …………………………………………………………… 287
　　六、设施栽培 …………………………………………………………… 291
　　七、有害生物防治 ……………………………………………………… 294
　　实训 12-1　樱桃生长结果习性观察 …………………………………… 297
　　实训 12-2　樱桃整形修剪技术 ………………………………………… 297
参考文献 ……………………………………………………………………… 300
数字资源使用说明 …………………………………………………………… 301

项目 1 果树生产基础知识

学习目标

【知识目标】
1. 理解果树生产的意义。
2. 掌握果树分类、果树生长周期与生长发育特点及果树生产的适宜环境。

【技能目标】
1. 能够运用果树分类的方法对当地果树进行正确的分类。
2. 能够根据果树生长发育的特点来调控果树生产的适宜环境。

一、果树生产概述

果树生产是研究果树生长发育规律与环境条件的关系，运用栽培技术措施来协调果树与环境、生长与结果之间的关系，从而达到果树生产的优质、稳产、高产、低耗、高效。

(一)果树生产的意义

果品含有丰富的营养物质，对人体健康有重要作用。一般果品含糖量可达 12%～15%，并含有蛋白质、脂肪、矿物质、维生素、有机酸及其他人体所必需的营养物质；果实中的果酸、单宁、芳香物等，可刺激胃酸的分泌，增进食欲、帮助消化。《中国居民膳食指南》指出，一个人每年吃 70～80kg 水果才能满足人体健康的需要。很多果品具有医疗保健作用。如番木瓜有清热、润肠、解毒、滋阴、降压的作用；苹果适用于消化不良、口干舌燥、便秘、高血压等；桃仁可配制成止咳药等；红枣、龙眼、荔枝等是良好的滋补品；有的果品还可辅助治疗糖尿病、贫血及降低胆固醇等。

果树生产是农业生产的一个重要组成部分，是农村经济收入的重要来源，能增加农业产值。果品也是重要的出口物资，可以换取外汇。如苹果、梨、桃、荔枝等果品，每年都有大量出口，促进了经济的发展。同时，充分利用山地、河滩及城郊种植果树，不仅可获得一定经济收益，还可绿化美化环境、防风固沙、保持水土、调节小气候，有助于形成优良的生态环境。

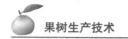

(二)果树生产的历史、现状

我国是果树起源最早、种类最多的国家之一,栽培历史悠久。原产我国的桃、李、杏、梅、枣、栗、榛等多种果树在《诗经》中已有记载。据《史记》和《博物志》记载,2000多年前,我国从中亚引进葡萄、核桃、石榴等;1000多年前,从波斯、地中海沿岸和小亚细亚(现土耳其境内)引进无花果、扁桃、阿月浑子等,极大地丰富了我国果树种类与资源。我们的祖先在长期的生产实践中,在果树分类、品种选育、繁殖方法、栽培管理、病虫害防治、自然灾害预防及果品加工利用等方面积累了丰富的经验,其中在《齐民要术》中有较为详细、全面的记载。

根据联合国粮食及农业组织(FAO)数据:2000—2016年,全球水果产量从4.79亿t增长至7.23亿t,年均增长率2.56%。

虽然我国是果树生产大国,但水果及加工品在国际贸易市场上占有的份额却比较小,价格低,与世界果树生产发达的国家相比仍存在差距。主要是:果树生产区域化、机械化程度低,栽培技术落后,单产低,品质差,在国际市场上竞争力弱,国内市场价格低;树种、品种结构不合理,如苹果、梨、柑橘和香蕉等树种鲜食品种比例过大,适宜加工的品种少;果品采后商品化处理水平低,包装、运输、贮藏及加工条件落后;产、供、销的社会服务体系尚未形成。

(三)果树生产的发展趋势

结合世界上果树生产的特点,我国果树生产将呈现以下发展趋势。

(1)安全化生产

采用绿色生产,实现农业的可持续发展,已成为各国农业发展的优先选择。目前,有机农业生产制度、IPM制度(病虫害综合防治制度)、IFP水果生产制度(果实综合管理技术)等以生产绿色果品为目标的生产制度在发达国家广泛开展。在世界有机杀虫剂生产的"大本营"——德国,有机食品生产量已占到食品生产总量的30%~50%。2015年,在意大利的苹果主产区,绿色苹果生产制度得到普及。采用有机生产方式的果园占到80%,采用IFP水果生产制度的果园达100%。新西兰1990年引进西欧的IFP水果生产制度,2015年其"绿色"标志的苹果、猕猴桃已占到总产量的95%。对此,发展中国家也予以高度关注,迫于贸易压力,在安全生产方面制定和执行了一系列标准和操作技术规程。

(2)区域化生产

世界各果品主产国都利用土地、气候、资金、技术、人力等优势发展果树生产。柑橘产量居世界首位的巴西,充分利用其气候、土地优势,大力发展以橙汁为主的加工业,使其橙汁无论是数量还是价格均具有强大的竞争力。西班牙利用地中海的气候优势和在欧洲的区位优势,发展鲜食柑橘,使其在世界鲜食柑橘出口上独占鳌头。非洲的尼日利亚利用气候和劳动力优势大力发展柑橘业,十几年间柑橘面积超过美国。在我国,农业部(现为农业农村部)自2002年以来陆续划定了果品生产优势区域,将苹果优势产区规划为渤海湾优势区和黄土高原优势区;根据鲜食柑橘和加工柑橘的特点,将柑橘优势产区规划为长江上中游柑橘带、赣南—湘南—桂北柑橘带、浙江—福建—广东柑橘带、鄂西—湘西柑橘带四大优势区;2008年又出台了梨的优势区规划,规划华北白梨区、西北白梨区、长江中下游砂梨区为重点优势区。今后，我国还将陆续出台有关水果的优势区规划，说明我国的水果生产已经走上了区域化布局之路。

(3) 产业化生产

发达国家的果树生产已经实现产业化生产，规模不断扩大。例如，巴西柑橘种植场（企业）由 2.9 万个，合并扩大规模而减少为 1.4 万个，使加工原料成本降低，提高了竞争力。同时，加工企业也减少到 15 家，每年 2000 万 t 产量中用于加工的有 1600 万 t，且主要由 6 家企业完成，足见其规模之大、效益之高。美国的新奇士（SUNKIST）公司，不仅靠果品在世界各地销售获得利润，而且还通过"新奇士"品牌获得利润，使公司的利润最大化。

我国在近 30 多年的发展历程中，水果品质不断提升，以苹果为代表的优质果率已经由 20 世纪初期的 30% 提高到 50% 以上，平均亩*产量达 670kg。利用劳动力优势和宽皮柑橘的品种优势，大力发展橘瓣罐头加工，取代了日本的"橘瓣罐头王国"地位。但果园生产规模小，生产单位多，原料质量低，制约我国果树生产的产业化发展。随着土地流转政策的不断落实，我国果园种植和加工企业规模将会不断扩大，竞争力不断增强。

(4) 省力化生产

世界果品主产国的果树生产正朝着省力、低成本的方向发展。法国、意大利在苹果上均实行"高纺锤形"的简化修剪方法。日本是最注重苹果、柑橘整形修剪的，中国先后从日本引进了多种整形方法，但因劳动力昂贵而推行省力化栽培，在修剪上提出了"大枝疏剪"的概念。中国近 20 年种植的果园过度密植化，导致后期产量锐减，因此，从省力增效出发，近年提出"疏果疏枝，疏枝疏株""大改形"等做法，既省力，又省钱。在果园管理中，不少国家推行生草、种草、免耕的管理制度，节省劳动力；需要灌溉的果园，采用滴灌或推行灌水和施肥一体化。

(5) 方便消费

目前，苹果汁、橙汁的消费市场主要在发达国家。由于各种果汁营养丰富，色、香、味兼优和消费方便，发展中国家的需求量也在不断增加。特别是随着我国的城市化进程不断加快，对果汁的消费量将更快增长。目前我国具有较强的果汁加工能力，但产品大多用于出口，开拓国内市场将是今后的长期任务。此外，结合旅游休闲，城市周边地区采摘消费数量增加，一些小水果已经显示出较大优势。例如，城市周边的樱桃种植采摘便是成功的范例。

二、果树分类

果树的种类繁多，全世界的果树共有 2792 种，分属于 134 科 659 属。其中较重要的果树约有 300 种，主要栽培的约有 70 种。为方便栽培管理和研究利用，需对果树进行分类，常用的分类方法有以下 3 种。

(一)植物学分类

1. 裸子植物门（Gymnospermae）

银杏科（Ginkgoaceae） 银杏。

---

* 1 亩≈666.7m^2。

紫杉科(Taxaceae) 香榧。

松科(Pinaceae) 海松、华山松。

2. 被子植物门(Angiospermae)

(1)双子叶植物(Dicotyledoneae)

蔷薇科(Rosaceae) 苹果、梨、桃、李、梅、樱桃、扁桃、山楂、枇杷、树莓、草莓、山定子、沙果、木瓜等。

芸香科(Rutaceae) 柑、橘、橙、柚、柠檬、黄皮、枳等。

无患子科(Sapindaceae) 荔枝、龙眼、文冠果、红毛丹(韶子)等。

葡萄科(Vitaceae) 欧洲葡萄、美洲葡萄、山葡萄、刺葡萄等。

杨梅科(Myricaceae) 杨梅。

核桃科(Juglandaceae) 核桃、山核桃、长山核桃等。

壳斗科(Fagaceae) 板栗、锥栗等。

石榴科(Punicaceae) 石榴。

桃金娘科(Myrtaceae) 番石榴、蒲桃、桃金娘。

猕猴桃(Actinidiaceae) 中华猕猴桃、软枣猕猴桃等。

番木瓜科(Caricaceae) 番木瓜。

橄榄科(Burseraceae) 橄榄。

鼠李科(Rhamnaceae) 枣、酸枣等。

梧桐科(Sterculiaceae) 苹婆(凤眼果)。

漆树科(Anacardiaceae) 杧果、人面子、腰果、阿月浑子。

酢浆草科(Oxalidaceae) 阳桃。

锦葵科(Malvaceae) 玫瑰茄。

木棉科(Bombacaceae) 榴莲。

西番莲科(Passifloraceae) 西番莲。

山榄科(Sapotaceae) 人心果、神秘果、星苹果等。

桑科(Moraceae) 果桑、无花果、波罗蜜、面包果等。

番荔枝科(Anonaceae) 番荔枝、牛心果。

樟科(Lauraceae) 油梨。

木通科(Lardizabalaceae) 木通、三叶木通。

山龙眼科(Proteaceae) 澳洲坚果。

醋栗科(Grossulariaceae) 醋栗、穗醋栗。

藤黄科(Guttiferae) 山竹子。

胡颓子科(Elaeagnaceae) 沙枣、胡颓子。

杜鹃花科(Ericaceae) 越橘。

柿树科(Ebenaceae) 柿、油柿、君迁子。

木犀科(Oleaceae) 油橄榄。

大戟科(Euphorbiaceae) 油柑。

榛科(Corylaceae) 榛、华榛、欧洲榛等。

木兰科(Magnoliaceae) 南五味子、黑老虎、五味子。

(2)单子叶植物(Monocotyledons)

凤梨科(Bromeliaceae) 菠萝。

芭蕉科(Musaceae) 番木瓜、大蕉、粉蕉。

棕榈科(Palmae) 椰子、椰枣。

(二)栽培学分类

把果树的生物学特性和栽培管理措施大体相似的归为一类,以便于指导果树生产。

1. 木本落叶果树

仁果类 苹果、梨、山楂、木瓜等。

核果类 桃、李、梅、杏、樱桃等。

浆果类 葡萄、石榴、猕猴桃、树莓、无花果等。

坚果类 核桃、山核桃、板栗、扁桃、银杏等。

柿枣类 柿、枣、君迁子等。

2. 木本常绿果树

柑橘类 柑、橘、橙、柚、柠檬等。

其他亚热带、热带果树 荔枝、龙眼、杧果、阳桃、番石榴、枇杷、杨梅、油梨、番荔枝、榴莲、橄榄、莲雾、蒲桃等。

3. 多年生草本果树

番木瓜、菠萝、草莓等。

(三)生态适应性分类

根据栽培地区的气候条件来进行分类。

1. 温带果树

耐寒果树 山葡萄、秋子梨、山定子、醋栗、树莓、蒙古杏、榛等。

温带果树 苹果、梨、桃、李、梅、杏、樱桃、板栗、枣、核桃、葡萄等。

2. 亚热带果树

落叶果树 扁桃、柿、长山核桃、无花果、石榴、枳等。

常绿果树 柑橘类、荔枝、龙眼、杨梅、枇杷、油梨、阳桃、橄榄、黄皮等。

3. 热带果树

一般热带果树 菠萝、番木瓜类、树菠萝、椰子、番荔枝、番石榴、蒲桃等。

真正热带果树 面包果、山竹子、腰果、榴莲、槟榔、巴西坚果、神秘果等。

三、果树结构

(一)树体结构

果树树体结构在栽培上分为地上部和地下部两大部分。地上部包括主干和树冠,地下部为根系。地上部与地下部交界处为根颈。

主干是指从根颈到第一个主枝之间的部分，它起支撑树冠和输导作用。

树冠由骨干枝、枝组和叶幕组成。骨干枝由中心干、主枝、侧枝（副主枝）等永久性枝构成，是树体的骨架，支撑着全部的枝叶和果实。中心干是指由主干向上延伸生长的大枝；主枝是指着生在中心干上的大枝；侧枝是指着生在主枝上的大枝。骨干枝依分枝顺序排列级次，主枝是一级枝，副主枝是二级枝，依此类推。不同级次的枝，相互间形成主从关系。着生在骨干枝先端的1年生枝称为延长枝，树冠的向外扩大是由延长枝向外延伸而实现的（图1-1）。枝组是着生在各级骨干枝上的枝群，是构成树冠和叶幕及果树生长结果的基本单位，是生长叶片、形成花芽并开花、结果的部分。叶幕是指树冠内全部叶片构成的具有一定形状和体积的集合体。

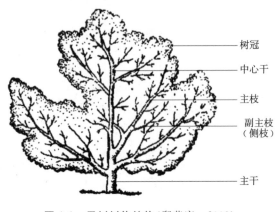

图1-1　果树树体结构（郗荣庭，2009）

幼树期的果树上还有临时性枝，称为辅养枝，它可以加速幼树的生长发育，促进树体早成形、早结果。

(二)根系

1. 根系的类型

果树根系因发生和来源不同分为实生根系、茎源根系和根蘖根系3种类型（图1-2）。

（1）实生根系

从种子胚根发育而来的根系称为实生根系。其主根发达，根系分布较深，生活力强，对外界条件有较强的适应能力，个体间差异较大。

（2）茎源根系

果树枝条通过扦插、压条等方法繁殖形成的根系称为茎源根系。其根系源于茎上的不定根。其特点是主根不明显，根系分布浅，生活力较弱，但个体差异较小。

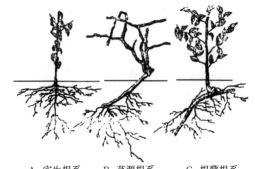

A. 实生根系　　B. 茎源根系　　C. 根蘖根系

图1-2　果树根系类型（郗荣庭，2009）

（3）根蘖根系

有些果树如石榴、枣、樱桃等在根上能发生不定芽并形成根系，与母株分离后能成为独立的个体，其根系为根蘖根系。其特点与茎源根系相似。

2. 根系的分布

果树根系在土壤中的分布有明显的层次，一般为2～3层。最上层根群较大，分枝性强，易受环境条件影响；下层根群较小，分枝性弱，距地面较远，受环境条件的影响较小。

与地面近于平行生长的根称为水平根；与地面近于垂直生长的根称为垂直根。水平根与垂直根的综合配置构成根系外貌。水平根的分布范围一般为树冠冠幅的1.5~3倍，有的可达到6倍。水平根分枝多，着生细根多。垂直根的分布深度一般小于树高。根系的深浅，随树种、品种、砧木、土层厚度、理化性状、栽培措施等不同而异。如桃、杏、李、无花果、番木瓜、菠萝、石榴等根系分布较浅，属于浅根性果树；苹果、梨、核桃、柿、板栗、枣等根系分布深，属深根性果树；乔化砧比矮化砧的根系分布深而广；在土壤疏松、土层深厚、通气良好、肥沃的土壤中，根系分布广而深。加深土壤耕作层，提高土壤肥力，使根系向深层生长，可以提高果树对干旱、高温、寒冷等不良环境条件的抵抗能力。

(三)芽、枝、叶

1. 芽

芽是枝、叶、花等的原始体，是果树度过不良环境时期的临时器官。

(1)芽的种类

①依芽的着生位置　分为顶芽和侧芽。顶芽着生在枝梢顶端。柑橘、柿等枝梢的顶芽常自然枯死，称为自剪，以侧芽代替顶芽位置，这种顶芽称为假顶芽。侧芽着生在叶腋内，又称为腋芽。

顶芽和侧芽统称为定芽。发生位置不定的芽称为不定芽。在愈伤组织上或根上发生的芽是不定芽。有些果树的根上易发生不定芽，形成根蘖，如梨、李、枣、石榴、樱桃等。

②依芽的性质　分为叶芽和花芽。叶芽内具有叶原基，萌发后形成新梢。花芽又可分为纯花芽和混合芽，纯花芽内含花原基，萌发后只开花不长枝叶，如桃、李、梅、杨梅等的花芽；混合芽内有叶原基和花原基，萌发后既抽生枝叶又开花，如柑橘、龙眼、荔枝、柿、葡萄及仁果类植物等的花芽。

③依芽的结构　分为鳞芽和裸芽。多数落叶果树的芽是鳞芽，外被覆鳞片。芽鳞是叶的变态，木栓化或革质化，内、外常具茸毛，起保护生长锥、防寒和防止蒸腾的作用。幼叶或芽内器官裸露的芽为裸芽，多数热带果树、部分亚热带常绿果树及少数温带落叶果树具有裸芽，如荔枝、柑橘、菠萝、葡萄的夏芽，以及核桃的雄花芽等。

④依同一叶腋芽的位置和形态　分为主芽和副芽。着生在叶腋中央，芽体较大的为主芽。位于主芽上方或两侧，芽体较小的为副芽。葡萄有明显的副芽，而柑橘的副芽不明显。

⑤依同一节上芽的数量　可分为单芽和复芽。同一节上只着生一个明显的芽称为单芽，如仁果类、杨梅、枇杷等的芽；同一节上着生两个以上明显的芽称为复芽，如桃、李、梅、杏等的芽。

⑥依芽的生理状态　分为活动芽和潜伏芽。上一生长季形成的芽，第二季适时萌发的为活动芽，落叶果树一般一年一季，常绿果树多数一年数季。芽在形成的第二季或连续几季不萌发者为潜伏芽，也称隐芽。潜伏芽发育缓慢，但每年仍有微弱生长，条件适宜时可以萌发。果树进入衰老期或受损伤后，常由潜伏芽萌发长出强旺新梢，以更新树冠。潜伏

芽多而寿命长的树种、品种更新容易,如苹果、葡萄、柑橘、梨等;反之更新不易,如桃、樱桃、李等。

(2)芽的特性

①芽的异质性　在芽的发育过程中,由于营养状况和外界环境条件不同,在同一枝条上处于不同节位的芽,其饱满度、萌发力及其后的生长势都存在着明显的差异,称为芽的异质性。一般枝条基部的芽在早春形成,此时气温较低,叶片小,光合产物少,芽发育不好,常为潜伏芽。随着气温的升高,叶片增大,光合产物逐渐增加,所形成的芽体逐步充实饱满。秋末形成的芽,发育时间短,气温低,也不能形成充实饱满的芽。

②芽的早熟性和晚熟性　在新梢上当年形成的芽当年就能萌发抽梢的,称为芽的早熟性,如桃、葡萄等一年内可多次抽梢,有利于树冠快速成形。芽形成后,当年不萌发,要到翌年才萌发的,称为芽的晚熟性。

③萌芽力和成枝力　萌芽力是指1年生枝上芽萌发的能力。萌发率高的为萌芽力强,反之则弱。成枝力是指1年生枝上芽萌发抽生长枝的能力。形成的长枝多,则成枝力强,反之则弱。

④芽的潜伏力　潜伏芽抽生新梢的能力称为芽的潜伏力。芽的潜伏力强的果树,如柑橘、杨梅、仁果类植物等,树冠易更新复壮;潜伏力弱的树种,如桃等,树冠易衰老。

2. 枝

(1)枝的种类

①依枝条的性质　分为生长枝、结果枝、结果母枝。

生长枝　枝条上仅着生叶芽的称为生长枝,也称为发育枝、营养枝。生长枝又可分为普通生长枝、徒长枝、纤弱枝和叶丛枝。普通生长枝生长中等,组织充实;徒长枝生长特别旺盛,长而粗,叶片大,节间长,节部突出不明显,组织很不充实;纤弱枝生长极弱,枝细,叶小;叶丛枝节间短,叶片密集,常呈莲座状,长度为1～3cm。

结果枝　枝条上直接着生花果的枝称结果枝。依年龄可分为两类:在抽生的当年开花结果的为1年生结果枝,是由结果母枝上混合芽抽生的,如柑橘、苹果、梨、葡萄、柿、板栗、荔枝等的结果枝;由上一年的枝直接开花结果的为2年生结果枝,如杨梅、核果类植物等的结果枝。

结果枝依长度可分为长果枝、中果枝、短果枝。桃、李、樱桃等还有花束状果枝,其节间极短,侧芽一般都是花芽,排列很密,只有顶芽是叶芽。果树种类和品种不同,适宜于结果的结果枝长短不同。如桃树一般以长果枝、中果枝结果为主,李树则以花束状果枝结果为主。

结果母枝　枝条上着生混合芽,混合芽萌发后抽生结果枝而开花结果的称为结果母枝,如柑橘、苹果、梨、枇杷、荔枝、葡萄、柿等的果枝。其中苹果、梨等果树的果枝很短,像是结果母枝直接开花结果,因此,习惯上常把这种结果母枝称为结果枝,但实质上不是。

②依枝条的年龄　分为嫩梢、新梢、1年生枝、2年生枝等。落叶果树枝条上的叶芽萌发后抽生的枝梢,未木质化时称为嫩梢,已木质化的在落叶以前称为新梢,落叶以后则

称为1年生枝；翌年，当1年生枝上的叶芽又抽生新梢，其母枝就称为二年生枝。常绿果树也有相应的1年生枝、2年生枝。

③依枝条抽生的季节　分为春梢、夏梢、秋梢和冬梢。常绿果树如柑橘、荔枝、枇杷、杨梅等抽梢有明显的季节性，依其抽生季节不同，有春梢、夏梢、秋梢、冬梢之分。

④依枝条抽生的先后次序　分一次枝、二次枝等。一些落叶果树的芽具有早熟性，一年内能多次抽梢，由越冬芽萌发抽生的枝条称为一次枝，自一次枝再抽生的枝条称为二次枝，依此类推。生长旺盛的桃树，一年内可抽梢3~4次。葡萄的一次枝称为主梢，由冬芽萌发抽生而来；而二次枝一般由新梢的夏芽萌发抽生，常称为副梢，但也可促使冬芽萌发抽生二次枝。生长旺盛的葡萄，一年内可以多次抽生副梢。

(2) 枝的特性

①顶端优势　同一枝条上由顶端或上部的芽抽生的枝梢生长势最强，向下依次减弱或不萌发的现象，称为顶端优势。同一植株，枝条顶端优势的强度与枝条着生的角度有关，枝条越直立，顶端优势表现越强，反之则弱。

②垂直优势　树冠内枝条生长势的强弱，还与其着生的姿态有关，一般是直立枝生长最旺，斜生枝次之，水平枝再次之，下垂枝生长最弱，这种现象称为垂直优势。形成垂直优势的原因除与外界环境有关外，与激素含量的差异也有关，枝条开张角度越大，乙烯含量越高，可抑制吲哚乙酸(IAA)的产生和转移，削弱顶端优势与新梢生长量，从而有利于营养物质的积累、根系生长和花芽形成。根据这个特点，可以通过改变枝芽生长方向来调节枝条的生长势及促进成花。

③干性和层性　中心干的强弱和维持时间的长短称为干性。顶端优势明显的果树，中心干强而维持时间长，如苹果、梨、枇杷、银杏等干性较强，即枝干的中轴部分较侧生部分具有明显的相对优势。

树干上的主枝成层分布，形成明显的层次，称为层性。树冠的层性是顶端优势和芽的异质性共同作用的结果。一般顶端优势明显、成枝力弱的树种和品种层性明显，如枇杷、苹果、梨、核桃、柿等。顶端优势不明显、成枝力强的树种和品种则层性不明显，如柑橘、桃、枣等。

3. 叶

果树叶片依其形态特征可以分为：单叶，如仁果类、核果类、番木瓜、葡萄等的叶；复叶，如荔枝、龙眼、核桃等的叶；单身复叶，如柑橘的叶。

适当的叶幕厚度和间距是合理利用光能的基础。研究表明，主干疏层形的树冠第一、第二层叶幕厚度为50~60cm，叶幕间距80cm，叶幕外缘呈波浪形，是较好的丰产结构。

叶幕的厚薄是衡量果树叶面积多少的一种方法，但不够精确，叶面积指数能比较准确地说明单位面积的叶面积数。叶面积指数高，表明叶片多，反之则少。一般果树叶面积指数以4~6较合适，耐阴树种可以稍高一些。但叶面积指数太高，叶片过多，会相互遮阴，功能叶比率降低，果实品质下降。叶面积指数低于3的，一般表现为低产。

四、果树生长发育特点

(一)根系的生长

果树根系没有休眠,只要土壤温度和含水量等适合,果树的根系可周年生长。在年周期内幼树和旺树一般有3次生长高峰,成年树一般只有两次生长高峰。萌芽前至初花期为根系生长的第一次高峰,利用的是树体贮藏的营养,生长量不大但很重要,直接影响到第一次抽梢的好坏。第二次生长高峰是在新梢生长即将停止时开始的,此期生长量大,持续时间长,发根多,利用的是当年叶片光合作用产生的营养。采果后至落叶前有一次根系生长高峰,时间短但须根的生命力很强,对翌年的生长有重要作用。树体到了盛果期后,营养生长减弱,前两次生长高峰合并为一次。

在根系年生长周期中,地上部与根系开始生长的先后顺序因树因地而异。一般原产温带寒地的落叶果树如苹果、梨等,根系能在较低温度下先于枝芽开始活动。柑橘等亚热带果树,根系活动要求更高温度,所以在地温较高的地区先发根,而在地温较低的地区则先萌芽。

在不同深度土层中,根系生长有交替生长现象。这与土壤温度、水分和通气状况有关。春季上层土温上升快,上层根系活动早。到夏季上层土温过高,根系生长缓慢或停止,中、下层土温上升到最适温度,中、下层根系进入旺盛生长期。秋季上层根系的生长又加强,以后随着土温的下降,根系生长也由上层向中层逐渐减弱。

(二)枝的生长

枝梢的生长包括加长生长和加粗生长。

1. 加长生长

枝条的加长生长是顶端分生组织活动和节间细胞伸长的结果。新梢生长分3个时期:

①开始生长期 从萌芽到第一片真叶分离,主要依靠上一年树体贮藏的养分。

②旺盛生长期 枝条明显伸长,叶片增多,叶面积增大。主要依靠当年叶片制造的养分。

③缓慢生长期和停止生长期 由于外界条件的变化和树体内在因素(果实、花芽、根系)的影响,细胞分裂和生长速度逐渐降低和停止,转入成熟阶段。

2. 加粗生长

枝干和枝条的加粗生长,是形成层细胞分裂、分化和增大的结果。加粗生长晚于加长生长,其停长也稍晚。初始加粗生长依赖于上一年的贮藏养分,当叶面积达到最大面积的70%左右时,养分可外运供加粗生长。故枝条上叶片的健壮程度和大小对加粗生长有影响。多年生枝的加粗生长则取决于其上的长梢数量和健壮程度。

新梢加长生长和加粗生长一年内达到的长度和粗度称为生长量;在一定时间内,加长和加粗的快慢称为生长势。

(三)花芽分化

花芽分化是果树年周期中的一个重要的物候期。由叶芽状态开始转化为花芽状态的过程称花芽分化。花芽的数量和质量对果树产量和果实品质有直接影响,因此,研究和掌握花芽分化的规律非常重要。

1. 花芽分化过程

果树的花芽分化过程包括生理分化期、形态分化期和性细胞形成期。花芽出现形态分化之前，生长点内部由叶芽的生理状态转向形成花芽的生理状态的过程称生理分化。生理分化期即花芽分化临界期，在此期生长点原生质处于不稳定状态，对内外因素有高度敏感性，是易于改变代谢方向的时期，因此，此期是控制花芽分化的关键时期。

由叶芽生长点的细胞组织形态转化为花芽生长点的细胞组织形态的过程（逐步分化出萼片、花瓣、雌蕊和雄蕊的过程）称形态分化。

2. 花芽分化类型

不同种类的果树，花芽分化时期不同，据此可以归纳为以下4种类型。

①夏秋分化型　如仁果类、核果类的大部分温带落叶果树，它们多在夏、秋新梢生长减缓后开始花芽分化，通过冬季休眠，雌、雄蕊才正常发育成熟，于春季开花。

②冬春分化型　如荔枝、龙眼、黄皮等多数常绿果树，它们是冬、春进行花芽分化，并连续进行花器官各部分的分化与发育，不需经过休眠就能开花。

③多次分化型　如阳桃、番石榴及柑橘类的柠檬、金柑等，一年内能多次分化花芽，多次开花结果。

④不定期分化型　如番木瓜、菠萝等，一年仅分化花芽一次，可以在一年中的任何时候进行，其主要决定因素是植株大小和叶片多少。如番木瓜一般抽生20～24片大叶时开始花芽分化，菠萝抽生35～40片叶时开始花芽分化。

3. 花芽分化的条件

（1）花芽分化的内部条件

①芽内生长点细胞状态　芽内生长点细胞必须处在生理活跃状态，并且进行缓慢分裂才能分化。进入休眠的芽、停止细胞分裂的芽都不能分化。旺长的新梢，由于生长点细胞分裂迅速，也不能转化为花芽，而只能继续延长生长。

②营养物质　树体的营养生理状况与花芽形成密切相关，营养物质的种类、含量、相互比例以及物质的代谢方向都会影响花芽形成。糖类、氨基酸、蛋白质、有机磷、钾、锌等是花芽形成的物质基础。枝叶良好生长，才能满足根系、枝干以及花果等对光合产物的需求，进而形成正常的花芽，过分的营养生长是不可能积累足够的营养物质而形成花芽的。

③内源激素　果树花芽分化是在多种激素的相互作用下发生的，脱落酸（ABA）、细胞分裂素（CTK）、乙烯等能促进花芽的形成，而赤霉素（GA）等能抑制花芽的形成。花芽的形成取决于这两类激素的平衡。

④遗传物质　如脱氧核糖核酸（DNA）和核糖核酸（RNA）等，它们是代谢方式和发育方向的决定者。

（2）花芽分化的外界条件

①光照　是影响花芽分化最重要的因子。良好的光照有利于营养物质的合成和积累，利于内源激素的平衡，从而促进花芽形成。光照不足，不易形成花芽。

②温度　各种果树的花芽分化，要求一定的温度条件，过高或过低均不利于花芽分化。落叶果树一般都在高温下进行花芽分化，如苹果花芽分化适温为20℃左右；多数常绿

果树则在较低的温度下分化，如柑橘花芽分化适温为13℃以下。

③水分　与花芽分化有非常密切的关系。在花芽分化临界期前，适当控制水分供应，可抑制新梢生长，利于光合产物的积累和花芽分化。土壤湿度以田间持水量的60%～70%为宜。

4. 花芽分化的调控措施

（1）合理的肥水管理

花芽分化前适当控水，可以促进新梢及时停长；在临界期合理增施铵态氮肥和磷、钾肥等能有效地增加花芽数量。

（2）合理的修剪和产量控制

合理修剪能改善果园内及树冠内光照条件；对幼树进行轻剪长放、开张角度等可缓和生长势，促进成花；对于旺长树采用拉枝、摘心、环剥等可促进花芽分化；对大年树疏花、疏果，可减少养分消耗，利于花芽形成。

（3）植物生长调节剂的正确使用

在果树花芽生理分化前期喷比久、多效唑、矮壮素等生长调节剂，使枝梢生长势缓和，从而促进成花。

（四）开花结果

1. 开花

花期是指树体上从花出现到花落。花期一般分为4个时期：初花期，全树有5%的花开始开放；盛花期，全树有25%以上的花开放，有50%的花开放为盛花期，有75%以上的花开放为盛花末期；终花期，全部花已开放，并有部分花瓣开始脱落；谢花期，大量落花至落花完毕。

果树开花的早晚与延续时间的长短因树种、品种和气候条件不同而异。梅最早，樱桃、杏、李、桃开花较早，梨、苹果、杨梅、柑橘次之，葡萄、枣、柿、栗等再次之，枇杷最迟。同一树体通常短果枝先开花，长果枝和腋花芽后开花。苹果、桃、梨等树种花期较短，柿、板栗、枣等花期长。树体营养水平高，则开花整齐，花期长，坐果率高。高温干燥时花期缩短，冷凉湿润则花期延长。落叶果树开花期要求的温度一般为10～20℃，而热带、亚热带果树要求更高，一般为18～25℃。

2. 授粉和受精

（1）自花授粉和异花授粉

果树中凡用同品种的花粉授粉、受精后结实的称为自花授粉。用异品种的花粉授粉、受精后结实的称为异花授粉。

（2）自花结实和自花不实

自花授粉后能达到生产要求产量的称为自花结实，如多数桃和杏的品种。但自花结实的品种，异花授粉后产量会更高。

自花授粉后不能达到生产要求产量的称为自花不实，如大部分苹果、梨及全部的甜樱桃品种等，需要实行异花授粉才能提高结实率。自花不实的原因主要有：a.雌雄异株，如银杏、杨梅等；b.花粉无生活力，如桃的某些品种；c.雌雄异熟，花粉散发过早或过晚，不能适时授粉，如核桃、板栗等；d.自交不亲和，如欧洲李、甜樱桃和扁桃等。

凡栽培自花不实的品种，果园内必须配置花粉量多、花期一致、亲和力强的品种作为授粉树，创造异花授粉的条件。

（3）单性结实与无融合生殖

未经过受精而形成果实的称为单性结实，通常没有种子。不需任何刺激就能单性结实的称为自发单性结实，如番木瓜、菠萝、无花果等。要有花粉或其他刺激才能单性结实的称为刺激性单性结实，如黄魁苹果的花粉可使洋梨品种'Seckel'单性结实。不经授粉、受精，果实和种子都能发育，且种子具有发芽力，称为无融合生殖，如湖北海棠、变叶海棠和锡金海棠等。

3. 果实发育

（1）坐果和落花落果

经授粉、受精后，子房或子房及其附属部分膨大发育成为果实，在生产上称为坐果（或着果）。坐果数与开花数的百分比称为坐果率。从花蕾出现到果实成熟采收，会出现花、果脱落现象，称为落花落果。落花是指未经授粉、受精的子房脱落，所以又称子房脱落。落果是指授粉、受精后，一部分幼果因未经授粉、受精或营养不良或其他原因而脱落。果实在成熟之前，有些品种也有落果现象，称为采前落果。落花落果是果树在系统发育过程中为适应不良环境而形成的一种自疏现象，也是一种自身的调节。果树的落花落果现象大多数是因为生理上的原因引起的，故又称生理落果。

果树落花落果时期因树种、品种而异。仁果类和核果类一般有3次落果高峰。第一次在开花后，未见子房膨大，花即脱落；第二次在第一次落花后2周左右；第三次在第二次落果后1个月，即开花后6周，这次落果多在6月发生，又称为6月落果。引起落花落果的原因：第一、第二次主要是花器发育不完全、受粉和受精不充分引起，树体贮藏养分不足也是第二次落果的主要原因之一；第三次主要是营养不良引起。此外，外界条件如早春低温、多湿、光照不足、干旱、水涝、风害、病虫危害等也会引起落花落果。

（2）果实发育的天数

果实发育需要时间的长短因树种、品种而异。草莓只需3周，樱桃需40～50d，柑橘需120～240d，荔枝需90～100d，需时最长的为香榧，长达一年半。

（3）果实生长曲线

各种果实发育都要经过细胞分裂、种胚发育、细胞膨大、细胞内营养物质大量积累和转化的过程。从开花以后，将果实的体积、直径或鲜重在不同时期的积累增长量画成曲线，可以得到以下两类图形。

①"S"形 如苹果、梨、枇杷、草莓、菠萝、番木瓜、扁桃、板栗、核桃等，其果实发育可分为缓慢增重期（第一生长期）、快速增重期（第二生长期）及生长缓慢期（第三生长期）3个时期。

②双"S"形 如桃、李、杏、樱桃、葡萄、无花果、树莓、山楂、枣、柿、猕猴桃等，

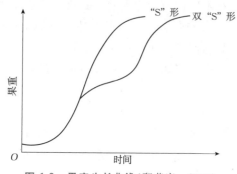

图 1-3 果实生长曲线（郗荣庭，2009）

其果实发育可分为迅速生长期、硬核期（生长缓慢期）和迅速膨大期 3 个时期（图 1-3）。

4. 果实成熟及果实品质

（1）果实成熟

果实成熟是指果实达到该品种固有的形状、质地、风味和营养物质等的综合变化过程。随着果实成熟，淀粉转化为可溶性的葡萄糖、果糖等，有机酸参与呼吸作用而氧化分解，单宁被氧化，原果胶在果胶酶的作用下转化成可溶性的果胶，高级醇、脂肪酸在酶的作用下转化成酯。因此，成熟后果肉变松、脆或软且具芳香味。此外，随着果实的成熟，叶绿素分解，绿色消失，类胡萝卜素、花青素等色素的颜色显现出来。

（2）果实品质

果实的品质由外观品质和内在品质构成。

①外观品质　包括形状、大小、整齐度和色泽等。果实色泽因种类、品种而异。决定色泽的主要物质是叶绿素、胡萝卜素、花青素和黄酮素等。糖的积累、温度、光照条件是色泽形成的重要因子。生产上可通过果实套袋、树冠下铺反光膜等措施来增加果实着色和提高品质。

②内在品质　包括风味、质地、香味和营养成分等。果实中糖、酸含量和糖酸比是衡量果实品质的主要指标。环境条件影响着果实的糖、酸含量及其比值，如高温、光照强、土壤中磷和钾丰富时糖酸比高，低温、阴雨、氮肥过多则糖酸比低。

实践技能

实训 1-1　主要果树树种识别

一、实训目的

通过实训学会从植物形态学上识别主要果树树种，培养识别主要果树树种的能力。

二、场所、材料与用具

（1）场所：实训场、校企合作果场。

（2）材料及用具：常见的主要果树植株、标本、钢卷尺、刀、托盘天平、放大镜等。

三、方法及步骤

观察各种果树的主要特征，如树性（乔木、灌木、藤本等）、树形（圆球形、圆锥形等）、树干、叶、花、果实、种子等，并将观察到的各种树种的主要特征记录到表 1-1 中。

表 1-1 果树树种主要特征表

序号	树种名称	植物学分类	树性	树形	树干	叶	花	果实	种子
1									
2									
3									
4									
5									
…									

四、要求

(1)调查当地常见果树 10 种以上。
(2)根据教学安排,选择对应的物候期调查果树各种形态特征。
(3)描述树种各形态特征。

实训 1-2　主要果树物候期观察

一、实训目的

通过实训熟悉物候期观察的项目和方法,并掌握当地几种主要果树的年生长周期发育规律。

二、场所、材料与用具

(1)场所:实训场、校企合作果场。
(2)材料及用具:选择有代表性的结果期果树 10 种、钢卷尺、放大镜、卡尺等。

三、方法及步骤

调查物候期,并将调查结果记录到表 1-2 中。
物候期调查项目及标准:
萌芽期　以树冠外围枝梢顶部的芽为标准,当芽开始膨大、幼叶露出时。
现蕾期　幼蕾出现时。
露白期　萼片开裂,出现白色花瓣时。
花瓣全露期　花蕾膨大伸长,花瓣全露时。
初花期　5%~15%花开放时。
盛花期　25%~75%花开放时。
谢花期　75%~95%花谢落时。
生理落果期　第一次生理落果期是幼果连果柄脱落时,第二次生理落果期是幼果从蜜盘处脱落时。

新梢生长期　选树冠东、南、西、北 4 个方向共 8～12 个延长枝作为标准，萌芽后第一片叶展开时。

新根生长期　可用根系观察箱（室）进行观察。当观察箱的玻璃面上开始出现白色幼根时。

花芽分化期　从新梢成熟至开花前。每 10d 取春梢母枝的顶部芽 15 个左右，固定后进行制片观察，取样时间可从 10 月上、中旬至翌年萌芽前。

果实生长期　从谢花后生果至果实转色前。选树冠外围健壮春梢母枝上的果实 20 个，每两周在同一果上用卡尺测其纵横径。

果实成熟期　选择树冠外围的果实观察，当果实 3/4 以上着色时。

表 1-2　物候期调查

序号	日期	树种	萌芽期	现蕾期	露白期	花瓣全露期	初花期	盛花期	谢花期	第一次生理落果期	第二次生理落果期	新梢生长期	新根生长期	花芽分化期	果实生长期	果实成熟期
1																
2																
3																
4																
5																
…																

四、要求

（1）根据校园实训条件选择调查项目。

（2）物候期观察记录项目尽量简练。

（3）根据物候期的进程确定观察间隔时间：萌芽期到开花期一般每隔 2～3d 观察一次；生产季的其他时间则可 5～7d 或更长时间观察一次；开花期进程较快；在有些地区需每天观察。

（4）在详细物候期观察中，有些项目的完成必须配合定期测量，如枝条的加长、加粗生长，果实体积的增加，以及叶片生长等项目，应每隔 3～7d 测量一次，画出曲线图，才能看出生长高、低峰。此外，有些项目的完成需要定期取样观察，还有些项目需要统计数量等。

（5）物候期观测取样要注意地点、树龄、生长状况等方面的代表性。一般应选生长健壮的结果树，植株在果园中的位置能代表全园情况。观察株数可根据具体情况决定，一般每品种 3～5 株。进行测定和统计时应选择典型部位，并挂牌标记。

思考题

1. 简述果树生命周期各阶段的特点。
2. 简述果实发育各阶段特征。

项目 2 柑橘生产

学习目标

【知识目标】
1. 理解并掌握柑橘的生长、结果习性及生态特性。
2. 掌握柑橘的优质高产栽培要点。

【技能目标】
1. 能够识别柑橘的主要种类、品种。
2. 能够进行柑橘园土肥水管理、整形修剪和花果管理等操作。

一、生产概况

柑橘是橘、柑、橙、金柑、柚、枳等的总称。柑橘果实营养丰富,色香味兼优,既可鲜食,又可加工成以果汁为主的各种加工制品(图 2-1)。我国是柑橘的重要原产地之一,柑橘资源丰富,优良品种繁多,有 4000 多年的栽培历史。早在夏朝,柑橘已被列为贡税之物。据考证,直到 1471 年,橘、柑、橙等柑橘类果树才从我国传入葡萄牙的里斯本,1665 年才传入美国的佛罗里达州。

柑橘喜温暖湿润气候,世界柑橘主要分布在 35°N 以南的区域,有大水体增温的地域可向北推进到 45°N。2016 年,世界上有 135 个国家生产柑橘,产量居首位的是巴西,第二位是美国,中国第三,再后是墨西哥、西班牙、伊朗、印度、意大利等。柑橘汁产量占果汁产量的 3/4。

图 2-1 柑橘果实(橘柚)

我国柑橘分布在 16°~37°N,南起海南的三亚,北至陕西、甘肃、河南,东起台湾,西到西藏的雅鲁藏布江河谷,海拔最高达 2600m (四川巴塘)。但我国柑橘的经济栽培区主要集中在 20°~33°N,海拔 700~1000m,年产量 3625 万 t,占全国的 95%。全国有 19 个省份生产柑橘,其中主产柑橘的有浙江、福建、湖南、四川、广西、湖北、广东、江西、重庆和台湾10个省份，其次是上海、贵州、云南、江苏等，陕西、河南、海南、安徽和甘肃等省份也有种植。全国种植柑橘的县(市、区)有985个。

目前，柑橘生产中存在的主要问题是：a.品种结构不合理，早熟(含极早熟)、中熟、晚熟(含极晚熟)品种搭配不合理，中熟品种所占的比例过大，成熟期过分集中。b.果实品质差，果农意识跟不上时代潮流，品种更新慢，基础技术薄弱，滥用化肥、农药，果实小、皮厚、汁偏酸、味淡、渣多、有毒物质含量高、果皮颜色和成熟度不一。c.商品化处理落后，我国在果实商品化方面明显落后于美国，商品化处理技术如分级、包装、清洗、打蜡、冷藏、运输等尚未达到国际标准，后期处理率为1%，而美国为100%；深加工率我国不到10%，美国达35%。d.销售单一，我国柑橘主要以鲜销为主，虽有糖水橘瓣罐头生产，但总加工和榨汁量不超过总产量的10%，90%以上柑橘果实仍鲜食，95%果实销售在本国，造成内部竞争，形成市场供过于求，出现卖果难的现象。鲜销也给贮藏、运输带来了一定的难度。e.产业无序化，我国柑橘种植品种(品系)多而杂，种植面积小而分散，各家各户独立经营管理，完全未形成产业化、秩序化。

二、生物学和生态学特性

(一)生物学特性

1. 根系

主根不很强，须根特别发达，一般没有根毛，主要依靠菌根吸收水分、养分。柑橘根系一般入土深40～110cm，根幅为冠幅的1～2倍。其生长适宜的土壤湿度一般为土壤最大饱和持水量的60%～80%。一年中根的生长有3～4次高峰，与枝梢生长高峰互为消长。

2. 芽和枝梢

柑橘的芽为复芽，具有早熟性，一年能多次抽梢，即春梢、夏梢、秋梢、冬梢，其中晚秋梢和冬梢无利用价值。柑橘枝梢生长具有顶端优势和垂直优势，同时具有"自剪"现象。

3. 叶

柑橘的叶除枳壳为落叶性的三出复叶外，其余均为常绿单身复叶或单叶。一般情况下，叶片寿命1.5～2年，最长可达3年。萌芽至叶片大小定型约需6周，萌芽至叶片完全转绿老熟需2个月左右。

图2-2 柑橘结果树

4. 花、果

柑橘的花芽为混合芽，可在生长健壮的各类梢的先端处形成。若新梢多次生长，则花芽发生的部位随之上移。热带地区柑橘除个别种类、品种外，多在3～4月开花，花期的早晚和长短因气候条件、种类和品种、树势以及栽培条件的不同而不同(图2-2)。

春季开花时，由混合芽抽生的结果枝一般很短。结果枝有带叶果枝和无叶果枝两种。幼年树及树势健壮的成年树上多能抽生带叶果枝,坐果率较高,结果后的第二年可抽生营养枝或结果母枝。无叶果枝是一种退化果枝,在老年结果树上发生较多,在以夏梢、秋梢作为主要结果母枝的树上也多,这类结果枝在结果后都枯死。

(二)对环境条件的要求

柑橘类为原产热带、亚热带雨林下的灌木或小乔木,喜温暖,不耐严寒,较耐阴,要求既湿润又通气良好且有机质含量丰富的土壤。

1. 温度

温度影响柑橘分布及其经济栽培,绝对温度的高低是限制柑橘分布的决定性因素。不同种和品种对温度的适应范围不同,适于华南栽培的品种多不宜于低温的华中地区,反之亦然。不同种和品种的耐寒力也不同。−9℃是'温州蜜柑'栽培的安全北限,而甜橙和柚子的栽培安全北限为−7℃。柑橘开始萌芽生长的温度约为12.8℃,13~29℃为其最适宜的生长温度范围,37℃以上则停止生长。

年平均气温和年有效积温对柑橘的产量和果实品质有显著影响。'温州蜜柑'最适在年平均16~17℃、≥10℃年积温5200~6500℃的亚热带为主的地区进行栽培;'蕉柑'在年平均21~22℃地区栽培才能发挥其丰产性和优良品质。'椪柑'的生态适宜性比'蕉柑'广,但最能发挥其丰产、优质性状的地区是年平均20~22℃、≥10℃年积温7000~8000℃的南亚热带地区。柠檬在≥12.8℃年有效积温1500℃地区栽培最适宜;而'华盛顿脐橙'则最适于≥10℃年积温1700~1800℃的地区栽培。

我国亚热带地区在柑橘枝梢生长和果实发育期具丰富的热量,而在秋、冬季花芽分化期则适当低温和干旱,无严寒、霜害或只有轻霜,是最适宜的柑橘栽培区。

2. 光照

柑橘较耐阴,最适光照强度为1200~2000lx,要求光照充足。柑橘的光饱和点为3000~4000lx。不同种和品种对光照条件的要求有差异。宽皮橘较喜光,多在光照条件好的树冠外围结果;甜橙和柚类则耐阴性较强,在树冠不过分密闭情况下,内膛枝和下垂枝也能良好结果。柑橘对漫射光和弱光的利用率高,其光补偿点低,在20℃时约为1300lx。

我国亚热带地区的光照强度在一般情况下能充分满足柑橘生长的要求;但出现较长时间的阴雨天气或园地过于荫蔽时,柑橘可能会因光照不良而枝梢细长、不充实,叶片薄且易黄落,开花少、落花落果严重,果实着色不良、含糖量低、品质差,以及病虫害严重等。但夏季阳光太强烈时(若加上高温干旱)则易使树冠向阳部分的果实或暴露的枝干受日灼伤害。

3. 水分

柑橘为常绿、阔叶果树,周年需水量大。一般降水量1200~2000mm较为适宜。在年降水量不足的地区,要有丰富的水源用于灌溉。在年降水量200~600mm的地区,柑橘要获得丰产,需要灌溉相当于800~1000mm降水量的水。降水过多又易发生涝害、诱发病害及导致光照不足等不良影响。不同种类和品种(类型)对降水量、湿度的适应性不同。'华盛顿脐橙''卡特尼拉柑橙''尤力克柠檬''柳叶柑'和'克里迈丁红橘'等适应于夏干区栽培,而'哈姆林甜橙''菠萝甜橙''雪柑''椪柑''福橘''温州蜜柑'和'蕉柑'等则适应于夏湿区栽培。

4. 土壤

柑橘对土壤适应性较广,但以土层深厚、疏松、肥沃的砂(砾)壤土或冲积土为宜。柑橘园应无硬土盘或砂石层阻隔,土层至少有1m深,雨季能降低地下水位至0.8~1m。土壤透气及排水性均良好,适宜的透水速度平均为90~100mm/h。耕作层以含腐殖质2%~3%、pH 6.0~6.5较适宜。

5. 风

微风对柑橘有利,冬、春可防止霜冻,夏、秋可防止高温日灼伤害。微风还起着降低湿度、减少病虫危害的作用。开花期,微风有利于授粉;采收期,微风可减少果品的腐烂,有利于果品的贮运。但大风和台风对柑橘会造成较大的破坏。夏、秋干旱大风常导致红蜘蛛和锈壁虱的暴发和蔓延;冬季寒冷大风可加剧柑橘树体的冻害。沿海柑橘生长季节尤其易受台风危害,常造成枝叶和果实损伤,加剧溃疡病危害,降低果实品质,甚至造成树倒、根断、枝折和严重落果。台风夹带的暴雨还可造成涝害。

三、种类和品种

(一)主要种类

柑橘属芸香科柑橘亚科,是热带、亚热带常绿果树(除枳以外),用作经济栽培的有3个属,即枳属、柑橘属和金柑属。我国和世界上其他国家栽培的柑橘主要是柑橘属。

(二)主要栽培品种

1. 甜橙类

(1)'红肉脐橙'

又名'卡拉卡拉脐橙'(caracara),为秘鲁选出的'华盛顿脐橙'的芽变。该品种树势强,树姿开张。果实圆球形或椭圆形,平均单果重200g;果肉呈均匀的粉红色至红色,但果汁仍为橙色,有特殊香味,品质优,可溶性固形物含量13.3%。果实12月上旬成熟。是目前脐橙类唯一的红肉新品种。

(2)'福本脐橙'

原产日本和歌山县,为'华盛顿脐橙'的枝变,以果面色泽深红而著称,也称'福本红'脐橙。树势中等,树姿较开张。果实较大,平均单果重200~250g,短椭圆形或球形,果顶部浑圆,多闭脐,果梗部周围有明显的短放射状沟纹,果面光滑、红橙色;肉质脆嫩多汁,可溶性固形物含量12.5%~13%,酸甜适口,富香气,无核,品质优良。果实11月中、下旬成熟,产量中上。

(3)'塔罗科血橙'新系

该品种是从'塔罗科血橙'珠心系后代中选育而成。其树势强。果实倒卵形或短椭圆形,平均单果重200~250g,成熟时果皮及果肉血红色。果肉细嫩化渣,汁多味浓甜,香气浓郁,可溶性固形物含量12%~13%。果实一般1月下旬成熟,果大无核,具极强的市场竞争力。

(4)'梨橙'

中国农业科学院果树研究所等单位选出的甜橙新品种,因其果实多为梨形而得名。果大,外观美,平均单果重200～220g,最大可达3.50g,果皮为橙红色或深橙色,果形独特、呈梨形或倒卵形;果实风味浓甜,酸味较锦橙稍低,微有香气,果肉脆嫩化渣,风味似脐橙,可食率74.6%,含可溶性固形物11.8%。

2. 宽皮柑橘类

(1)'本地早蜜橘'

原产浙江黄岩。小果型蜜橘,果实呈扁圆形,平均单果重50～70g,果皮橙黄色或橙红色;果肉柔软多汁,化渣性好,风味佳,微具香气,种子少,可食率达72%以上,可溶性固形物含量12%左右。11月中旬成熟,最佳食用期为12月上旬至翌年2月初。

(2)'南丰蜜橘'

原产我国,又名金钱蜜橘、邵武蜜橘。树势中等,半圆头形,树姿开张。果实扁圆形、小,平均单果重30～50g,两端广平或微凹,顶端多有假脐;果面橙黄色,较光滑,皮薄易剥;果肉柔软多汁,风味浓甜,核少,品质中上。11月上、中旬成熟,丰产,果实不耐贮。

(3)'蕉柑'

原产于我国,别称'桶柑'。始果期早,产量高,但喜爱温暖气候,不耐寒,需肥水较多,要求精细栽培管理。12月中旬至翌年1月成熟,挂果性能佳,丰产。

此外,还有'满头红''日南1号''山下红''台湾椪柑''太田椪柑'等优良品种。

3. 杂柑类

(1)'春见'

1979年日本以'清见'与'椪柑F-2432'杂交育成。树势较健旺,树姿直立。坐果率高,丰产性强。果实高扁圆形或倒阔卵形,果大,一般单果重230g,大者可达460g。果面光滑,深橙色,果皮薄,剥皮较易;果肉深橙色,质地脆嫩多叶,极化渣,风叶浓郁,可溶性固形物含量12%～13%。无核。重庆地区果实10月下旬着色,12月中、下旬成熟。

(2)'天草'

为"杂柑之王",从日本引进。栽植第二年即可试花挂果,丰产、稳产。果实整齐美观,扁球形,外表光滑亮丽,像打蜡一般,果皮橙红色,平均单果重200g,最大的可达500g;风味佳,果肉柔嫩多汁、化渣,含可溶性固形物12%左右;具有甜橙风味和宽皮柑橘易剥皮的特点。果熟期在12月中、下旬。

(3)'不知火'

从日本新引进的'清见蜜柑'与'中野3号椪柑'杂交育成的优良种之一。无核果率很高,丰产,平均单果重200～300g;果实倒卵形或扁球形,果皮黄橙色,成熟时果皮稍厚、稍粗,易剥,有'椪柑'香味;果肉橙红色,肉质柔软多汁,风味极佳,是目前推荐发展的重要晚熟优新品种之一。成熟期2～3月,留树上越久,糖度越高,汁胞和肉质越柔软,风味越佳,味极甜。

此外,还有'懒户香''天香''南香''清见橘橙''诺瓦橘柚'等优良品种。

4. 柚类

(1)'矮晚柚'

从'晚白柚'中选出。该品种适应性广,抗逆、抗病虫能力强。果形美观,扁圆形或短圆柱形,一般果重2000g,最大果重3600g,果皮黄色、光滑。果肉白色,肉质细嫩,多汁化渣,甜酸爽口,果实充分成熟时有浓郁的芳香,无苦麻味,品质上等,果汁含可溶性固形物11%～13.5%,种子少,少数无核,品质极优。果实1月底至2月初成熟,极耐贮藏。

(2)'琯溪蜜柚'

原产于福建平和县。树冠半圆形,较开张,枝叶稠密,长势特别壮旺。适应性强,栽培易,结果早,丰产、稳产。果实呈倒卵圆形或阔圆锥形,果色淡黄,果特大,平均单果重2500g,大者可达5000g。果肉淡红色,甜酸适口,化渣,味芳香,含可溶性固形物12%,品质优。10月下旬成熟。现有变种'三红柚''橙味柚'等。

(3)'强德勒红心柚'

'美国蜜柚'杂交育成。树势旺,枝梢长、披垂。果实中至大果,平均单果重1000g;果皮光滑、中等厚、包着紧、黄色,常有淡色彩纹,果顶平圆;少核,果肉红色,甜酸爽口,脆嫩化渣,无异味,果汁多,含可溶性固形物10.5%～11.5%,品质优。丰产,9月即可食用,11月下旬完全成熟,耐贮性好。

5. 其他柑橘类

(1)'尤力克柠檬'

原产美国。树势中等,开张,枝条零乱,披散。果实椭圆形至倒卵形,平均单果重150g左右。顶端具乳突,果皮淡黄色,较厚而粗。果汁多,香气浓,每100mL含酸量6.0～7.5g,含糖量1.48g。果实在11月中、下旬成熟。

(2)'脆皮金橘'

从普通金橘中选出的一个性状稳定的优良品种。该品种抗逆性强,特别是对柑橘黄龙病表现出较强的抗性。早结丰产,幼果墨绿色,果实成熟时橙黄色,平均单果重12～15g,最大果重20g以上,果实近圆球形;果皮极光滑,油胞稀少,全果带皮食用,清香脆甜,无普通金橘的刺鼻辛辣味。成熟期在11月中旬至12月上旬。

(3)'佛手'

因其果形似人手,故而得名。果实皮色金黄,肉质白嫩,香脆甘甜,除鲜食外,还可加工成佛手茶、佛手果脯、佛手露、佛手果冻和佛手果酒;花、幼果和成熟果实均可入药。又分'金佛手'和'广佛手',其中'青皮'为'金华佛手'的主栽品种,果实中等大,平均单果重300g左右,最大果可达2000g,香气浓,品质上等,极耐寒。'广佛手'平均单果重750～1000g,最大果可达2200g,比'金华佛手'果大,栽后第二年投产,丰产期鲜果亩产3000～4000kg,抗寒力极强。果实11月可上色,11月下旬充分转色,可挂果到翌年3月。

(4)'樱橘'

'樱橘'与普通柑橘不同，它是一种无季节性野生果子杂交育成。树冠矮小，适应性强，不受气候、土壤、地理限制，四季可栽种。树高50～70cm即为盛果期。从开花到成熟140d，比普通柑橘早熟20d左右。平均单果重80～100g，最大果重达460g，含糖量一般为14%，市场畅销价高。

(5)'澳柑'

橘与橙的杂种，来源不详。树势中等，叶片似橘，中熟品种。果实中等至大果，顶部阔，基部窄；果皮深橙红色，易剥；果肉质脆、细嫩，具独特的清香味。丰产。

四、育苗与建园

(一)育苗

1. 砧木选择

柑橘砧木种和品种较多，不同的砧木对柑橘的树冠、树高、树势、结果、产量、品质、寿命、适应性、抗逆性等方面产生不同的影响。目前应用砧木主要有枳、枳橙、酸柚、香橙、'枸头橙''红橘'和酸橘等。

(1)枳

枳适应性强，是应用十分普遍的砧木，与甜橙类品种、宽皮柑橘类品种及金柑品种嫁接亲和力强，嫁接后表现早结实、早丰产。半矮化或矮化，耐湿、耐旱、耐寒，可耐-20℃低温，抗病力强，对脚腐病、衰退病、溃疡病、线虫病有抵抗力，但嫁接带裂皮病毒的品种会诱发裂皮病。

枳对土壤适应性较强，喜微酸性土壤，不耐盐碱，在盐碱土上种植易缺铁黄化，并导致落叶、枯枝，甚至死亡。

枳主要在中亚热带和北亚热带作砧木使用，南亚热带部分地区也用枳作砧木，但与柳橙系品种嫁接后产生黄化。

(2)枳橙

主要在浙江黄岩及四川、安徽、江苏等省份种植，是枳和橙的杂种，因杂交亲本的不同有很多品种类型，如'腊斯克'枳橙、'特洛亚'枳橙、'卡里佐'枳橙。为半落叶性小乔木，嫁接后树势强，根系发达，耐寒，抗旱，耐瘠薄，抗脚腐病及衰退病，较耐粗放管理，结果早，丰产，不耐盐碱，可在中、北亚热带柑橘产区作砧木，可嫁接甜橙、'椪柑''温州蜜柑'及柚类等。

(3)酸柚

主产于重庆、四川和广西等产区，我国主要用作柚类的砧木。乔木，树体高大，树冠圆头形。果实种子多，平均每果有100粒以上。种子单胚，子叶白色。果实11～12月成熟。

用酸柚作柚的砧木，嫁接的成活率高，表现为根系较深，大根多，须根少，树体高大，适宜土层深厚、土壤肥沃、排水良好的果园栽培。抗根腐病、流胶病及吉丁虫。但不耐寒、不抗天牛。

(4) 香橙

分布于长江流域。根深、耐旱、耐瘠，属乔化砧。作甜橙、'温州蜜柑'、柠檬的砧木，树势健旺，丰产、稳产，品质不及枳砧，苗期易感染立枯病。作脐橙砧木生长旺盛，较抗裂皮病。

(5) '枸头橙'

酸橙的一个品种，主产浙江黄岩。树势强健，树体高大，根系发达，骨干根粗长。抗旱，耐涝，耐盐碱，寿命长。主要用于沿海滩涂、盐碱地和石灰性土壤栽植。可作早熟和特早熟'温州蜜柑'、脐橙等砧木。'枸头橙'嫁接后长势强，结果较迟，丰产稳产，品质好，但幼树期果皮较厚。风味较淡。因'枸头橙'作大部分柑橘品种砧木时，品质不及枳砧好，结果也较枳砧晚，一般只有与枳嫁接不亲和的柑橘品种或土壤不适宜枳砧生长时，才考虑用'枸头橙'作砧木。

(6) '红橘'

既是鲜食品种，又可作砧木。树姿较直立，尤其是幼树直立性强，耐涝、耐瘠薄，较耐盐碱，在粗放管理条件下也可获得较高的产量。耐寒性较强，抗脚腐病、裂皮病。苗木生长迅速，可作甜橙、'南丰蜜橘'的砧木，也是柠檬的合适砧木，但与'温州蜜柑'嫁接不如枳砧。适于中亚热带、北亚热带柑橘产区栽植。

(7) 酸橘

用作砧木的有黄皮酸橘和红皮酸橘。黄皮酸橘作砧木表现为根系发达，须根多，树势旺，丰产、稳产，寿命长，果实品质好；耐热、耐湿，抗旱、抗脚腐病。黄皮酸橘在华南用作柑橘砧木历史悠久，深受橘农欢迎，故有"千秋万代酸橘好"之说。红皮酸橘用作砧木表现为树势强，根系发达，须根多，主根深，耐旱、耐瘠薄。丰产，长寿，在华南产区宜作山地柑橘砧木。

2. 砧木苗培育

(1) 砧木种子采集、处理与贮藏

应选择适宜当地生态条件、抗逆性强、与接穗品种亲和性好的砧木品种。砧木采种要选择品种（品系）纯正的母本树，且生长健壮、发育良好，无裂皮病、碎叶病和检疫性病虫害。从果实中取出种子，用清水漂洗干净。播种前种子要消毒，可放入约50℃的热水中浸泡10min。也可用杀菌剂如1‰福美双处理，以预防和减少白化苗。还可用0.1%高锰酸钾溶液浸泡10min后用清水洗净。经处理的枳种尤其是嫩枳种，发芽加快。清洗后阴干或在弱阳光下晾至种皮发白、互相不黏着为度，不可过度干燥，以免影响发芽能力。

柑橘种子没有休眠期，在无霜冻的地区可以随采随播。如果需要贮藏，可用沙藏法。如果需要远途运输，则可以用河沙、木炭粉或谷壳混合，用木箱或麻袋装运，注意不能用塑料薄膜包装，每件体积不宜过大，以防种子发热霉变，丧失发芽力。

(2) 播种

①播种时间　从砧木果实采收到翌年3月均可播种。秋、冬播在11月至翌年1月，

春播在2~3月。由于秋、冬播的砧木种子出苗早而整齐，且生长期长，故秋、冬是主要播种时期。因不同的柑橘产区气温有差异，具体播种时间应根据温度灵活掌握。砧木种子在土温14~16℃时开始发芽，20~24℃为生长的最适宜温度。如果采用嫩种育苗，则随采随播。如枳的嫩种在7月中、下旬或8月播种，酸橘嫩种可在9月下旬播种，'雪柑'嫩种可在10月中旬播种，当年即可萌发，发芽率在80%以上。这种砧木苗翌年夏、秋季即可进行嫁接，冬、春季出圃，由播种到嫁接苗出圃需1.5~2年。嫩种秋播要催芽，以提高发芽率和苗木出土整齐度。

②播种量 按种子粒数计，为所需砧木数的1~2倍。播种不宜过密，以免影响幼苗生长。柑橘的砧木品种不同，其每千克果实含种量和每亩的播种量不同，不同砧木的播种量可参照表2-1。

表2-1 柑橘果实的种子含量及播种量

砧木种类	果实种子含量（g/kg）	种子数（粒/kg）	播种量(kg/亩) 撒播	播种量(kg/亩) 条播
枳	4.2~4.7	5200~7000	100	70~90
枳橙	3.5	4000~5000	100	80
香橙	2.5~2.6	7000~8000	75~90	60~75
'枸头橙'	2.7~3.0	6000~6400	75~90	60~75
'红橘'	1.3~2.8	9000~10000	60~70	50~60
酸橘	3.0~3.3	7000~8000	75~90	60~75
酸橙	2.6~3.0	6000~7000	100	85
酸柚	4.0~5.0	4000~5000	900~100	30~40
甜橙	2.0~4.4	6000~7000	100	85

注：摘自沈兆敏和蔡寿星(2008)。

③播种方法 露地或大棚播种，先要整好苗床，施腐熟的农家肥，覆薄土。播种前最好选种，选大粒饱满的种子用0.1%高锰酸钾溶液消毒，再用水洗净。播种可撒播，也可条播。播种时可用草木灰拌种或直接播于苗床(沟)，覆盖细砂壤土，厚度以1.5cm为宜，覆土后浇透水，上面用稻草覆盖。当气温低于20℃时可采用薄膜覆盖，支撑薄膜成拱形，高度以不妨碍砧苗生长即可，一般以30cm为宜。

(3)播种后管理

种子播下后要适时浇水，保持土壤湿润。种子萌芽出土后，分2~3次逐步揭去所覆稻草或薄膜。至2/3种子出苗时，可揭去全部覆盖物。从苗出齐至移栽前要进行除草、中耕和施肥，以不使土壤板结为度。施肥宜勤施、薄施，浓度可随苗木生长逐步提高。苗期要及时防治病虫害。

(4)砧木苗移植

为使砧木正常生长和有良好的根系，当砧苗长至10~20cm高时可进行砧苗移栽。移苗前，播种圃要充分浇水，使苗床湿透，然后移苗，以免伤须根。移苗时剪除过长的砧苗主根，以 16～18cm 为度。苗木随移随种、种植前选苗分级，先剔除病苗、弱苗，再把苗木按大、中、小分 3 级，分开种植，使其整齐一致，以便于管理。

苗木栽植的深度以达到根颈部为宜，过深不易长根，过浅易受旱、倒伏。苗木要栽直，苗根要伸展，土要压实，使土壤与根紧密结合，然后浇水。栽后每 2～3d 浇水一次，直至成活。移苗最好在阴天、雨天或雨后进行，土壤过湿时不宜移苗。

苗成活后要及时检查，发现死苗要及时补上。移植 20d 以后，可浅松土，施薄肥。移栽苗茎部离土 10cm 以下的萌蘖应及时除去，保持茎部光滑，以便于嫁接。注意防治田间病虫害，如红蜘蛛、黄蜘蛛、潜叶蛾、立枯病等。

3. 嫁接

柑橘嫁接的方法很多，目前生产中应用最广泛的嫁接方法有两类，即枝接和芽接，可根据当时、当地的具体条件和育苗要求灵活运用。通常以 5 月底至 6 月、8 月下旬至 9 月为主要嫁接时期，嫁接时期与嫁接方法有一定的关系。春季以枝接为主，秋季以芽接为主。

（1）枝接

把带有 1～2 个饱满芽的枝段接到砧木上称枝接。在砧木较粗、砧穗均不离皮的条件下多用枝接。枝接有切接、腹接、插皮接、劈接、根接等多种方法，此处介绍切接和腹接。

①切接 此法适用于茎 1～2cm 粗的砧木坐地嫁接（图 2-3）。

削接穗 把接穗下部削成 2 个削面，一长一短。长面在侧芽的同侧，削掉 1/3 以上的木质部，长约 3cm，在长面的对面削一个马蹄形短斜面，长度约 1cm。

削砧木 在离地面 3～8cm 处剪断砧干，选择平滑的一面，在剪口外缘斜削去一点皮层，以辨认形成层位置（形成层在皮层与木质部之间），然后沿形成层笔直切下，切开的皮层以不带木质部为最好，开口深度应与接穗长削面等长为宜。

A. 接穗的长、短削面
B. 切开的砧木
C. 包扎
图 2-3 柑橘切接法（谢深喜，2014）

接合 将接穗长削面的形成层对准砧木切口的形成层插到底。当接穗小于砧木时，应靠砧木切口一边对准形成层。

捆扎 用塑料条或电工布缠紧，要将劈缝和截口全都包严实。注意绑扎时不要碰触接穗。

②腹接 为一种古老的嫁接方法。对于较细的砧木也可采用，并很适合于果树高接（图 2-4）。

A. 削接穗　　B. 削砧木　　C. 砧木与接穗对接　　D. 包扎

图 2-4　柑橘腹接法

削接穗　左手持接穗，将刀口放在芽外侧的叶腋处，以 45°向叶柄基部斜切一刀，深达木质部，切面长 0.5cm。然后在芽上方 0.1～0.3cm 处，向下平削一刀，切过第一刀的切面，长 0.4～0.5cm，再用拇指将接芽压在刀片上取下，待插芽。取下的芽所带的木质稍多，其形如楔子。

砧木开口　砧木开口的部位，要选择稍比楔形芽长的光滑平直面。用刀切开皮层，不伤木质部，切口要比接芽稍长。然后，将切口的皮层切去 2/3 或 1/2，使留下的砧木切口皮层不致将芽眼包严。

接合　削下的芽正反插入砧木削口都可以。若砧木切口宽度与接芽宽度相同或相差不大，接芽插在中间。若砧木切口稍大，接芽应以 15°斜插。砧木切口过大时，接芽应插在砧木切口一侧，对准形成层。

捆扎　芽插好后，用薄膜带先中间捆扎，再上下捆扎，将整个芽包在薄膜内。但要注意按时解除薄膜，以利于芽萌发抽梢。若露芽包扎，则在削芽时，芽上方要稍长些。

(2) 芽接

接穗仅用一个芽片接至砧木上。主要有嵌合芽接、"T"字形芽接等方法。

① 嵌合芽接　此方法嫁接时间长，不受砧木剥皮难易的影响，适用于多种果树（图 2-5）。

砧木开口　选平滑的一面，在砧木树干离地面 5～15cm 处由上往下纵切，长 1～1.5cm，深达形成层，将削皮切除约 1/3，仅保留基部一段。

削接穗　接穗应选芽眼充实饱满的枝条。削取接穗芽时，将枝条最平的一面，在芽眼附近处往下削，长约 1.5cm，深达形成层，稍带木质部，作为长削面，然后反转接穗，呈45°削断，此面称短削面。

插芽、捆扎　接芽对准砧木开口与削面形成层，立即用薄膜条带由上至下包扎。生长季节嫁接，包扎时一定要把芽眼露出，以免妨害接芽萌发抽梢。如果全部把接芽包上，要注意及时解缚露芽，防止时间过久接芽发霉腐烂。

② "T"字形芽接（盾形芽接）　该方法操作方便，成活率高，但嫁接期较短，只宜在砧木容易剥皮期间进行。接时在砧木一侧选光滑处，离地 5～10cm 处横刻一刀切断皮层，再在横刻刀下纵刻一刀成"T"字形，用刀尖在刀口左右摆动启开皮层。从芽上方 0.5cm 处横刻一刀，刻断皮层。然后从芽下方 1.5cm 处向上纵切，用拇指垫着刀背匀力推至横切口处，轻轻地剥下芽片。将芽片插入砧木皮下，与韧皮部对齐，再用塑料条包扎即成。生长季节露芽包扎，秋季芽接则密封包扎（图 2-6）。

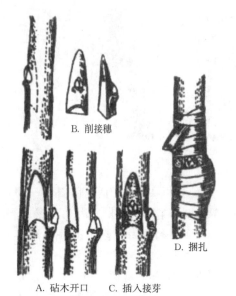
图2-5　柑橘嵌合芽接法（谢深喜，2014）

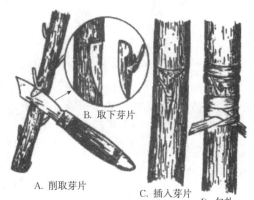
图2-6　柑橘"T"字形芽接法（谢深喜，2014）

4. 嫁接苗培育

（1）检查成活率，解除薄膜和补接

一般在嫁接后20～30d检查嫁接成活与否。芽开始萌动表明已成活，可挑开缚扎物让芽露出，使芽继续抽发。待新梢长至10cm时，解除缚扎物。接穗已变色的则未成活，应进行补接。

（2）剪砧、除萌

腹接的柑橘苗应进行剪砧。剪砧按具体情况分1～2次进行。分两次进行的，第一次待接穗抽发新梢后，在接口上端10～15cm处剪去上部砧木。第二次剪砧，待第一次新梢停止生长后，从接口处以30°角斜剪去掉余下砧桩。注意不要损伤接穗，剪口要呈斜面，使芽眼一面稍高，并修光滑。砧木上的萌蘖应及时除去，一般7～10d除一次，常采用利刀自萌蘖基部削除，忌用手摘除。

（3）摘心整形

当嫁接苗长至一定高度后，主干摘心，促发第一级主枝，促进早成树形。摘心的高度因品种而异，甜橙可适当高一点，一般为54～55cm，使其在40～50cm处生长出2～5个分枝；橘类一般在40～50cm时摘心，使其在35～40cm处生长出3～5个分枝。摘心时结合整形，将幼苗基部的侧枝剪除。摘心前后应施足水肥，促使分枝粗壮。

（4）肥水管理

施肥原则是勤施薄肥，以腐熟的人粪尿为主，辅以化肥。常在2月下旬进行第一次施肥，促发春梢。在5月下旬至6月上旬进行第二次施肥，以充实春梢，促发夏梢。在8月下旬进行第三次施肥，以壮秋梢。灌水主要在夏季和干旱时节进行。

5. 嫁接苗木出圃

出圃的苗木要求健壮，叶色浓绿，主干粗直、高20～30cm，苗高40cm以上，嫁接口愈合良好，接口部位上方2cm处直径0.6cm以上，具有3个分布均匀的分枝，根系发达完整，无危险性病害。

(二)建园

1. 园地选择和开垦

柑橘园地以选择日照不太强烈(较阴凉)、较避风的地点，且选土质疏松、土层深厚(1m以上更好)、有机质含量丰富(2%以上更好)、微酸性(pH 5.5～6.5)的土壤最适宜；园地排灌、交通、植被条件较好；坡度25°以下(15°以下最好)，坡向以东南和西南最好。

开垦时平地正方对直，坡地沿等高线开垦，沟(坑)宽1m左右，深不低于0.8m，底宽与口宽相当。坡地由下至上逐沟(坑)开挖，开挖时将沟(坑)之间15～20cm厚的表土层连同枯枝、落叶及杂草等一起回填压到沟(坑)底，然后于定植苗位置处每穴放入畜肥、土杂肥(未处理过的垃圾忌用)共30～50kg及石灰1kg，回一半土入沟(坑)，并将土与肥拌匀，再于定植苗处每穴放入油枯(生菜枯最好)、复合肥(优质)、钙镁磷肥各1kg，然后回填土拌匀填至接近满沟(坑)，最后回填土至高出沟(坑)地表面30cm左右。坡地开垦一定要按等高线修建成外高内低的台地。

为了早结果、早丰产和经济利用土地，采用计划密植(包括永久树和非永久树)，在开挖定桩时就要确定栽植株行距。一般推荐密度见表2-2所列。

表2-2 柑橘栽培推荐密度

品种	平地果园		山地果园	
	株行距(m)	密度(株/hm²)	株行距(m)	密度(株/hm²)
甜橙	5×5	405	4×5	495
'椪柑'	3×4	840	3×3	110
'蕉柑'	3×4	840	3×3	110
柠檬	3×5	675	3×4	840
柚	5×6	330	5×5	405
金橘	3×4	840	2×3	1665

2. 栽植时期

有灌溉条件的，只要避开苗木萌芽时期，在四季均可定植，但在新梢刚老化时定植最好。在冬春干旱、夏秋湿涝的气候条件下，大面积定植应选择在梅雨季节(4～5月)进行，靠雨水灌溉，目前多于清明节前后栽植。同时，为了避免肥料发酵时烧苗根或定植穴土下沉埋没嫁接部位致病或形成"小老树"，要注意根据回填沟(坑)的时间来决定栽植时间。施用未发酵过的底肥，回填后遇干旱的应6个月后再栽植；回填后即遇雨水或在潮湿地块，3个月后即可栽植。

3. 栽植方法

栽前按确定好的株距挖好低于台面(园地表面)30cm的定植穴(塘)。先把苗根系在水中浸泡几分钟以利于发新根,将苗放入定植穴,理顺根系(尤其是主根和侧根必须理顺),放入无掺杂肥料(少量钙镁磷肥无妨)的细土,这是至关重要的,否则会影响果树以后长势或苗易被烧根死亡。把根系理顺层层压实(注意:雨季在胶黏土壤上栽植时,不宜将土踩得过于板结,避免阻根、弯根),回填土至2/3时用手捏住砧木轻轻向上提一下,再放土压实盖至根颈稍偏上部位。垒好定植盘(围绕苗木离主干30cm垒土,以利于蓄贮水分),浇足定根水(这是缓苗快与成活好的关键)。栽好后用锯末(松木锯末较好)、杂草绿肥或1m×1m的塑料薄膜等覆盖树盘以防旱季土壤湿度不足或夏季雨水冲刷板结,但也要避免把苗的根颈甚至嫁接部位覆盖住,防止虫蚁危害或致病。

五、果园管理

(一)中耕除草及深翻扩穴

此项工作的目的是经常保持园内清洁及土壤疏松,减少土壤水分蒸发。注意不要在土壤水分过多时进行挖锄,以免破坏土壤结构。

1. 中耕

每年进行3~4次,一般在雨季晴天土壤水分较少时进行(雨水太多时耕地过多会阻碍土壤水分蒸发),挖土深20cm左右,主要是翻压杂草绿肥。台面上的杂草宜连根去除(松土时拔掉),台埂上的植物只需经常刈割,保留其活体以作护埂和形成小气候环境。

2. 深翻扩穴

每年进行1~3次,一般在旱季进行,即在晚秋雨水快收至早春雨水初来时及冬季雨水(烂冬雨)过后进行深翻扩穴较为适宜。深翻主要是为了保持一定水分在土壤里,有助于树体顺利度过旱季。扩穴和施基肥可结合在一起进行,然后进行全园深翻:挖深40cm左右,深翻起来的土块应打碎整平(特别在干旱初始期),否则会增加土壤蒸发面积。

总之,中耕、深翻扩穴后不能露根,更不能土埋嫁接口。开挖时还要尽量避免挖断主要的骨干侧根(大根)。

(二)肥水管理

水分充足时施肥,肥效发挥快而充分、安全。施基肥用的农杂肥需经过充分发酵腐熟;一次性施用化肥不应过量,应该薄施、勤施。另外,成年树的主要根层分布在40~60cm土层处,其主要吸收根是须根根尖——新根部分,在决定施肥深度、部位时应以此为据。同时注意施肥后用土把施肥沟覆盖好。

1. 施基肥

一般在11~12月进行。有灌水条件的可晚一些施,靠下雨获取水分的山地要早些进行(最后一场雨下过,土壤还保持潮湿时最好)。具体是隔年错开,从树冠滴水线处向外开挖放射状、半环状或环状施肥沟,挖时注意不要截断大根。施肥量要根据树龄及其长势确定。一般每株施肥沟底层放入杂草绿肥后再施畜粪、土杂肥或腐殖土50kg左右,加施油枯(生菜枯更好)或羊粪1kg,钙镁磷肥0.5kg,与施肥沟内部分土壤充分拌匀。结果树应增施草木灰、硫酸钾等钾肥以利于开花结果。

2. 追肥

以速效化肥为主,有条件的可配以腐熟的农家畜粪水(忌用人粪尿)、油枯水。幼龄期以氮肥(尿素)为主,再适当施用优质的复合肥,一般每株每次各施0.1kg左右。还要适当施磷肥(普钙)和钾肥(火灰或化肥)。追肥是为了促进树冠迅速增大。具体做法是:在果树抽梢初始期和迅速伸长期(中期),在树冠滴水线处挖穴沟施入,每次施肥后都要用土覆盖好。施肥时及其以后7d内需保持土壤湿润,或干旱时施水肥,湿涝时施干肥;树势强的少施,树势弱的多施。施肥次数也要根据树体生长情况而定。

对于结果树的追肥,实际上是对其进行"提神"。一般在1月下旬至2月上旬施春芽肥(园地干旱的在早春雨来时施较好),以氮肥为主,配合磷、钾肥,以促进春梢抽发和花芽分化)。4月底至5月初施一次稳果肥,以氮、磷肥为主,以提高坐果率。在6月底至7月初施促梢壮果肥(氮、磷、钾配合),每株施优质复合肥和生菜枯各1kg左右,以提高果实品质。在采果前后10d左右施采果肥,早熟品种在采后施(干肥为主),晚熟品种在采前施(水肥为主)。结果多、树势弱的多施,结果少、树势强的少施。必要时还可在新梢萌发期结合喷药施用根外追肥(0.3%~0.5%尿素及其他微量元素肥),以促进枝梢抽发。

3. 合理灌溉

春季是果树生长的重要时期,此时也是干旱季节。在土壤太过干燥(起裂缝)时需灌足水,特别在新芽萌动时需浇足催芽水。在大量开花期、幼果膨大期也应适量浇水以保花保果。旱季经常锄松台面土壤并进行树盘覆盖(锯末、杂草等),能阻碍部分土壤水分蒸发和利于蓄贮雨水等,同时保留隔埂上的小树木和杂草绿肥以形成小气候,这是山地果园管理中相当重要的一项工作。

4. 及时排水

在一些低洼园地,因雨水集中导致土壤积水的,应注意疏通沟渠,确保及时排除积水,使土壤含水量适度(60%~80%)。

(三)整形修剪

1. 幼树整形

初步整形在苗期就已进行,高度在1m以上且具有一定树形即进行正常修剪。幼树期树冠培养定型相当重要,主要是通过增施基肥及追施氮肥促发新梢,并有目的地抹芽(抹掉密集病芽)、短截所抽发的旺盛营养枝、撑枝(撑开紧凑壮枝)、剪去病虫枝和弱枝,以减少消耗,促进主要枝梢抽发、伸长,培养全园合理的树冠(有效利用阳光)及相对一致的树形,为创建高产、稳产、优质的高效果园打好基础。

2. 结果树修剪

柑橘进入盛果期,极易出现大小年结果现象,修剪的任务是及时更新结果枝组,培养优良结果母枝,保持营养枝与结果枝的合理比例,最终达到稳产高产、延长盛果期年限的目的。多数修剪主要在春梢萌发前的冷凉季节进行:剪去病、虫、弱枝和生长过于茂密的枝梢(一个节上长出的多根枝条进行"五抽二、三抽一"剪除),剪除或短截徒长枝的纤弱部分等。辅助修剪是在疏果时剪去部分无用的带果枝等;对开花过多的进行疏花;剪掉受病虫危害严重的枝梢,特别是雨水集中时节萌发的被潜叶蛾、蚜虫等危害太重的枝梢;夏、秋、冬季萌发的发黄而瘦弱的枝梢也应剪除。密植果园的合理有效修剪在整个管理中极其重要,它既能调节树体营养,又能减少养分损耗,从而减少肥料和药剂的浪费,同时提高果实品质并可稳定产量,确保连年丰产。

(四)其他管理

1. 定植缓苗期管理

一般在定植后2个月内,特别是栽植后第一次萌芽初始期适当追施氮、磷肥一次,7d以后再施2次(相隔10d左右),这3次肥非常重要。施肥时注意既要防止肥害(施肥量过多、土壤太干燥而烧根),又要达到催梢"提苗"的目的。

2. 幼树期(栽后3年内)**合理间(套)种**

幼树期尚有部分园地土壤未被利用,可适当间(套)种蔬菜、豆科作物、绿肥或药材等草本矮秆植物,但不宜种玉米、高粱等高秆、高耗肥作物。耕种时要在树冠覆盖范围以外进行,并注意避开当年的柑橘树施肥部位播种。合理间(套)种可以减少水土流失、培肥土壤、增加收入,以短养长,在旱季还可形成有利的小气候环境。但在太干旱的季节,要清除柑橘树根系主要分布(活动)范围内的植物或短期作物,以免与之争肥、争水、争光。

3. 大树移栽

在移栽前一年的秋季,于移栽树两侧距主干40~50cm处挖两条深、宽各30cm左右的沟,并将挖断的根系用枝剪剪平伤口,过2~3d后,覆土浇水以促发新根。若树体过大(高2m以上),可在计划移植的前第三年秋季断根,于前第二年春季芽萌动期,从二级至四级大枝进行重回缩(锯除),但应注意保留小枝。

在移植当年春初新芽萌动前或雨水初来时,轻轻取出已断根处的回填土,保护好断根处发出的新根,并挖断另两侧的根群,带土球移至挖好的定植穴中。栽植时,分层排匀根系后再覆土、压实、浇足水。移栽后,每10~15d施一次稀薄液肥以利于树体恢复。

六、有害生物防治

(一)柑橘主要病害

1. 黄龙病

(1)发病症状

黄龙病是我国南部柑橘产区的毁灭性病害,为重要检疫性病害。黄龙病的典型症状是初期病树出现一枝或几枝叶片黄化的枝梢,叶片呈斑驳型黄化或缺素型黄化。多出现在初发病树和夏、秋梢上,叶片呈均匀的淡黄绿色,且极易脱落。斑驳型黄化是在叶片转绿后,从主、侧脉附近和叶片基部开始黄化。黄化部分逐渐扩散形成黄绿相间的斑驳,而后全叶黄化。因斑驳型黄化叶在各种梢期和早、中、晚期病树上均可找到,且症状明显,故常作为田间诊断黄龙病树的依据。缺素型黄化症状是叶脉及叶脉附近叶肉呈绿色而脉间叶肉呈黄色。与缺乏微量元素锌、锰、铁时相似,这种叶片出现在中、晚期病树上。有的品种果蒂附近变橙红色,而其余部分仍为青绿色,称为"红鼻子果",也可作为诊断此病的主要依据。

(2)发生规律

其病原菌为类细菌(或称类立克次体),通过带病接穗和苗木进行远距离传播,在柑橘园内则由柑橘木虱进行传播。幼树的发病率高,在1~2年内可全园毁灭。结果树发病时,多数先在1条或多条小枝的叶片上发生黄化,随后向下部和周围的枝叶扩散,出现大范围叶片黄化或斑驳型黄化。到秋、冬季,黄化叶片逐渐脱落,枝条暴露,翌年春芽早发,花多而不实,再抽生的新梢也出现相似黄化症状。随病情加重,根系逐渐腐烂,一个果园在2~3年可全部毁灭。

(3)防治方法

a.寻找新的方法和抗性材料选育抗性柑橘砧木和接穗品种。b.严格实行检疫制度,严禁从病区调运苗木和接穗。c.建立无病苗圃,培育无病苗木。d.严格防除传病昆虫——柑橘木虱,切断传播途径。e.及时挖除病株,集中烧毁。

2. 溃疡病

(1)发病症状

主要危害柑橘叶片、枝梢和果实,产生溃疡病斑。受害叶片开始时在叶背出现淡黄色油渍状小斑点,继而发展成近圆形、淡褐色至褐色病斑,叶片病部正、反面凸起,周围多有黄绿色晕圈,以后病斑中心下陷破裂,呈溃疡状;枝条病斑不显晕环,呈深褐色釉边;果实病斑与叶片相似,但病斑更大,木栓化凸起更明显,中央火山口状开裂更明显,病部只限于果皮,不发展到果肉。发生严重时引起落叶、枯枝和落果,苗木和幼树受害严重时甚至导致树体死亡。

(2)发生规律

本病是由黄单胞杆菌属的一种短杆状的细菌侵入引起。病菌主要侵染芸香科的柑橘属和枳属,金柑属也可侵染。

病原菌在叶、枝及果实的病组织中越冬,以枝叶为主要越冬场所,翌春在水湿时从病部溢出,借风、雨、昆虫、枝叶接触进行近距离传播,远距离传播则由带病苗木、接穗和果实引起。病菌由寄主的气孔、皮孔和伤口侵入,在饱和湿度下,20min可以侵入气孔引起发病。不合理施肥或偏施氮肥,柑橘抽梢不一致,会加重病害的发生。柑橘潜叶蛾、凤蝶幼虫等害虫危害造成的伤口,也有利于病菌侵染。溃疡病菌还有潜伏侵染现象。

(3)防治方法

a.严格执行检疫制度,坚持采用以消灭病源为目标的综合防治技术是防治此病的关键措施。从外地引进的苗木和接穗,应用700IU/mL链霉素+1%酒精浸30~60min,或用0.3%硫酸亚铁浸10min。b.建立无病菌圃,培育无病苗木,是防治柑橘危险性病害的根本措施。无病圃应距柑橘园3km。c.选用抗病品种,加强栽培管理工作,合理施肥,以肥控梢。d.防除潜叶蛾、凤蝶等害虫,掌握潜叶蛾低峰期放秋梢,台风频繁地区园圃周围营造防护林,均可减轻发病。e.在疫区采取以加强管理并适时开展喷药保护是防治此病的

基本措施。喷药适期及次数：春梢从剪后至发病前（4月中下旬至5月上旬）喷药1~2次；落花后30~40d喷药保果一次（5月中、下旬）；夏梢从剪后至发病前（6月上中旬至7月上中旬）喷药2~3次；秋梢（8月上中旬至9月上中旬）视抽梢与否及梢期长短喷药1~2次。全年喷药5~8次。目前防治效果较好的药剂有可杀得3000水分散粒剂1000倍液，27.12%铜高尚悬浮剂500倍液，72%农用链霉素可溶性粉剂1000倍液＋1%酒精浸30~60min，倍量式波尔多液＋1%茶籽浸出液（选择在6月前使用）。不少新上市的药剂也显示出较好的防治效果，各地可按其成本与效果灵活选择。同时，还要注意农药的轮换使用，以防产生抗药性。

3. 炭疽病

（1）发病症状

主要危害叶片、枝条、花、果实和果柄，常造成蜜橘和橙类等柑橘品种大批落叶、枝条枯死、大量落花、落果和果实腐烂。在条件适宜的地区，可常年危害柑橘。

叶片、枝梢在连续阴雨潮湿天气，表现为急性型症状：叶尖出现淡灰色带暗褐色斑块，如沸水烫状，边缘不明显，嫩梢则呈沸水烫状急性凋萎。在短暂潮湿而很快转晴的天气，表现为慢性型症状：叶斑圆形或不定形，边缘深褐色，稍隆起，中部灰褐色至灰白色，斑面常现轮纹；枝梢病斑多始自叶腋处，由褐色小斑发展为长梭形下陷病斑，当病斑绕茎扩展一周时，常致枝梢变黄褐色直至灰白色枯死。花朵症状：雌蕊柱头被侵染后，常出现褐色腐烂而落花。幼果发病，腐烂后干缩成僵果，悬挂树上或脱落。成熟果实发病时，在干燥条件下呈干疤型斑，以在果腰部较多，黄褐色、稍凹陷、革质、圆形至不定形，边缘明显，发病组织不深入果皮下；湿度大时则呈泪痕型斑，果面上出现流泪状的红褐色斑块；储运期间，现果腐型斑，多自蒂部或其附近处出现茶褐色稍下陷斑块，终至皮层及内部瓢囊变褐腐烂。果梗受害，初期褪绿，呈淡黄色，其后变为褐色，干枯，果实随即脱落，也有的病果成僵果挂在树上。上述各患部表面，潮湿时现针头大朱红色小点；干燥时现黑色小点。

（2）发生规律

病原菌为半知菌亚门真菌，称胶孢炭疽菌。病菌以菌丝体和分孢盘在病部越冬，以分生孢子作为初侵与再侵接种体，借风雨和昆虫传播，从气孔或伤口侵入致病。病菌具弱寄生性和潜伏侵染特性，即病菌入侵寄主后可处于休眠状态而不显症，只有当寄主组织活力下降或衰退时才表现症状。高温多湿的天气，冬、春植株受冻或受旱，柑橘园受涝、园土黏重、土层浅薄、有机质含量低，偏施、过施氮肥，地下水位高、排水不良，皆易降低植株抗逆力而易发病。通常以甜橙、'椪柑''蕉柑''温州蜜柑'、柠檬、'红橘''年橘'等种和品种发病较重，同一感病品种的发病轻重又跟树势强弱有密切关系。

（3）防治方法

a.加强栽培管理：深耕改土、增施有机肥料，避免偏施氮肥，适当施用磷、钾肥，及时排灌、治虫、防冻，以增强树势，提高抗病力。b.减少病源：结合修剪，剪除病枝叶、衰老叶、交叉枝及过密枝，使树冠通风透光，将病叶、病果集中深埋或烧毁，并全面喷布0.5~0.8波美度石硫合剂一次，以减少菌源。c.药剂防治：早春萌芽前喷0.8~1波美度石硫合剂一次；春芽米粒大时喷0.5%等量式波尔多液一次；幼果期（5月下旬至6月上旬）喷25%咪酰胺乳油500～1000倍液、10%甲醚苯环唑水分散粒剂2000～2500倍液、77%氢氧化铜可湿性粉剂800～1000倍液、50%代森锰锌可湿性粉剂600倍液1～2次，9～10月喷50%代森锰锌可湿性粉剂600倍液1～2次。

4. 衰退病

(1) 发病症状

衰退病毒危害柑橘有3种形式，有时分别称为速衰型、苗黄型和茎陷点型。速衰型主要症状为柑橘树体逐渐或快速地衰退甚至死亡；苗黄型主要症状为苗木的叶片黄化；茎陷点型主要症状为植株矮化，树势衰退，剥开枝梢的皮层，可见木质部有明显的陷点或陷条，有时充胶，枝条脆弱、极易折断，叶片呈现主脉黄化，果实变小。

(2) 发生规律

该病是由柑橘衰退病毒侵害所致，病毒粒体线状。根据寄主的症状表现，有致病力强弱不同的株系，目前对株系的研究还有待深入。

该病是通过带毒的苗木和带毒的芽、皮和叶碎片嫁接传染，在田间主要通过橘蚜、棉蚜、橘二叉蚜、绣线菊蚜等蚜虫传播。其中橘蚜的传病力最强，病毒侵入寄主后，一般从顶部往下侵染，破坏砧木的韧皮部，阻碍养分输送，先引起根部腐烂死亡，然后引起地上部发病。种子、汁液和土壤都不传病。感病性与砧木跟接穗的组合有很大关系。酸橙作砧木，接甜橙、宽皮橘则较易感病。'枸头橙'作砧木的则比较耐病。以枳、酸橙、'红橘'、枳橙、'粗柠檬'作砧木，嫁接甜橙、宽皮橘，一般都比较耐病。枳、枳橙对衰退病毒基本上免疫。

(3) 防治方法

a. 加强植物检疫，防止可以引起甜橙严重茎陷点的强株系的传入。b. 对于发病严重的应铲除发病树体，建议更新抗病性强的树种作为主打品种；对于发病较轻的枝梢，应及时修剪并在修剪口涂愈伤防腐膜促进伤口愈合。c. 选用枳橙、酸橙、'红橘'、香橙、'枸头橙'等作耐病砧木。d. 选用无毒繁殖植株：对名贵品种或品系的原始植株，可采用热力治疗的方法，即将病株或可疑病株放置在白天40℃、夜间30℃各12h培养40d，然后取其嫩梢在温室中进行繁殖，以获得无衰退病毒的繁殖材料。e. 防治传毒昆虫：田间防治蚜虫的主要药剂有抗蚜威、杀灭菊酯、灭扫利等，轮换使用，建议添加新高脂膜增强药效。f. 利用弱毒系的交叉保护作用，避免柑橘衰退病的危害。

5. 脚腐病

(1) 发病症状

此病主要发生于主干基部，引起皮层腐烂。成年树主干发病部位一般不超过离地面30cm处，幼树栽植过深时多自接口处发病。病树全株或部分大枝叶片中脉及侧脉呈深黄色，引起叶落、枝枯，树势衰弱，开花多、花期短，结果少，所结的果实着色早，皮粗味酸。病斑不定型，发病初期，皮层褐色湿腐有酒糟味，常流出褐色胶质。气候干燥时，病斑干裂；温暖潮湿时病斑迅速扩展，向上蔓延至主干部，向下蔓延至根群并引起腐烂。横向扩展可造成根颈环剥，叶黄枝枯乃至全株死亡。果实发病时，先为圆形的淡褐色病斑，后渐变成褐色水渍状。病健部分界明显，只侵染白皮层，不烂及果肉。干燥时病斑干韧，手指按下稍有弹性；潮湿时则呈水渍状软腐，长出白色菌丝，有腐臭味。发病严重的果实不久即脱落。

(2)发生规律

病原菌为鞭毛菌亚门的疫菌，主要是寄生疫真菌和褐腐疫真菌。病菌主要以菌丝体在根颈病部越冬，翌春病菌产生的孢子借风雨或流水传播，从根颈部伤口侵入致病。高温多湿的年份，种植过深，除草松土和施肥等不慎或天牛蛀口多，园圃低洼、土质黏重、排水不良、荒芜失管、郁闭以及植株生长势衰弱等情况下较易发病。种及品种上，甜橙、柠檬等最易感病，橘、柚类、'温州蜜柑'等次之，而枳及酸橙则高度抗病。一般树龄越老，发病越重。4~5月及7~8月为发病盛期。本病有暂时形成愈伤组织的特点，其对枝梢的影响随主干病斑分布的位置及多少而变化。

(3)防治方法

防治本病宜采用"枳砧，适当高接，幼树浅栽，靠接防病，注意排水，严防虫伤，晾株换土，刮治涂药"的综合防治法。a.利用抗病砧木（枳、'红橘'）。育苗时可适当提高嫁接部位，以10~15cm为宜。b.在已感病砧木的植株基部，选择不同方位靠接3株抗病实生砧木苗。定植时不要栽植过深，嫁接口要露出土面，防止人为或树干害虫（天牛、吉丁虫）等造成基部发生伤口。c.改良土壤防止积水，冻后及时扒平培土。注意改善和加强橘园栽培管理。每年初夏，逐株检查田间发病情况。d.检出的病斑，先用刀刮去外表泥土，再纵划病部，深达木质部，刻道间隔约1cm，然后涂药，切口周围愈合后，宜用河沙或新土覆盖。药剂可选用：25％甲霜灵（雷多米尔、瑞毒霉、甲霜安）可湿性粉剂200倍液、90％三乙磷酸铝（疫霉灵、疫霜灵、乙膦铝）可湿性粉剂100倍液、10％等量式波尔多液、2％~3％硫酸铜液、石硫合剂等。e.果实将转黄时，在地面铺草，防止土壤中的病菌被雨水击溅到枝叶及果实上。或用竹竿等将接近地面的树枝撑起，使其距地面1m以上，涝害及大雨前后在地面及下部树冠喷洒0.7％等量式波尔多液或50％甲霜灵可湿性粉剂500~600倍液或50％多菌灵可湿性粉剂800~1000倍液。

6. 树脂病

(1)发病症状

因症状发生的部位不同，有不同名称。发生在枝干上称树脂病或流胶病，发生在叶片及幼果上称为沙皮病，发生在贮藏期果实上称蒂腐病。

流胶和干枯：枝干受害常表现两种类型（可相互转化），多发生在主干分杈处和其下的主干上，以及经常暴露在阳光下的西南向枝干。病部皮层组织松软，灰褐色，渗出褐色胶液。在高温干燥条件下，病势发展慢，病部干枯下陷，其周缘产生愈合组织，已死皮层开裂脱落，木质部外露。

沙皮或黑点：在新梢、青果及叶片上，产生许多散生或密集成片的黄褐或黑褐色的硬胶质小粒点。

褐色蒂腐：发生于成熟果实上、果实采摘后，特别在储运过程中发生较多，从果梗开始，病部初为水渍状黄褐色，后渐变成深褐色，果皮下缩成革质，病果内部腐烂较果皮腐烂速度快。

(2)发生规律

树脂病的病原菌为子囊菌,属子囊菌亚门。该病菌主要以无性世代的菌丝、分生孢子器和分生孢子在病枯枝、病树干或病树皮上越冬。翌年春季,环境适宜时,特别是多雨潮湿时,枯枝上的越冬病菌开始大量繁殖,借风、雨、露水和昆虫等传播到枝下、新梢、嫩叶和幼果上,当这些组织的表面有水潮湿时,病菌即可萌发侵入。发病的高峰期一般在4~6月和9~10月。病原菌是一种弱寄生菌,生长衰弱或受伤的柑橘树病原菌容易侵入危害。因此,柑橘树遭受冻害造成的冻伤和其他伤口,是本病发生流行的首要条件。此外,多雨季节也常常造成树脂病发生。栽培管理不当,特别是肥料不足或施用不及时,偏施氮肥,土壤保水性或排水性差,各种病虫危害和阳光灼伤等造成树势衰弱,都易引致此病的发生。本病的发生与柑橘树的树龄和品种也有一定关系,老树和成年树发病较多,幼树发病少;树种感病从重到轻依次为'椪柑'＞'福橘'＞'雪柑'＞'温州蜜柑'＞金柑。

(3)防治方法

a.加强栽培管理,增强树势,减少伤口,尤其是冻伤口。b.结合修剪,清除病源。c.树干涂药:较小病斑,刮除病部涂药;连片病斑,纵划病部涂药。一年分两期(4~5月及8~9月)涂药,每期2~3次。可采用50%多菌灵可湿性粉剂100~200倍液、70%甲基托布津可湿性粉剂100~150倍液、1:4食用碱水、1%硫酸铜液、石硫合剂、1:1:10波尔多液、2%多菌灵的水柏油。d.喷药防治:为防止叶、果发病,可在4~8月喷药,疗效较好的有50%多菌灵可湿性粉剂1000倍液、50%托布津可湿性粉剂800倍液。e.保干防治:4月中、下旬于主干及大枝上敷保护剂(新鲜牛粪70%+黄泥30%+毛发适量+疗效较好的药剂,将四者拌匀即可应用),7月上旬刷白防灼(生石灰0.5kg、食盐1匙、水3~3.5kg)。

7. 碎叶病

(1)发病症状

枳砧及枳橙砧的柑橘树受碎叶病危害后,嫁接口处环缢和接口附近的接穗肿大,且易折断,裂面光滑,叶脉黄化,类似环状剥皮引起的黄化。有的则表现为带毒隐症。

(2)发生规律

柑橘碎叶病毒的粒子为长丝状,致死温度为65~70℃。可通过嫁接、机械和菟丝子传播。感病的种和品种有枳、枳橙、'厚皮柠檬'等,较耐病的有甜橙、酸橙、柠檬和'粗柠檬'等。此病的发生还与砧木种类直接有关,以枳和枳橙为砧木的比较敏感,病穗接在酸橘和'红橘'等砧木上则带病而不显症。除通过接穗和苗木传播外,还可以通过污染的刀剪进行机械传播。

(3)防治方法

a.选用无病母树繁育无病苗木。b.严格实行检疫,及时挖除病树重栽,还应注意对工具进行消毒。

8. 立枯病

(1)发病症状

立枯病是一种侵染性苗期病害。田间常见3种症状:病苗靠近土表的基部缢缩,变褐色腐烂,叶片凋萎不落,形成青枯病株,即为典型症状;幼苗顶部叶片染病,产生圆形或

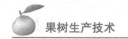

不规则形褐色病斑并迅速蔓延，叶片枯死，形成枯顶病株；刚出土或尚未出土的幼苗染病，病芽在土中变褐腐烂，形成芽腐。

(2) 发生规律

柑橘立枯病是由立枯丝核菌为主的多种真菌引起的。高温多湿，特别是 5～6 月大雨或连绵阴雨后突然晴天，容易造成本病大发生。地势低洼、排水不良、苗床积水、地下水位高，连作苗圃，种子质量差，播种晚，均有利于发病。不同柑橘种和品种的抗病性以柚、枳、'枸头橙'较强，酸橘、'红橘''摩洛哥酸橙''粗柠檬'、香橙、金柑、甜橙、柠檬则较易感病。一般苗出土后长出 1～2 片真叶时开始发病，苗龄 60d 以上时，就不易感病。

(3) 防治方法

a. 采用无菌土营养袋育苗，没有条件用无菌土营养袋育苗的，苗圃地应选择地势较高、排水方便的旱地，避免连作。b. 改善苗圃土壤的水分和通气条件，精细整土，注意排水及雨后松土。及时拔除病株并集中烧毁。c. 实行秋播，避开发病高峰季节。d. 药剂防治：播种前 20d 整地后用 95% 棉隆粉剂以 30～50g/m² 的用药量，混合适量细土，均匀撒于土面，与土壤翻拌均匀后浇水踏实。封闭 20d 后再松土播种；也可用 40% 五氯硝基苯粉剂 100g 与细土 50kg 拌匀后覆盖种子或播种覆土后喷洒 50% 代森铵 500 倍液；发病期间可用 70% 敌磺钠(敌克松)可湿性粉剂 500 倍液或 50% 多菌灵可湿性粉剂 500 倍液进行喷洒，每 5d 喷一次，连喷 2～3 次。

9. 疮痂病

(1) 发病症状

此病主要危害叶片、新梢、花瓣及果实。在叶片上初期为油渍状的黄色小点，接着病斑逐渐增大，颜色变为蜡黄色，后期病斑木栓化，多数向叶背面突出，叶面则凹陷，形似漏斗，严重时叶片畸形或脱落；嫩枝被害后枝梢变短，严重时呈弯曲状，但病斑凸起不明显；花器受害后，花瓣很快脱落；幼果在落花后即可感病，开始时产生褐色小斑，以后逐渐变为黄褐色木栓化凸起的病斑，引起早期脱落，后期受害果实发育不正常，皮厚，味酸，果形变小甚至畸形。

(2) 发生规律

病原菌为半知菌亚门痂囊菌属真菌类的柑橘痂圆孢菌。疮痂病只侵染幼嫩组织，发生适温为 15～24℃，超过 25℃ 时病菌的生长受到抑制；病菌以菌丝体在患病组织内越冬，当春季阴雨潮湿、气温在 15℃ 以上时，产生分生孢子，通过风、雨、昆虫传播至春梢、嫩叶和幼果上，从表皮或伤口侵入，经约 7d 的潜育期产生新病斑，病斑上可产生分生孢子进行再次侵染。一般来说，橘类最易感病，柑、柚中度感病，甜橙、金橘抗病性很强；疮痂病的发病轻重与春、夏季的雨水多少及分布是否均匀有着密切关系。

(3) 防治方法

a. 结合修剪清除病枝叶，并集中烧毁。b. 适期避雨，有条件的柑橘园从开始谢花起避雨 3～4 周，即可有效控制发病。在春芽萌动至芽长 2～3mm 和谢花 2/3 时(幼果初期)各喷一次药。若抽夏梢时遇低温阴雨，则应喷第三次药，以保护夏梢及果实。防治溃疡病的药剂均可兼治本病。此外，还可选用 80% 代森锌可湿性粉剂 800 倍液、50% 多菌灵可湿性粉剂 1000 倍液等。c.新建果园时，注意培育和选用无病苗木和抗病品种。此外，也要防止国外新的疮痂病菌种类和生物型传入国内。引进苗木或接穗时，可用 50% 多菌灵或 50% 甲基托布津可湿性粉剂 1000 倍液浸 30min 进行消毒。

10. 烟煤病

(1) 发病症状

本病发生于叶、果及枝上，初期于这些器官的表面生暗褐色很薄的霉斑，最后形成绒毛状黑色霉层。霉层剥落后叶片仍为绿色。因霉层被覆枝叶，影响光合作用，使树势衰弱。危害严重时，叶片卷缩褪绿或脱落，幼果腐烂。

(2) 发生规律

主要致病菌：柑橘煤炱、刺盾炱、巴特勒小煤炱，均属子囊菌门真菌。引起烟煤病的病菌中除小煤炱属纯寄生菌外，其余均为表面附生菌，大部分种类以蚜虫、蚧类、粉虱的分泌物为营养。病菌以菌丝体、闭囊壳和分生孢子器在病部越冬，分生孢子和子囊孢子借风雨传播。此病发生于春、夏、秋季，其中以 5～6 月为发病高峰。除小煤炱属外，多随蚧类、粉虱和蚜虫等害虫发生而消长，果园管理不善、荫蔽、潮湿均易于发病。

(3) 防治方法

害虫分泌物为烟煤病菌的滋生提供了营养条件，通过防虫治病。a.对蚧类的防治：在幼蚧孵化盛期喷 2～3 次 0.5% 果圣水剂 500～800 倍液或 4.8% 乐斯本乳油 500～800 倍液或 40% 速扑杀乳油 1000 倍液。对粉虱的防治：应在各代 1～2 龄若虫盛发期喷药，药剂可选用 48% 乐斯本乳油 1000 倍液或 10% 吡虫啉可湿性粉剂 2000 倍液或 25% 扑虱灵可湿性粉剂 1000 倍液或 25% 阿克泰水分散粒剂 3000 倍液等。b.对蚜虫的防治：可选用 10% 氯菊酯(二氯苯醚菊酯、除虫精) 5000 倍液或 22% 蚜虱灵可湿性粉剂 2500 倍液等。也可用黄色诱虫板诱杀上述害虫或释放昆虫天敌，如橙黄蚜小蜂、刺粉虱黑蜂等。适当修剪，以利于通风透光，降低树冠湿度，增强树势。

(二)柑橘虫害

1. 潜叶蛾

(1) 形态特征

成虫体长仅为 2mm，翅展约 5.3mm，触角丝状，体翅全部白色。前翅尖叶形，有较长的缘毛，基部有黑色纵纹 2 条。中部有"Y"字形黑纹，近端部有一明显黑点；后翅针叶形，缘毛极长。足银白色，各足胫节末端有一个大型距。跗节 5 节，第一节最长。卵扁圆形，长 0.3～0.4mm，白色，透明。幼虫体扁平，纺锤形，黄绿色；头部尖；足退化；腹部末端尖细，具有 1 对细长的尾状物。

(2) 危害症状

潜叶蛾又名绘图虫，属潜蛾科。我国各柑橘产区均有发生，且以长江以南产区受害最重。主要危害柑橘的嫩叶和嫩枝，果实也有少数受害。幼虫潜入表皮蛀食，易形成弯曲带白色的虫道，使受害叶片卷曲、硬化、易脱落，新梢生长受阻，影响树势和抽梢结果，幼虫危害的伤口又利于溃疡病和螨类等病虫害的侵入危害。受害果实易烂。

(3) 发生规律

潜叶蛾的田间消长规律和对新梢的危害程度，各柑橘产区略有不同，但多从6月初的夏梢抽发开始危害，一直延续到10月上旬的秋梢老熟，又以8～9月危害最盛。该虫年可发生12代以上，世代重叠，多以蛹在秋、冬梢叶缘卷折内越冬。潜叶蛾成虫无趋光、趋化性，白天多栖息于叶背和橘园杂草丛中，清晨和晚上活动频繁，雌蛾将卵多产在嫩叶中脉两侧或嫩枝上，幼虫孵化后蛀入叶片或嫩梢表皮蛀食危害。潜叶蛾发生的盛期若与柑橘夏、秋梢大量抽发相吻合，危害往往严重；苗木和幼树由于抽梢多而不整齐，利于成虫产卵和幼虫危害，受害也较严重。影响潜叶蛾大量发生的因素主要有气候因素、天敌因素和食物因素。

(4) 防治方法

a. 栽培措施防治：杜绝虫源，防止传入；结合冬季修剪，剪除被害枝叶并烧毁。b. 药剂防治：成虫羽化期和低龄幼虫期是防治适期，防治成虫可在傍晚进行；防治幼虫，宜在晴天午后用药，可喷施10％二氯苯醚菊酯2000～3000倍液，或2.5％溴氰菊酯2500倍液，每隔7～10d喷一次，连续喷3～4次。

2. 红蜘蛛

(1) 形态特征

雌成螨长约0.39mm，宽约0.26mm，近椭圆形，紫红色；背面有13对瘤状小突起，每一突起上长有1根白色长毛；足4对。雄成螨鲜红色，与雌成螨相比，体略小（长约0.34mm，宽约0.16mm），腹部末端部分较尖，足较长。卵扁球形，直径约为0.13mm，鲜红色，有光泽，后渐褪色。顶部有一垂直的长柄，柄端有10～12根向四周辐射的细丝，可附着于叶片上。幼螨体长1.2mm，色较淡，有足3对。若螨与成螨极相似，但身体较小，1龄若螨体长0.2～0.25mm，2龄若螨体长0.25～0.3mm，均有4对足。

(2) 危害症状

柑橘红蜘蛛又叫柑橘全爪螨，属叶螨科，我国柑橘产区均有发生。它除危害柑橘外，还危害梨、桃和桑等经济树种。主要吸食叶片、嫩梢、花蕾和果实汁液，尤以嫩叶危害最重。叶片受害初期为淡绿色，后出现灰白色斑点，严重时叶片呈灰白色而失去光泽，叶背布满灰尘状蜕皮壳，并引起落叶。幼果受害，果面出现淡绿色斑点；成熟果受害，果面出现淡黄色斑点；果蒂受害，导致大量落果。

(3) 发生规律

红蜘蛛一年发生12～20代，田间世代重叠。冬季多以成螨和卵存在于枝叶上，在多数柑橘产区无明显越冬阶段。当气温12℃时，虫口渐增，20℃时盛发，20～30℃的气温和60％～70％的空气相对湿度是红蜘蛛发育和繁殖的最适条件。红蜘蛛有趋嫩性、趋光性和迁移性。叶面和叶背虫口均多。在土壤瘠薄、向阳山坡地，红蜘蛛发生早而重。

(4) 防治方法

柑橘螨类的防治应从柑橘园生态系全局考虑，贯彻"预防为主，综合防治"的方针。合理使用农药，保护、利用天敌，充分发挥生态系统的自然控制作用，将害螨的危害控制在经济允许水平之下。a. 栽培措施防治：加强柑橘园水肥管理。冬、春干旱时及时灌水，可促进春梢抽发，有利于寄生菌、捕食螨的发生和流行，造成对害螨不利的生态环境。冬季结合整枝修剪，剪除过密枝条和被害枝条及病虫卷叶和虫瘿，减少越冬螨源，降低发生基数。在柑橘园种植藿香蓟、油菜、紫花苜蓿、苏麻、豆科植物等，既可改良柑橘园小气候，又有利于捕食螨等天敌的繁衍和补充食料，提高天敌对害螨的自然控制作用。b.生物防治：保护和利用天敌，对害螨有显著的控制作用。3~5月和9~10月，在平均每叶有害螨2头以下的柑橘树上，每株释放钝绥螨等捕食螨200~400头。天敌释放后，严禁喷洒剧毒农药。多毛菌是控制柑橘锈螨的一个重要因素。因此，在多毛菌发生流行的多雨季节，柑橘园不宜使用波尔多液等铜素杀菌剂防病。避免滥用农药，特别是对天敌杀伤力大的广谱性农药。c.药剂防治：加强虫情检查，局部性发生时实行挑治，减少全园喷药次数，当100片叶平均虫口在1~2头时，进行全面喷药防治；轮换使用农药，不滥用农药；采果后至春芽前喷73%克螨特乳油1500倍液或松脂合剂8~10倍液或95%机油乳剂或99%绿颖矿物油100~200倍液；春芽和幼果期后应选用防治效果良好的专一性农药，如20%哒螨灵可湿性粉剂1500~2000倍液、1.8%阿维菌素乳油2000~2500倍液等。

3. 柑橘锈壁虱

(1) 形态特征

成螨体长0.1~0.6mm，黄白色，肉眼不易见，头胸部背面平滑，头部附近有足2对，腹部有许多环纹，腹末端有纤毛1对。卵圆球形，灰白色，半透明。若螨的形体似成螨，较小，腹部光滑，环纹不明显，腹末尖细，具足2对。

(2) 危害症状

柑橘锈壁虱又名橘锈螨、锈蜘蛛、橘锈瘿螨，属蛛形纲蜱螨目瘿螨科，是柑橘的重要害虫，我国各个柑橘产区均有发生，危害率高达50%以上。主要在叶片背面和果实表面吸食汁液。吸食时使油胞破坏，芳香油溢出，被空气氧化，导致叶背、果面变为黑褐色或铜绿色，严重时可引起大量落叶。幼果受害严重时变小、变硬，大果受害后果皮变为黑褐色，韧而厚。果实有发酵味，品质下降。

(3) 发生规律

一年发生18~24代，以成螨在腋芽和卷叶中越冬。日平均气温10℃时停止活动，15℃时开始产卵；随春梢抽发迁至新梢取食。5~6月蔓延至果上，7~9月危害果实最甚，大雨可抑制其危害。9月后，随气温下降，虫口减少。

(4) 防治方法

a.栽培措施防治：加强果园管理，果园生草，旱季适时灌溉，以减轻锈壁虱的发生与危害。b.生物防治：在多毛菌流行季节，减少或避免使用杀菌剂特别是铜制剂防治柑橘病害，尽量使用选择性农药，以保护天敌，并使用多毛菌粉（每克700万菌落）300~400倍液喷布，增加益菌数量，控制锈壁虱危害。c.药剂防治：定期用10倍放大镜检查叶背，每个视野平均有锈壁虱2头时，应立即喷药防治。药剂可选用70%安泰生（丙森锌）可湿性粉剂或80%代森锰锌可湿性粉剂600~800倍液、65%代森锌可湿性粉剂600~800倍液、1.8%阿维菌素乳油3000~4000倍液等。喷药要均匀细致，树冠内膛和果实向阴面一定要充分、均匀着药。

4. 蚧类

有矢尖蚧、糠片蚧、褐圆蚧、黑点蚧等,以矢尖蚧为例进行简述。

(1)形态特征

雌成虫体橙黄色,长约2.5mm。雄介壳狭长,长1.2~1.6mm,粉白色,棉絮状,背面有3条纵脊,1龄蜕皮壳黄褐色。雄成虫体长0.5mm,橙黄色,具发达的前翅,后翅特化为平衡棒,腹末性刺针状。卵椭圆形,长0.2mm,橙黄色。若虫1龄草鞋形,橙黄色,触角和足发达,腹末具1对长毛;2龄扁椭圆形,淡黄色,触角和足均消失。

(2)危害症状

矢尖蚧又名尖头介壳虫,属盾蚧科。我国柑橘产区均有发生,以若虫和雌成虫取食叶片、果实和小枝汁液。叶片受害轻时,被害处出现黄色斑点或黄色大斑;受害严重时,叶片扭曲变形,甚至枝叶枯死。果实受害后呈黄绿色,外观、内质变差。

(3)发生规律

一年发生2~4代,以雌成虫和少数2龄若虫越冬。当日平均气温17℃以上时,越冬雌成虫开始产卵孵化,世代重叠,17℃以下停止产卵。雌虫蜕皮两次后成为成虫,不进行孤雌生殖。温暖潮湿有利于其发生。树冠郁闭的易发生且较重,大树较幼树发生重。雌虫分散取食,雄虫多聚在母体附近危害。

(4)防治方法

a.栽培措施防治:3月以前及时剪除虫枝、荫蔽枝、干枯枝并集中焚烧,减少虫源;改善橘园通风透光条件,减轻矢尖蚧危害;发现果面和枝梢有矢尖蚧危害,及时清除,集中处理。b.生物防治:矢尖蚧的主要天敌有整胸寡节瓢虫、湖北红点唇瓢虫、方头甲、矢尖蚧小蜂、花角蚜小蜂、黄金蚜小蜂和寄生菌红霉菌等,应加以保护和利用。c.药剂防治:重点应放在第一代1龄、2龄若虫期。在4月中旬起经常检查当年春梢或上一年秋梢枝叶,当游动若虫出现时,应在5d内喷药防治。药剂可选用40%水胺硫磷乳油800~1000倍液连续2次。形成介壳后,可选用40%杀扑磷乳油600~800倍液喷布。冬季清园期和春芽萌发前,可喷布松脂合剂8~10倍液,30%松脂酸钠水乳剂1000~1200倍液,99%绿颖矿物油或95%机油乳剂100~150倍液。

5. 天牛类

有星天牛、褐天牛、光盾绿天牛等,以星天牛为例进行简述。

(1)形态特征

体翅黑色,每鞘翅有多个白点。雄虫体长50mm,头宽20mm;体色为亮黑色;前胸背板左、右各有一个白点;翅鞘散生许多白点,白点大小个体间差异颇大。雌虫体长约40mm,体形壮硕黑亮,翅鞘上有白色斑点,十分醒目。本种与光肩星天牛的区别就在于鞘翅基部有黑色小颗粒,而后者鞘翅基部光滑。触角呈丝状,黑白相间,长约10cm。成虫漆黑色具光泽,雄虫触角倍长于体,雌虫稍长于体。卵长椭圆形,长5~6mm,宽2.2~2.4mm;初产时白色,以后渐变为浅黄白色。老熟幼虫体长38~60mm,乳白色至淡黄色;头部褐色,长方形,中部前方较宽,后方溢入;额缝不明显,上颚较狭长,单眼1对,棕褐色;触角小,3节,第二节横宽,第三节近方形;前胸略扁,背板骨化区呈

"凸"字形,"凸"字形纹上方有两个飞鸟形纹;气孔9对,深褐色。

(2)危害症状

星天牛属天牛科。在我国柑橘产区均有发生,危害柑橘、梨、桑和柳等。其幼虫蛀食柑橘离地面0.5m以内的根颈和主根皮层,切断水分和养分的运输而导致植株生长不良,枝叶黄化,严重时死树。

(3)发生规律

一年发生1代,以幼虫在木质部越冬。4月下旬开始出现,5~6月为盛期。成虫从蛹室爬出后飞向树冠,啃食嫩枝皮和嫩叶。成虫常在晴天9:00~13:00活动、交尾、产卵,中午高温时多停留在根颈部活动和产卵。5月底至6月中旬为其产卵盛期,卵产在离地面约0.5m的树皮内。产卵处因被咬破,树液流出表面而呈湿润状或有泡沫状液体。幼虫孵出后即在树皮下蛀食,并向根颈或主根表皮迁回蛀食。

(4)防治方法

a. 成虫羽化盛期,于清晨和晴天中午人工捕杀成虫;成虫羽化产卵前,用生石灰5kg、硫黄粉0.5kg、水20kg、盐0.25kg调成灰浆,涂刷树干和基部,可减少成虫产卵;6~7月勤查树干,当发现树干基部有产卵伤口或有白色泡沫状物堆积时,即用利刀刮杀卵粒及低龄幼虫;幼虫在树皮下蛀食期或蛀入木质部未深入时,可用带钩的铁丝顺着虫道清除虫粪并钩杀幼虫。b. 发现树干基部有新鲜虫粪时,表明星天牛幼虫已深入木质部危害,需用药剂进行毒杀。用注射器将氯氰菊酯药液注入孔道,然后用湿泥土封堵孔口,熏蒸毒杀幼虫。

6. 食蝇类

包括柑橘小实蝇、柑橘大实蝇,以柑橘小实蝇为例进行简述。

(1)形态特征

成虫头黄色或黄褐色,中胸背板大部黑色,缝后黄色侧纵条1对。小盾片除基部有一黑色狭缝带外,余均黄色。翅前缘带褐色,伸达翅尖,较狭窄,其宽度不超过R_{2+3}脉;臀条褐色,不达后缘。足大部分黄色,后胫节通常为褐色至黑色,中足胫节具一红褐色端距。腹部棕黄色至锈褐色。第二背板的前缘有一黑色狭纵斑,自第三背板的前缘直达腹部末端,组成"T"形斑。第五背板具腺斑1对。雄虫第三背板具种毛。雌虫产卵管基节棕黄色,其长度略短于第五背板。卵乳白色,菱形,长约1mm,宽0.1mm,精孔一端稍尖,尾端较钝圆。3龄老熟幼虫长7~11mm,头咽骨黑色,前气门具9~10个指状突,肛门隆起明显突出,全部伸到侧区的下缘,形成一个长椭圆形的后端。蛹椭圆形,长4~5mm,宽1.5~2.5mm,淡黄色。初化蛹时呈乳白色,逐渐变为淡黄色,羽化时呈棕黄色。前端有气门残留的突起,后端气门处稍收缩。

(2)危害症状

该害虫为国内外检疫性害虫,在我国广东、广西、福建、湖南和台湾等柑橘产区均有分布。该害虫寄生较为复杂,除危害柑橘外,还危害桃、李、枇杷等。成虫产卵于寄主果实内,幼虫孵化后即在果内危害果肉。

(3)发生规律

一年发生3~5代,田间世代重叠,各虫态并存。无明显的越冬现象,但在有明显冬季的地区，以蛹越冬。4月中旬成虫活动，7～9月为盛发期，尤以9月为最高峰，10月后渐次，翌年1月未见成虫。卵期夏、秋季1～2d，冬季3～6d。幼虫孵出后即在果内取食危害，果肉随之腐烂，最后果实脱落。幼虫有弹跳力，虫期在夏、秋季7～12d，冬季13～20d，老熟后脱果入土3～7cm处筑土室化蛹。蛹期夏、秋季8～14d，冬季15～20d。柑橘小实蝇的发生与气候因素、当地种植水果种类、食物链的衔接、带虫的鲜果远运销售密切相关。

(4) 防治方法

a.严格检疫，严防幼虫、虫蛹和带虫的土壤传入新种植区。b.栽培措施防治：柑橘园内和周边不种植其他种类的果树，以切断柑橘小实蝇的食物链；及早摘除被害果实和捡净落地的虫果，集中深埋；果实初熟前进行套袋；冬季清园时翻土，破坏其越冬环境，减少虫源；加强预测预报，建立统一防治机制，确保一个区域内的有效防治。c.药剂防治：将浸泡过甲基丁香酚(即诱虫醚)加3‰马拉硫磷或二溴磷溶液的蔗渣纤维板小方块悬挂于树上，在成虫发生期每月悬挂2次，诱杀雄成虫；也可用甲基丁香酚置在诱捕器内，并加入少量敌百虫液，挂于柑橘园边诱杀雄成虫；果实初熟时开始，用90%晶体敌百虫1000倍液，加3%红糖制得毒饵喷布园边树冠，每隔5株喷布一株的1/2树冠，隔5d喷一次，以诱杀成虫。d.应用黄板在橘园诱杀也有一定的效果。

7. 粉虱类

有黑刺粉虱、柑橘粉虱，以黑刺粉虱为例。

(1) 形态特征

成虫体橙黄色，薄敷白粉；复眼肾形，红色；前翅紫褐色，上有7个白斑；后翅小，淡紫褐色。卵新月形，长0.25mm，基部钝圆、具一小柄，直立附着在叶上，初乳白，后变淡黄，孵化前灰黑色。若虫体长0.7mm，黑色，体背上具刺毛14对，体周缘分泌有明显的白蜡圈；共3龄，初龄椭圆形，淡黄色，体背生6根浅色刺毛，体渐变为灰至黑色，有光泽，体周缘分泌一圈白蜡质物；2龄黄黑色，体背具9对刺毛，体周缘白蜡圈明显。蛹椭圆形，初乳黄，渐变黑色；蛹壳椭圆形，长0.7～1.1mm，漆黑有光泽，壳边锯齿状，周缘有较宽的白蜡边，背面显著隆起，胸部具9对长刺，腹部有10对长刺；两侧边缘雌蛹有长刺11对，雄蛹10对。

(2) 危害症状

黑刺粉虱属粉虱科，我国柑橘产区均有发生，危害柑橘、梨和茶等多种植物。以若虫群集叶背取食，叶片受害后出现黄色斑点并诱发煤烟病。受害严重时，植株抽枝少而短，果实的产量和品质下降。

(3) 发生规律

一年发生4～5代，田间世代重叠，以2龄、3龄若虫越冬。成虫于3月下旬至4月上旬大量出现，并开始产卵。各代1龄、2龄若虫盛发期在5～6月、6月下旬至7月中旬、8月上旬至9月上旬和10月下旬至12月下旬。成虫多在早晨露水未干时羽化并交尾产卵。

(4) 防治方法

a.抓好清园修剪，剪除过密枝叶，改善柑橘园通风透光性；合理施肥，避免偏施氮肥，创造有利于植株生长、不利于黑刺粉虱发生的环境。b.保护和利用天敌，在粉虱细蜂等天敌寄生率达50%以上时，避免施用农药，以免杀伤天敌。确需喷药时，可选天敌的蛹期喷布，以减少杀伤力。c.冬季清园用95%机油乳剂150～200倍液、松脂合剂8～10倍液、0.8～1波美度石硫合剂。翌年春梢期，成虫盛发时，喷布药剂杀灭成虫，以减少产卵量。随后常检查园区柑橘新梢叶片背面，当1龄、2龄若虫盛发时，选用20%扑虱灵（噻嗪酮）可湿性粉剂2500～3000倍液、95%蚧螨灵乳油200倍液每隔10～15d喷一次，连喷2～3次。喷药时必须使叶片背面均匀着药。

七、果实采收

果实采摘要避开太阳暴晒和有雨露时进行。采摘时要做到"一果两剪"：第一剪连同果梗或无用的果蒂枝剪下；第二剪则剪齐果蒂以免果实在装运中相互戳伤，同时要轻拿轻放。采果时的第一剪相当于给果树进行了一次有效的修剪，特别是充分利用强健的果蒂枝培养结果母枝以弥补较弱果树结果母枝数量的不足，是相当有效的打好丰产基础的一种方法。

需贮藏或外运（远销）的果实，在其成熟着色一半（绿黄色）时就应采摘。采摘过早，贮运后果实色、味不好；采摘过晚（熟），则不耐贮藏，贮运后果味会变淡。

采果时注意：a.采果人员忌喝酒以免乙醇熏果更不耐贮运。b.采果人员指甲应剪平，最好戴手套操作。c.入库贮藏的果实应在果园进行初选分级，果实不得露天堆放。d.容器内应平滑并衬软垫，一般以硬纸箱、木箱、塑料箱作包装箱，每箱10～20kg包装贮运为宜。

运输途中应尽量避免果实受大的震动而发生新伤。长途运输最适冷藏温度是：甜橙类3～5℃，宽皮柑橘类5～8℃，柚类5～10℃。若用冷库贮藏，应经2～3d预冷后达到此最终温度，同时保持相对湿度：甜橙90%～95%，宽皮柑橘类及柚类85%～90%。另外，还可用薄膜包果、喷涂蜡液、留（挂）贮树藏保鲜（连续2～3年后间歇一年为好）等。

栽培管理月历

1月

◆物候期

花芽形态分化期；休眠期；晚熟柑橘采收期。

◆农事要点

①晚熟柑橘采收。

②冬季修剪：在春芽萌发前20d左右进行。

③深翻培土：松土、培土、施石灰。

④适当制水，促花控冬梢。

⑤冬季清园。

2月

◆物候期

春梢萌发期；橙类花蕾期。

◆农事要点

①施萌芽促花肥，以氮肥为主，配合磷、钾肥。

②促花壮花：花蕾期喷氨基酸糖磷脂70mL＋硼砂100g＋水75～100kg，喷1～2次。

③继续完成清园；病虫害处于蛰伏状态，少部分越冬红蜘蛛开始产卵；疮痂病、炭疽病开始侵染。

④春旱及时灌水。

3月

◆物候期

春梢生长期；花蕾期；初花—盛花期。

◆农事要点

①壮花：花蕾期喷氨基酸糖磷脂70mL＋

细胞激动素 1g＋水 50kg，喷 1~2 次。

②保花：放蜂授粉。

③防病虫：一代红蜘蛛产卵高峰期；疮痂病、溃疡病、急性型炭疽病侵染期。

④春季修剪：生长壮旺树，春梢过旺要进行短截。

4月

◆物候期

盛花；谢花期；幼果发育期；第一次生理落果期。

◆农事要点

①促果：施谢花肥，谢花 2/3 时施复合肥 150~200g/株；谢花后，喷 2~3 次氨基酸糖磷脂 70mL＋0.2% 磷酸二氢钾；谢花后第一次生理落果前喷九二〇 50mg/L；谢花后 5~7d 喷一次保果壮果素；谢花后进行大枝环割保果。

②防病虫：一代红蜘蛛没有得到很好防治，则红蜘蛛发生严重；急性型落叶性炭疽病开始发生，疮痂病侵染最佳时期。

5月

◆物候期

第二次生理落果期；幼果发育期；夏梢萌发期。

◆农事要点

①保果：第二次生理落果前喷九二〇 50mg/L 或壮果素，隔 15d 喷一次，共 1~2 次；第二次生理落果前，进行第二次环割（约在第一次环割后 15d 左右）；控制夏梢，开始摘除夏芽；做好树盘防晒覆盖；及时排除积水。

②防病虫：介壳虫始发期，红蜘蛛选择性发生，炭疽病、疮痂病完成初侵染，在树体内进行繁殖。

6月

◆物候期

第二次生理落果结束期；夏梢期。

◆农事要点

①摘夏梢：继续抹夏芽，3~4d 抹一次；结果多、夏芽少的树要适当补肥，其他树一般不施肥；疏通排水沟，及时排积水。

②防病虫：沙皮病侵染高峰期，其他病虫害与 5 月类似。

7月

◆物候期

果实膨大期；夏梢期。

◆农事要点

①抹夏梢、放秋梢：继续摘夏芽至放秋梢；施攻秋梢肥，施重肥，占全年施肥量 40%，在放秋梢前 15~20d 施下；夏剪，施秋肥后进行；防夏旱，保湿。

②防病虫：慢性型炭疽病开始发生，秋梢上红蜘蛛逐渐出现，蚜虫、黑刺粉虱、潜叶蛾发生严重。

8月

◆物候期

果实膨大期；秋梢期。

◆农事要点

①放秋梢：放梢前再抹 1~2 次芽，有利于秋芽整齐萌发；防旱保湿；放稍后要疏梢，每基梢留 2~3 个秋梢。

②防病虫：慢性型炭疽病开始发生，秋梢上红蜘蛛逐渐出现，蚜虫、黑刺粉虱、潜叶蛾发生严重。

9月

◆物候期

秋梢转绿老熟期；果实迅速膨大期。

◆农事要点

①壮梢壮果：施壮梢壮果肥，以磷、钾肥为主，配合氮肥，在秋梢自剪后转绿期施；防旱保湿，灌溉松土，覆盖；做好撑果准备工作。

②防病虫：红蜘蛛、锈蜘蛛二次高峰，炭疽病、溃疡病重复侵染。

10月

◆物候期

果实迅速膨大期。

◆农事要点

①壮梢壮果：较迟放秋梢的果园，秋梢转绿老熟期施壮梢壮果肥和喷叶面肥（同9月措施）；防寒保湿，松土；做好撑果工作。

②防病虫：红蜘蛛、炭疽病、溃疡病重复侵染。

11月

◆物候期

果实成熟期；花芽分化期；冬梢发生期。

◆农事要点

①果实采收：做好采收前准备工作，采收前10d不要灌水；采收前10d左右施采前肥。

②促花芽分化：适当控水，防冬芽萌发，促花芽分化。

12月

◆物候期

果实成熟期；花芽分化期。

◆农事要点

①果实采收：丰产树要分期采收。

②施采后肥：以充分腐熟有机肥为主，配合适量化肥。

③促花芽分化：青年结果树壮旺树采取控水、断根环割等措施，控冬梢促花芽分化；结合断根进行深翻改土。

④清园：采果后用2~3波美度石硫合剂全园喷雾，防治冬季病虫害。

备注：a.该柑橘栽培年历适合大多数区域柑橘类果树，如'砂糖橘''南丰蜜橘''马水橘''脐橙''沙田柚''贡柑''杂柑''芦柑'等，各品种生长周期有差别，采用上述栽培措施时以物候期为准。b.各区域病虫害发生情况不同，如蜜橘类疮痂病发生严重，脐橙类溃疡病发生严重，而几乎所有柑橘类果树，炭疽病均发生严重，各区域可根据当地主流病虫害，制订综合防治方案。

实践技能

实训2-1 柑橘生长结果习性观察

一、实训目的

认识柑橘生长发育特性，学会观察、记录柑橘生长结果习性的方法。

二、场所、材料与用具

(1)场所：选择当地柑橘园，要求是盛果期果园。

(2)材料及用具：盛果期柑橘树、枝剪、钢卷尺、记录本、照相机和绘图工具。

三、方法及步骤

1. 枝梢及结果母枝观察

在不同季节记录该季的枝数、长度、粗度、叶数及主要叶形，并将各季节枝梢进行挂

牌标记，下一年统计其成为结果母枝的数量。

2. 结果枝观察

在春季开花期识别各类结果枝，并统计各类结果枝的数量、占总果枝的比例，将各类结果枝进行挂牌标记，于谢花期、定果后、采果时统计其着果数及占总果数的比例。

3. 不同种类柑橘结果习性观察

选择当地的 3～4 个主要柑橘种类观察并记录其结果部位、坐果率、结果枝类型等。

本实训内容较多，部分内容持续时间较长，除课堂完成外，应充分利用课余时间进行。也可根据实际情况选做部分项目。结果习性的观察、记录和整理应以 2～3 人为一组进行。

四、要求

(1) 结果习性观察时间持续长，要求做好衔接工作。
(2) 记录文字尽量详细，同时绘制枝、芽的示意图。

实训 2-2　柑橘整形修剪技术

一、实训目的

熟练掌握柑橘幼树整形、结果树修剪技术。

二、场所、材料与用具

(1) 场所：当地柑橘园。
(2) 材料及用具：不同生长时期的柑橘树、枝剪、手锯、梯子、小桶和其他辅助用具。

三、方法及步骤

1. 幼树整形

柑橘树形一般采用自然圆头形。

定干　苗木定植后，离地面 40～50cm 短剪，剪除下部小侧枝，保留上部侧枝，留主干高 25～35cm。

培养主枝　春梢抽生后，在植株上部不同方位选留 3～4 个春梢，将剪口下第一个直立强梢作为中心干，不短剪。其他春梢生长到 20～30cm 短剪，作为主枝，长度保留 20～30cm，留叶 8～10 片。其余为辅养枝，不短剪。

培养侧枝　经短剪处理的春梢抽生 2～3 个夏梢，在中心主干上，选一个直立强梢作为中心干延长枝，不短剪。其余主枝萌发枝条，留 2～3 个 20～30cm 短剪，培养为侧枝；其他为辅养枝，不短剪。之后各级延长枝均留 20～30cm，8～10 片叶短剪，为枝梢总长度的 1/3，至饱满芽段；其他不短剪，作为辅养枝。

培养结果枝组　第二年继续中心干延长枝和侧枝的培养，下一级枝条留 20～30cm 短剪，通过两年的整形和培养，管理较好的自然圆头树形具有 3～4 个主枝、3～4 级侧枝，第三年可开始挂果。

2. 结果树修剪

疏剪　树势强的疏剪强枝，长势相同的疏剪直立枝，以缓和树势；树势弱的疏剪弱枝，以促进生长。

结果枝组更新　柑橘连年结果，结果枝组容易衰退，每年须选择1/3的衰弱枝组进行更新，从基枝短剪促发春梢。

回缩　谢花后至7月上旬，对落花落果枝组进行回缩修剪，可以促发健壮早秋梢。

内膛枝修剪　疏剪枯枝、病虫枝、果柄枝、密生枝、纤细衰弱枝、直立旺长枝；短剪复壮侧生短壮枝、下垂枝。

四、要求

(1)本实训持续时间较长，要根据实际情况选择相应项目完成。

(2)柑橘栽培方式不同，树形整形方法不同，要根据柑橘不同树形进行整形。

(3)柑橘修剪对柑橘树的影响较大，要根据柑橘栽培方式、树势情况调整修剪方法和修剪强度。

(4)整形修剪的枝条要及时拿到柑橘园外进行处理。

思考题

1. 简述柑橘的主要种类及本地的优良品种。
2. 简述柑橘枝梢的类型及生长结果习性。
3. 柑橘对环境条件有什么要求？
4. 柑橘成年果园如何进行施肥？
5. 简述柑橘不同年龄时期的修剪内容。

项目 3 枇杷生产

学习目标

【知识目标】
1. 熟悉枇杷主要种类与栽培品种。
2. 掌握枇杷的生长结果习性及生态特性。

【技能目标】
1. 能够选择适宜当地环境条件的枇杷栽培品种。
2. 能够进行枇杷嫁接育苗、园地规划建设和苗木定植。
3. 能够进行枇杷土肥水管理、整形修剪、花果管理等操作。
4. 能够独立完成枇杷园常规管理工作。

一、生产概况

枇杷是原产于亚热带地区的常绿果树,其特性为秋萌冬花,春实夏熟,在百果中是独具四时之气的珍稀佳果。枇杷在我国的栽培历史已有 2000 多年,品种资源十分丰富。但由于种种原因,长期以来只是零星种植,人们对枇杷的了解甚少。枇杷果实在江南 1~6 月成熟,早熟品种在 1~3 月成熟,是一年中上市最早的水果(图 3-1)。采收的果实在入夏之初可以南北调运。由于果肉细嫩多汁,酸甜适口,被誉为水果极品。枇杷果实色泽艳丽,风味独特,富含人体所需的多种营养成分,尤其是红肉枇杷的类胡萝卜素和白肉枇杷的谷氨酸含量高,为多种水果所不及,故称枇杷是防病健身之佳品。

中国是世界上枇杷生产第一大国,2015 年我国枇杷种植面积为 13 万 hm^2,年产量达 65 万 t,占世界枇杷栽培面积和鲜果产量的 80% 以上。但

图 3-1 枇杷果实

是枇杷年总产量比其他水果产量均少,只相当于世界杏总产量的1/23,桃总产量的1/109,梨总产量的1/151,苹果总产量的1/592,故通常称枇杷为"小水果"。因此,枇杷生产特别是大果枇杷生产,不仅在国内水果市场中占有较大的销售空间,在国际市场的前景也非常广阔。据专家预测,优质枇杷单果平均重在50g以上的所占比例少之又少,优质大果枇杷在国内外水果市场上更具优势。近几年来,在林顺权、梁国鲁、郑少泉、张学英、吴锦程等专家的深度研究和大力推广下,一批大果优质枇杷获得大力推广,中国枇杷产业得以快速发展,国内枇杷种植面积和鲜果产量有所增加。

二、生物学和生态学特性

(一)物候期及生长特性

枇杷为蔷薇科常绿乔木。叶互生,长椭圆形,有锯齿。冬初开小白花,5瓣,常数花集生。果实为正圆形,淡黄色,外面有茸毛,含种1~3粒,果肉甘酸多浆,可食用。枇杷的物候期因地区、品种、栽培条件和不同年份气温变化等方面的原因而有所差异。

1. 根系生长

枇杷根垂直分布,有80%根系分布在地下5~30cm,30cm以下分布逐渐减少,50cm以下分布极少;根的水平分布,不论是粗根、细根或须根,都密集于离主干100~160cm范围,到200cm则逐渐减少,250cm以外很少。由于根群分布较浅、较窄,抗寒、抗风能力都差,且吸肥力弱,若施肥不足,树体容易衰弱。在栽培上应重视果园深耕,引根深入土层,使植株生长健壮。

根系周年活动一般比地上部早2周。根系一年有3~4次生长高峰期,与地上部的枝梢生长呈交替生长。第一次根系生长高峰在1月下旬至2月下旬,是全年根系生长量最大的一次;第二次在5月上旬至6月中旬;第三次在8月中旬至9月中旬;第四次在10月下旬至11月下旬,生长量仅次于第一次。温暖季节根系活动范围一般在离地10~30cm,10月以后气温下降,根系有向下活动的趋势。

2. 枝梢抽生

枇杷树的树形呈圆头形,枝梢(新抽生枝梢)为青棕色或青绿色,1年生的树枝为棕褐色,成年树的树干为灰棕色或灰褐色,侧生枝长于顶生枝;结果枝短而充实,顶生枝上的顶芽多数会形成花芽结果;叶片是单叶互生,叶缘呈锯齿状或近全缘,羽状网脉,有叶柄或似叶柄,叶片的上表皮细胞外层角质化、有光泽,下表皮生有茸毛。枇杷的芽是鳞芽。枇杷主枝顶芽抽生的延长枝生长缓慢,短而粗,而顶芽之下的几个邻近侧芽,所抽的枝条生长快而细长,成为扩大树冠的主要枝条。枇杷的芽萌发率较低,成枝力较强,因而树冠有明显的层性。花芽为混合芽,且多为顶生。枇杷每年一般抽梢3~4次,冬暖地区可抽梢5~6次。青壮树抽生春梢、夏梢较多,抽生秋梢较少,老树抽生秋梢则更少。

(1)春梢

2月至4月中旬抽生,生长时间为3~5月。幼树及结果少的树抽生早而整齐,丰产树少抽生,结果多的树冠几乎不抽生春梢。春梢抽发有3种类型:从上一年营养枝顶端抽生；从果穗基部腋芽发出；从落花落果枝腋芽或疏折花穗后的断口附近抽出。这3种春梢如果生长充实，都能在夏季抽出夏梢，成为结果母枝的基枝或结果母枝。

(2) 夏梢

5月中旬至6月底抽生，生长时间为5~7月。从采果后的果枝顶部或春梢营养枝上抽生，这时枇杷果实已采收，养分集中供应，又逢温度适宜、水分充足，因此，夏梢抽生多而整齐。夏梢有恢复树势的作用，当年多能成为结果母枝，故枇杷大小年较不明显。采果之后应及时增施肥料，保证夏梢抽生良好。

(3) 秋梢

一般7月底至8月中旬抽生，生长时间为8~10月。大部分在当年春、夏梢的顶端延生。进入结果期，秋梢很短，着生2~3片叶，即于顶端出现花蕾，成为结果枝。有时在春梢或夏梢母枝抽生的同时，枝梢顶端3~4叶腋间发出1~2个生长迅速、节间长的秋梢，当年不形成花穗，称为营养性秋梢。

(4) 冬梢

11月以后抽生，幼树及结果少的树在冬季气温高时抽生。但由于气温下降，有些还来不及展叶即停止生长，翌春继续延伸展叶，使与春梢难以区别。

知识拓展

枇杷的结果母枝，根据发生的时间有春梢结果母枝和夏梢结果母枝之分；根据抽生部位的不同，可分为顶芽枝结果母枝和侧芽枝结果母枝。顶芽枝结果母枝短而粗壮，其上叶片长而宽，花穗形成早而大，开花也早；侧芽枝结果母枝由侧芽抽生，枝长，节间长，叶小，花穗形成迟而小，开花也迟。据观察，福州10~15年生盛果树，5月底至6月中旬几乎全部的枝条都发生夏梢，红肉品种多数可成为结果母枝，白肉品种中50%以上可成为结果母枝。

一般夏梢的粗度达0.6cm以上才能成为良好的结果母枝。如果同一基枝上的夏梢数量多，会因细弱而不能成为良好的结果母枝。因此，必须除去多余的芽，使养分集中在留下的1~2个芽上，保证其当年秋季能成为结果母枝。

3. 花芽分化

枇杷的花芽为混合芽，属夏秋分化型。一般在夏梢停止生长后，由结果母枝在当年6月至7月中旬开始进行花芽分化。整个花芽分化过程前半期是在芽内进行的，后半期是在萌发后进行，并且是边生长边分化到开花。

4. 开花

枇杷花芽分化后，自花穗能识别，约经1个月开始开花。枇杷的花穗是圆锥状花序，小穗为聚伞花穗。每个花穗花数少则30~40朵，多的可达250~260朵，一般70~100朵。枇杷分批开花，且花期特长，一般为10月至翌年的2月。每穗花期0.5~2个月，整株花期2~3个月。根据开花的早晚，一般分为头花、二花、三花。头花10~11月开放，由于果实生长期长，果大、品质好，但易受冻；二花11~12月开放，较头花受冻害少，品质次之；三花翌年1~2月开放，受冻少，但果实生长期短，果小而品质差。以中期花坐果率最高，早、晚期的花坐果率较低。

5. 果实发育

枇杷果实是假果，由子房、萼片及花托发育而成，食用部分为花托。枇杷果实在冬季发育，树上越冬。果实发育前期，因受气温限制，幼果发育缓慢，中期生长迅速，4月中旬达到最高峰，然后逐渐变缓慢。因此，加强春季管理，多施速效性肥料，对当年产量的提高有显著的效果。

果实成熟期是在立夏至芒种（5月上旬至6月上旬。早熟品种是2月中旬至3月下旬）。福建等枇杷产地的中南部亚热带区枇杷成熟期为3~4月，北部的亚热带、温带南部地区是在5~6月成熟（表3-1）。

表3-1 几个主产区枇杷的物候期

物候期	安徽歙县	江苏苏州	浙江塘栖	湖南沅江	福建莆田	广东广州
春梢抽生期	4月上旬至5月上旬	3月上旬	3月上旬至5月上旬	3月上旬至4月下旬	2月上旬	2月上旬
夏梢抽生期	6月初至7月上旬	6月上、中旬	6月上旬至7月上旬	5月上旬至下旬	5月上旬	4月上旬至5月
秋梢抽生期	8月上旬至9月下旬		8月中旬至9月中旬	9月上旬至10月中旬	8月至10月中旬	8月
冬梢抽生期					11月	11月至翌年2月
开花初期	10月上、中旬	10月下旬至11月中旬	10月下旬至11月中旬		10月下旬至11月上旬	10月至11月上旬
开花盛期	11月中旬	11月上旬至12月下旬	10月下旬至12月下旬	10月下旬至12月上旬	11月至12月上旬	11月中旬至12月上旬
开花终期	翌年2月上旬	12月上旬至翌年1月下旬	12月中旬至1月下旬		12月上旬至翌年1月上旬	1月下旬
果实成熟期	5月中旬至6月上旬	6月上、中旬	5月下旬至6月中旬	5月上旬至6月中旬	4月上旬至5月中旬	4月上旬至5月下旬

（二）对环境条件的要求

1. 温度

枇杷为亚热带常绿果树，由于新梢、叶和花穗密被茸毛，因此较柑橘耐寒。一般在年平均气温12℃以上就能生长，以年平均气温15℃以上、≥10℃的年活动积温5000~6500℃、最冷月（1月）平均气温6~10℃、日最低气温＜-3℃的天数0~10d的地区最宜栽培。由于枇杷是冬季开花，春季形成果实，因此，冬季温度高低对产量影响很大，成为能否经济栽培的主要因素。一般以花蕾最耐寒，花其次，幼果最不耐寒，幼果在-3℃时就受冻,花器在-6℃时严重受害。枇杷不耐高温,夏、秋干旱高温季节,土壤温度超过35℃时,枇杷树的根系即停止生长,幼苗生长不良,成熟果实容易萎缩。

2. 光照

枇杷幼苗喜散射光,适当密植有利于生长。成年树过于荫蔽对生长不利,日照充足有利于花芽分化和果实发育。但夏季若遇烈日直射,则易引起日灼,尤以雨后天晴时日灼更为严重。光照充足的果园中,树体强健,枝梢粗壮,叶片增厚,叶色浓绿,花芽饱满,坐果率高,果实外表色泽鲜艳,果香独特,病虫害发生少,产量高,品质优。

3. 水分

枇杷树虽然有喜湿习性,但是又怕涝。喜温暖湿润气候,要求年降水量在1000mm以上,过分干燥的土壤和空气不利于新梢、果实发育和花芽分化。果园土壤保持湿润,果树根系生长就会正常,降水过多、排水不良则易产生烂根,早期落叶,影响花芽分化,严重时全株果树死亡。果实成熟期多雨,则果实着色差、味淡、易裂果。若出现干燥寒冷西北风天气,也易使果实脱水皱缩,落果严重。7~8月出现阴雨连绵天气,枝梢生长旺盛,不易停止生长,顶芽很难成花,花芽分化不好。11月至翌年2月上旬开花期气温偏低、雨水多,会降低花粉的发芽率。俗话说"枇杷开花天气晴,来年获得好收成",就是指枇杷开花时若是晴天,昆虫多,授粉好,落花落果少,产量高。

4. 土壤

枇杷适应性强,不论平地、丘陵还是低山地带都能栽培,但山地坡度过大或山脊地段土壤瘠薄,易遭受旱害和风害。枇杷对土壤的适应性很广,红黄壤土、砂质土、江河冲积土、砾质土均可栽培,但枇杷根系忌水湿,以疏松透气、排水良好的土壤为最好。土壤的pH在6~6.5为宜。

三、种类和品种

(一)主要种类

枇杷属有30种,我国有15种,主要种类是普通枇杷、台湾枇杷、云南枇杷、大花枇杷、栎叶枇杷等。作为栽培的只有普通枇杷一种。

(二)主要栽培品种

枇杷栽培历史悠久,品种很多,2018年福建省农业科学院收集种质资源759份。因地域不同,其生长和结果习性有所差异。根据原产地的不同,可分为南亚热带品种群和北亚热带品种群两大类;按生态学分类,可分为温带型品种和热带型品种;根据成熟期,可以分为早熟品种、中熟品种、晚熟品种;按果实形状分类,可分为长形品种、圆形品种、扁圆形品种;按果肉颜色,分为白肉(白砂)、红肉(红砂)、黄肉3类。

现就主要栽培品种介绍如下:

(1)'解放钟'

原产莆田。果实卵圆形至长倒卵形,果顶凹,果基较长,微歪。一般单果重70~80g,最大者达172g。果皮橙红色,中等厚,果粉多,锈斑少,易剥皮。果肉橙红色,质地细密，甜酸适度，风味浓。平均种子5粒。在原产地5月上旬采收，丰产稳产，耐贮运。但成熟期遇雨会有少量裂果。

(2)'太城四号'

果实倒卵形，平均单果重40~50g。果面橙红色，果皮中等厚，易剥皮。果肉橙红色，质地致密，纤维少，汁多，甜酸适度，风味浓。平均单果内有种子1.4粒以下，单核率50%~70%，可食率高达74.1%。果实成熟期在5月上旬。本品种较丰产，裂果少，核少，质优，是鲜食和制罐兼优的中、晚熟良种。

(3)'长红3号'

1976年由福建省农业科学院和云霄县农业局合作，从实生树中选出的高产、稳产枇杷新品种。果实长卵形或洋梨形，平均单果重40~50g，最大的可达80g。较早熟，丰产性好，成熟期一致。果大，大小均匀，果色鲜艳，核少、肉厚，为罐藏良种，也宜鲜食。

(4)'洛阳青'

果熟时，果顶的萼片周围仍呈青绿色，故名(俗称青肚脐)，为本种特征。树势较强健，树姿开张，丰产、稳产。果中等大，平均单果重32.7g，种子少(平均每果2.6粒)，可食率高(达72.8%)，可溶性固形物含量9.5%，为制罐良种。

(5)'大红袍'

主产浙江余杭。果圆形，平均单果重37g。皮色浓橙红，表面细薄茸毛，阳面有白色、紫色斑点，果皮强韧易剥。肉厚、橙黄色，质地粗，味浓甜，汁液中等，品质上等。6月上旬成熟，耐贮运，适于鲜食和制罐。

(6)'早钟6号'

福建良种。平均单果重52.7g。果面色泽鲜艳，外观美，不易裂果、皱果和日灼。可溶性固形物含量11.9%，汁多，味甜，品质优良。特早熟，成熟期在2月下旬至4月上旬。抗性强，结果早，丰产性好。

(7)'大五星'

四川良种。果大，平均单果重62g，最大果重近200g。色泽金黄，商品性好。果核小，肉厚，可溶性固形物含量13.5%。在成都市郊5月中、下旬成熟，丰产性好。

此外，生产上还有'森尾早生''白梨''软条白砂''白玉''金丰1号''红灯笼''单边种''香钟11号''夹脚''冠玉''田中''茂木''白茂木'等优良品种。

(8)'华宝2号'

华中农业大学章恢志教授在引入浙江余杭的'软条白砂'品种实生繁殖后代中选出。树势强健，树姿半开张，叶片长椭圆形。果实椭圆形或近圆形，大小中等，平均单果重38g，最大果重45g。果梗粗长，萼片大小中等，抱合。果面橙黄色，色泽艳丽，茸毛中等，果皮较薄，容易剥离。果肉橙黄色、较厚，肉质细腻多汁，甜中带微酸，可溶性固形物含量13.5%，可食率72%，每果内平均有种子2.6粒。在武汉栽培于5月下旬至6月上旬成熟。该品种风味独特，花期晚，幼果前期发育迟，能避过严寒，丰产、稳产。自花结实率不高，栽植时要配置授粉树，并提高果园的肥水管理。

(9)'晚钟518'

福建省于1992年从普通枇杷实生树中选育而成。通过福建省和福州市果树专家鉴定。

已在广西、广东、四川等南方地区推广栽培。树势中庸，枝梢粗壮，树姿直立。9月下旬花芽萌动，10月中旬至翌年1月上旬开花。果实在当地5月中、下旬成熟，比当地'解放钟'迟熟逾20d，是最晚熟的枇杷优良品种。果实倒卵圆形，平均单果重71~76g。果皮橙红色，易剥离。果肉橙黄色或橙红色、较厚，肉质致密，稍粗壮清脆，汁多化渣，酸甜适度，有微香，口感好。果实可食率平均为73.8%~76%，可溶性固形物含量10.4%。果实耐贮运，品质上等，鲜食和加工制罐皆宜。该品种丰产性好，产量稳定，抗性较强。

(10)'白茂本'

'茂本'自然杂交种子经γ射线辐射育成。树势强健，花穗较大，花朵数多。果实为长卵形、稍大，果肉乳白色，风味好。果实于6月中、下旬成熟，比'茂木'稍迟。该品种是日本唯一的白肉枇杷品种。

另外，还有'大钟''华宝''芙蓉黄皮''坂红''宁海白''早红1号''东湖早''青种''和车本''梅花霞''雷公本'等。

四、育苗与建园

枇杷是多年生果树，其栽培寿命长达几十年乃至超百年。枇杷品种优劣，苗木良莠，直接影响果树的生长发育、鲜果产量、果实品质，以及果农的经济效益。因此，必须根据生产发展需要，培育符合要求的标准健壮苗木和建设高标准果园。

(一)育苗

1. 嫁接育苗

(1)砧木苗培育

以共砧为主，选用生长势强的品种如'白梨''解放钟'等的种子，大量育苗可从罐头厂获得种子。种子失水后易丧失发芽力，洗净晾干后用70%的甲基托布津或50%的多菌灵可湿性粉剂600倍液浸种3~5min，捞取晾干播种，出苗率高。贮藏时可用洗净阴干的种子一份与干沙两份混合，放置阴凉干燥处，贮藏半年后发芽率仍达70%~80%。苗圃地以土层深厚、易排易灌、略带砂质的水稻田为好，旱地苗木主根发达，但侧根少。播前土地要经过深翻和施足基肥，整成宽1m左右、沟深15cm以上的畦。播种量为：撒播每公顷1500~3000kg，宽幅条播每公顷750~1500kg。每千克种子360（'解放钟'）~500粒（'白梨'等）。要浅播和适当遮阴，否则发芽率不高。据观察，播种后盖土1cm以上者，发芽率只有75%；若播时把种子压入土中不盖土（只盖稻草），发芽率达90%~95%。幼苗期喜阴，怕夏季干热。播后搭荫棚，或在行间套种绿豆，均能明显提高出苗率，幼苗生长也较好。另外，要尽量争取早播，以利于越夏。种子发芽后，要逐步把稻草抽稀，以防曲颈和梢枯。当年秋、冬季要进行间苗和移苗。经8~12个月的培育，苗木高30~40cm、干粗0.8cm以上时，便可嫁接。

(2)小苗嫁接方法

枇杷小苗嫁接的方法有留叶切接、剪顶劈接、舌接和芽片贴接等，其中以留叶切接法和剪顶劈接法较常用。

①留叶切接法 12月下旬至翌年2月中旬将1年生以上的砧苗基部留1~2片以上叶

片剪干切接，每段接穗长 3～5cm，具单芽或双芽。接后用薄膜条包扎嫁接部位和接穗的上切口，芽眼和其余的穗段不密封。接后 15～20d 就可发芽，注意经常抹砧芽，做好苗地的排水工作，促进嫁接苗生长良好。2～3 年生的砧木无法留叶的，则采用倒砧切接法，即把离地面 20～30cm 处的砧干剪断 3/4 并折下，使仍有少量皮部和木质部相连，在断口处切接或插接。待接穗长出的新梢充实后，再把其上的砧木枝叶剪除。

②剪顶劈接法　注意早播、施足基肥和加强管理，保证大多数的砧苗在第二年早春干粗达 0.7cm 以上。2 月中旬到 3 月下旬，把幼砧上正在萌生、尚未充实的春梢剪顶 1/2～2/3（此处的梢粗可达 1cm 左右），然后用长 3～5cm、具单芽或双芽的接穗在顶端劈接，接后包扎薄膜条保护（方法同切接）。一般接后 10d 就可发芽，成活率 80%～90%，当年秋季嫁接苗高度超过 60～70cm，可供出圃定植。福建莆田的果农用此法快速育苗，从播种到出圃只需 15～16 个月。

2. 茎尖组织培养育苗

(1) 培养材料及其处理

剪取 1～1.5cm 长的嫩芽，把茎尖修成 0.8cm 左右。用饱和漂白粉澄清液浸洗，然后移入超净工作台，用 0.1% 氯化汞溶液消毒 10min，再用无菌水冲洗后，剥成 2～5mm 嫩梢尖作为接种材料。以夏梢停止生长已一段时间、秋梢尚未萌发的芽状态成功率较高。

(2) 成苗阶段的培养

茎尖成苗经历萌动、展叶和发枝 3 个阶段，各阶段都受培养基、光照和接种材料来源及其生长状况的影响。茎尖在 0.5mg/L MS＋0.5mg/L 6-BA＋0.1mg/L NAA＋0.1～0.2mg/L GA_3 培养基上能顺利展叶，而后转接到 0.25mg/L MS＋0.25mg/L 6-BA＋0.05mg/L IAA 中抽枝。

(3) 成苗后的培养及移植

无性苗长到 1～2cm 时将其切下，转到不含任何激素的 1/2MS 培养基中，20d 就可生根。生根后的小苗长到适当大小时将其移出培养瓶外培养。移出前打开瓶塞，在较强光照下锻炼数天，使苗健壮，然后移入温室或塑料大棚内培土。

3. 高接换种

通过在成年果树老品种的主枝或侧枝上嫁接优良新品种的接穗，可使原种植的老品种枇杷树得到更新。高位嫁接后两年，接穗就能结果，嫁接后 3 年恢复树势和产量。

(1) 高接时间与方法

枇杷高接的适宜期在每年的 3～4 月，到 5 月只能进行少量的补接。嫁接时温度不能偏高，超过 25℃ 进行高接则成活率较低。高位嫁接的方法有劈接、切接、芽接和腹接。嫁接时除砧木部位不同外，具体操作均与苗圃嫁接基本相同。如果被接树砧桩粗大，应采用劈接法，在树桩切面上开 2～3 个切口，同一切口内接两个接穗。枝的顶部用切接法，春季切接时应保留 1/4～1/3 的辅养枝，可将一定的养分供给接穗及树体生长；5～6 月切接时，由于树体生长旺盛，体内水分多，容易剥皮，以腹接为主，芽接为辅。

(2) 高接部位与嫁接量

高接之前，幼龄树选择分布均匀的主枝和副主枝共 8～10 个，成年树则选择共 10～

12个。如果在春季，可采用切接或劈接方法，将选留好作高位嫁接的主枝和副主枝重回缩到分枝点上方20~30cm处进行高位嫁接；若采用芽接和腹接，则不用回缩，选择分布均匀、直径3cm以下的侧枝中下部进行高位嫁接。在操作时注意两点：一是嫁接部位不要太高，要尽量做到降低嫁接部位，嫁接后不仅树冠紧凑，管理方便，而且养分输送距离近，有利于结果；二是根据枝条不同的生长状态将接穗嫁接在不同部位，如直立枝接在外侧，斜生枝接在两侧，水平枝接在上方。高位嫁接数量按照被嫁接树体的大小而定，做到分布均匀。成年树分上、中、下3层进行嫁接。下层接在主枝或副主枝分杈上方20~30cm范围内；中层接在侧枝上；上层接在径粗3~4cm的细枝上，每株需接芽穗30~40个。幼龄树高接位置是在主枝、副主枝上，需接芽穗10~20个。

(二)建园

1. 园地选择及开垦

枇杷适宜在山地栽培，以坡度不超过25°、土层深厚、排水良好、土质不过于黏重、含腐殖质多的红(黄)壤土生长结果最好。风害和冻害是枇杷分布的限制因子，沿海和海岛地区要选避风的地方建园，并营造防护林，在有冻害的地方建园要注意小气候的选择。山地要修好等高梯田、排灌设施和道路系统，防止水土流失，并做好挖大穴、施足基肥等工作。平地果园要防止积水，最好采用深沟高畦或筑墩栽培。

2. 栽植

11月至翌年2月是枇杷定植的最好时期。移植时苗木应带土球，或根部蘸泥浆保湿，并剪去叶片的2/3，以减少水分蒸发。需长途运输的，要做好苗木的包装工作。常规种植株行距一般为4~5m，每公顷种植450~600株。为了早产、高产，新建的枇杷果园应选择2m×3m的株行距，每亩栽植株111株。注意浅植，栽后充分浇水以保证成活。

五、果园管理

(一)幼年期管理

枇杷栽植后1~3年内称幼年期。要使枇杷适期投产、早期丰产和高产，树冠的迅速形成与合理的树冠结构是基础。

1. 施肥

枇杷幼树每年抽梢3~5次，年生长量大，无明显的休眠期，一年四季均需肥分供应。每年从2月至10月最好每2个月施一次肥，以速效氮肥为主。如用10%~30%的腐熟人粪尿，每株施8~25kg。11月至翌年2月一次施越冬肥，以施有机肥为主，每株施10~20kg。全年共施肥5~6次，有利于促进新梢生长，迅速扩大树冠。山地红壤，每年或隔年施适量石灰(pH 5左右，每亩施石灰20~25kg)，以中和土壤酸碱度，同时要适量施入钙和镁。

2. 间作

幼年枇杷园可充分利用行间、株间套种作物如花生、大豆、西瓜等，以增加经济收入，或种植绿肥就地翻压改良土壤。尤其目前山地果园土质差、肥料供应困难的情况下，种植绿肥以小肥换大肥以及利用套种作物秆蔓压埋，增加土壤有机质含量，是改良土壤的一个很好的途径。

3. 整形

枇杷树冠整齐，新梢生长量不大，生产上一般多采用自然树形。但若放任生长20~30年，树冠很高，轮生枝较多，下部枝条早衰，产量下降，细小果增加，容易形成大小年结果，而且管理不便。因此，提倡对幼树进行适当整形，培养树冠较矮、结构合理的高效益树形。根据枇杷干性强、层性明显的特点，一般采用高干分层形，也可采用变则主干形。

为了矮化树体，多采用杯状形或空心圆头形整枝，以增加结果面积、减少风害和便于管理。

①杯状形 多用于坡地风大地区和适合开张性的品种（如'田中'等）。苗木定植后，离地面高40~60cm处留4~5个侧枝培养主枝，向四面伸展并拉成与主干呈40°~50°。第二年在主枝的适当位置留3~4个亚主枝，并将主干截顶，培养成无中心干的杯状形。以后需在主干中央保留若干侧枝遮阴，以免主干或主枝发生日灼。

②空心圆头形 适宜于平地深厚土壤果园和直立性品种（如'茂木'等）。苗木定植后在主干离地面30~40cm处留3~4个主枝，以后同样留2~3层，层间距约60cm，各层主枝需保持均衡生长。最后主干截顶，使植株不再增高，形成空心圆头形。

(二)成年期管理

1. 土壤耕作

枇杷成年后即不宜间作，除应及时中耕除草外，每年秋季或春季应浅翻一次，秋季在10~11月进行，春季多在3月进行。翻耕深度10~15cm，树冠下应浅，树冠外加深。冬季可在树冠下培一层河泥、塘泥、杂草等，起保温防寒、增加土壤有机质的作用。

2. 施肥

结果树一般每年施肥4次，其中采果后和春梢萌发前施重肥，占全年施肥量的70%~80%。常用的肥料有腐熟人粪尿、饼肥、火烧土、鸡粪和化肥等。根据枇杷含钾最多的特点，要多施一些钾肥。据福建莆田城郊果农的经验，成年树的施肥：第一次施春肥，在疏果后(2月下旬至3月上旬)进行，每株施腐熟人粪尿50~100kg、土杂肥100~200kg，促进春梢萌发和幼果长大；第二次施夏肥，5~6月采果后，夏梢萌生期进行，每株施腐熟人粪尿50~100kg，土杂肥100~200kg或饼肥2.5~4kg，促进夏梢萌生良好，加速树势恢复；第三次施秋肥，在抽花穗前(8~9月)进行，每株施腐熟人粪尿25~50kg，或化肥0.5~1kg，促进花穗壮大和秋梢生长良好；第四次施冬肥，在疏花后(11~12月)进行，每株施腐熟人粪尿25~50kg，火烧土50~100kg，有利于开花和提高坐果率。枇杷结果树施肥三要素比例应当适当，一般氮、磷、钾的比例以4:2.5:3为合理。根据我国各地经验，成年枇杷树全年施肥量山地每亩为氮12.5~15kg，磷10~12.5kg，钾12.5~15kg，表土深厚肥沃的园地则为氮10kg，磷6~7kg，钾1.8kg。

3. 排灌水

枇杷比较耐旱，最怕土壤积水。排水不良时易导致主干腐烂，树势衰弱，严重影响产量和质量,甚至导致死亡。因此,及时排水、降低地下水位是平地枇杷园水分管理的重要工作。山坡地枇杷园往往优于平地枇杷果园,但由于旱季山地水源不足,要注意灌水,以保证各次梢抽发及果实生长。

4. 修剪

成年枇杷树的修剪比较简单,修剪量也轻,着重于结果母枝、结果枝的更新,以及合理留枝和通风透光。修剪分春季和夏季两次进行。春季修剪在2~3月春梢抽发前进行。主要是短截树冠上部未结果的营养枝,疏除密生枝、衰弱结果母枝以及病虫枝、枯枝。夏季修剪在采果同时或采果后夏梢抽发前进行,主要是疏除密生枝、衰弱结果枝、短截徒长枝等。

衰老树的更新修剪一般在春季进行。采用"半露骨"更新,分两年进行。第一年着重疏删树冠外围和顶部密生、细弱的2~4年生枝。生长强壮的尽量保留,并适当短截一部分,剪留长度为5~15cm,使当年结果和抽生夏梢。树冠内部的2~4年生枝除过于衰弱者应疏除外,大多短截,促进夏梢。内膛中心干上萌发的新梢也尽量保留,使其形成树冠内部绿叶层。这样,既压缩了树冠,充实了内膛,还能结少量果实。第二年着重剪截树冠顶部和外围原保留的2~4年生枝,疏删密生、细弱的结果母枝,促使树冠外围萌发夏梢。树冠内部的枝梢除少量细弱者外,其余均保留。枇杷枝条愈合能力差,所以要注意剪口保持平滑,大的截口要涂接蜡、波尔多液等保护。

5. 防冻

枇杷虽为较耐寒的常绿果树之一,但因其花期和幼果期正值冬季低温时期,尤其冬季低于0℃的地区,栽植枇杷要防止冻害,确保丰产、稳产。防冻措施介绍如下。

(1)选择耐寒品种

凡花期迟、花期长、花穗下垂的品种均比较耐寒。

(2)培养健壮树势

加强肥水管理,培养强壮树势,能增加树体抗寒能力。强壮树一般比衰弱树花期迟,花量多,结果率高。于12月底低温来临之前追施一次有机肥,天气干旱时结合灌水一次,防止冻旱。11月至12月中旬每周于树冠喷一次0.4%尿素或硼砂,也有一定防冻作用。

(3)延迟开花期

枇杷的花比幼果耐冻,迟开的花往往能使幼果避过低温寒潮,结果率比早开花的高。因此,幼果期有霜冻地区可以采取延迟开花措施来防止冻害。具体办法有:晾根,开花前,将根部土壤扒开,深10~15cm,对直径1cm左右的粗根任其晾晒7~10d;秋季施肥,9月多施氮肥能延迟开花;摘花蕾,日本采取摘除花穗上部1/2的办法,延迟开花高峰1个月,以避免冻害,提高坐果率。

(4)地面覆盖及培土

严寒来临之前,在树冠下地面覆盖河泥、杂草或地膜,可提高土温,保护根系,增强耐寒力。

(5)束叶或花穗套袋

枇杷开花后将花穗下部叶片向上束裹花穗,或把花穗用纸袋套住(尤其是顶部及西、北方向易受冻害的花穗),对保暖防冻有一定作用。此外,有霜冻的夜晚还可在果园熏烟防寒。

6. 果实管理

成年枇杷树开花数量很多,花期长,果核多且大,若任其自然结果,则养分过度消耗,使树势衰弱,易发生大小年结果,且使当年的果实变小,品质下降,成熟期参差不齐。

(1)疏花疏穗

东南沿海冻害少的枇杷产区,多有疏折花穗的习惯,以调节结果枝与营养枝的比例[一般为1:(0~2)],有利于年年丰产、稳产,果实成熟度和大小一致。每年10月上旬至11月上旬花穗已明显但尚未开花时疏花穗最适宜。早疏花穗可节省养分,促进疏折花穗后的枝萌生良好冬(春)梢。但疏穗过早,花穗好坏不易识别,且易发生重抽花穗,需要再疏一次。有冻害的地方,可不进行疏穗(花),待低温过后只适当疏果。

疏折花穗的数量和方法按树龄大小、树势强弱及品种而不同。初果树或生长衰弱的树要多疏去花穗,壮旺的盛果树少疏。通常一个枝条上有4穗者,需疏去1~2穗;有5穗的要留3穗,去2穗;大果型的品种如'解放钟''大钟'等,则4穗要疏去2穗,5穗去掉3穗。疏时要先把叶片少和发育不好或有病虫害的花穗去掉,并掌握去外留内、去弱留强和树冠上部多疏的原则,有利于树冠扩大,减少日灼病发生。此外,还要根据抽穗早晚和多少而定。通常要留下抽穗早的短果枝上的花穗,去掉抽穗迟、花穗小的枝条,使其抽生营养枝,给树身遮阴,调节相对一致的成熟期。花量多的大年树要多疏穗,而花量少的小年树则要适量多留,以确保当年产量。疏花疏穗时要用剪刀剪平,防止乱拉、乱折枝。

也可以进行疏花蕾,疏花蕾时间宜早,花穗支轴分裂后即可进行。采取以下3种方式:摘除花穗的上半部;摘除基部两个支轴和顶部数个支轴,保留中部3~4个支轴;在上面两种方法的基础上,再把留下支轴上的先端花蕾摘除。通常大果型品种每穗仅留2~3个支轴,中小型品种每穗留3~5个支轴。保证以后每穗有4~6个果。

(2)疏果

枇杷坐果率高,无论是否已进行过疏花穗的枇杷树,在正常年份都存在结果多、成熟不整齐的问题。及时疏果可明显增大果粒,使留下果大小均匀、成熟一致,提高果实质量,便于采收。福建莆田果农多在2月下旬前后疏果,在枇杷花穗上的残花已落尽、幼果有蚕豆大时进行。冷凉地区,最好在3月中旬左右待晚霜过后能区别好果与坏果时进行。疏果时先摘去一部分过多的果穗(去留的原则同疏花穗),然后逐穗进行疏果粒。先疏去病虫危害的果、畸形果、小果,然后疏去过密。每穗留果量视品种、树势、结果枝强弱而定。果型大的'解放钟''大钟',每穗留4~8个果。树旺、结果枝叶多且强壮的可适当多留;反之则少留。最好留下果穗中段的果实,并注意选留花期相近、大小一致的幼果。

(3)果实套袋

枇杷果实套袋是指在幼果期,用特定的果袋将果实套在袋内,对果实进行周期性保护的措施。枇杷果实套袋能提高袋内温度,使果实可溶性固形物含量等营养物质增加,肉质紧密,外观着色鲜艳等,提高果实品质,从而商品价值更佳,同时避免鸟类、昆虫危害和农药污染果实,减轻自然灾害对果实造成的损失。

①套袋时间　枇杷果实套袋一般在2~3月病虫害发生之前，幼果长到拇指大，果皮由绿变成淡绿时开始进行。早熟品种在华南地区稍早些套袋，北缘地区可以晚些套袋或适当提早（套袋可以防冻害、防落果）进行套袋。据福建省对'解放钟'枇杷品种的试验，谢花后30d左右对幼果进行套袋较好。

②套袋程序　要求在一株果树上，先套树冠上部果实，后套树冠外部果实。套袋前，用65%代森锌可湿性粉剂500~600倍液加5%抑太保乳油1500倍液，喷洒全园幼果防治病虫。

③套袋操作方法　果袋的材料为新闻纸、双层牛皮纸、涂油单层道林纸。果袋顶部两角剪开小口，便于观察和通气。从果树树冠顶部开始自上而下、先里后外地依次进行，防止漏套。按照单果的大小，做上记号，以便采收。袋口用细小的铁丝（或牢固的细绳子）扎紧，使果袋鼓起，果实位于果袋中间，不让果袋接触果实。或在套袋之前，先用果实基部3~4片叶束裹果穗，即不使果实直接接触果袋，然后把果袋充分张开，再包裹果穗，最后用细铁丝封扎袋口（图3-2）。

图3-2　枇杷果实套袋

（4）防日灼与裂果

枇杷果实成熟前期常逢雨天，若降水过多，果园排水不良，易致裂果。如雨后骤晴，初夏阳光直射，特别在无风的午后，气温突增，果面温度可增至34~35℃，以致发生日灼，严重影响产量和品质。

预防裂果与日灼的根本措施在于肥水管理，使枝叶茂盛。此外，在转黄期注意水分的管理。尤其高温天气，可于中午前后往树冠喷水等。福建莆田采用果穗套袋防日灼，效果很好，但成本较高。

六、有害生物防治

枇杷病虫种类较多，而且多半能混合发生。其中，常见的病害有非侵染性病害和侵染性病害两类，常见的害虫有10多种，不仅使枇杷产量降低，树势削弱，同时影响果实品质，给枇杷生产造成巨大的经济损失。

（一）非侵染性病害

非侵染性病害，又称生理性病害。这种病害的发生，不是受病毒、细菌和真菌等微生物侵害所引起的，而是由不良外界环境条件所致。

1. 叶尖焦枯病

（1）发病症状

叶尖焦枯病主要发生在枇杷树的新梢嫩叶上，当嫩叶抽生至长2cm左右时，叶尖发病，呈黄褐色坏死，然后整个叶片慢慢变黑色焦枯。病叶变小，畸形脱落，留下叶柄，以后全枝枯死。果实生长缓慢，并出现落果。病树根量减少，树体长势衰弱，明显矮小，俗称"枇杷瘟"。

(2) 发生规律

枇杷盛花后 1 个月左右开始发病，3~4 月随着气温回升病情发展快，5 月为发病高峰。果实采收后病情好转，根系逐渐恢复，新梢嫩叶生长正常。果园土壤酸性强则发病重，土壤 pH 4.6 是该病发生的临界值。据研究，枇杷叶尖焦枯病是土壤缺钙所致。

(3) 防治方法

选择抗病力强的品种栽培，如'解放钟'等；加强果园肥水管理，培育健壮树势，增强树体自身抵抗力；对酸性较重的土壤进行扩穴，施入有机肥料，增加钾肥、石灰、钙肥的施用量；对发病果树叶面喷洒 0.4% 氯化钙或在发病果树根部每株施石灰 5kg，防治效果较好。

2. 日灼病

(1) 发病症状

日灼病又称日烧病，发病果实向着太阳面的果肉产生不规则凹陷，出现黑褐色病斑，果肉干燥、黏着果核，不能食用。发病枝干病部多发生在朝西的表皮，患病树皮干瘪凹陷，爆裂翘起，最后向阳面病部形成焦斑深达木质部。

(2) 发生规律

凡建在朝西南坡或平地位置的枇杷园，被烈日直射和高温作用后，经常会引起果实、枝干局部组织细胞失水焦枯。若遇早上浓雾而中午前后气温高达 30℃ 以上天气，此时果面温度亦达 32℃，即易发生此病。特别在果实由浓绿色转为淡绿色前后，常有上述天气，最容易发生日灼现象。凡树势衰弱，叶片生长不旺的枇杷树，也易发病。

(3) 防治方法

选用抗病品种，加强果园管理，培养合理树冠，使枝叶生长繁茂，枝干、果实防止强光暴晒；4~5 月果实由浓绿色转为淡绿色时，树干用涂白剂涂刷；若部分树皮已被强太阳光直晒后坏死，要在伤口涂 50% 多菌灵 50 倍液；果实在转色前进行套袋或在晴天中午用遮阳网遮挡强光；果实成熟期遇晴热高温天气，应在 10:00 前、16:00 后向树冠喷水，可增加果园湿度，降低温度，减轻发病。

3. 皱果病

(1) 发病症状

果实成熟期出现高温干旱天气，若没有及时灌水，则果园土壤缺少水分，果树叶片在生长时抢夺果实中的水分，使果皮出现皱缩，直接影响未成熟果和成熟果的品质以至降低或失去商品价值。

(2) 发生规律

皱果病的发生主要与品种、果实成熟期的气候和栽培管理有关。果实含糖量高、果实肉质细嫩的枇杷品种比较容易发病；果实成熟期遇高温，空气湿度小，也易发病；果园管理粗放，土壤贫瘠黏重，大年树结果多，或采收过迟等因素，都会发生皱果现象。

(3) 防治方法

选择抗病品种，果实适时套袋；果实成熟期出现高温干旱天气，及时灌水抗旱、树盘

覆盖或施用水分蒸散抑制剂（AB10N-27）500倍液，都能有效地防止干热风伤害，减少皱果病发生，对兼治日灼病也十分有效。

4. 裂果病

(1) 发病症状

枇杷果实在膨大期或果实着色前后，遇干旱或骤雨，或前期干旱，后期大量灌水，果树过量吸收水分，果肉细胞迅速膨大，导致果皮胀破，部分果肉、果核外露。裂果后的果实容易腐烂变质。

(2) 发生规律

裂果病与品种、气候、管理关系密切。果实皮薄、果形较长的枇杷品种容易裂果；肥水管理粗放、排水不及时、施肥偏氮、树势生长过旺、整枝修剪差等，都容易引起发病。

(3) 防治方法

选择不易裂果品种；加强果园管理，适时施肥供水，用黑色薄膜覆盖树盘，长期保持果园土壤湿润；疏果后全面采取套袋栽培；坚持配方施肥，幼果膨大期坚持喷施叶面肥，用1.2%尿素+0.2%硼砂（硼酸）+0.2%磷酸二氢钾溶液混合喷施，每隔10d一次，连喷2~3次；果皮转淡绿色时，对树冠喷施一定量800mg/L乙烯利溶液（或1000mg/L乙烯利溶液），能有效防止枇杷裂果病发生并能促使果实提早成熟；接近成熟的裂果可以及时采摘，用于加工果酒或果酱、罐头等产品。

5. 栓皮病

(1) 发病症状

别名癞头病，发病初期幼果表面呈现油渍状，果实受害后表皮为暗绿色，果面上的茸毛和蜡质渐渐脱落。随着幼果膨大，病斑木栓化，呈黄褐色，病斑表面开裂。

(2) 发生规律

栓皮病多发生在急骤降温时，幼果表面因受凝霜冰雪危害，果皮细胞被冻伤，整层细胞坏死，伤口愈合后形成栓皮（果面的其他机械损伤，也会导致栓皮病）。霜冰年份发病率较高，树冠外围的果实发病多于内膛果，在果实上发病多在向阳面。

(3) 防治方法

幼果期（即青果直径达2.5cm时）开始在果实上进行套袋；冻前果园灌透水、树盘覆盖地膜、果园熏烟驱寒等，做好防冻害措施。果园外营造防护林带，形成良好的果园小气候。

6. 果锈病

(1) 发病症状

发病初期果实表皮出现细条状或斑点状褐色锈斑，果实膨大后褐色锈斑布满全果表皮。

(2) 发生规律

枇杷在幼果期受低温高湿和强直射阳光的影响，易形成褐色锈斑。品种不同，发病各异，且一般树冠外侧的果实发病较多。

(3)防治方法

选用抗病品种;枇杷青果直径达2.5cm时,进行果实套袋(使用牛皮纸袋为好);采用防冻和遮阳措施,防止果锈病发生。

7. 紫斑病

(1)发病症状

紫斑病又名赤斑病(俗称"花枇杷")。果实成熟时,果皮上出现紫红色或黑褐色不规则斑纹或斑点。病斑多出现在向阳面,然后遍及整个果面,不伤及果肉,也不马上引起果实腐烂。

(2)发生规律

紫斑病是在果实成熟后期突然出现的病症,与阳光照射有密切关系,收获果实时遇持续晴天,阳光强烈,最易发病。据观察,枇杷早熟品种容易发生此病。

(3)防治方法

选择抗病品种;采用套袋技术;采收果实时不能暴晒,要把摘下的果实放到没有阳光的通风处预冷。

8. 脐黑病

(1)发病症状

一种生理性病害。发病部位为果皮顶部的萼片附近(即果脐部位),发病初期呈现青绿色,后因失水而丧失新鲜感,最终变为黑色。

(2)发生规律

果实向上的枇杷品种发病多,树冠上部的果穗易发此病,阳光直射的果穗容易发病,有时套袋的果实比不套袋的发病重。

(3)防治方法

选用抗病品种;改进套袋方法和选用优质果袋材料,如树冠外围和顶部果实采用旧报纸材料的纸袋,透光性低;合理修剪,选留枝叶遮光,避免阳光直射到果实上。

(二)侵染性病害

侵染性病害又称寄生性病害,其病源包括真菌、细菌、线虫和寄生性种子植物等。

1. 枝干腐烂病

(1)发病症状

枝干腐烂病又称烂脚病。病菌侵染枇杷枝干皮层,初发病时多在根颈部,近地面处的韧皮部褐变,以后逐渐扩大到根颈四周,也有的蔓延到树干和主枝。枝干发病初期以皮孔为中心,形成椭圆形病状突起,直径为0.2~0.5cm,中央呈扁圆形开裂。病部逐渐扩大,发病树皮红褐色,病部和健部交界处呈鳞状开裂翘起。严重时环绕受病枝干皮层一周发生坏死腐烂,造成果树生长衰弱,枝枯叶落或全株枯死。嫁接苗在接合部易发此病。

(2)发生规律

病原菌为一种子囊菌。病菌以菌丝体和分生孢子同在枇杷树病干和其他病残体中越冬。菌丝在10~25℃温度范围内均可生长,最适生长温度为25~28℃。在4~6月和8~9

月发病较多。病菌属于弱寄生菌,主要通过伤口侵入,也可通过枝干皮孔和芽眼等处侵入。分生孢子通过雨水传播,有些昆虫特别是蛀基害虫(如天牛类)的危害伤口也能传播病菌,旱季若遇气温持续偏高,雨水多、湿度大,易使该病流行发生。

(3)防治方法

加强果园肥水管理,培育健壮树体。发现病斑上翘起的裂皮,要及时刮除,并将刮下的病屑就地烧毁,然后在伤口处涂上843康复剂+50%甲基托布津可湿性粉剂50倍液,每月喷一次,连续3次。或喷等量式波尔多液或石灰硫黄浆液为主的传统有机农药,对伤口愈合效果良好。

2. 胡麻色斑病

(1)发病症状

该病俗语称"苗瘟",为枇杷产区普遍发生的病害。病菌侵染苗木叶片,发病初期叶面出现暗紫色病斑,以后逐渐变成灰色或白色,中央散生黑色小粒点。发病严重时小病斑扩大,互相连成块,引起叶片枯萎脱落,降低嫁接成活率。病菌侵染苗木茎干后会引起苗木枯死。

(2)发生规律

该病的病原菌为枇杷虫形孢菌,属于半知菌亚门。病菌以分生孢子盘在病叶上越冬,翌年春末夏初产生分生孢子。分生孢子无色、虫形,4个细胞呈"十"字排列,传染适温为10~15℃,气温超过20℃则发病率下降。病菌通过风、雨传播。排水不良的低洼地枇杷苗木容易发病,春季梅雨期和秋季阴雨连绵时节是发病盛期。

(3)防治方法

做好冬季清园工作,减少翌年病源。加强苗圃管理,合理施肥,提高苗木抗病力。及时剪除有病枝叶。在易发病季节选用药剂防治:0.5%等量式波尔多液,每隔15~20d喷一次,连续喷4~6次;苯莱特1500倍液。

3. 叶斑病

叶斑病是枇杷产区最普遍、最主要的一种病害。枇杷叶斑病是灰斑病、斑点病、角斑病的总称,这3种病害常在枇杷叶片上混合发生。感染此病的枇杷叶片,发生较多的病斑,叶片黄化变小,提早落叶,光合作用受到影响,树势衰弱,产量低,果质劣。

(1)发病症状

①灰斑病 病原菌为盘多毛孢,主要危害枇杷的叶片,也侵染幼芽、嫩叶、老叶、枝条、花蕾、果实,是目前危害枇杷产量、品质最重的病害。嫩叶被害初呈黄褐色小斑点,后转紫黑色,几个病斑融合扩大,叶片卷曲凋萎。花朵受害时花蕊由褐色变干枯。幼果受害时产生紫褐色病斑,后期凹陷,散生黑色小点,严重时果肉软化腐烂。老叶受害时出现黄褐色斑点,继而逐渐扩大连成大病斑,叶片中央呈灰白色或灰黄色。

②斑点病 病原菌为枇杷叶点霉。病菌侵入叶片,先出现赤褐色小点。后扩大成圆形,中央变为灰黄色,外缘呈灰棕色或赤褐色。由许多病斑连成不规则形斑块,使病叶局部或整片枯死。与灰斑病比较,斑点病的病斑较小。

③角斑病 病原菌为枇杷尾孢。病菌只侵染叶片,受害叶片先出现褐色小斑点,然后病斑以叶脉为界,扩大成多角形赤褐色病斑,外缘经常有黄色晕环,后期长出黑色霉状小粒点。

(2)发生规律

枇杷叶斑病的病原菌都是半知菌,在温暖多湿的环境中容易发病,病菌生长适温为 24~28℃,温度高于 32℃ 或低于 20℃ 时会受到抑制。一年中多次侵染,尤其多雨季节是斑点病的盛发时期。我国长江中下游枇杷产区,3 月中下旬至 7 月中下旬、9 月上旬至 10 月底,都是叶斑病迅速蔓延发展期。梅雨季节,在土壤瘠薄、排水不良、管理不善的枇杷果园,树势不旺,生长较差,更易发病。干旱时灰斑病、角斑病易发。病菌一般是从嫩叶的气孔或果实的气孔(皮孔)及伤口侵入。因此,要注重果树发枝展叶后的保护。

(3)防治方法

加强果园肥水管理,增强树势,提高果树对病害的抵抗力;修剪时疏去密枝,改善通风透光条件,降低内膛湿度;冬季结合清园清除枯枝落叶、寄生杂草,以减少病源。选择药剂防治:春、夏、秋季枝梢萌发抽生展叶期用药,喷洒 0.3~0.4 波美度的石硫合剂保护叶片,每隔 10~15d 喷一次,连续 2~3 次。

4. 炭疽病

(1)发病症状

该病的病菌主要侵染枇杷果实,有的年份危害叶片、嫩梢较严重。果实发病初期,果面上产生淡褐色水浸状圆形凹陷病斑,以后密生小黑点,排列成同心轮纹状,即为病菌的分生孢子盘,当雨水湿润时,分生孢子盘内粉红色黏物(分生孢子团)就会溢出。后期病斑扩大成块,使果实局部及全果软腐或干缩成僵果。

(2)发生规律

病原菌为半知菌亚门的盘长孢状刺盘孢菌。病菌以菌丝体在病果残体及带病枝梢上越冬,翌年春季温暖多雨时,产生新的分生孢子,随着风雨、昆虫传播,再次侵染危害。果园排水不良、树梢荫蔽、施肥过多、遇上连绵多雨或大风冰雹等灾害性天气,枇杷幼苗、果实、叶片发病多。

(3)防治方法

做好枇杷果园管理,开沟排水,增施磷、钾肥,使树势健旺,提高树体抗病能力;果实采收期结合修剪清除病枝、病果、病叶和地面杂草,集中烧毁,以消灭病源;抽梢展叶期和果实着色前选择 50% 施保功可湿性粉剂 2000 倍液、0.5%~0.6% 波尔多液等防治,在幼果套袋前连续喷 2 次。

5. 污叶病

(1)发病症状

污叶病是枇杷园中主要危害叶背的一种常见病。发病初期在叶背出现暗褐色小点,病斑不规则,后成煤烟色粉状绒层,小病斑连合成大病块。严重时全树大部分叶片均发病,很快发展到全园果树叶片。

(2)发生规律

病原菌是枇杷刀孢真菌(属半知菌亚门),病菌以分生孢子在叶片上越冬,翌年从春季到晚秋都会发病,以 8~12 月为发病盛期。

(3)防治方法

果园地要选择在向阳处;加强肥水管理,增施磷、钾肥,提高果树抗病力;合理剪修树枝,使果树内膛阳光充足;经常清除园内病叶枯枝和寄生杂草,集中烧毁,以减少病原菌传播;选择0.5%~0.6%等量式波尔多液、大生M-45的600~700倍液、20%丙环唑乳油2500倍液等药剂防治。

6. 癌肿病

(1)发病症状

枇杷癌肿病又称溃疡病。病菌主要危害枇杷树干,也危害芽、叶、果及浅土层根系。枝干及根部发病初期,有黄褐色小斑点,以后逐渐侵入内部,表面变黑溃疡病状,表皮易剥离,被害部周围肥大成头疣状突起癌肿,严重时枝干枯死。新芽受害时出现黑色溃疡,叶片受害时产生黑褐色斑点,后期病部破裂成孔洞。幼果发病表现为烫伤状病斑,以后成黑色溃疡,并逐渐融合成软木状,表面产生裂纹,形成黑色的痂,果梗表面有裂纹,产生酱状物。

(2)发生规律

病原菌为细菌,在枝干的病部越冬,翌年3~7月雨季通过风雨、昆虫(如梨小食心虫、天牛及木蠹蛾)所造成的伤口侵染。还可从人工抹芽后的芽痕、采果后的果痕、落叶后的叶痕、修剪后的伤口侵入及通过工具等传播。在多雨水和台风季节,或树势衰弱或枇杷品种抗病力不强等情况下,癌肿最容易发生。

(3)防治方法

严格检疫,禁止带病苗木和接穗外销传播;加强果园管理,及时施肥灌排,提高树体抗病能力;结合清园疏除病枝、枯枝、病叶、杂草并集中烧毁;采果、剪枝、抹芽等操作使用过的工具要用药剂消毒,以防带菌传播。选用下列药剂防治:链霉素1000倍液进行伤口涂刷消毒;喷雾0.5~1.6等量式波尔多液或40%抗菌剂1000倍液保护伤口;843康复剂、农用链霉素糊剂、5波美度石硫合剂等涂刷伤口。

7. 赤衣病

(1)发病症状

赤衣病主要危害枇杷枝干的皮部,造成落叶、枯枝或整株果树死亡。枇杷枝干被感染后,病枝上的叶片凋萎,病枝表皮上着生一层粉红色或白色菌丝和稍隆起的小块点。严重时树皮裂开,易剥离脱落,呈溃疡状。赤衣病的寄主有茶树、柑橘、桃、梨、苹果、荔枝、杧果。

(2)发生规律

病菌为担子菌类的真菌。病菌孢子在春季靠风雨传播,遇高温多湿的环境则发芽长出白色菌丝,从表皮深入木质部,阻止水分、养分输送,叶片枯萎(此时病菌已侵入1个多月之久)。每年4月上旬能在果园发现枇杷的枯枝,到8月后发病渐少。

(3)防治方法

剪除病枝并烧毁,通过整形修剪疏除多余枝条,以利于果树内膛通风透光;3~4月用50%多菌灵可湿性粉剂800～1000倍液，每隔2周喷雾一次，连续喷3～4次。

8. 心腐病

(1)发病症状

病菌每年侵染成熟的枇杷果实。受害果实表面产生近圆形褐色水浸状病斑，直径6～15mm，病菌逐渐伸入果心，周围果肉组织变成褐色，病斑上着生灰褐色菌丝。到后期病果会渗出液体，果实即腐烂。

(2)发生规律

病原菌为半知菌亚门根念珠霉菌。病菌以菌丝体在病果上越冬，翌年春季菌丝体靠风雨、昆虫传播，从果蒂、花蕾处侵入果实组织。果实成熟期、贮运期发病较多，不同品种的果实发病情况各不一样。

(3)防治方法

结合清理果园去除病枝、病叶、病果并集中烧毁；在青果期(果实直径达1.5cm时)进行套袋；选用50%多菌灵可湿性粉剂800倍液、20%三唑酮乳油3000倍液等药剂进行防治。

9. 白绢病

(1)发病症状

枇杷白绢病又名茎基腐病。该病危害多种果树，如苹果、梨、桃。枇杷成年树(或苗木)发病部位为根颈部，距地面5～10cm处，发病初期根颈表面形成白色菌丝，表皮呈现水渍状褐色病斑，菌丝继续生长直至根颈部覆盖着丝绢状白色菌丝层，故而得名。病情进一步发展时，根颈部的皮层腐烂，溢出褐色汁液。病株地上部叶片发黄变小，枝条节间短缩，结果量多，果粒细小。病斑环绕树干后，在夏季会突然全株枯死。

(2)发生规律

病菌以菌丝体在病树根颈部或以菌丝在土壤越冬，翌年再生出菌丝侵染树体。高温多雨季节容易发病，果园内病菌在近距离传播，主要靠菌核通过雨水流入灌溉水进行蔓延。远距离传播则通过苗木带病传播到新的无病区。

(3)防治方法

避免在老病园地上重建枇杷园；严格检疫制度，禁止有病苗木外销；健苗用70%甲基托布津(或多菌灵)800～1000倍液或2%石灰水浸20～30min，杀灭根部病菌；对出现病症的枇杷树，干基部主根附近扒开土壤晒根，抑制病菌危害和发展；刮除根部病斑后用1%硫酸铜液消毒伤口，再涂上波尔多液与其他药液等保护剂，然后覆盖新土；病株外围开挖隔离沟，封锁病区，防止蔓延。

(三)主要虫害

枇杷的主要害虫有10余种。

1. 蚜虫

(1)形态特征

无翅胎生雌蚜和有翅胎生雌蚜体长1.3mm，漆黑色。无翅胎生雄蚜和有翅胎生雄蚜相似，但为深褐色。

(2)危害症状

蚜虫成虫和若虫群集危害枇杷幼叶、嫩梢,吸吮汁液后,造成嫩叶凹凸不平,不能正常伸展,嫩梢卷曲,并且引发煤烟病。

(3)发生规律

蚜虫一年发生8~10代,4月上旬至6月下旬危害最多。果树叶片老化不便于取食时,无翅胎生蚜虫则会变为有翅蚜虫,迁飞到其他树上危害。在福建南部地区,蚜虫无休眠现象;在江西,蚜虫以卵在树干上越冬。

(4)防治方法

关键是保护和利用蚜虫的天敌,进行生物防治。瓢虫、草蛉、食蚜蝇、褐蛉、蚜茧蜂、寄生菌等,这些天敌控制蚜虫发生的作用相当强。据观察,1只七星瓢虫、大草蛉一生可捕食蚜虫4000~5000头。在蚜虫发生期选择如下药剂防治:2.5%功夫乳油3000倍液和灭幼脲3号1500倍液、抗蚜威2000倍液。

2. 蚧类

参照柑橘主要虫害。

3. 梨小食心虫

该虫别名东方蛀果蛾,简称梨小。属鳞翅目卷蛾科。主要以幼虫蛀食枇杷果实和枝干。

(1)形态特征

梨小食心虫成虫体长5~7mm,翅展11~14mm,体为灰褐色至暗褐色,前翅前缘具有10组白色斜纹,翅上密布有白色鳞片。卵淡白色,扁椭圆形。幼虫体长10~13mm,淡红色或粉红色,头黄褐色。蛹长6~7mm,椭圆形。

(2)危害症状

梨小食心虫成虫产卵于果实的萼孔内,卵孵化出幼虫钻入果内危害种子,粪便排泄在种子周围和果实外面。被害果早期脱落,到后期被害果实在外观上看不出受害症状,但果内却被幼虫蛀食不能食用。幼虫钻进果实后,在贮运期往往将虫粪排在果外,造成烂果。幼虫还常危害新梢和苗木、采果痕及嫁接部位,蛀入表皮内啃食,并侵入木质部,造成直径4~5cm的圆形或不规则形腐烂斑块,导致癌肿病病菌侵染。

(3)发生规律

梨小食心虫一年发生6~7代,成虫寿命10~15d,幼虫发育起点温度10℃,以老熟幼虫在树干的裂缝及根颈周围等处结茧越冬,到3月中、下旬越冬幼虫化蛹,第一、第二代幼虫分别在4月上中旬和5月危害枇杷果实。成虫白天静伏,黄昏活动,夜间产卵,卵散产在果实表面,每处一粒。梨小食心虫由于寄生广,有转移寄主危害习性,生活史复杂。如果枇杷园附近有桃、梨、李等果园,对枇杷的危害会更严重。

(4)防治方法

a.统一规划,合理布局,避免桃、梨、李等果园相邻,防止梨小食心虫转移寄主危害而增加防治难度。b.清除越冬寄主,消灭越冬幼虫。c.采用果实套袋栽培,青果直径达1.5~2cm时开始进行套袋,套袋前喷洒一次防病灭虫药剂。d.成虫羽化期用糖醋液或灯光诱杀成虫(糖醋液的配制方法：红糖 1 份、米醋 2 份、水 10 份，加入少量敌百虫和黄酒混合)。e. 保护天敌，进行生物防治。梨小食心虫的天敌有赤眼蜂、百僵菌等，均可控制梨小食心虫的危害。f. 药剂防治：在幼虫孵化期选择 10% 除尽悬浮剂 1500 倍液、1.8% 齐螨素乳油 2000 倍液或 50% 杀螟松 1000 倍液等常用的杀虫剂。

4. 黄毛虫

(1) 形态特征

雌成虫体长 9～10mm，翅展 20～22mm；雄成虫体略小，银灰色。幼虫体长 21～23mm，体背黄色，腹部草绿色，头部橘黄色。

(2) 危害症状

幼虫以危害果树新梢上的幼叶为主。1～2 龄幼虫取食叶肉，剩下叶面表皮。3 龄幼虫啃食新叶成空洞或缺刻。4～5 龄幼虫蚕食全叶，继而啃食叶脉、嫩梢皮部和果皮。严重时新梢、叶片全部被吃光。

(3) 发生规律

黄毛虫在江西、浙江一年发生 3 代，福建一年发生 4～5 代，虫情发生高峰在夏、秋(4～5 月和 7～8 月)，与枝梢萌发期相同。老熟幼虫于枝条背阳光处结茧化蛹。

(4) 防治方法

每年冬季彻底清除果园内的杂草、落叶，消灭越冬虫源；用黑光灯诱杀成虫；人工捕杀栖息在果树上的成虫；在嫩梢上的幼虫，采取震树落地杀灭。根据新梢抽生期和幼虫初孵期，选用 20% 杀灭菊酯乳油 4000 倍液、40% 乐斯本乳油 1500 倍液等杀虫剂。

5. 吸果夜蛾类

吸果夜蛾种类很多，发生普遍，但主要是青安纽夜蛾、赘巾夜蛾，均属鳞翅目夜蛾科。

(1) 形态特征

青安纽夜蛾成虫体长 29～31mm，翅展 67～70mm，头部黄褐色，腹部黄色；幼虫黄褐色。赘巾夜蛾成虫体长 21～23mm，翅展 58～60mm，头及胸部黄色，腹部黄色；幼虫黄褐色。

(2) 危害症状

夜蛾以成虫危害枇杷果实。果实被刺吸的部位常表现出不同症状，轻者外表只有一个小孔，内部果肉呈海绵状腐烂，重者果实软腐脱落。早期危害果实往往不易被发现，常在采果后的贮运中出现果实腐烂。

(3) 发生规律

吸果夜蛾在江西、浙江等一年发生 3～4 代。4 月中、下旬出现第一代成虫，危害成熟的枇杷果实。成虫白天隐藏在荫蔽处，傍晚开始活动，刺吸果实汁液。成虫在闷热、无风的夜晚数量较多，10 月以后幼虫开始越冬。

(4) 防治方法

在枇杷园四周铲除吸果夜蛾幼虫寄主植物木防己和汉防己等，可以减轻危害；枇杷果实成熟阶段，设置灯光诱杀成虫，按每公顷安装40W金黄色荧光灯8～10盏均匀布点。也可在果园摆放糖醋液诱杀成虫，或在傍晚将滴有香茅油的纸片挂在果树上，能起到拒避吸果夜蛾飞来危害果实的作用，次日清晨收回香茅油纸片密封，以便再用。夜晚还可在果树上悬挂樟脑丸或喷5.7%氟氯氰菊酯1000倍液，拒避吸果夜蛾的效果最佳，或用敌敌畏等杀虫药剂拌西瓜及其他果实悬挂在树上，具有一定的诱杀效果。此外，果实套袋可以保护和防止吸果夜蛾危害。

6. 螨类害虫

(1) 形态特征

危害枇杷的螨类害虫有始叶螨、全爪螨。始叶螨体长0.35～0.4mm，近梨形，橙黄色至红褐色；卵球形，光滑，直径约0.12mm；幼螨体形近圆形，长约0.17mm；若螨体形与成螨相似，较小。全爪螨雌螨体长0.3～0.4mm，暗红色，椭圆形，足4对；雄螨略小，鲜红色；卵球形，直径约0.13mm；幼螨体长约0.2mm，体色较淡，足3对；若螨近似于成螨，较小，足4对。

(2) 危害症状

以若螨和成螨危害枇杷新梢、嫩叶和花芽。新梢受害后生长缓慢。花芽受害后，在开花期大量花朵萎蔫脱落。叶片受害后呈黄褐色，影响光合作用。

(3) 发生规律

一年发生15～17代，多为两性生殖，也有孤雌生殖现象，后代多为雌螨，卵产于叶片、果实和嫩枝上，世代重叠，以卵和成螨在枇杷树的枝条裂缝、叶背越冬。3～5月春梢抽发期，老螨向新梢迁移危害。一年中在春、秋梢抽发期发生量大。

(4) 防治方法

冬季清园结合刮除树干翘屑和老皮裂缝，刷上白涂剂，消灭越冬虫；保护螨类天敌，进行生物防治，控制害虫发生。药剂防治：可选用20%双甲脒（螨克）乳油1000倍液、20%哒螨灵可湿性粉剂2000～3000倍液等杀螨剂，要求在叶片正、反两面均匀喷雾。

7. 黄蛾类

(1) 形态特征

蓑蛾雄虫有发达的双翅，善于飞翔。雌成虫体肥胖，乳白色，无翅，一生在护囊内交尾产卵。卵椭圆形，肉红色。幼虫粗短。蛹纺锤形，红褐色。大蓑蛾雌虫体长23～31mm，展翅40mm；末龄幼虫体长20～23mm；蛹长约20mm。小蓑蛾雌成虫体长26mm；雄成虫体长17mm，展翅22mm；蛹长15mm。

(2) 危害症状

蓑蛾食性很杂，危害多种果树，危害枇杷树主要是以幼虫啃食叶片为主，严重时全部叶片被食殆尽。大蓑蛾初龄幼虫取食叶肉，残留表皮；幼虫长大将叶片啃成孔洞或缺刻，最后吃光全叶。小蓑蛾也是危害叶片和取食嫩枝皮，先食叶肉，后啃叶片，仅剩叶脉。由于蓑蛾数量多、食量大，暴发时常把全树叶片吃光后转移到其他果树上继续危害。

(3) 发生规律

大蓑蛾一年发生1代，以老熟幼虫在护囊内越冬，每只雌蛾可产3000多粒卵，6月底到7月初为孵化盛期。孵化后幼虫爬出护囊，吐丝下垂，随风飘移，然后沿丝附着树上，咬碎叶片做成新护囊。5龄后护囊做成较厚的丝质，11月幼虫停食封囊越冬。大蓑蛾在干旱年份最易猖獗，危害成灾。小蓑蛾一年发生1代，以幼虫越冬，翌年3月开始活动，6月中、下旬幼虫化蛹，成虫7月上旬出现。每只雌虫可产2000~3000粒卵，产出的卵经过7d左右孵化，幼虫从护囊爬出，吐丝下垂，随风飘散到各处，啃食枇杷叶肉，吐丝缀枝聚叶，营造新的护囊。

（4）防治方法

人工摘除护囊，杀灭大龄幼虫和雌成虫；保护天敌，如小蜂科的费氏大腿蜂、粗腿小蜂，姬蜂科的白蚕姬蜂、黄姬蜂、蓑蛾虫姬蜂及寄生蝇等，这些天敌对控制蓑蛾类害虫能发挥最大的作用。在蓑蛾幼虫未做护囊前，用20%杀灭菊酯4000~5000倍液、2.5%溴氯菊酯3000倍液防治。7月初毒杀食叶幼虫，或在幼虫吐丝下垂时喷50%二溴磷600倍液。

8. 花蓟马

（1）形态特征

雌成虫体长0.9~1mm，橙黄色。卵呈肾形，淡黄色。若虫初孵时乳白色，2龄后淡黄色，形状与成虫相似，缺翅。蛹(4龄若虫)出现单眼，翅芽明显。

（2）危害症状

成虫和若虫危害枇杷花穗，有时危害嫩叶或果实。枇杷园通常在11~12月开花时受害最严重，均在花冠危害花瓣。

（3）发生规律

一年发生6~8代，世代重叠，进行有性生殖和孤雌生殖。以成虫越冬。雌虫羽化后2~3d在叶背、叶脉处或叶肉中产卵。每只雌成虫产卵几十至100多粒，卵孵化后，若虫在枇杷树的枝条嫩芽或嫩叶上吸食汁液。

（4）防治方法

开花期喷雾50%的巴沙乳油1000倍液，进行全面防治。

9. 天牛类

参照柑橘主要虫害。

10. 白蚁类

（1）形态特征

①黑翅土白蚁　兵蚁体长5mm，无翅，头部暗黄色、卵形；长翅繁殖蚁体长16~18mm，体柔软，全体为褐色；工蚁体形像兵蚁，但上颚不发达。

②家白蚁　兵蚁体长5mm左右，头部浅黄色、卵圆形；长翅繁殖蚁体长15mm左右，体呈黄褐色，翅淡黄色透明。

（2）危害症状

白蚁对枇杷树的危害，主要是在土中咬食根系或出土沿树干筑泥路，咬食树皮和茎干，破坏果树根系和树干的正常生长活动。枇杷树受害后，叶片褪绿黄化，根系周围土壤潮湿，被蛀食部位冒出白沫，并有黏胶液流出。韧皮部被白蚁蛀食后，会发出臭味，危害严重时树势衰弱，亦可至树死亡。红壤山地的枇杷园，白蚁筑巢于土中以危害果树为食。

(3)发生规律

白蚁有群集性和社会性,有翅白蚁成虫具有趋光性,3月初气温开始转暖即出现危害。干旱是白蚁危害严重的主要条件,即在干旱季节白蚁加强取食以补充水的来源。5~6月和9月是白蚁危害的两个高峰期,11月下旬入土越冬。在人类居住的宅前屋后或低洼积水潮湿的地方,或果树根颈部接触未经腐熟厩肥,都易遭受白蚁危害。在果园地里套种块茎、块根类的作物,也极易招引白蚁危害。

(4)防治方法

a.加强栽培管理:枇杷园地的行间不能套种高粱、玉米、西瓜、薯类、萝卜、生姜之类的作物,以免招引白蚁蛀食枇杷根颈;不施用未腐熟厩肥,以免招引白蚁危害果树根部;定植时穴内施农药。b.人工挖巢:在3~4月趁白蚁出土分群之际一经发现蚁洞,人工挖掘蚁巢,然后用2%毒死蜱(用量1kg/m²)或灭蚁灵粉剂喷雾挖掘蚁巢后的穴底和蚁巢内壁及泥土。c.灯光诱杀:在4~6月白蚁有翅成虫的纷飞季节,用黑光灯诱杀白蚁成虫,效果很好。d.放置毒饵:4~10月在白蚁分群孔里放灭蚁膏,或在白蚁危害的树干基部放置灭蚁饵诱杀。e.药剂涂刷根颈:发现白蚁危害严重的枇杷树,在根部扒开泥土,把受害根颈暴露在外,然后用90%敌百虫晶体15倍液涂刷,每隔10d涂刷一次,连续3~4次。f.采用贴皮补植:白蚁危害严重时,伤及皮层深处,可采用贴皮补植法进行靠接,能促发新根,恢复果树的正常生长发育。g.保护天敌:白蚁的头号天敌是穿山甲,应保护穿山甲,利用天敌消灭白蚁,是根除蚁害最有效的方法之一。

七、果实采收

枇杷的成熟期不一致,采收过早会明显影响品质,必须选黄留青,分批采收。但采收过迟则果实贮运性能变差,同时会影响树势。一般以九成熟时采收为宜,外运的达八成熟即可采收。

枇杷果软多汁、皮薄、果梗脆、易受伤而降低贮藏性能,并有损果实美观。因此,采收时应认真细致,用剪刀剪果,切勿手折或硬拉。应手捏果柄,避免手指触落果毛或果面。果柄不宜过长,注意轻拿轻放。果实采后及时分级装运,每竹篓或木箱不宜装太满,以免果实在重压下受损。一般经认真采收,常温下可以贮藏15~20d。

栽培管理月历

1月

◆物候期

冬梢抽生,开花结果;根系开始活动。

◆农事要点

①清园:将果园的杂草和修剪的病虫枝叶集中烧毁。

②保花保果:果园放养蜜蜂或人工授粉,增加授粉机会,提高坐果率。根外喷施20mg/L GA_3、0.02%磷酸二氢钾、0.1%绿芬威1号。1月中旬对枇杷花序和幼果各喷一次8%的枇杷大果灵。

③防冻、防旱:用稻草或黑色塑料薄膜包扎树干或覆盖树盘。特别种植在北缘栽培区或低洼处的枇杷树,最易受冻害。

白头霜后的早晨霜水消失之前,在树冠上喷水洗霜,可减轻霜害程度。寒害过后,叶面喷施0.5%葡萄糖溶液或0.3%白糖水,对减轻寒冻有良好的作用。做好冬季果园防旱,进行地面灌水,增加空气和土壤湿度。

2月

◆物候期

春梢萌动;开花末期;根系生长高峰。

◆农事要点

①保果和促幼果膨大:在末花期和幼果期各喷一次果大多(每包加水50kg)能提高坐果率和使果实增大;枇杷此期对养分需求量大,若养分供应不及时,容易引起落果。本月进行两次根外喷施肥液和植物激素,促进幼果膨大,发出新梢。

②幼年树壮梢,修剪:根据果树的行株距,应采用小冠主干分层形修剪方法,使果树中心干明显,树体层性分明,产量高、负荷大。

③在此期间若遇大雪天气,采取人工摇雪,可以减轻幼果冻害损失。

3月

◆物候期

春梢抽生,幼果发育;根系活动。

◆农事要点

①幼果保果:本月中旬用100mg/L吡效隆(CPPV)浸幼果(只需浸果一次)效果最好。

②疏果套袋:在3月中旬对果树上多余的小果、病果和冻害果全面进行疏除,喷雾一次广谱性杀虫灭菌混合药液,然后用专用纸袋套果,大型果一果一袋,小型果一穗一袋。

③高接换种:3月气温开始回升,是一年中最好的高位嫁接时期,可以提高嫁接的成活率。

④间作播种:做好绿肥(作物)播种准备。枇杷果园间作绿肥品种应选择浅根矮秆、生长快、覆盖面大、茎叶繁茂、产量高、病虫少、耐旱、耐瘠的作物,如印度豇豆、花豇豆等,其生长期长,可割青2~3次。经济作物品种有花生、大豆等。以上都是在3月下旬或4月中旬播种。

⑤防治病虫:枇杷癌肿病病菌3月开始从春季剪枝伤口侵入,应及时用0.5%~0.6%的波尔多液保护伤口。用50%锌硫磷500倍液或80%敌敌畏500倍液灌注蚁道、蚁巢,防治白蚁。

4月

◆物候期

春梢大量抽发;幼果膨大;根系停止活动。

◆农事要点

①追施春梢肥:及时进行根外喷施叶面肥,促进枝、梢旺盛生长,幼果膨大;冬季绿肥收割后进行施埋,增加土壤有机质含量,继续播种夏季绿肥和经济作物。

②定果套袋:继续疏果后定果套袋,防紫斑病、吸果夜蛾、鸟类等危害果实,减少太阳暴晒出现日灼果和农药污染果面,使果实着色鲜艳,外表美观,提高商品价值。

③治病灭虫:本月上旬喷雾50%敌敌畏乳油1000倍液、90%敌百虫1000倍液,杀灭第一代瘤蛾幼虫和蚜虫。保护枇杷春梢嫩芽,用0.5%~0.6%波尔多液(用0.5份生石灰、0.5份硫酸铜加100份水配制成波尔多液)或50%多菌灵800~1000倍液,每隔10d喷一次,防治枇杷叶斑病。

5月

◆物候期

春梢抽发结束;果实成熟采收;根系开始生长。

◆农事要点

①果实采收:此期是枇杷果实充分着

色的时候，果实开始成熟，分期分批采收。做到树上采收、树下处理，剔除裂果，包装贮运。

②抢施采果肥：果实采收后及时进行清园，抢施夏肥，恢复树势，促发夏梢，培育优良结果枝，以利于7~8月花芽分化，保证下一年高产。肥料以速效氮结合有机肥为主，磷肥用量在本次施肥全部用下。

③快速进行夏季修剪：及时删除密生枝、病虫危害枝，改善光照条件，对过高植株回缩中心干，回缩部分外移枝，保持果树行间0.8~1m的距离，株间没有过多交叉枝。

④及时防治病虫：此期是枇杷叶尖焦枯病的发病高峰，应全树叶面喷雾0.4％氯化钙，发病树的根部撒施石灰5kg，防治效果良好。枇杷黄毛虫发生量较大，新梢抽生时和幼虫初孵期，选用20％杀灭菊酯乳油4000倍液或40％乐斯本乳油1500倍液。还应加强对螨类、蚧类、梨小食心虫、天牛类以及白蚁等害虫的防治工作。

6月

◆物候期

夏梢开始抽发；晚熟枇杷采收；根系停止生长。

◆农事要点

①夏季修剪：全面修剪抽发的新夏梢，抹除萌芽，更新复壮，使枝梢分布有序。

②果实保鲜：采果后在常温下保鲜不得超过20d，否则果实会出现皱缩、腐烂。必须采取保鲜措施，以减少损失，延长鲜果的市场供应期。

③继续抢施采果肥：果实采收后，要继续集中全力抢施采果肥，加快恢复树势。

7月

◆物候期

夏梢抽发；花芽生理分化；病虫易发。

◆农事要点

①病虫防治：树下撒施石灰，树干涂刷石灰水，以补充钙元素并防治根颈部病害。积极防治枇杷若甲螨、桃蛀螟、木虱、蚜虫、黄毛虫等主要害虫，用乐斯本1000倍液、阿克泰7500倍液、敌杀死1000倍液、三唑锡1500倍液喷雾。

②收割绿肥覆盖：用收获的绿肥覆盖枇杷树盘，以减少蒸发，防旱降热。

③使用促花技术措施：采取环剥、环割、拉枝、扎枝等技术措施控制水分和养分。在7月中旬喷雾一次15％多效唑500倍液，并结合疏枝除萌等方法促花。

④消灭地衣、苔藓：用松脂合剂喷洒树干和树枝上的地衣、苔藓。

8月

◆物候期

秋梢开始萌发；花芽形态分化；根系开始生长。

◆农事要点

①果园抗旱：此期正值花穗生长发育期，若遇天气干旱，应适时灌水。

②辅助修剪：通过辅助修剪，将中心干发生的非主枝拉成水平状，促进早花，过密枝在第二、第三年适当疏剪。

③施好秋肥：本月上旬喷施一次15％多效唑500倍液，促进花芽分化；结合秋季施肥，开挖深度50~60cm、宽度40cm的沟、穴，分层施入秸秆、磷肥，以利于引根向下伸展，增加吸收肥水的能力。

④防治螨虫：8月是螨虫发生高峰期，用20％双甲脒(螨克)乳油1000倍液、20％哒螨灵可湿性粉剂3000倍液、5％霸螨灵悬浮剂2000倍液、0.3~0.5波美度石硫合剂防治。

9月

◆物候期

秋梢生长期；花芽分化期；根系停长期。

◆农事要点

①病虫防治：本月是叶斑病迅速蔓延危害期，病菌多从嫩叶的气孔中潜入，应注意在秋梢发枝展叶后的保护，每隔10～15d喷药1～2次可控制病势。

②翻埋绿肥：继续扩穴翻埋夏季绿肥，以改善土壤结构，增加土壤有机质含量，减少土壤水分蒸发。

③追施花前肥：枇杷花前肥的施用量应约占全年施肥总量的20%（或30%），在开花前采用配方施肥和施用有机肥，为枇杷开花结果提供所需营养；开花前在叶面喷施0.2%～0.3%尿素或磷酸二氢钾2～3次，补充树体氮、磷、钾的不足。

10月

◆物候期

秋梢停止生长；进入初始花期；根系开始生长。

◆农事要点

①中耕除草：果园中耕除草要求人工操作，尽量做到不用或少用除草剂，以免造成土壤板结和理化性质变差以及影响土壤结构。将锄去的杂草覆盖树盘以保温、保湿。

②疏除花穗：本月中、下旬为花蕾期，对花穗过多的果树，应将部分花穗从基部疏除。疏花通常在花穗抽尽而没有开花时进行，根据花量确定疏留。

③防治病虫：花穗腐烂病危害枇杷花穗严重，受害花穗变褐呈软腐状（此病不直接危害花果），在花期防治虫害时结合病害防治，使枇杷开花结果顺利。花穗腐烂病的预防可用甲基托布津800倍液或多菌灵500倍液，每隔7d喷一次。桃蛀螟、梨小食心虫、木虱、若甲螨等害虫危害花及幼果，必须及时用药防治。

④清洁果园：将果园内四周杂草铲除干净，修剪的枝条、老叶全都集中烧毁，以减少越冬病虫基数。

11月

◆物候期

冬梢抽生；进入盛花期；根系停止生长。

◆农事要点

①继续疏去花穗：疏去花穗顶部（占整穗的1/3）和花穗基部1～2个支轴及着生的嫩叶，以减少养分消耗；选留中部健壮支穗2～5个，适当摘除支穗末端的花蕾，使留下的花穗得到更充足的营养，有利于提高坐果率。

②叶面喷肥：在前期每隔15d左右用0.1%～0.2%尿素＋0.2%磷酸二氢钾＋0.1～0.15硼酸（或硼砂）进行叶面喷肥，能够提高花芽分化质量。第一次保花，可喷15～20mg/L GA_3 或0.1%绿芬威1号。

③树干刷白：在枇杷树干上刷白，可以减少树干受冻裂皮和消灭在树干越冬的病菌、害虫。

12月

◆物候期

冬梢生长；进入坐果期；根部停止生长。

◆农事要点

①冬季清园：冬季进行彻底清园，捣毁和清除病菌、害虫的越冬场所，以减少翌年病虫发生基数。

②防寒、防旱：本月做好果园熏烟，是枇杷寒冬季节较好的防冻措施。在前期和幼果期，根据当地天气预报，若气温即将下降到0～3℃，在冻前5～7d（12月下旬）灌水抗旱保根系。待降温到来的夜间，在果园均匀布设烟堆，每亩果园放置5～6堆烟火，能够提高2℃左右的温度。

③继续加强坐果前的疏花：枇杷的花期长，全树开花需要3个月，一穗开花时间为0.5～2个月。按开花时间可分为3批花：11月中旬以前的花为头花；11月下旬至12月下旬的花为二花；翌年1月上旬

至2月上旬开的花为三花。因此，必须经多次细致且持续的疏花、疏果。疏花包括疏花穗、疏花蕾。先疏花穗、花蕾，后疏幼果。

④用植物激素提高结果率：枇杷单位面积产量普遍较低，其主要原因是花多果少。因此，必须改进和提高花果期的管理水平。若在花期遇上阴雨低温天气，应及时喷雾100mg/L萘乙酸或喷雾50～100mg/L赤霉素，以提高结果量。

实践技能

实训3-1 枇杷生长结果习性观察

一、实训目的

通过对枇杷树冠形态结构、抽梢特性和结果习性的观察，了解其生长特点和结果习性，从而为进一步学习枇杷的栽培管理相关知识打下基础。

二、场所、材料与用具

(1)场所：当地枇杷园。
(2)材料及用具：主要枇杷品种的幼树和成年树、皮尺、钢卷尺和标杆。

三、方法及步骤

(1)观察枇杷树的形态：树形(圆头形、开心形或层型)；树势(旺盛、中庸或衰弱)；干性(主干高度1m以上、主干高度1m以下)；层性明显程度(层性明显或层性弱)；枝条开张角度(直立或开张)。

(2)分别观察枇杷幼树、成年树的单枝延长枝的生长特点：延长枝生长强壮、中庸或弱。

(3)观察枇杷幼树、成年树中心枝和侧生枝上端顶芽及其下邻近侧芽的形态、大小和萌发后的生长势：强壮、中庸或弱。

(4)观察枇杷成年树各季所抽枝梢及叶片形状、大小、色泽、质地，以及叶背有无茸毛及茸毛颜色等。

(5)调查枇杷成年树春梢、夏梢结果母枝占结果母枝总数的百分比，观察秋梢结果的特点。

(6)观察枇杷花序着生的部位、开花顺序、每花序开花数量。

四、要求

(1)不同枇杷品种的叶片、花穗、色泽、质地有一定差异，要根据形态特征来判断品种。

(2)枇杷春梢、夏梢和秋梢的结果能力不同，要分别记录其形态特征。

(3)枇杷花序开花顺序不同,每花序开花数量和坐果率也不同,要记录花序的数量和坐果率。

实训 3-2　枇杷的整形修剪

一、实训目的

通过实际操作,学会枇杷的整形和修剪方法,掌握枇杷整形修剪的技术要领。

二、场所、材料与用具

(1)场所:当地枇杷园。
(2)材料及用具:枇杷的幼树和成年树、修枝剪、手锯、人字梯、保护剂等。

三、方法及步骤

1. 整形

变则主干形　枇杷定植后在离地面高度60~80cm处短剪。待剪口下方抽出枝条后,选上方较强的分枝作中心干延长枝,不短剪;在其下选3~4个方位合理、生长健壮的斜生枝,当枝条生长到30~40cm时摘心,培养为主枝,其余的芽尽早除去。当中心干延长枝生长到50~80cm时进行短剪,待剪口下方抽生枝条后,再选上方较强的分枝作中心干延长枝,不短剪,在其下选留3~4个方位合理、生长健壮的斜生枝条作主枝。第三、第四层同样培养2个主枝。

自然开心形　苗木定植后离地面70~80cm剪除顶芽,春季萌芽抽梢时,从顶端选留3~4个健壮、长势较强且分布均匀的新梢培养为主枝。每个主枝生长到30~40cm时摘心,促进新梢成熟。主枝萌发新梢后,每个主枝选留3~4个侧枝,侧枝生长到30~40cm时摘心,促进新梢成熟,萌发二次枝。

2. 修剪

枇杷的修剪方法比较简单易行,一般以轻剪为主,重剪会导致树势衰弱。主要是疏除过密枝、枯枝、徒长枝,使养分集中,有利于通风通光,避免内膛荫蔽,枝条光秃,结果部位外移,使形成立体结果。

疏剪　幼年树或生长旺盛的树易发生徒长枝扰乱树形,宜从基部剪去;疏除过密枝。
回缩　在主枝及副主枝上抽生较强的枝梢,宜从基部剪除或于基部留一部分枝回缩。
结果枝修剪　果实采收后,疏剪生长势弱的结果枝,其余的结果枝留2~3个芽短剪,促进抽生夏梢。选留1~2个发育良好的枝条,使当年形成结果母枝。

四、要求

(1)枇杷幼树生长量大,整形要分批进行,一般需要2年完成。
(2)枇杷虽然比较耐阴,但是光照不足时结果性能很差,修剪要确保树冠内膛有充足的光照。

思考题

1. 阐明枇杷幼树和成年树的树冠形态结构差异及出现差异的原因。
2. 指出枇杷成年树各季抽生的新梢和叶片在形态上的区别。
3. 根据结果习性调查，简述枇杷不同结果母枝的结果特点及其利用价值。

项目 4 龙眼生产

学习目标

【知识目标】
1. 了解龙眼主要种类与栽培品种。
2. 掌握龙眼的生长结果习性及生态特性。

【技能目标】
1. 能够选择适宜当地环境条件的龙眼栽培品种。
2. 能够进行龙眼嫁接育苗、高压育苗和苗木定植。
3. 能够进行龙眼土肥水管理、整形修剪、花果管理等。
4. 能够独立完成龙眼园常规管理工作。

一、生产概况

龙眼属于无患子科龙眼属，是典型的亚热带常绿果树。龙眼不仅结果早，而且树体的寿命长，产量高，结果年限持久。龙眼树对我国南方丘陵山地红壤的适应性较强，易种好管，是充分利用这些其他作物很难生长的土地资源的理想果树种类。在正常的管理条件下，与柑橘相比，龙眼在用工、用肥和用药的数量上要少得多，管理也远不及柑橘要求精细，投资少，经济效益高。龙眼果实不仅可以鲜食，而且能烘晒成桂圆干、剥制成桂圆肉，还可以制成糖水罐头、果酒等加工制品供国内外广大消费者食用，成为重要的轻工业原料和出口创汇的物资。

当前世界上龙眼主要生产国家有中国、泰国、印度、越南、孟加拉国、马达加斯加、毛里求斯等。我国是世界上龙眼栽培面积最广、产量最大的国家，2018年栽培面积31.5万 hm^2，占世界的59%左右。我国的龙眼栽培主要集中在海南、广东、广西、福建、四川和云南等省份。从栽培面积看，龙眼为我国热区第四大水果，仅低于荔枝、柑橘和香蕉。近年来，我国龙眼产量呈波动上升态势，至2018年创历史新高，达到203万 t。龙眼基本实现周年生产、周年供给。

目前，我国龙眼生产存在的主要问题为：我国大多数龙眼园基础设施严重落后，缺乏必要的水利设施，仍保持在"赖地生树、靠天结果"的传统农业生产状态；加工业发展缓慢，产业带动能力亟待提升；规模化程度不高，产量质量不稳定；新产品研发不足，难以推陈出新；产业比较收益减少，严重弱化产业吸引力；东盟龙眼冲击严重，市场空间被严重挤压。

二、生物学和生态学特性

龙眼属植物树高可达20m左右，大多为常绿乔木，深根性、带菌根；一般一片复叶上着生4~5对小叶，小叶叶片呈长圆状椭圆形至长圆状披针形，且通常不对称，叶尖渐尖或钝尖；果近球形，颜色多为黄褐色，稍微有些粗糙；核常为褐色，表面光亮，被肉质的假种皮包裹，种脐胎座有不明显的突起。

（一）生长发育特性

1. 根

龙眼根系发达，由垂直根和水平根组成。栽培在土层深厚和地下水位低的冲积地，垂直根可深入土层2m以上，水平根的分布范围比树冠大1~2倍；80%根群分布在10~70cm土层中，而以60~70cm处分布最密。栽培在地下水位高，或底土坚硬的地方，垂直根生长受阻，水平根较发达，一般较早结果。吸收根上有根毛，具菌根，且较吸收根肿大，菌根总状分枝，呈念珠状，皮层细胞较吸收根大1.5~2.0倍，皮层细胞内有菌丝体。

龙眼根系的年周期生长有一定规律性。幼树4年生实生树有3个明显生长高峰（3~4月、5~6月、9~10月），以第二个生长高峰的生长量最大；此外，11~12月还有一个小生长高峰。成年树生长高峰有3~4个，一般以6~8月生长量最大。生长高峰通常在各季枝梢生长高峰之后出现，枝梢生长量大的季节，继后的根系生长量也大。树体结果量与枝梢、根系生长量关系密切，结果多的年份新梢和新根生长量较少，生长高峰也较不明显。

龙眼根系生长发育受环境因素的影响，尤其是土温、水分及养分。土温5.5~10℃时，根系活动甚弱，随土温上升而生长加速。根系生长最适温度为23~28℃，29~30℃时生长转慢，33℃时处于休眠状态。土壤水分充足，根系生长量较大。土温20~27.4℃、土壤含水量18.7%时根生长最快；若土壤含水量降至5.5%，则根生长缓慢或暂停。

2. 枝梢

龙眼树每年可抽生多次枝梢。在正常情况下，龙眼未结果的幼年树，每年抽生新枝梢5次。已进入结果时期的成年龙眼树，每年抽生新枝梢的时期、次数及每次抽生的数量因结果量、树体内营养水平、树龄、管理水平和环境条件等因素而不同。一般是年结果量少、树体内营养水平高、树龄小、管理水平较高、环境条件适宜情况下的龙眼树，新枝梢抽生的时间提早，抽生的次数多，每次抽生的数量多，且新抽生的枝梢健壮；条件相反的情况下，新枝梢抽生的情况便相反。

（1）春梢

春梢一般在1月下旬萌动。由于1月气温低，因此春梢抽生速度较慢，直到4月中旬才停止生长，并逐渐老熟。春梢抽生期正处在花芽分化期，故春梢除受当时低温影响之外,还与花芽争抢树体内养分,若遇当年花多,则春梢很瘦弱,没有留用价值。福建果农在疏花穗时将这种春梢剪去,以便后期抽出强壮的夏、秋梢。但未结果的幼年树,或当年花芽不多或"冲梢"严重的树,若其春梢较强壮,有必要时可留作扩展树冠用。

(2)夏梢

5月上旬(立夏)至7月下旬(大暑)抽生出来的枝梢统称为夏梢。此时气温高,雨水充沛,如果树上结果量少或是未结果的幼年树和青壮年树,且土中肥料充裕,夏梢抽生的数量将会很大,而且抽生不止一次。但如果树上大量挂果,且管理粗放,树势衰老,夏梢则很少抽生,甚至不抽生。

夏梢是影响龙眼产量的重要枝梢,抽生量多而强壮的夏梢往往能发育成为良好的结果母枝或抽生秋梢的基枝,对增加抽生强壮秋梢的数量、增加单果重、减少后期落果量均有明显的作用,也是翌年龙眼丰产的物质基础。

(3)秋梢

8~10月抽生的枝梢称为秋梢。挂果多的树,秋梢一般在采果后抽生。由于果实的生长发育消耗了大量养分,而且8~10月雨水已减少,故应在采前或采后重施水肥,才能抽生出大而强壮的秋梢。由于强壮的秋梢可以成为翌年的结果母枝,所以采果前后重施水肥,培育足够数量的强壮秋梢,是促进翌年高产的重要措施。

(4)冬梢

冬季抽生的枝梢称为冬梢,由于11月气温已明显下降,并已进入旱季,冬梢一般很少抽生。若到了11月气温仍相当高,雨水仍偏多,一些幼年树和长势强旺的树就有可能抽生冬梢。这些冬梢由于环境条件不好,发育的时间不长,一般生长发育不良,不能成为结果母枝,没有保留价值。因此,应通过控制水肥、深挖果园土壤等农业措施来避免抽生冬梢,或者利用生长调节剂来抑制冬梢的萌发。对萌发的冬梢,可在嫩梢期进行人工摘除或喷化学药剂杀死。

3. 花、果

龙眼枝梢顶部的芽在当年早春萌发,进一步分化、抽穗,当年开花、结实。

(1)花芽分化和开花习性

每年1月上旬左右,龙眼树的结果母枝顶芽开始萌动。由于气温低、雨水少,芽生长很慢,直到2月底至3月上旬才缓缓地抽生出一段新梢。此时,若气温维持在8~14℃,新梢上的幼叶便萎枯脱落,渐渐出现花芽,以后发育成花穗;若此时气温上升到20℃左右,新梢顶部迅速伸长,幼叶展开成复叶,叶腋的花蕾枯死脱落,新梢发育成营养枝春梢,这就是"冲梢"。如果出现"冲梢",则当年没有产量。可见,从2月底至3月下旬这一段时间,是龙眼进行花芽分化进一步发育成花穗的关键时期。影响龙眼花芽分化和花穗发育的主要因素是日平均气温和空气湿度,适当的低温、低湿有利于龙眼的花芽分化和花穗发育。另外,地势、树龄、树势对花芽分化和花穗的发育也有一定影响(图4-1)。

龙眼开花期在正常条件下为30~45d,一穗花的开放期为逾20d,一朵花开1~3d。开花的顺序是:先开花穗基部的花,后开花穗顶部的花;小花穗上的花朵,先开中间的,后开两旁的;单穗花序开花分批进行,先开部分雄花,后开雌花,最后以雄花开放而结束整个花期，但也有例外的年份。整个花期中，雄花分多批开放，而雌花却集中在7d左右一批开放完。雌花也有分2～3批开放的，这就会使以后的果实大小不一，品质下降。龙眼雌、雄花的比例虽受气候因素的影响，但更主要的影响因素是肥水管理水平。龙眼开花时，若遇高温、低温、阴雨连绵，都不利于开花，而且会导致严重的落花落果。

(2)果实生长发育特性

龙眼开花后，完成了受粉和受精作用的雌花子房便发育成果实(图4-2)，没有完成受粉和受精作用的雌花子房便渐渐脱落，形成第一次生理落果。这次生理落果数量很大，造成落果的主要原因是受粉和受精不良。龙眼雌花开放时，若连续下雨或遇6℃以下的低温或高温干燥等不良天气，均会严重影响龙眼花的传粉受精。在龙眼果实生长发育过程中，首先是果皮和种皮的发育，然后是胚和子叶的发育，最后才是果肉的发育。果肉到了7月才迅速生长发育，此时夏梢抽生，还会因缺肥、水或树体内养分失调造成第二次落果，不仅当年产量和品质下降，而且还会影响到夏梢的生长发育和秋梢的抽发，从而影响下一年的产量。此后，因病虫危害、大风、干旱等原因还会造成落果。

图4-1 龙眼花穗

图4-2 龙眼结果状

(二)对环境条件的要求

1. 温度

龙眼喜高温多湿，温度是影响龙眼生长发育、开花结果、地理分布的重要因素。其受冬季霜冻因素的严格限制，同时花芽分化又需要在足够低的温度下才能完成。年平均气温达到20℃以上时较为适宜龙眼的生长，具有这种温度条件的地区是很好的经济栽培区域。福建福州以南地区年平均气温20℃，冬季该地无持续霜冻，无霜期长，绝对低温不低于−1℃，因此为龙眼的经济栽培区。由于树干有一层粗厚的树皮，龙眼的耐寒能力比荔枝强。气温降至0℃，龙眼幼苗易受冻害。降至−4～−0.5℃时，龙眼大树表现出不同程度的受冻害现象。冻害程度与地理环境有关，一般山坡上的树比平地、低地的树受害轻；

南、西南边的树比北、东北边的树受害轻;附近有大水体的树比无大水体的树受害轻。另外,幼年树比成年树受害重;树势强壮、树冠浓密者受害轻,受害后恢复也较快。

初春,龙眼需要一段时间的较低温度(8～14℃),以利于进行花芽分化。超过这个温度范围,温度越高,持续时间越长,越容易造成龙眼树"冲梢"。开花时,龙眼需要18～27℃的温度。在25～32℃的温度条件下,龙眼枝梢生长快,果实含糖量高,品质优良。

2. 水分

龙眼是一种耐旱、喜湿、怕涝的亚热带果树。龙眼在其周年生长发育过程中,各个生育阶段对水分的要求不一样。从每年11月秋梢老熟后到第二年4月,这一段时间需要较少的水分,才可避免抽发冬梢,增加枝叶内养分的积累,有利于花芽分化、花穗抽生和开花坐果;其余时期,特别是7～8月要求水分较多。若缺水,就会影响根系、枝梢的生长发育,影响果实的产量和品质;在果实发育后期,久旱骤雨还会造成裂果和落果。

短期水淹果园,龙眼未表现受害现象,但果园长期积水或地下水位高,就会因窒息烂根而使树势衰退。

3. 土壤

龙眼对土壤条件没有苛刻的要求,即使是在瘠、旱、酸的丘陵红壤上,它也能生长。丘陵红壤土层深厚,排水良好,空气流通,若能深翻改土,多施有机质肥料,龙眼就能生长得很好,并能获得较好的收获。但在坡地上种龙眼,需要做好土壤保持工作,以选东南、南、西南坡作园地为宜,避免风害、寒害。

好的龙眼园地,应该是土层深厚、松软、湿润,有机质含量丰富,土壤呈微酸性(pH 5.5～6.5)。

三、主要优良品种

1. '大乌圆'

果大,叶大,叶色深、乌绿色,故而得名。该品种树势强壮高大,适应性强,抗病力也强。果实歪扁圆形,果肩微耸或一边高一边低,果皮黄褐色,皮韧;平均单果重为15.69g,可食率72.0%;果肉与核极易分离,肉色蜡白色,半透明,肉厚爽脆,不流汁,味甜稍淡,可溶性固形物含量16.0%;单核重2.39g,核扁圆球形,棕黑色、有光泽,种脐中等大。果实8月中、下旬成熟,适宜鲜食、制罐、加工成桂圆干和桂圆肉,鲜果上市极受消费者欢迎,卖相好。该品种丰产性好,但稳产性较差。采取加强肥水管理、增施有机肥、深翻改土和疏花疏果等农业技术措施,稳产性是可以提高的。

2. '石硖'

最大的特点是品质好。该品种树势中庸,适应性强。果实近圆形,果肩平;果皮黄褐色,表面具黄褐至灰黄褐斑纹,皮粗、厚、脆;平均单果重为8.69g,可食率67.1%;果肉与核极易分离,果肉乳白色,肉质爽脆,半透明,不流汁,味芳香,含糖量高,可溶性固形物含量为21.7%,品质佳;平均单核重1.45g,核小,近似圆球形,种皮红褐色,种脐大。果实8月上旬成熟,较耐贮运,适宜鲜食、制罐、加工成桂圆干和桂圆肉,焙干后出肉率较高。该品种在广西平南县大新乡分化成3个品系:黄壳种,品质佳;青壳种,品质较差,但丰产稳产性较好;白壳种,介于黄壳种和青壳种之间。

3. '福眼'

又名'福圆',是福建的主栽优良品种,遍布晋江地区。该品种树势强壮高大,适应性强,抗病力强。平均单果重10.63g,可食率64.1%;果实扁圆形,果肩微凸,果皮黄褐色,皮韧;果肉淡白色,透明,肉质稍脆,肉、核易分离,不流汁,味甜稍淡,可溶性固形物含量14.3%;单核重1.59g,核扁圆形,紫黑色。果实在当地8月下旬至9月上旬成熟,该品种丰产但不稳产。适宜制糖水罐头。

4. '乌龙岭'

又名'乌石岭''黑龙岭''霞露岭''地本',也是福建的主栽优良品种。原产福建仙游县郊尾公社潭边大队乌石岭村,故而得名。主产地为福建仙游县和莆田市等地。该品种树势强壮高大,适应性、抗病力、产量均中等,大小年结果现象较严重。平均单果重10.92g,可食率56.0%;果实圆球形,果肩稍耸;果皮红褐色,基部纵纹多,且明显,皮厚;果肉乳白色,半透明,软韧,甜,肉、核易分离,可溶性固形物含量18.0%;单核重2.34g,核扁圆形,棕黑色。果实在当地9月上旬成熟,是制桂圆干的优良品种,当地名牌产品"兴化元"就是以'乌龙岭'龙眼为原料焙干而成的。该品种在当地可分化出红壳、白壳、青壳等品系。

5. '东壁'

又名'糖瓜蜜',是福建的主栽优良品种。原产福建泉州的开元寺,目前主产地为福建的泉州、晋江。该品种树势中庸,适应性、抗病力中等。平均单果重10.92g,可食部分占全果重45%;果实近圆形,果肩平;果皮赤褐色,底色带灰色,表面具有黄褐色细斑,龟裂纹明显,较规则,放射线多,果皮稍脆;果肉淡白色,透明,爽脆,味浓甜,渣极少,肉、核易分离,可溶性固形物含量19.8%;单核重2.15g,核扁圆形,紫黑至黑色。果实8月下旬至9月上旬成熟,丰产但不稳产,品质佳,为鲜食的优良品种,鲜果较耐贮藏。

四、育苗与建园

(一)育苗

良种苗木是发展龙眼生产的基础。建立专业苗圃,培育健壮、优质、纯正的苗木,杜绝病虫害传播,使新建果园达到早产、丰产、优质是非常必要的。目前龙眼育苗多采用嫁接繁殖和圈枝繁殖两种方法。

1. 砧木苗培育

(1)苗圃选择

苗圃地原则上选择背风向阳、光照良好、稍有坡度的旱坡地,土壤疏松、肥沃、保水性良好,水源充足,便于灌溉,交通方便,附近没有危险性病虫害。

(2)整地

先深耕晒白,播种前施足基肥,每亩施腐熟农家肥2~3t,充分打碎,然后根据需要起畦。若圃地的地下水位高,起畦要高些,反之要低些。一般畦高20~30cm,畦面宽90~100cm,畦沟宽25~30cm,畦面要平整,畦沟便于排水和灌溉。

(3)种子采集

选择适宜的砧木品种　龙眼品种间嫁接亲和力差异很大。根据观察,大果的品种适合作砧木,其种子大而饱满,发芽率高,苗木生长快,与接穗亲和力强,嫁接成活率高,嫁接苗生长快且健壮,可缩短育苗时间。广东的'乌圆'、广西的'广眼'、福建的'赤壳''乌龙岭''水涨'等品种都是培养优良砧木的良种。

种子处理　龙眼果实成熟时正值高温的夏、秋季,剥离果肉后的种子往往因暴晒过干或堆放发热而丧失发芽力。因此,从果实中取出种子后,应马上用清水冲洗干净,尤其种脐上的果肉一定要清除。

清洗干净的种子每50kg与50%甲基托布津粉剂250~300g充分拌匀,然后一层种子、一层河沙堆积催芽。河沙保持一定湿度(手握成团、松手即散为宜)。2~3d后每天检查,把胚根长约0.5cm的种子拣出来准备播种。

(4)播种

播种方法有点播和条播。点播,苗木分布均匀,生长较快,质量较好,但单位面积出苗率较低,耗工。条播,按一定行距开沟播种,在一定程度上克服了撒播出苗不整齐和点播耗工的缺点,生产上应用较多;条播行距20~25cm,株距8~10cm,播后覆土1~2cm。

(5)播种后管理

覆盖　播种后为了防止强光及暴雨伤及幼嫩的胚芽或冲刷土壤,应搭架覆盖遮阳网,或播种后用干草覆盖土壤。

排灌水　播种后要经常淋水,保持土壤湿润。胚芽未破土时,每天淋水一次,芽长出后3~7d淋水一次。暴雨过后,要及时排水,防止积水伤根。

间苗　当幼苗长出2对叶片时,用小铲连根带土将过密的小苗补植到缺苗处,间去过密、过弱的苗木。

施肥　以勤施薄施为原则,并以氮肥为主。当幼苗长出4片叶时开始施肥,将腐熟花生麸或人畜肥按1∶20兑水淋到苗上,每月1~2次。随着幼苗长大,浓度随之适当增加。秋、冬季可施复合肥,嫁接前要提早施肥淋水,利于提高成活率。

除草松土　幼苗前期生长缓慢,杂草易生长封行,影响苗木生长,要及时除杂草。除草时,避免伤及幼苗根系。除草松土后,应及时淋水。畦沟及其四周可喷除草剂灭草,所有杂草要放出苗圃外处理。

防治病虫害　龙眼幼苗主要病害是炭疽病,在暴雨前后喷多菌灵600倍液或甲基托布津800~1000倍液。苗期虫害较多,应在嫩芽抽出2~3cm时喷甲胺磷1000倍液。

(6)嫁接

砧木苗离地10cm处茎粗0.6cm时,即可嫁接。龙眼嫁接的方法分为芽接和枝接,生产上多采用枝接。嫁接苗的成活率除了受砧木与接穗的亲和力影响外,还受嫁接时砧木与接穗的质量、嫁接技术和接口湿度等因素的影响。据观察,龙眼可周年进行嫁接,但较理想的时间是3~4月和9~10月。接穗应采自品种纯正、生长旺盛、丰产稳产、没有染病的母树。接穗枝条充实,芽眼饱满,即取即接。异地采接穗要做好保湿工作,用龙眼叶或

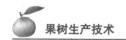

湿润的毛巾、纸包裹接穗，然后用塑料袋密封，放于阴凉处可保存5～7d。接穗一时用不完，也可沙藏。河沙湿度以手抓成团、松手即散为宜。分层把接穗藏好，注意保湿，可保存7～10d。

①枝接（切接）　砧木直径0.6cm以上可进行枝接。接穗以长3～5cm、带1～3个芽为宜，削成两个切面，长面1～2cm，短面1cm以内；在砧木离地面20～35cm处剪砧，主干留几片叶，削平断面，沿木质部边缘向下直切，切口的长、宽与接穗的长面相对应；将接穗插入切口，使形成层对齐；用嫁接薄膜带自下而上包扎，不要露出芽眼。

②芽接　砧木直径1cm以上。接穗芽片长1.5～2.5cm，宽0.5～0.6cm，把中央的木质部取下，防止撕去芽片内侧的维管束，以免影响成活。在砧木离地面10～15cm处选择光滑一侧开切口，长度2.5～3.0cm，宽0.6～1cm，把皮层由上而下慢慢撕去，插入芽片，注意芽片上端与切口形成层紧密相接，然后用嫁接薄膜绑扎，不露芽眼。

③嫁接苗的管理　枝接（切接）后10～15d检查成活情况。成活的芽眼呈青绿色，芽已萌动抽梢的要及时用刀片挑开萌芽处的薄膜。新梢抽出后每月施水肥1～2次，或施复合肥，同时要做好除草、排灌和防治病虫害。二次梢老熟后可把嫁接薄膜解去。嫁接口以上枝干粗度达0.6cm，枝叶充分老熟，即可出圃。

2. 圈枝苗培育

圈枝育苗又称为高压育苗，具有操作简单、成活率高并能保持母枝优良性状等优点，但繁殖系数低，对母株的损伤大。常用于嫁接亲和力弱、成活率低的品种。

圈枝育苗在华南地区可周年进行，以春季和雨季较适宜，俗称"随花割，随果落"，即花期进行圈枝，采收后离树假植，这样成活率较高。圈枝母树多采用健壮、生长势旺盛的结果树，或需间伐淘汰的健壮成年树。选择2～3年生、长40～60cm、有2～3个分枝、受光良好、生长充实的枝条，在粗度2～4cm处进行环剥，宽3～5cm，刮净皮层和形成层，伤口裸露7～10d；然后用椰糠泥团或木糠泥团或稻草泥团作为基料包扎伤口，泥团最大处的直径为圈枝枝条直径的5～7倍；再用薄膜将泥团全部包裹密封，两头用绳绑扎好，防止水分散失。

在3～4月圈枝的，7～8月离树，需120～130d。在9～10月圈枝的，第二年4～5月离树，需逾200d。

根系生长2～3次后老熟，可把圈枝苗锯离母树假植。于泥团下方2cm处剪断，并及时剪去部分枝叶，轻轻除去薄膜（不要伤根），植于营养杯中，用手压实土壤，马上淋足定根水，每周淋水一次。新梢抽出后，开始施薄肥，注意病虫害防治，做好遮光、降湿、保湿工作。

3. 苗木出圃

苗木出圃是育苗工作的最后一环，出圃技术的好坏，直接影响苗木质量、定植成活率及幼树的生长。

(1) 优良苗木标准

①嫁接苗　品种纯正，嫁接后抽出2次新梢并充分老熟，叶片浓绿，没有病虫害，苗高50～85cm，接口上部3～4cm处直径0.7～1cm，接口愈合良好，根系发达。

②圈枝苗 品种纯正，假植后抽出2次以上新梢并充分老熟，叶片浓绿，枝梢生长健壮，没有病虫害，根系生长良好，须根多。

(2) 出圃时间

以春季回暖开始，2~5月为春植，8~9月为秋植。早春栽种大苗可种露根苗，而秋植以带土苗出圃为宜。缺乏水利设施的果园，应以春植带土苗为好，水田果园可以秋植。

(3) 挖苗

挖苗前2~3d，苗圃淋足水，使土壤30cm深处充分湿润。多采用起苗器连土带苗掘起，然后放进专用苗木塑料袋中，用绳捆扎好，即可出圃。对于大苗，春季出圃时可挖全根，用稀泥浆蘸根，再用薄膜或稻草包扎出圃。

(4) 运苗

龙眼苗应采用有顶篷的车运输，车的四周通风。中途停放车时，应停在树荫下或阴凉处。沿途需抓紧时间，尽快将苗运到定植点。

(二)建园

龙眼是喜光果树，充足的光照有利于其生长结果，但果实需适当的遮阴。龙眼树冠庞大，易遭风害，强风也会造成大量落果，所以，建园时需考虑采取必要的措施。

1. 园地选择

龙眼喜温暖，怕霜冻、忌水渍，适应微酸性、土层深2m以上的土壤。所以，定植前要做好选园、建园工作。丘陵坡地土层厚、日照足、排水良好，是栽植龙眼的适宜地。山地坡度以5°~25°为宜，大于25°的斜坡水土保持较困难。有霜冻和风害的地方，北向和东北向坡易受冻害和台风害，因此要选背风的南向和东南向坡。山地建园要建设高标准"三保园"。5°~10°的缓坡地，可采用"等高环山沟"的做法；坡度在10°以上时，可采用等高梯田的做法。

2. 开园

目前用于龙眼生产的土地主要是一些瘠、旱、酸、有机质含量少、团粒结构差的丘陵荒坡地，为了给龙眼创造一个良好的生态环境，开园时，必须进行土地整理和土壤改良。

(1) 土地平整

新开的龙眼园，在耕作区内往往高低不平，生长着很多杂树、杂草，有些地方还散布着许多大小不等的石头和高低不一的树桩。开园时，首先要进行土地的平整工作，把杂树、杂草、石头、树桩和树根从耕作区内清理出去，平整好土地，为今后的栽植工作打好基础。

(2) 水土保持工程

在坡地建龙眼园，为了减少和避免水土流失，开园时，需根据不同的坡度建设不同的水土保持工程。

(3) 土壤改良

改良园土红壤的根本办法，是在园内播种先锋作物。花生、蚕豆、豌豆等豆科作物是理想的先锋作物，既能带来收入，同时，在作物收获后，将其茎蔓和枝叶深翻入土，可以提高土壤中的有机质含量，增加土壤的团粒结构，增强园土肥力。在园内种植绿肥、蔬菜等先锋作物，同样可以达到改良园土的目的。

3. 定植

近年来，栽植龙眼多用嫁接苗，结果较早，树冠扩展较慢，加上科学的修剪、管护和果农观念上的更新，完全有条件提高栽植密度。采用行距5m，株距3m，每亩栽植44株是合适的；在坡地种龙眼，需注意使行向沿着等高线呈水平状，按株距在水平线上定种植点，进行等高种植。

在亚热带的龙眼产区，几乎全年均可定植龙眼，但以春植为好。春季温度回升，有利于龙眼先长根后发芽，同时，此时有小雨而无大雨、暴雨，阳光不强烈，空气湿度大，定植容易成活。春植一般在春梢还未萌发的2月下旬至3月初为佳，或者于春梢老熟后的4月下旬为好。另一个适宜定植龙眼的时期是秋季，秋季地温高，气温已下降，也是定植龙眼的良好时机。但秋季进入旱季，雨水大量减少，定植龙眼苗要注意浇水保湿。

五、果园管理

(一)幼年期管理

幼年龙眼树管理的中心任务是通过土壤管理、肥水管理、整形修剪等农业技术措施，迅速增加龙眼树的分枝级数，及早形成丰产稳产的骨架和圆头形树冠，促使其尽早结果，并达到丰产、稳产、优质的栽培目的。

1. 土壤管理

幼年龙眼树的根系分布范围小，应利用这一有利时机，通过扩坑压青、间作套种、覆盖树盘、修整梯田等一系列果园土壤管理和改良措施来提高果园土壤肥力，改良果园土壤的理化性状，增强果园土壤调节水、肥、气、热的能力，改善龙眼根系的生态环境条件，促进龙眼根系生长，从而促使龙眼幼树尽早结果，并为今后丰产、稳产、优质打下良好的基础。

(1)土壤改良

龙眼幼苗定植成活后1~2年，根系生长很快，不久就会长满原来定植时挖的定植坑，为了促进幼年龙眼树根系的生长，可以在果园内套种豆科植物，进行土壤改良，引导根系向深度和广度扩展。每年分别在6~7月和11~12月于树冠外围滴水线处挖长1.2m、深0.8m的扩穴坑，第一次挖南北方向，第二次挖东西方向，将绿肥、杂草、垃圾肥等有机质填入坑内，厚约20cm，然后上面撒一些石灰，再盖一层园土，这样一层一层地将坑填满，并稍高出地面。经3~5年就可将全园土壤深翻改良一遍。

(2)树盘覆盖

在树盘上覆盖一些绿肥或秸秆，可以防止杂草丛生、园土冲刷和水分蒸发，还可以稳定果园土壤的温度，有利于龙眼根系的生长发育。每年进入6月后，南方多暴雨，阳光猛烈，杂草疯长，此时应结合果园中耕将树盘内的杂草铲除干净，将铲下的杂草或割下的绿肥盖在距树干5~10cm的树盘上。9月以后，南方进入旱季，需给树盘再增加一次覆盖，以利于抗旱越冬。开春后，应将树盘覆盖物除去，以利于施肥等园土管理工作的进行。

(3) 梯田修整

坡地龙眼园建园时，由于资金、劳力、时间不足，有些采用过渡梯田建园，有些先按等高线种植，种后才建成梯田。此时，应抓紧时间进行梯田的修整工作，以便尽快修成水土保持良好的等高梯田。

2. 肥、水管理

肥、水是龙眼生长的物质基础，及时给龙眼幼树施足肥水，是促进其生长、早日形成树冠并提早结果的重要农业技术措施。

由于幼年龙眼树的树冠和根系小，需肥、需水量都不大，加上幼树根系对肥料较敏感，故对幼年龙眼树的施肥原则应是勤施薄施，即每次施肥的浓度不宜太浓，但施肥的次数需多些，以保证其生长所需的营养。龙眼树苗定植后1个月便可以开始施第一次肥。这时，新植龙眼苗上的芽眼已胀大，即将抽梢。等新抽出的枝梢叶片转绿时，需施第二次肥，以促其加快老熟。以后，在新梢抽生前，芽眼胀大时施一次肥，新梢叶片转绿时再施一次肥，即一次新梢施两次肥。每次给龙眼幼树施肥时，可用30%的人畜粪尿水，也可用0.5%的尿素液淋施，每株树淋施约10L即可。除淋施肥水之外，还需进行叶背喷施，每次喷药时，可按0.2%的浓度在药液中加入尿素一起喷施。龙眼幼树耐寒能力弱，进入冬季低温时期，应增施磷、钾肥。除在11月以后扩坑埋施有机肥时加入复合肥外，还可在叶背进行根外追肥，可用0.6%的氯化钾肥液代替0.2%的尿素肥液喷施。

我国龙眼产区的降水量是完全能够满足龙眼生长的需求的，但由于降水量在全年分布不均匀，往往是在5~8月降水量多，9月至第二年4月降水量少，所以多雨季节应注意对果园排水，而少雨季节需注意对果园灌水。特别是8~10月，正是龙眼秋梢抽生的时期，更应注意做好果园的灌水工作，才能满足龙眼生长的需求，使其尽快成形，提早开花、结果。

3. 整形修剪

龙眼属亚热带常绿果树，幼年树一般不需要大量修剪，但为了培养丰产、稳产的树形，集中养分供其有效地生长，使其尽快形成树冠，提早结果，对幼年树的整形修剪是完全必要的。龙眼幼苗定植成活后，距地面30~50cm选留角度分布均匀的萌动芽3~5个，待其抽生成枝梢后，将生长纤细衰弱及被病虫危害的枝条剪除，留下的新梢老熟后，留20~25cm长进行短截修剪，作为树冠的主枝。主枝萌发时，根据树形选留3~5个芽，将其余的芽抹掉。主枝较垂直的留芽多些，主枝较开张、较斜的留芽少些；若树冠内有空缺，应在有空处选留芽，以利于填补树冠空缺；若主枝过斜，剪口芽应选留主枝上方向上生长的芽。主枝的新梢老熟后，留20~25cm长进行短截修剪，留作副主枝。以后每次枝梢抽生时，都可按上述方法选留新梢，使其长成侧枝群，形成树冠。

龙眼枝梢生长的强弱除了与树龄、管理水平有关外，还与枝梢生长的位置、与枝梢主干的夹角、母树基枝抽生枝梢的数量有关。为了使树冠生长平衡，可以通过增加留芽数量、将枝梢拉斜等技术措施，将强势枝梢的长势削弱；通过减少留芽数量、吊拉枝梢等方法，将弱势枝梢的长势增强。

(二)结果期管理

种植龙眼嫁接苗，在正常管理条件下，第四年有5~6级分枝，冠幅250cm以上，健壮末次梢达90～110个，即具备正常开花结果能力，进入开始结果的年龄。

龙眼根系发达，枝梢生长快，坐果率高，具有丰产、稳产的特性。但在较粗放的管理条件下，龙眼结果树投产植株率低，丰产稳产的植株少，是目前龙眼生产单产低、不稳产的主要原因。生产上，应根据龙眼的生长结果习性和当地气候条件，在常规管理的基础上，结合植株个体间的生长状况，采用相应的有效栽培技术措施。最重要的是在加强土、肥、水管理的基础上，以保持树体健壮、稳定树势、提高树体营养水平为中心，适时留放秋梢，控制冬梢，促进结果母枝的形成，培养健壮优良的结果母枝，并疏穗控穗，以提高坐果率。

1. 土壤管理

(1) 深翻扩穴

龙眼开始进入结果期后，树冠仍继续扩大，结果枝组迅速增加，根系特别是水平根系迅速扩展。必须在幼龄树深翻扩穴、增施有机肥的基础上，继续逐年进行深翻扩穴，增施有机肥，最后达到完成全园深翻改土、熟化土壤的目的。

深翻扩穴一年四季均可进行，多在10月下旬至11月下旬，这时龙眼秋梢已开始老熟，扩穴断根既不影响秋梢的抽生及老熟，还能抑制冬梢的萌发。同时，此期气温仍较高，断根后伤口还可愈合，开春后可及时生长新根。

(2) 平整土地及维修梯地

丘陵山地的龙眼园，由于坡面地表径流会引起水土流失，园地保肥、保水能力差，土壤干旱瘠薄，限制了龙眼根系的生长，影响了地上部枝叶的生长和结果。尤其是种植前未做好水土保持工作的果园，因水土流失严重，或种植基础比较差，植株生长衰弱、产量低、大小年结果明显的果园，必须进一步平整土地及维修梯地，做好水土保持工作。种植前修了水平梯面的果园要注意维修、扩大梯面。这是使山地龙眼园丰产和稳产的根本措施。地势不复杂、坡度比较小的丘陵坡地，一般应分2～3年平整或扩大成水平梯面；坡度比较大、地形不规则的，扩大树盘，修成较大的鱼鳞式树台及复式梯台。坚持每年秋末至冬初进行一次梯面平整维修，梯面背沟修筑，以利于蓄水、排水、扩大根系的伸展和吸收范围。

(3) 保持全园土壤熟化

定植前挖大坑，定植后逐年扩穴，深翻改土，增施有机肥，是土壤从局部熟化到全园熟化的过程。完成全园深翻扩穴后，每年在10月底至11月增施有机肥，每株在树盘内、外撒施垃圾肥泥200～300kg、粪肥50～100kg，进行全园深翻一次，在树盘内深翻10～15cm，树冠外围深翻20～25cm。

2. 合理施肥

施肥是龙眼园管理的重要环节。龙眼为多年生长寿果树，每年生长和开花结果，需要从土壤中吸收大量营养物质，不断消耗土壤肥力。因此，要通过施肥加以补充，才能使龙眼生长持续良好、丰产、稳产、优质、延长结果年限。

龙眼成年果园的施肥，要根据龙眼生长结果习性、树势、结果量、肥料种类、气候环境及其他管理条件综合考虑，力求做到施肥科学、合理，也就是做到适时适量，保证肥料种类、施肥方法的正确。

(1)施肥时期

龙眼结果树尤其是盛果期树,每年大量开花结果,抽生数量多、生长健壮的营养枝。此期需肥量最大,为最敏感的时期。按龙眼结果树的物候期,每年可分为5个施肥时期。

①促花穗肥　在立春前后(2月上旬)抽花穗之前施用,以促进花芽分化和花穗发育,提高抽穗率和增大花穗。促花穗肥以速效氮为主,配施磷、钾肥。此期应防止施氮肥过量而引起"冲梢"。

②花前肥　在春分至清明(3月下旬至4月上旬),疏除花穗后开花前施用。目的是促进正常开花结果,减少生理落果,提高坐果率,且对疏穗后促进第一次夏梢的萌发和生长均有良好的作用。花前肥以速效氮肥为主,配合钾肥施用。

③保果壮果肥　前期在5~6月施用,此期根系吸肥力强,正值幼果迅速发育期和第一次夏梢充实及开始萌发第二次夏梢,施肥可促进幼果发育和夏梢生长粗壮;6月下旬至7月中旬,果实迅速膨大,第二次夏梢还在继续充实,施肥对减轻果实发育与夏梢生长争夺养分的矛盾有明显作用,可促进果实迅速膨大,减少后期落果,提高产量。施肥量依树势及结果量而定。树势弱、结果多的多施,可施2~3次;树势强、结果少的少施,可施1~2次。保果壮果肥以磷、钾肥为主,配施氮肥。

④采果前后促梢肥　在采果前后至9月中旬施促梢肥。龙眼的秋梢是第二年形成结果母枝的重要枝梢。秋梢的抽生期、抽生的数量和质量,直接影响和决定第二年的产量。此期是全年最重要的施肥时期。施肥的目的是恢复树势,促进适时抽生数量多、质量好的秋梢,是丰产稳产的保证。此期往往值秋旱,因此必须结合灌水抗旱方能保证秋梢适时抽生。

根据不同树势、结果量采取不同施肥措施。挂果多和树势弱的,加水、加肥,重施采果前、后肥,目标是攻一次秋梢,以9月中、下旬抽生最适宜;挂果中等的,树势中等,不施采前肥,通过肥水调节,让其抽一次梢,最好在9月下旬至10月上旬抽生;挂果少或不挂果的壮旺树,攻两次秋梢,7月中、下旬修剪和施肥,第一次秋梢在8月上、中旬抽出,9月下旬老熟,9月中旬追肥、灌水并施第二次攻梢肥,使第二次梢在10月上旬抽出,并在11月底至12月上旬老熟。以速效、优质氮肥为主。

⑤花芽分化肥　在11月中、下旬至12月上旬,秋梢老熟前后,为控制冬梢抽生,不可施氮肥,增施一次钾肥。根据分析,龙眼花芽分化与秋梢叶片中钾含量密切相关。因此,在秋梢老熟期增施一次钾肥,对促进花芽分化、提高秋梢第二年抽穗率有明显的效果。

(2)肥料种类及施肥量

①肥料种类

有机肥料　主要用于扩穴、深翻改土。粗肥有绿肥、草料等,精肥有腐熟粪肥、土杂肥、油粕类等。

化学肥料　多侧重于氮、磷、钾等。主要用于龙眼枝梢生长期及抽生花穗、果实发育期。在植株生长、结果需肥量多、要求迫切时给予及时补给。

②施肥量　据初步分析,每产1000kg龙眼鲜果,要从土壤中吸收纯氮4.01~4.80kg,纯磷1.46~1.58kg,纯钾7.54~8.96kg,其氮、磷、钾的比例为1∶(0.28~

0.37)：(1.76～2.15)，生产上可依植株结果量而定，每生产100kg鲜果全年施氮2.0kg、五氧化二磷1kg、氧化钾2kg。

(3)施肥方法

施肥深度、宽度主要根据根系分布密集的部位而定。龙眼须根一般分布于树冠滴水线内、外70cm处，在表土层30～50cm范围最多，吸收根分布密集。施肥深度、宽度以在这个范围内最为合适。一般施在表土层，根系最易吸收。尿素、氯化钾等肥，雨天可在树盘上撒施，旱天加水淋施。复合肥也可开5～10cm环状沟撒施后盖土。有机肥在每年深翻扩穴时施用，或在11月中、下旬于树盘上撒施后深翻15～20cm，结合清沟培土、客土，增厚土层。

(4)根外追肥

植株地上部器官也能吸收养分，可利用新梢新叶吸收力强、吸收快的特性进行施肥。根外追肥方法简易、用肥量少、肥效快，可及时补充龙眼急需的营养。

常用的肥料：尿素、磷酸二氢钾、过磷酸钙、氯化钾等。

施用时期：在幼果发育期，结合防治虫害，喷施0.3%尿素和0.2%～0.3%磷酸二氢钾，每隔10～15d喷一次，施用2～3次；秋梢停止生长至老熟期，特别是秋梢抽生比较晚或树势比较弱时，喷施0.3%尿素和0.3%～0.4%磷酸二氢钾2～3次，有利于秋梢尽快转绿老熟和提高秋梢质量；秋梢老熟后，喷施磷酸二氢钾，能提高秋梢叶片含钾量，有利于花芽分化，提高抽穗率。

3. 合理修剪

对龙眼结果树的修剪以保持健壮的树势和培养优良结果母枝为目的。按树龄，可分为初结果树修剪、盛果树修剪。按修剪时期，又可分为春季修剪、夏季修剪和秋季修剪。

(1)初结果树修剪

初投产的龙眼树，即定植后4～7年生树，树体生长仍然旺盛，树冠继续迅速扩大，分枝量增加。此期修剪的目的是保证树体健壮生长，促使树冠加快形成；进入秋末后，要抑制生长，控制冬梢，促进花芽分化，抽生花穗，合理留果，迅速提高产量，夺取早期丰产。

龙眼枝条顶芽粗壮，枝条顶端优势明显，腋芽发枝弱。在不修剪的情况下，顶芽往往连续抽生二、三、四次梢，长达60～80cm，从而抑制腋芽的萌发抽枝。枝条长，树冠向外伸展快，内膛容易空，分枝少，结果枝量少，产量低。因此，龙眼初结果树修剪以短剪为主，以促进分枝，增加枝梢数目。在春季开花前剪除发育不良的花穗和过多的花穗，同时对抽生花穗过多的植株要适时合理疏折过多的花穗，以减少养分消耗。疏折花穗的时间为春分前后，于花穗长15～20cm、花蕾未开放时进行。过早疏折，不易辨别花穗好坏，且易抽生二次花穗；过迟疏折，花穗已充分生长，消耗了大量养分，影响夏梢萌发和坐果，也达不到疏花穗的真正目的。疏折的部位，一般掌握在结果母枝顶部与花轴交界处以下1～2节处，对于树势旺、抽梢力强的壮年树或壮枝，可以剪下3～4节。花穗疏折量，应视当年抽穗量、树势、树龄、施肥管理水平等不同而异。树势壮、管理好的树，疏去总花穗的30%～50%；树势较弱，管理水平较低的，疏去总花穗的50%～70%。夏季修剪是在夏梢萌发后长至10cm左右的幼果发育期进行。主要是疏芽留枝,调整果、梢对养分争夺的矛盾,减少落果,提高坐果率,培养健壮的夏梢。秋季修剪是在采果前后进行。采收前(7月底)轻短剪当年结果较少的健壮树或粗壮枝梢以及生长较长的夏梢,以促进8月中旬抽生第一次秋梢,培养第二年优良的结果母枝。在秋末冬初,当气候偏暖、水分偏多时,龙眼易于11月至12月中旬抽发冬梢。尤其是幼龄结果树和树势强旺的壮年树,在肥水管理不当、第一次秋梢留放不适时,使第二次秋梢不能按时抽生,入冬前不能老熟或秋末冬初抽成冬梢,应及时疏剪不能老熟的冬梢。

(2)盛果树修剪

龙眼嫁接树定植7~8年以后,树体结构基本形成。结果枝组已大量增多,结果量大大增加,是龙眼获得最大经济效益的重要时期。此期龙眼根系、树冠扩大都比较慢,树冠内部骨干枝上光照不良的枝梢干枯增多。此期修剪目的是调节生长枝与结果枝的比例,改善光照条件,提高光合效能,并减少消耗,保持树势的平衡与稳定,达到高产、稳产的目的,并延长盛果年限。修剪以短截、疏剪、回缩相结合,做到留枝不废、废枝不留。

春季修剪主要剪除质量差的春梢、过密枝、病虫枝,回缩衰退枝,疏折花穗,集中养分供给枝叶生长及花穗发育,增加树冠通风透光,提高光合效能,提高坐果率及促进夏梢抽生。夏季修剪在5月下旬至6月上旬进行,对疏剪花穗后抽生过多、过密的细弱新梢进行疏除,粗壮的基枝可留2~3个,小枝选留1个,使养分集中供给留下来的新梢,促使其生长健壮,并减少与幼果争夺养分的矛盾,促进幼果发育。同时修剪落花落果枝。方法是先把坐果稀少的空穗剪除,对果穗仍较多的植株再适当疏剪一部分过多的果穗,促进抽生二次夏梢。秋季修剪是在采果前后进行。当年挂果较多的树,在采收后8月中、下旬至9月上旬,剪除枯枝、病虫枝、结果后的衰弱枝,对较长的夏梢适当进行轻短剪,促进秋梢在9月底至10月上旬抽生。为了提高秋梢质量,当秋梢萌芽伸长10cm左右时,疏芽定梢,粗壮的枝条选留2~3个,一般的枝条选留1~2个。

4. 保花保果

龙眼花量多,雌、雄花比例一般为1:(6~13)。雄花量充足,雌花受粉期长,从雌花花瓣松开,柱头露出,直至雌花花瓣脱落,均能受粉、受精,一朵雌花柱头受粉、受精3~5d。因此,龙眼是果树中坐果率较高的树种,一般达到15%~27%,高的超过30%。龙眼花穗开花后,受气候条件影响较小,只要花芽分化良好,形成结果母枝数量多,质量好,抽穗率高,就能获得高的产量。因此,龙眼产量高低,很大程度上取决于结果母枝的数量和质量。因而提高抽穗率和花穗的质量是保花保果的有效措施。

提高抽穗率和花穗质量的措施主要有:a.加强土壤管理,促使树势生长健壮,抽生数量多、质量好的秋梢,从而提高抽穗成花率。b.合理留果,保持树势稳定,培养优良的结果母枝,提高花穗质量。c.花穗抽生及发育期若气温偏高,花穗小叶迅速生长,应及时人工抹除小叶或喷布100~150mg/L的乙烯利溶液,杀死幼嫩小叶,保证花穗发育,提高花穗、花朵的质量。d.合理施肥。立春前后施穗前肥,以促进花芽分化和花穗发育,提高抽穗率和增大花穗。春分至清明施花前肥,以促进花穗正常开花结果,减少后期落果,促进幼果发育,对提高产量有明显作用。

保果措施主要有:a.在谢花后,幼果发育期,每隔15d左右喷施1.3%尿素加0.2%

磷酸二氢钾 2~3 次，对提高坐果率、促进幼果发育均有良好效果。b. 及时防治椿象、爻纹细蛾等害虫，保证幼果的正常发育。

六、有害生物防治

(一)荔枝主要病害

1. 龙眼鬼帚病

龙眼鬼帚病又称为龙眼丛枝病、扫帚病，在我国广西、广东、福建、台湾等省份均有发生，严重影响树势及产量，是当前龙眼生产中极需注意的一种重要的病毒病。

(1)发病症状

病树的新梢节间变短，侧枝丛生，嫩叶叶缘向里弯成条状，叶尖向上卷曲，似月牙形，不能伸展，淡黄褐色，不久脱落后留下秃枝。花穗受害后丛生密集成团，花虽开得很多，但畸形，一般不能结实，或虽有个别能结实，但果小、肉薄、味淡，不堪食用。病穗、病梢枯萎后，常留在树上，易于识别。

(2)发生规律

龙眼鬼帚病的病源为线状病毒粒体。种子和苗木可带病，种子带病率一般为 1%~5%，高的达 10%，并能通过嫁接传染，嫁接在 2 年生砧木的病枝，经过 7~8 个月的潜育期后即可发病，远距离传播主要是通过带病的接穗和苗木进行。一年中春梢萌发或花穗开放时，带病的植株症状常十分明显。荔枝椿象、龙眼角颊木虱是该病传播的媒介昆虫，4~6 月是传毒盛期，在病区应加强对这两种传毒昆虫的防治。

(3)防治方法

a. 加强检疫：新植的果园严禁从病区输入苗木、种子及接穗，控制此病的蔓延。发现此病的苗木时应立即拔除烧毁。b. 病区育苗应选在抗病力强、品质优良、无病的母株上采种、采接穗或进行高空压条育苗。c. 果园应加强肥水管理，增强龙眼树本身的抗病力，发病轻的树应及时剪除病梢、病穗，以延长结果年限；对病情较重的树应伐去。d. 防治荔枝椿象、龙眼角颊木虱，减少传播蔓延的媒介。

2. 叶斑病

(1)发病症状

龙眼叶斑病是由真菌侵染引起的病害。发病初期，叶片出现圆形灰褐色病斑，病健界线分明；发病后期病斑变成灰白色，大小约为 4mm，病斑中部出现黑色小点，而后病斑干枯脱落成小圆孔。

(2)发生规律

龙眼叶斑病是以病菌的分生孢子器、分生孢子盘及菌丝体在病叶或落叶上越冬，翌年春天当气候条件适宜时，在病部上产生大量分生孢子作为初次侵染来源。由风雨传播到新梢上，萌发侵入。病害在夏季高湿多雨季节发病较为严重。严重时常会造成落叶。

(3)防治方法

a. 加强栽培管理，搞好田间排灌工作。b. 增施肥料，提高植株抗病性。c. 及时清除落叶,同时修剪枯枝病叶,并集中烧毁或深埋。d.药剂防治:春梢刚长出新叶时每隔15d喷洒0.5%等量式波尔多液、50%甲基托布津可湿性粉剂1000倍液,连喷2次,可有效防治。

3. 炭疽病

(1)发病症状

炭疽病由真菌侵染引起,主要危害叶片、果穗和果实。该病原菌喜高温、高湿环境,叶片发病常从叶缘或叶尖开始,病斑多为不规则形,病健界线分明,潮湿环境下受害部位有朱红色黏性小点,天气干燥时病斑呈灰白色,并伴生轮纹状排列的小黑点,受害严重叶片易脱落。

(2)发生规律

叶片发病始于4月中旬,4月下旬至5月上旬为第一次发病高峰期,5月下旬至6月上旬为第二次发病高峰期。8月下旬至9月上旬以后,病害发生较轻。即春、夏梢发病重,秋梢发病轻。若8~9月遇阴雨天气,则可能出现第三次高峰,秋梢也会严重感病。果实于4月下旬开始感病,一般早熟品种发病少,晚熟品种发病较多。

(3)防治方法

a.加强栽培管理,合理施肥,多施用磷肥、钾肥,增强树势和树体抗病力。b.做好冬季清园工作,清除枯枝、病枝、落叶、烂果并集中烧毁,喷洒0.5%石灰等量式波尔多液消灭越冬病菌,减少病源。c.药剂防治:在春、夏季抽梢后,常用甲基托布津可湿性粉剂1000倍液或50%多菌灵可湿性粉剂1000倍液喷雾,以保新梢不受危害。

4. 霜疫霉病

(1)发病症状

霜疫霉病由真菌引起,主要危害龙眼叶片、花穗及果实。嫩叶易染病,感病初期叶面形成褪绿小斑,后形成不规则的黄绿色斑块,病健界线不明显。老叶发病多在叶脉,中脉出现褐色病斑,病健分界不明显,天气潮湿时表面可见白色霉层。花穗发病初期,少量花朵变褐,而后整个花穗变褐,后干枯死亡。果实多从果蒂处发病,初期果皮表面出现不规则褐斑,病健交界不明显,天气潮湿时,病斑扩展迅速,很快全果成暗褐色,果肉腐烂,有强烈酒味或酸味,同时还会流出褐色汁,发病中后期病处长满白色霉层。

(2)发生规律

病菌能以菌丝体和卵孢子在病果、病枝及病叶上越冬。翌年春末夏初温度、湿度适宜时即产生孢子囊,由风雨传播到果实、果柄、小枝及叶片上,主要萌发形成游动孢子,或直接萌发为芽管,侵入后一般经1~3d的潜育期即引起发病,病部再产生孢子囊,辗转传播。果实在贮藏运输中,由于病果与健果混在一起,可以通过接触传染。

(3)防治方法

a.清园,减少侵染菌源。修剪树体,清除枯枝及病烂果并集中烧毁,同时用1% $CuSO_4$ 溶液喷洒土壤,用77%可杀得可湿性粉剂800倍液喷洒树冠。b.控制好果园的湿度,做好果园排水系统,改善果园的环境。c.深耕培土并增施有机肥。d.药剂防治:花蕾发育期喷施40%乙膦铝可湿性粉剂300倍液,始花期喷施58%瑞毒霉锰锌可湿性粉剂800倍液,若遇阴雨天,病情发展快,7d后需再喷施一次;幼果期需开始喷药,直至果实转色,每10d喷施一次64%杀毒矾M8可湿性粉剂500倍液,共4次。

5. 根腐病

(1)发病症状

龙眼根腐病多造成根颈部皮层组织坏死、腐烂。发病初期根颈部可见不规则黄白色病斑,后逐渐转为黑褐色,靠近地面的根颈长出大量新根,但这些新根很快又腐烂、坏死。严重时,根系变黑、腐烂,叶片黄化、脱落,植株萎蔫直至枯死。

(2)发生规律

一般月平均气温在20～30℃时有利于发病,而1～2月、11～12月低温条件则不利于其发病;5～8月降水集中、土壤湿度大,极有利于该病的发生蔓延,龙眼发病率高、死亡率大;土壤性状对根腐病发生侵染影响较大,平地黏壤土果园因排水不畅、土壤黏重、通气不良,较坡地砂壤土果园发病较重。

(3)防治方法

a.加强田间管理,开挖沟渠,排水防涝,同时增施有机肥以改良土壤。b.选择健壮无病苗,带土移栽,减少根系损伤。c.挖除枯死病株,清理园内病残体,集中烧毁。病穴用5%福尔马林或10%石灰水消毒,防止病菌传播。d.药剂防治:根腐病从3月开始发病,应加强调查,早发现,早防治。发病初期采用1%等量式波尔多液或50%多菌灵可湿性粉剂500倍液或者70%甲基托布津800倍液等灌根防治,10d后再灌一次。病症严重时进行病部根系清理,晾根24h,同时在伤口处涂抹77%冠菌铜15倍液,每株覆盖新鲜草木灰5kg,草木灰上再覆盖新土,可以有效提高治愈率。

(二)荔枝主要虫害

1. 荔枝椿象

荔枝椿象又名臭屁虫,是龙眼、荔枝的主要害虫。广泛分布于龙眼、荔枝栽培区,成虫、若虫刺吸嫩枝、花序、果枝及幼果的汁液,造成落花、落果,大发生时严重影响产量。此外,近年研究表明,该虫能传播龙眼鬼帚病病毒。

(1)形态特征

成虫体扁,黄褐色,腹面常被有白色蜡质粉状物。雌虫体长24～28mm,宽15～17mm,雄虫略小。触角4节,复眼内侧有红色单眼1对,在胸部腹面靠近中、后足处有黑色裂缝,此为臭腺的开口。卵较大,近圆形,直径约2.5mm,常14粒聚产成块,初期淡绿色,渐变黄褐色,近孵化前成深灰色。若虫共5龄,除1龄体椭圆形外,第2～5龄体长方形;1龄初期鲜红色,后变深蓝色,复眼深红色,前胸背板宽阔而呈鲜红色,第3～7节间各有臭腺孔1对,但只有第四与第五节及第五与第六节间的臭腺孔能分泌出臭液;2龄后体呈橙红色,从4龄起,中胸背侧长出翅芽。

(2)危害症状

荔枝椿象以刺吸方式危害荔枝、龙眼,除导致落花、落果及嫩枝、幼果枯萎外,还会在荔枝果实发育后期引发荔枝酸腐病。除此之外,荔枝椿象的成虫及若虫也会传播龙眼鬼帚病,造成20%～30%的产量损失,严重者高达80%～90%,是我国南部荔枝及龙眼的主要害虫。

(3) 发生规律

该虫一年发生1代,以成虫于龙眼、荔枝树上或屋檐下过冬。翌年春分前后,青蛙开始鸣叫时便转移到嫩梢及花穗上活动取食,3月下旬交尾。产卵期较长,4~5月为产卵盛期,卵聚产成块,每块14粒,多产于叶上。4月卵开始孵化,刚孵化的若虫群集在卵壳附近,后分散到嫩枝顶端,尤其是在花果枝上吸食危害,发生严重时引起大量落花、落果。若虫有假死性,受触动可排出臭液或假死落地,不久再爬行上树。6月新成虫开始出现,过冬的老成虫逐渐死亡,成虫寿命逾300d。

(4) 防治方法

a. 人工捕捉成虫或摘除卵块。在冬季温度低于10℃时,过冬的荔枝椿象受冷,飞翔力差,此时用竹竿突然扰动树枝,使成虫坠地,然后集中烧毁。或在成虫产卵期除去树上的卵块,以减少田间虫口数量。b. 药剂防治:必须注意,3龄前的若虫抗药性差,防治效果较好,4~5龄的若虫抗药性增强;当年新羽化的成虫,为了准备过冬,体内脂肪多,抗药性很强。因此,药剂防治应掌握在成虫越冬后开始活动但尚未大量产卵及3龄前的若虫期用药,这样效果较好。可用下面药剂:2%~5%溴氰菊酯乳油、5%来福灵乳油3000~4000倍液喷洒,杀虫效果很好。用杀虫灵1号(溴敌乳油),每支2mL,兑水7.5~10kg喷洒,效果也很好。用10%虫敌乳油(苏脲1号、灭幼脲3号)1000~1500倍液、25%扑虱灵可湿性粉剂3000倍液,于卵孵化盛期喷洒,致使低龄若虫不能脱皮,施药后2d死亡数达到高峰。

2. 荔枝瘿螨

荔枝瘿螨是荔枝、龙眼常见的一种重要害螨。以若螨、成螨刺吸嫩枝、叶片及花果的汁液危害。受害处长出毛毡,尤其是叶片更为明显。受害叶除长出褐色毛毡外,常弯曲畸形,因此,该病曾称为毛毡病,病叶称为油渣叶。该螨使枝条生长衰退,坐果率降低,不仅影响当年的产量,也影响翌年的产量。花及幼果受害,引起落花、落果。

(1) 形态特征

成螨体似萝卜形,极小,长约0.2mm,初期淡黄色,以后颜色加深呈橙黄色。头小,有螯肢及须肢各1对,胸部有足2对,腹部由许多环纹组成,末端有1对长的尾毛。卵圆球形,黄白色,半透明。若螨体小,形似成螨,但色白,半透明,后期呈淡黄色。

(2) 危害症状

主要以成螨、若螨吸食寄主的汁液,引起危害部位畸变,形成毛瘿。被害的叶片毛瘿表面会失去光泽,且凹凸不平,甚至肿胀、扭曲。荔枝的花器也会受害,器官膨胀,不能正常开花结果。幼果被害,极易脱落,影响荔枝产量。成果被害,果面布满凹凸不平的褐色斑块,影响果实品质。

(3) 发生规律

一年四季均有发生,无明显越冬现象,只要天气较暖和,便可继续繁殖,以黄褐色或鲜褐色的毛毡上螨体最多,初期黄白色的毛毡或老的深褐色毛毡螨量较少。当荔枝、龙眼芽刚露白将要发芽时,荔枝瘿螨便从毛毡爬往芽顶,从裂口侵入尚未伸展的嫩叶基部,几头乃至几十头，受害的嫩芽外面长出白色茸毛，随着新芽的生长，新梢萌发，受害嫩叶畸形弯曲十分明显。螨体在毛毡下进行吸食等活动，并产卵于其中，以后毛毡越来越多，颜色由乳白色逐渐变为黄褐色、鲜褐色，此时常见螨体在毛毡上下爬动。

(4)防治方法

a.人工剪除被害梢：新梢萌发前大多螨体都集中在原来被害梢的毛毡上，此时剪除被害梢并集中烧毁，可减轻危害。若能连续进行2次，效果更佳，尤其适合幼树或较矮的树。b.药剂防治：在新梢刚萌发，螨体从老毛毡转移新梢危害时，喷洒0.3波美度的石硫合剂或73%克螨特乳油1000倍液，或喷洒其他杀螨剂。若结合剪除被害梢，防治效果更好。

3. 白蛾蜡蝉

白蛾蜡蝉是龙眼、荔枝、杧果及其他果树和林木的常见害虫，以成虫、若虫刺吸嫩枝的汁液危害，同时其排泄物常引起煤烟病，影响光合作用，致使树势生长衰退，严重时引起落果或枯枝。

(1)形态特征

成虫体长17~21mm，黄白色或碧绿色，体表被白粉。头额稍尖，圆锥状；复眼褐色；触角于复眼下方，基部膨大，顶端刚毛状；前胸背板较小，两侧靠复眼处向后凹；中胸背板发达，似钢笔尖状，上有三脊纹；前翅三角形，黄白色或碧绿色，后缘角尖锐略长，翅脉分支多，翅面中央靠前缘和后缘1/3处各有一段短的棕黄色翅脉，其上有几个小白斑；后翅黄白色，半透明。卵长椭圆形，淡黄白色。若虫末龄体长约8mm，稍扁，腹部末端呈截断状，翅芽发达，全体密被白色絮状物，后足发达，善跳。

(2)危害症状

白蛾蜡蝉主要危害龙眼的枝梢、花穗及幼果。以若虫和成虫吸食枝梢、花穗和果梗的汁液，导致嫩梢生长不良，叶片萎缩卷曲，落叶、落果，被害枝叶、果上附有许多白色棉絮状蜡质分泌物，可诱发煤烟病。

(3)发生规律

该虫一年发生2代，以成虫10多头一起于茂密的枝条上越冬。翌年3月天气逐渐转暖时，越冬成虫开始取食、交尾、产卵。卵几十粒至300粒集中呈方块状，产于嫩枝或叶柄组织中。4月为第一代产卵盛期，若虫盛发于4~5月。若虫背、腹被白色絮状物，群集枝条上生活；随虫龄增长，又群集向上转移危害或略有分散，若遇触动，便纷纷跳跃。6月上、中旬第一代成虫开始出现，刚羽化的成虫几十头集中成行停留于枝条上，经一段时间后分散取食，继续产卵繁殖。8~9月为第二代若虫盛发期，9月中旬开始出现第二代成虫，至11月上旬全部发育为成虫，随着气温下降，成虫群集到茂密的枝条上过冬。

(4)防治方法

a.在成虫盛发期，尤其在成虫产卵前，用网捕杀成虫，可减少虫口基数。b.药剂防治：成虫发生盛期喷80%敌敌畏乳油1000倍液；低龄若虫期可喷40%乐果乳油或50%磷胺乳油1000倍液。

4. 龙眼角颊木虱

龙眼角颊木虱是龙眼树上一种分布广而常见的重要害虫。成虫刺吸嫩芽、嫩叶的汁液。若虫匿居于嫩叶背面吸食，此处向里凹陷，叶面呈小钉状突起，叶片皱缩畸形，提早落叶，树势生长衰退，影响产量。春、秋梢受害最重，叶片受害率平均达47.8%；夏梢较轻，叶片受害率约10%。此外，该虫还能传播龙眼鬼帚病，造成很大损失。

(1) 形态特征

雌虫体长2.5~2.6mm，宽0.7mm；雄虫体长2~2.1mm，宽0.5mm。背面黑色，腹面黄色，头短而宽，颊锥极发达，呈圆锥状向前方平伸，并疏生细毛。触角10节，末节顶部有一对细的刚毛，叉状，外长内短。翅透明，前翅具"K"字形黑褐色斑。腹部粗壮，锥形。卵长椭圆形，前端尖细延伸成一长丝或弧状弯曲，后端钝圆；其腹面扁平，有一短柄突起以便固定在植物组织上；初产时乳白色，近孵化时可见两个红色眼点。初孵的若虫体浅黄色，后变黄色，复眼红色；体扁平椭圆形，周缘有蜡丝。3龄若虫长出翅芽，体背面有红褐色条纹。

(2) 危害症状

以成虫吸食龙眼嫩芽、幼叶、花穗汁液，若虫固定于叶背吸食并形成下陷的虫瘿，受害叶片畸形扭曲、变黄、早落，影响新梢的抽生和叶片正常生长。此虫也是龙眼鬼帚病传毒媒介昆虫之一。

(3) 发生规律

龙眼角颊木虱一年发生4代，主要以3龄若虫于被害叶背虫洞内滞育越冬。越冬若虫在翌年2月中旬恢复活动，继续取食，3月中、下旬老熟，多于晴朗天气的上午爬出孔洞，移动一段时间后在洞口附近脱皮羽化为成虫。成虫羽化后，雌雄并排成对栖息于嫩枝或叶片上，1d后交尾，交尾后3d产卵。卵多产于龙眼幼嫩叶背近中脉两侧及嫩芽等处，成虫不会在转绿的老叶上产卵，卵散产或聚产。春季(18~23℃)卵期8~9d，夏季(30~31℃)卵期多为5~6d。初孵的若虫在嫩叶上爬行一段时间，寻找适当部位开始固定取食，经2~3d被害处的叶面呈现钉状突起，若虫匿居虫洞内，直到羽化前才爬出虫洞，在虫洞旁蜕皮变为成虫。若虫共5龄，成虫发生期一般与龙眼抽梢期吻合。11月初部分第六代若虫羽化为第七代成虫，但大部分若虫进入滞育状态。

(4) 防治方法

越冬后第一代发生较整齐，于若虫孵化盛期喷20%杀灭菊酯2000倍液，杀虫效果良好，并有杀卵作用。据福建地区的试验，50%辛硫磷1000倍液对龙眼春季嫩叶有药害，严重时会引起落叶，使用时应注意。

5. 龙眼鸡

龙眼鸡广泛分布于龙眼、荔枝栽培区，除危害龙眼、荔枝外，还危害杧果及其他一些果树，刺吸汁液，影响树木生长，但一般只零星发生。

(1) 形态特征

成虫体长37~42mm，橙黄色，额向前延伸如象鼻，背面红褐色，腹面淡黄色，有两条脊纹。胸部中脊明显，前翅绿色，基半部有3条黄色横纹，端半部约有14个黄色圆斑，

后翅橙黄色,近外缘1/3处黑色,腹部背面橙黄色,腹面黑色。卵长椭圆形,长2.5~2.6mm,前端有一锥状突起,有椭圆形的卵盖;白色,近孵化时变灰黑色。孵化后初龄若虫似酒瓶状,黑色,体长约4.2mm。

(2)危害症状

龙眼鸡发生量较大,危害龙眼、荔枝、杧果、橄榄等果树,其中以龙眼受害较重。若虫和成虫刺吸龙眼树干或枝梢的汁液,发生严重时,可使枝条衰弱、枯干甚至导致落果,其排泄物还可诱发煤烟病。

(3)发生规律

龙眼鸡一年发生1代,以成虫于树干或主枝下侧静伏越冬。3月气温回升后开始取食危害,4月下旬至5月上旬交尾,交尾后1~2周开始产卵,卵多产于高2m左右的树干平坦处,60~100粒聚集排列成长方形卵块。一般每雌虫只产卵1块,5月为产卵盛期。卵期15~20d,6月若虫出现,刺吸枝干汁液,9月出现新的成虫。

(4)防治方法

a.冬季捕杀成虫,可以减轻翌年的危害。b.一般不需要单独进行药剂防治,若田间发生数量较多,最好在若虫初期喷药,所用药剂可参考白蛾蜡蝉或角颊木虱的防治方法。

6.星天牛

参照柑橘主要虫害。

7.爻纹细蛾

(1)形态特征

成虫灰黑色,体长4~5mm,翅展9~11mm;触角细长,约为体长的2倍。前翅灰黑色,翅面有一波状白色条纹,当静止时,两前翅靠拢,白纹呈"爻"字状,因此得名,后翅狭长如剑状,周缘缘毛较长。卵扁圆形,略具光泽,散产。老熟幼虫体长8.3~9.8mm,淡黄白色,略扁,圆筒形。蛹体长4.5~7.3mm,纺锤形,触角特长,比体长长1.3倍,初化蛹时淡黄色,近羽化时变为深褐色。

(2)危害症状

爻纹细蛾以幼虫蛀食龙眼、荔枝的嫩叶主脉、嫩梢及果实,叶片主脉被蛀空,叶片枯萎。嫩梢受害,髓部被蛀食,蛀道内充满虫粪,致使受害梢干枯,影响果树生长。果实受害,若在幼果期,蛀食核的基部及果皮内层,引起落果。果实接近成熟时,幼虫从果实基部蛀入,在靠近果蒂处充满虫粪,受害果虽不脱落,但品质降低。

(3)发生规律

该虫一年发生12代,周年活动,世代重叠。4月前可见到蛹及在冬、春芽和新梢嫩叶叶脉内的幼虫,4~5月危害早熟的'三月红'荔枝,5月中、下旬危害中熟品种,6月危害迟熟品种,7月转移危害龙眼果实,收果后危害新梢,尤以秋梢受害最重。成虫晚上羽化,夜间活动,白天静伏于枝干上。卵散产,多产于果蒂及果实的基部、嫩叶叶腋间或叶背靠主脉附近,卵外附有胶质物。幼虫孵化后由果蒂附近或嫩茎、叶片主脉处蛀入,危害嫩梢或蛀果的幼虫,老熟后咬小孔爬出,并吐丝下垂或爬行至叶上,或在地面枯枝落叶等处做薄茧化蛹。

(4)防治方法

a. 由于幼虫孵化后不久便蛀入危害,适时喷药十分重要。在荔枝上可于果肉迅速膨大、果皮开始转红(采收前10～14d)喷药一次,可达防治目的。7月转移危害龙眼果实时,为了保护秋梢,应掌握在卵孵化盛期用药。可用10%氯氰菊酯(或2%～5%溴氰菊酯)4000倍液、20%速灭杀丁3000倍液或25杀虫双300倍液喷杀,效果较好。b. 及时清除虫害落果,可以杀灭在内藏匿的幼虫,减轻危害。

8. 白蚁

参照枇杷主要虫害。

七、采收和贮藏

1. 采收

(1)采收适期及成熟标准

龙眼果实的成熟期因品种不同而异,比较早熟的品种在7月下旬到8月上旬成熟,如'石硖';而比较迟熟的品种在8月中、下旬甚至9月上旬才成熟,如'大乌圆'和'福眼'。

龙眼果实采收合适的成熟度应根据采收后的用途而定。立即就地鲜销和就地加工成桂圆肉、桂圆干的,采收成熟度必须在九成以上,因为只有充分成熟的果实才能表现出该品种特有的品质风味,具有最佳的食用品质。而用于制作糖水罐头和远销的果实,采收成熟度则以八九成为好。

成熟度的判断标准:一般以果皮颜色、形态、果肉变化、果核的颜色等作为成熟度的标志。当出现以下变化时,则为成熟:果壳由青色转为以黄褐色为主色(黄褐色的品种),由厚而且粗糙转为较薄而且较平滑;果肉包满果核顶端,由薄而坚硬变为较厚、柔软且富有弹性,生青味消失而呈现浓甜多汁;核变成以黑色为主色(红核品种除外)。

(2)采收方法

果实成熟后应及时采收,以免过熟落果或自身逐渐衰老败解。采收龙眼的方法有长枝采收和短枝采收两种。长枝采收即将果穗与龙头桠(即结果母枝与果穗交界处叶节很密的部位,又称"巴腿枝")一起采下来;短枝采收即仅仅将果穗采下,龙头桠留在树上。两种采收方法各有其优点和缺点。由于长枝采收时剪口在龙头桠下面,剪口下叶节分布比较疏而均匀,抽出的采后梢的数量比较适中,一般2～3个,将来疏梢工作量不大,且养分集中,梢较粗壮,但是采后梢抽生较迟。由于短枝采收保留了龙头桠,此处养分足、芽点多,采后梢抽生早而且密,将来疏梢工作量较大,倘若不能及时疏梢,则梢多而且细弱,呈扫帚状,不能成为良好的结果母枝,树冠内也容易荫蔽。究竟采用哪种方法采收,应因树、因时、因条件而异。如果树势强健,肥水条件好,可以采用长枝采收;如果树势较弱,肥水不足,秋旱严重,为防止抽不出采后梢,则以短枝采收为好,但要及时疏除过多的梢,避免养分消耗太大。

(3)采后处理

采下的果实要堆放在阴凉处,稍稍晾干表面的露水,然后装筐运到预定的地点做进一步处理。装筐时将果朝向四周筐壁,果梗朝向中间,轻轻地一层层堆叠,筐的中心形成空隙，以便通气，避免发热变质。

2. 贮藏保鲜

龙眼果实贮运保鲜的工艺过程：采收──→运输（到贮藏地点）──→选果──→药物处理──→装箱（筐）──→预冷（8~10℃）──→冷藏（3~4℃）──→冷库中的管理──→出库──→销售。

📅 栽培管理月历

1月

◆物候期

　　花芽分化期。

◆农事要点

　　①幼龄树、结果树果园继续完成冬季修剪、清园工作。

　　②结果树喷 0.3% 尿素 + 0.3% 磷酸二氢钾溶液进行根外追肥，以提高树体营养水平，促进花芽分化。

　　③继续完成果园冬季修剪工作。

　　④完成新开果园放基肥、回土填坑等定植准备工作。

2月

◆物候期

　　春梢萌发期；花穗开始抽生期。

◆农事要点

　　①在立春前后施促花穗肥。以速效磷、钾肥为主，配施氮肥。每株产100kg果计，施用过磷酸钙1~1.5kg、氯化钾2kg、尿素0.8~1kg，或者用腐熟猪粪水和麸水100kg，兑水200~250kg淋施。

　　②幼龄树每株施尿素0.1~0.2kg，可在下小雨时撒施，天旱则兑水20~40kg淋施。

　　③雨水前后，气温转暖，荔枝椿象开始活动。用800倍敌百虫溶液喷杀，效果极好。

　　④新开果园雨水前后可开始定植。

3月

◆物候期

　　花穗形成及花蕾发育期；春梢抽生期。

◆农事要点

　　①在花穗形成过程中，若遇回暖天气，温度在15℃以上，且连续7d以上，花穗上小复叶迅速生长转绿，消耗养分，抑制花穗形成及花蕾发育，即发生"冲梢"。应人工摘除花穗上的小复叶，或喷布100mg/L乙烯利溶液杀除花穗上的幼嫩小复叶。

　　②荔枝椿象开始大量出来活动交尾，金龟子、尺蠖、卷叶虫等出来危害新梢叶片，可用敌百虫800倍液喷杀防治。

　　③疏折花穗：春分以后对抽生花穗过多的植株，在花穗长12~15cm时疏折。壮树疏折量30%~40%，中等或较弱树疏折量50%~70%。

　　④结合春季修剪，剪除枯枝、病虫枝及花穗状的春梢营养枝。

　　⑤施促花促梢肥：疏穗、修剪后及时施速效肥，每株产100kg果计，施用尿素1kg、复合肥1kg、氯化钾1kg。

　　⑥幼龄树在3月下旬春剪，主要剪除带花穗的春梢，促进第一次夏梢抽生，扩大树冠形成。

　　⑦幼龄树施肥，每株施尿素0.1~0.2kg，或尿素0.05~0.1kg + 复合肥0.1~0.2kg。

　　⑧完成新开果园定植工作。

4月

◆物候期

　　开花期；第一次夏梢抽生期。

◆农事要点

①清明前后完成疏折花穗、春季修剪和施促花、促梢肥工作。

②开花前用敌百虫800倍液防治荔枝椿象。

③开花期放蜜蜂授粉，每0.3～0.4hm^2放一箱蜜蜂；或在果园间堆放垃圾引蝇授粉。

④盛花期遇上高温干旱天气，喷水预防"烧花"。

⑤幼龄树喷敌百虫800倍液或敌敌畏1000倍液防治荔枝椿象、金龟子、尺蠖、卷叶虫等危害新梢新叶。

5月

◆物候期

幼果发育期；第一次夏梢生长期。

◆农事要点

①谢花后及时喷药，可用敌百虫800倍液防治危害幼果及新梢新叶的椿象若虫、毒蛾、卷叶虫等。

②在谢花后的小果并粒期施保果壮夏梢肥。每株产100kg果计，施尿素1kg、复合肥1～5kg、氯化钾1kg。

③捕捉天牛成虫。在晴天9:00～13:00成虫飞向树冠活动交尾、啃食枝梢皮层时进行捕杀。同时进行树干涂白，涂白液的配方为生石灰10kg、水40kg、硫黄粉1kg或石硫合剂残渣1.5kg，防止成虫在树干产卵。

④疏芽定芽。当夏梢长至10cm左右，进行疏芽定梢，壮枝选留2～3个，普通枝选留1～2个。

6月

◆物候期

生理落果期；夏梢转绿期。

◆农事要点

①芒种至夏至间，在幼果发育过程中，由于夏梢转绿时争夺养分加剧，种胚发育受阻，加上雨水过多，根际土壤通透性不良，加重此次生理落果。应注意排水、松土，保持土壤疏松、通透性良好，减少此次生理落果。

②施保果肥。按每株产果100kg计，施尿素1kg、复合肥1.5kg，促进第一次夏梢老熟，抽生第二次夏梢。

③疏果。生理落果基本停止后，对挂果过多的植株适当疏剪过多的果穗，疏剪大穗中过密的侧穗、支穗，促进果粒增大。

④在芒种至夏至，用0.3%尿素＋0.3%磷酸二氢钾进行根外追肥，每隔10～15d喷一次，共喷施2次。

⑤喷敌百虫800倍液防治椿象、尺蠖、青虫、卷叶虫等保梢、保叶。

⑥继续捕杀天牛成虫，刮除树干(或大枝)上的天牛卵粒和孵化幼虫。

⑦幼树施肥(施用量同5月)。

7月

◆物候期

果肉迅速增厚期；第二次夏梢抽生期。

◆农事要点

①施壮果、壮梢肥(施用量同6月)。

②喷敌百虫800倍液防治椿象、尺蠖、青虫、卷叶虫等，以保梢、保叶。

③注意排水、除草、松土，保持树盘疏松、通气良好，促进新根生长。

④7月下旬，可开始采收早熟品种，如'石硖'。

⑤对当年结果较少、树势强旺的植株，在7月底进行修剪，剪除过密枝、细弱枝，短剪强壮枝，并及时施肥，为抽生第一次秋梢打基础。

⑥幼龄树夏季修剪，以短剪为主，培养骨干枝，促进分枝，配合施肥促进抽生第一次秋梢。

8月

◆物候期

果实成熟采收期；壮树第一次秋梢抽生期。

◆农事要点

①对挂果多、树势较弱的植株，采果前每株按树体大小、结果量多少及时增施尿素0.5~1kg、复合肥0.5~1kg，使采果后能及时恢复树势，按时抽生健壮的秋梢。

②适时采收，短枝采收，少剪绿叶，保留壮芽。

③采收后及时修剪，剪除枯枝、病虫枝、衰退枝，以减少养分消耗，促使树冠通风透光，提高光合效能；短剪粗壮枝，促进抽生秋梢，促进分枝。

④重施促秋梢肥。按结果量、树势，用尿素0.5~1kg、复合肥0.5~1kg、麸饼肥水50kg兑水150kg淋施。

⑤喷敌百虫800倍液防治椿象、卷叶虫、金龟子、爻纹细蛾等害虫。

⑥立秋前后，对幼龄树施促梢肥，每株施尿素0.1~0.15kg、复合肥0.1~0.15kg，促进第一次秋梢抽生。

9月

◆物候期

秋梢抽生期。

◆农事要点

①在白露至秋分，补施促秋梢肥。结果树每株施尿素0.5~1kg、复合肥0.5~1kg，结合灌水抗旱攻秋梢。要求各类型植株在9月下旬至10月上旬均分别抽生第一次和第二次秋梢。

②喷敌百虫800倍液防治椿象、卷叶虫、爻纹细蛾等，以保梢、保叶。

③幼龄树每株施尿素0.1~0.2kg、复合肥0.1~0.2kg，促进第一次和第二次秋梢抽生。

④对结果树树盘进行中耕、松土、除草，幼龄树覆盖树盘，抗旱保水，促进新根生长。

10月

◆物候期

秋梢生长期。

◆农事要点

①疏芽定梢：在秋梢抽生长约10cm时进行，粗壮枝留2~3个，普通枝梢留1~2个，以减少养分消耗，促进秋梢健壮生长。

②喷乐果防治椿象、爻纹细蛾等，以保梢、保叶。

③天旱要注意灌水促梢、壮梢。

④新开垦果园挖种植坑，深、宽各1m，注意表土、底土分开堆放。

11月

◆物候期

秋梢转绿充实老熟期；冬梢抽生期。

◆农事要点

①喷布0.3%尿素+0.3%磷酸二氢钾，每隔10~15d喷一次，连续喷2~3次，加快秋梢老熟，提高秋梢营养水平。

②在小雪前后，当部分植株或枝梢开始抽生冬梢（有10%~20%枝梢抽生冬梢，长10cm左右）时，喷布300~400mg/L的乙烯利溶液杀死冬梢幼嫩小叶，控制冬梢抽生；或在树冠滴水线内外进行翻耕，适当切断部分细根，以抑制冬梢抽生。

③结果树在小雪前后增施一次钾肥，每株施氯化钾0.5~1kg，以提高树体内钾素水平，提高龙眼抽穗率。

④在秋梢老熟后，结合控制冬梢，进行深翻扩穴改土。方法有对面坑扩穴、环状沟扩穴。深、宽各60cm，长度据树冠大小而定，扩穴部位要求与上一年扩穴部位相接。深翻后适当晒土、晒根，以减少土壤水分，控制冬梢抽生。

⑤对计划新种植果园继续挖坑。

12月

◆ 物候期

树体内营养物质积累；冬梢抽生期。

◆ 农事要点

①大雪前后继续完成树冠滴水线的深翻扩穴工作。

②冬至前后每株施放垃圾肥200～400kg、粪肥100kg、钙镁磷肥（或过磷酸钙）1～2kg、麸饼肥2～3kg、石灰1kg。撒施于树冠滴水线内外，并翻入表土层，或与表土混合填入扩穴坑、扩穴沟。

③维修梯面、松土、培土，将周围松土培到树冠滴水线内外，增厚树冠内或畦面土层，使土壤中水、肥、气、热协调，为龙眼根系生长创造一个良好的土壤环境。

④冬季清园修剪，剪除病虫枝、内膛枝、弱枝、交叉重叠枝。

⑤喷乐果1000倍液＋0.3%尿素＋0.3%磷酸二氢钾，以杀虫保梢，并结合根外追肥提高树体营养水平。

⑥对计划新植的果园，施放基肥，每坑施草料（或垃圾肥）100～200kg、堆肥（或粪肥）30kg、钙镁磷肥1～1.5kg、麸饼肥1.5～2kg、石灰1kg。拌表土分层施放回填种植坑。底层为粗肥，中、上层为精肥和表土。

实践技能

实训4-1 龙眼整形修剪

一、实训目的

掌握龙眼幼树整形和结果树修剪技术。

二、场所、材料与用具

(1)场所：当地龙眼果园。

(2)材料及用具：龙眼的幼树和结果树、枝剪、锯子、人字梯等。

三、方法及步骤

1. 幼树整形

种植后在嫁接口以上30～40cm处短剪，抽生新梢后至10cm左右时，选留3～4个生长强壮的新梢培养成主枝，其余抹去；待新梢老熟后，留20～25cm短剪促其分枝。主枝分枝角度以45°～60°为宜，角度过大或过小时，可通过撑、拉、吊等方法矫正树形。

2. 结果树修剪

(1)采果后修剪：采果后的1个月内完成修剪，促进抽发秋梢。修剪时宜从树冠内部大枝开始，向树冠外围进行。主要剪除过密枝、荫枝、弱枝、重叠枝、下垂枝、病虫枝、落花落果枝及枯枝等，回缩衰退枝组，短剪结果母枝，对过长的枝条截顶促梢。

（2）春、夏季修剪：疏花穗、短剪花穗、疏果。

疏花穗　当花穗抽出10～15cm时把弱穗、病穗、带叶花穗疏除，以减少营养消耗。

短剪花穗　花穗抽出伸长后，保留花穗基部15～20cm短剪。

疏果　第二次生理落果结束后，对于结果过量的结果树应进行适当疏果。疏除小果、畸形果、病虫害果、过密果，'大乌圆'等大果型的品种每果穗选留果数30个左右，'石硖''储良'等中小型的品种每果穗选留果数40～45个为宜。

四、要求

(1)根据不同季节开展相应的实训内容，最好在秋季采果后和春季开花期进行。

(2)每人独立修剪一株结果树，修剪前先分析该树的具体情况，修剪后观察其修剪反应。

龙眼采后如何修剪？

项目 5 荔枝生产

学习目标

【知识目标】
1. 掌握荔枝的生物学特性。
2. 掌握荔枝树体管理要点。

【技能目标】
1. 能够识别荔枝的主要品种。
2. 能够进行荔枝育苗、土肥水管理操作。

一、生产概况

荔枝是常绿乔木,经济寿命一般在 100 年以上,在广东、广西、福建、四川等省份均发现数百年乃至上千年生的老年荔枝树仍能开花结果。荔枝一般种后 5 年开始投产,10 年后每亩产量可达 400~500kg,20 年后可进入盛产期,每亩产量可达 800~1000kg,每亩产值可达 2000~3000 元。

荔枝生产区域高度集中,全球约 95% 的荔枝产于东南亚地区。荔枝主产国包括中国、印度、越南、泰国、马达加斯加、南非和澳大利亚等。2018 年,中国、越南和泰国等荔枝产量均出现大幅增产,世界荔枝产量超过 400 万 t。在我国,荔枝主要分布于西南部、南部和东南部,其果实与香蕉、菠萝、龙眼并称为"南国四大果品"(图 5-1)。我国是世界上荔枝栽培面积最广、产量最大的国家。从栽培面积来看,荔枝果实为我国南亚热带地区第一大水果,在全国水果中排第五位。中国是全球最大规模的荔枝生产区域,2018 年中国荔枝生产面积约占全球荔枝生产面积的 53.54%,产量约占全球荔枝产量的

图 5-1 荔枝果实

62.37%。我国荔枝栽培主要集中在广东、广西、海南、福建、台湾、四川和云南7个省份，2018年中国荔枝产量约为307.9万t，创历史新高。目前我国荔枝生产已经从"遍地开花"向集中区域发展，也从兼业化生产转向专业化生产。

二、生物学和生态学特性

(一)形态特征

1. 根

荔枝根系粗壮庞大，有垂直根及水平根。实生繁殖苗和嫁接繁殖苗具有长而发达的主根，根群深广；高压繁殖苗无主根，根系分布较浅。荔枝根群主要集中分布在0.1~1.5m深的土层中，水平根比垂直根的分生能力强，根系的水平分布可比树冠大1~2倍。荔枝具有与真菌共生的内生菌根，吸收水分、养分的能力强。荔枝适生于pH为5.0~6.0的酸性和微酸性土壤。

2. 茎和枝梢

荔枝为常绿乔木，高8~20m。主干直立粗壮，分枝多，形成圆头形树冠；树皮光滑，褐色或者黑褐色，颜色的深浅因品种、树龄不同而异。荔枝每年春、夏、秋、冬季在合适的温度、湿度和光照条件下均可抽生新梢，经35~70d老熟。不直接着生花果的枝梢统称为营养枝。荔枝的结果母枝是由枝梢最顶端的枝条在适合条件下转化而成的，一般为秋梢，同时也有部分是春梢、夏梢或开过花而落花落果的老枝，所有这些枝梢的顶端都有可能分化花芽。充实健壮的秋梢为翌年最佳的结果母枝。在结果母枝顶端，经过花芽分化后，在合适的条件下即可抽生结果枝。

3. 叶

荔枝叶为偶数羽状复叶，小叶2~4对，互生或对生；小叶长椭圆形或披针形、倒卵形，全缘革质，先端渐尖，叶基楔形。

图5-2 荔枝的花

4. 花

荔枝的花为顶生总状圆锥花序。小花簇生，由3朵小花聚成一小穗，一个或数个小穗着生于侧轴上构成侧穗，很多侧穗着生于主轴上，构成圆锥花序(图5-2)。荔枝花淡黄绿色，型小，无花瓣，具4~5枚小萼片；花萼合生，杯状，在花萼上面有花盘突起；雌、雄蕊着生在花盘上，花盘上的蜜腺能分泌蜜汁，利于昆虫传粉。荔枝花性杂，有雄花、雌花、两性花、变态花4种类型。雌雄同株同穗异花，一个花序中雌、雄花混生，极少数整穗全都是雄花或雌花。雌花、两性花少。雌花的比例因年份、品种、植株、结果母枝、花序着生位置的不同而不同。

5. 果

荔枝雌花(少数两性花)经授粉、受精后,发育成果实。荔枝果实核果状,椭圆形、圆球形或心形,直径 2～3cm;果皮有龟裂纹,未成熟时青绿色(图 5-3),成熟时鲜红色或红紫色(图 5-4);种子长椭圆形,棕褐色、光滑,为肉质多浆白色半透明的假种皮(果肉)所包裹,食用部分为假种皮。果实成熟期与品种、地区、气候有关。

图 5-3　荔枝幼果

图 5-4　荔枝成熟果实

(二)对环境条件的要求

1. 温度

荔枝根、茎、叶的生长称为营养生长。荔枝在营养生长期要求温度高、湿度大、日照长;气温在 10～12℃时营养生长缓慢,13～18℃时生长加快,23～26℃最适宜荔枝的营养生长。

在气温过低或有霜的年份,荔枝的嫩梢易受冻害。温度降到 -3～-2℃时,如果低温持续时间不长,老熟的枝条不会受害,否则会被冻死。天气反常的年份,如秋、冬气温高,雨水多,荔枝大量抽冬梢后,又突然有寒流侵袭,即使气温在 0℃左右,枝条也会遭受冻害。在荔枝的花芽分化和形成期,需要有一段时间低温和干燥,花芽的生长发育才能顺利进行。热带地区一年四季温度高,影响枝条的花芽分化和形成,荔枝几乎年年不能开花结果。在开花期间,若温度在 5～8℃,则很少开花,10℃以上开始开花,18～24℃开花最盛,温度过低会使开花推迟。

台湾、福建南部沿海地区、广东南部,以及广西南部、东南部是我国荔枝主要产区,也是荔枝集中栽培的理想地区。

2. 水分

荔枝营养生长期间喜温暖湿润气候,但是,已投产的荔枝树,冬季降水量多则会促生冬梢,导致翌年不开花。而生殖生长期间,尤其是花期和果肉迅速增长期,低温阴雨和阴雨连绵影响荔枝的受精率,降低产量。因此,控制花期,避免花期遇到阴雨的不利影响,是克服荔枝产量不稳定首先应该解决的问题。

3. 光照

荔枝生长发育需要充足的光照。"当日荔枝，背日龙眼"，说明了荔枝对光照的要求比龙眼多。光照充足能够促进叶片的同化作用与花芽分化，加深果实的色泽，提高果实品质。荔枝花期最适宜的气候是晴天天数多，数日一雨。

4. 土壤

荔枝对土壤的适应性较强，丘陵的红壤土、砂质土、石砾土和平地的黏壤土、冲积土都适于荔枝生长。由于丘陵地肥力差，保水能力也比平地差，所以，丘陵地树体通常较平地同龄树矮小，生长势中等，果皮较厚，肉质坚韧，水分较少，含糖量高，品质、风味较好。荔枝有菌根，种植荔枝宜选择能促进菌丝体生长的酸性土壤。

(三)生长和结果习性

结果荔枝树生长发育年周期可划分为枝梢生长发育期、花芽分化和花器官生长发育期、果实生长发育期3个阶段，这3个阶段各具不同的生长发育特点。

1. 枝梢生长发育特性

结果荔枝树在正常状态下可以抽生春梢、夏梢、秋梢和冬梢。

(1) 春梢

在上一年生长充实、经花芽分化的大部分枝梢顶端抽出花穗的同时，一部分上一年生长不够充实、没有分化花芽的枝梢顶端抽出春梢。也有花芽分化不充分的结果母枝顶端抽出基部带叶的花枝，这种带叶的枝条也可以生长发育成为春梢。正常开花结果的荔枝树，春梢抽发数量可相当于上一年枝条数的1/4～1/3。春梢的生长量因结果树的结果量和气候情况不同而异，一般可达15cm左右。

(2) 夏梢

在老熟的春梢上段或落花落果枝，于5月底可抽发夏梢。夏梢的抽发数量与结果树的坐果量呈反比，坐果多的结果树夏梢很少抽发，挂果少的树则抽发夏梢较多。夏梢抽发和生长发育在高温季节进行，所以生长速度较快，长度也较春梢、秋梢长，其所着生的叶片也较大。

(3) 秋梢

秋梢是荔枝的主要结果母枝。采果后至花芽分化前是荔枝结果母枝的生长发育期，也是荔枝生长发育年周期中的主要营养生长期。此期主要是秋梢抽生并生长发育成老熟的结果母枝。秋梢的抽生和老熟的具体时间、抽生次数、抽生长度因品种、树龄、结果量和栽培管理水平不同而异。在正常的施肥管理条件下，秋梢通常在采果后10～20d抽出，抽出后35～45d老熟。一般早熟品种秋梢抽生早，成熟也早。如'三月红'的秋梢在大暑至立秋抽出，白露至秋分老熟；'大造'、'黑叶'等早中熟品种的秋梢在立秋前后抽出，秋分前后老熟；'淮枝'等迟熟品种的秋梢在处暑至白露抽出，寒露至霜降老熟。

同一品种的荔枝树生长变换期(5～10年生)和适龄结果期(8～20年生)的秋梢比盛产期以后的秋梢抽发早，而且通常能在第一次秋梢老熟后抽生第二次秋梢，并以第二次秋梢为结果母枝。进入盛产期后的荔枝一般只抽生一次秋梢，抽生的秋梢发育成结果母枝。

荔枝秋梢的正常生长发育和及时老熟是翌年获得丰产的基础。在栽培管理上，应根据不同品种、不同树龄和当年的气候条件，采取适当的农业技术措施使秋梢有适当的生长期和及时老熟，才能有利于控制冬梢的萌发，促进花芽的形成和分化。

(4)冬梢

冬梢是在入冬以后，荔枝遇到多湿温暖的特殊天气情况下抽生的新梢。冬梢生长发育缓慢，一般不能在花芽分化前老熟，妨碍荔枝正常开花结果。一些早冬梢在个别特殊年份的气候条件下，虽可成为结果母枝，但结果能力很差。因此，栽培上应尽量控制冬梢抽发，一旦抽了冬梢要及时处理。

2. 抽穗开花习性

(1)花芽分化

荔枝花芽形成和分化的时间因品种、气候和结果母枝老熟时间不同而有所差异。在江南地区，早熟种('三月红')一般在10月中旬开始分化花芽，12月初开始抽穗，翌年1月下旬即可开花；早中熟种('大造''黑叶')11月中旬开始花芽分化，翌年1月中、下旬抽穗，3月上、中旬开始开花；迟熟种('淮枝')2月中、下旬开始花芽分化，翌年1月下旬至2月上旬抽穗，3月下旬至4月上旬开始开花。

荔枝花芽分化分为6个阶段：

分化初期　原生长点开始变化，生长锥变扁，出现圆锥花序原基的突起。

花序原基发育前期　生长点伸长，并在两侧形成初生突起；初生突起进一步分化形成苞片，在苞片腋内次生突起形成，出现侧生花序原基。

花序原基发育后期　侧生花序原基不断发育、分化，总花序原基有基部侧生小花序，中心的生长锥开始出现花器官的分化，花序轴顶部仍继续往上伸长，不断形成新的花序原基，直至主轴顶端小花序开始花器官分化才停止伸长。

花萼分化期　随着花穗轴的伸长，花穗轴基部的侧生花穗轴顶部不再伸长，中心生长锥两侧分裂形成弓形的萼片原基。

雄蕊分化期　在花萼内侧的中心生长锥分裂出多个突起，形成分离的雄蕊原基；雄蕊原基不断发育，最后形成花药。

雌蕊分化期　在雄蕊内侧中心生长锥分裂出2个突起，即雌蕊原基，以后雌蕊原基中2个突起会合形成一个具有2个心皮及柱头2裂的雌蕊原始体。

在整个花芽分化过程中，花序原基分化一般是在抽穗前进行，花序原基分化结束就开始抽穗；而花器官的分化和发育与花序轴的伸长基本是同时进行的。花穗抽出后，花穗上小侧穗的苞片通常在花穗发育过程中自行干枯脱落，花穗为无叶花穗。但在抽穗前后若遇高温多湿，小侧穗苞片可发育成小叶，花穗成为带叶花穗。有的带叶花穗由于花原基退化而形成生长枝。这种由带叶花穗退化变成的生长枝，若遇适当低温，其上的小叶会脱落，最后又可能会形成健壮的花穗。

(2)开花习性

荔枝的花属混合花序，是聚伞花序圆锥状排列的花穗。荔枝的花雌雄同株同穗，异花异熟。花序长度10~40cm，正常花穗小花数量200~1500朵，最多者可达4000朵以上。

正常年份，迟熟品种一穗花的花期10～15d，一株树的花期20～25d。花序的长短、小花数量的多少、开花时间、花期天数均因品种、树势、气候的不同而有较大的差异。

荔枝的开花时间、开花形态、开花顺序和雌雄花开放先后等都有一定的规律。雄花12:00～17:00开放最多。雄花从花蕾露白至谢花需45～125h，雌花从柱头开裂至谢花需53～96h。从整株树来说，南向花先开，北向花迟开；顶部花先开，树冠下部和内部的花迟开。花穗开花顺序：3朵花的小穗，先开中央位置的花（中花），再开两旁位置的两朵花（侧花）。7朵花的小穗，先开2个3朵花小穗之间的单朵花（单花），然后每3朵花小穗按先中花后两侧花的顺序开放。大多数品种在正常的气候条件下，同一花穗上的雄花开1～3d，间歇1～2d后雌花开1～3d，此后第二批雄花开放，接着是第二批雌花开放，最后是第三批雄花和两性花、变态花开放。荔枝花的雌雄比例因品种、气候和树体营养水平不同而不同。一般来说，适应性强、丰产稳产的品种，雌花比例稍高，如'淮枝'雌花占总花数的16.1%～28.9%；丰产稳产性较差品种，雌花比例较低，如'大造''水荔'雌花占总花数的8%～20%。

(3) 果实生长特性

荔枝是多花果树，但落花落果极为严重，结果率极低。年平均结果率最低为3.2%，最高为8.2%，平均每穗结果数为1.33～4.06个。荔枝果实生长发育所需的时间长短受品种特性和气候的影响。有效日积温越高，果实成熟越快；早熟品种果实成熟较快，迟熟品种果实成熟较慢。

荔枝果实发育的过程中有3个生理落果期。幼果期：也称为第一次生理落果期。开花后7～14d，小果大量脱落，占幼果总数的50%～60%。此期落果的主要原因是：受粉和受精不良，种胚不能发育；大量开花，营养消耗大，树体亏损而又没有及时、足量地补充；气候不良，特别是阴雨天多，光照不足。中期：此期落果高峰出现在假种皮(果肉)发育至种核一半位置时。此期落果原因主要是：夏梢大量抽发，消耗了大量的养分；连续阴雨、暴风、暴雨，或者过分干旱，或者病虫危害。采果前：通常出现于采果前10d内。主要原因是：果实急剧加重，养分供应不足；受病虫危害（如果实霜霉病、爻纹细蛾等）。在上述3个生理落果期中，幼果期落果最多，但只要在穗上的幼果能有相当数量（一般平均每穗15粒左右），就对产量影响不大；中期落果数量比幼果期少，但对产量影响很大；采前落果数量虽少，但经济损失最大。因此，应采取有效的农业措施，防止或者减少中期落果和采前落果。

3. 根系生长发育规律

荔枝根系周年都可生长，但其生长量随温度和水分的增减而变化。荔枝根系在一年内有3个生长高峰期：第一个生长高峰期在盛花后至6月中旬；第二个生长高峰期在8月中旬；第三个生长高峰期在10月中旬。入冬后由于土温下降及干旱，根系生长量很少，甚至停止生长。夏季由于土温高，根系的生长趋于缓慢。据报道：土温23～26℃是荔枝根系生长的最适温度；土温在10～20℃时，荔枝根系生长随土温升高而加快；土壤含水量在16%以下时，根系生长很慢；土壤含水量达到23%时，根系生长最快。土壤疏松、土层深厚、有机质含量丰富，根系生长旺盛而密集；土壤板结、土层浅薄、土壤贫瘠，根系生长衰弱而稀疏。

三、主要优良品种

1.'淮枝'

别名'禾荔''6月红''古凤荔''新丰黑叶'。树冠半圆头形，枝节细密，树形紧凑。叶密生，叶片短圆状披针形、较短，先端较钝，叶色浓绿。花序密集，花穗较短。果近圆形或短心形，平均单果重15～28m，一般为20g左右；果顶浑圆，果肩平；果皮暗红色，龟裂片大而扁平、不规则排列，龟裂片峰平滑，裂纹浅而宽，缝合线明显，呈深红色。果肉蜡白色，细滑稍脆，汁多而甜；可食部分占70%～75%，可溶性固形物含量17%～22%，酸含量0.16%～0.36%，每100g果肉含维生素C 17～42mg；果核大小中等，焦核少。3月下旬至4月下旬开花，7月上、中旬果实成熟；是广东、广西的主栽品种，适应性强，高产稳产；品质、风味中等，是鲜食、制干和制罐的优良品种。

2.'灵山香荔'

树冠半圆头形，树姿开张，枝条细密、下垂。叶片较长，中等大。果呈扁卵圆形，平均单果重17～21g，果顶钝圆；果皮紫红色、稍厚，龟裂片隆起，大小不一，排列不规则，大龟片之间有小粒状裂片，龟裂片峰突起，裂纹较深而呈黄色。果肉蜡白色，肉质爽脆，味甜而香，品质、风味上等；可食部分占70%～76%，可溶性固形物含量达20%；种子较细，焦核率70%左右。3月中旬至4月中旬开花，6月下旬至7月上旬成熟。适应性稍差，大小年结果明显，是鲜食的优良品种。

3.'黑叶'

又名'乌叶'。树形开展，枝条粗细中等；叶长、披针形，先端渐尖。果呈歪心形或卵圆形，果肩平；平均单果重16～32g，中等大；果洼稍凹，果顶钝圆；果皮暗红色，皮薄，龟裂片大而平，排列较规则，龟裂片峰大而平，裂纹宽，缝合线明显。果肉乳白色，质脆而滑，汁多而甜，品质中上，可食部分占63%～73%，可溶性固形物含量16%～20%，每100g果肉含维生素C 22～45mg。种子大小中等。3月下旬至4月上旬开花，6月中、下旬成熟，比较稳产，是鲜食、制罐和制荔枝干的优良品种。

4.'大造'

别名'早红''5月红''大红''元红'。树形开展，枝条疏而粗。小叶较长，呈长椭圆状披针形。果长椭圆形，大小中等，平均单果重19～32g；果肩一边稍耸起，果顶钝圆；果皮鲜红，皮薄易裂；龟裂片小而略突，龟裂片峰小而锐尖，手摸有刺感，裂纹窄而明显，缝合线不明显；果肉乳白色，质地粗韧，汁多，味甜带酸，品质中等，可食部分占62%～72%，可溶性固形物含量15%～18%，每100g果肉含维生素C 11～41mg；种子大，大核居多。3月上旬至4月上旬开花，6月上、中旬成熟。适应性较强，幼树进入结果期迟，不稳产，属早、中熟种。适合以鲜果供应市场，也可制罐，但因肉质带纤维多，且果肉内壁有黄色茧状物，罐头不适合出口。

5.'三月红'

树形开张，枝粗壮稀疏。小叶长椭圆形，先端渐尖。果心形或歪心形，果大，平均单果重26~42g；果肩宽而斜，一边微耸，果顶尖；果皮鲜红，厚而脆，龟裂片大而平，大小不一，部分龟裂片中央有小的锥状龟裂片峰，裂纹浅而窄，较明显，缝合线不明显。果肉蜡白色，质粗韧，汁多，味甜带酸，品质中等，可食部分为62%~68%，可溶性固形物含量为15%~20%，每100g果肉含维生素C 44~57mg。种子大。2~3月开花，5月中、下旬成熟，最早熟。喜肥沃湿润土壤。适于鲜食，也可制罐。

6. '兰竹'

树形较矮，树势较强，枝条细密；小叶短小，叶尖锐尖。果心形或近圆形，平均单果重20g，果皮薄，龟裂片峰短、尖、微刺手，裂纹和缝合线不甚明显；果肉味甜微酸，品质中等；可食部分占70%。果实7月上、中旬成熟。

7. '糯米糍'

又名'米枝'。树冠半圆形，枝条细，略下垂。小叶披针形，叶片边缘呈波状形，先端渐尖。果偏心形，果大，平均单果重20~27g；果肩一边高耸，果顶浑圆；果柄较长，斜生，与果肩呈约45°角。果皮底色黄鲜红色，龟裂片大而稍隆起，龟裂片峰平滑，缝合线明显。果肉蜡白色，多汁，味浓甜带香，品质上等，可食部分占76%~84%，可溶性固形物含量18%~21%，每10g果肉含维生素C 20~36mg。核小，焦核多。3月下旬至4月中旬开花，6月下旬至7月上旬成熟。适应性不强，后期裂果严重，大小年较明显，不太丰产。品质上等，最适于鲜食。

8. '桂味'

又名'桂枝'。树形开展，枝条疏、略向上生长。小叶长椭圆形、色淡，叶缘稍内折。果球形或近圆形，中等大，平均单果重15~22g，果肩平，果顶浑圆；果皮浅红色，薄而脆，龟裂片不规则，龟裂片峰尖而刺手，裂纹和缝合线明显，窄而深。果肉蜡白，质地爽脆，味浓甜而有香味，可食部分占78%~83%，可溶性固形物含量18%~21%，每100g果肉含维生素C 26.8mg。种子小，焦核70%左右。3月下旬至4月中旬开花，6月下旬至7月上旬成熟。不丰产，大小年明显。品质上等，适于鲜食。

9. '水荔'

又名'水白蜡''青皮水荔'等。树冠半圆头形，树姿开张，植株高大，树势旺盛。主干灰褐色，较光滑，纵裂不明显。枝条疏长下垂，新梢黄褐色，斑点圆细而密、不明显，平均长度13.8cm，节间长3.1cm。叶片中等大，狭长形，色浓绿，有光泽，嫩叶紫红色；小叶柄0.5cm，叶缘平展或微波浪状；叶尖渐尖，叶基楔形。花枝长，侧枝疏，浅黄绿色，被茸毛。花序长22.3cm，直径20.4cm。雄花雄蕊6~7枚，发达；雌蕊1枚，退化。雌花雄蕊7枚，较短，退化；雌蕊1枚，发达，柱头短小，向后卷曲一圈。果实近圆形，略扁；果中等大，纵径3.50cm，横径3.36~3.62cm，平均单果重24.2g，果大小较均匀；果皮淡红间浅黄色，果顶浑圆；果肩一边平，另一边微耸。龟裂片较大，平坦，纵向排列；龟裂片峰有些平滑，有些龟裂片中央着生毛尖；裂纹浅而窄，不明显；缝合线不太明显。果皮较厚，约1.5mm，果梗直径2.5mm，果蒂直径3.2mm；果肉蜡白色，厚1.1cm，肉质软滑，果汁多，清甜带微涩。可食部分占全果重70.7%，可溶性固形物含量16.8%，全糖含量12.9%，含酸量0.30%，糖酸比值43.0，每100mL果汁含维生素C

22.36mg，品质中上。种子较大，长椭圆形，纵径2.38cm，横径1.2~1.61cm，平均单核重3.22g，种皮黑褐色、有光泽。3月下旬至4月中旬开花，4月上旬为雌花盛开期，6月下旬果实成熟，属中熟种。适应性较强，耐旱、耐瘠能力较强，适宜山地栽培。丰产稳产，果肉含水量多，不耐贮藏。

10. '糖驳'

树冠半圆头形，不甚整齐。树姿开张，树势旺盛。主干灰褐色，表面较光滑，纵裂明显。枝条稀疏、粗壮。新梢黄褐色，斑点小而圆，着生密且明显，平均长11.65cm，节间长429cm。叶片较大，深绿色，具光泽，嫩叶紫红色。小叶柄长4.5mm。叶片厚而硬，叶缘平展，叶尖渐尖，叶基楔形。花序大型，黄绿色，长27.0cm，直径25.0cm，花朵较密集。雄花占总花量的90%~95%，两性花占5%~6%。果实歪心形，较大，纵径3.2~3.7cm，横径3.14~3.47cm，平均单果重26.95g，大小不均匀。果皮紫红色。果顶钝而斜，两肩突起，一肩特别高耸，两侧斜削成屋脊形。龟裂片较大，楔形突起，大小不一，排列不太整齐；龟裂片峰钝尖，裂纹深而明显，缝合线明显。果皮较厚且韧，果梗直径2.6mm，果蒂直径3.9mm。果肉淡黄蜡色，肉厚0.9cm，肉质软滑，果汁多，风味甜带微酸，微涩，有异香。可食部分占全果重的77.4%，可溶性固形物含量19.2%，全糖含量15.991%，含酸量0.27%，糖酸比值59.22，每100mL果汁含维生素C 41.66mg。品质中等。种子扁椭圆形，较大，纵径2.6cm，横径1.1~1.5cm，平均单核重2.85g，种皮棕黑色、有光泽，偶有焦核。4月中旬至5月初开花，雌花盛开期在4月下旬，7月下旬果实成熟。迟熟种，适应性较强，耐旱、耐瘠，丰产稳产。

11. '尖叶荔'

原产北流市新丰镇一带，形态特征与'新丰黑叶'（'淮枝'）相似，可能是从'新丰黑叶'中选育出来的新品种。因其叶狭长而尖，故称尖叶荔。树冠半圆头形，树姿开张，植株中等大，树势强壮。枝条细密下垂，新梢肉红色，斑点细而疏，平均长11.75cm，节间长1.75cm。叶片中等大，浓绿色，有光泽。小叶柄长3mm，叶缘稍向上卷，叶边波浪状，叶尖尾状尖，叶基楔形。花序中等大，长25.0cm，直径14.0cm，花朵密生。平均单果重17.85g，果大小较均匀，果皮鲜红色，果顶钝圆，果肩平。龟裂片较大，大小不均，微隆起或平滑，排列不规则，龟裂片峰毛尖或微凹，裂纹浅窄，缝合线明显。果皮中等厚。果肉蜡白色，厚8.4mm，风味清甜、微香。可食部分占全果重的67.4%，可溶性固形物含量19.03%，全糖含量16.34%，含酸量0.24%，糖酸比值68.08，每100mL果汁含维生素C 29.42mg。品质中上。种子椭圆形，中等大，纵径2.2cm，横径1.1~1.5cm，平均单核重2.19g；种皮黑褐色，有光泽。4月上旬至4月底开花，雌花盛开期在4月中、下旬，7月上旬果实成熟。较丰产、稳产。鲜食、制干、制罐均宜。剥枝繁殖生根较快，适应性较强，但采果前易落果。

12. '妃子笑'

广东古老品种，传入广西历史也较久。其名取自唐代诗人杜牧的诗："一骑红尘妃子笑，无人知是荔枝来。"树冠半圆形，树枝开张下垂，植株高大，长势旺盛。主干灰褐色、平滑，纵裂明显。枝条疏长、粗硬、下垂，新梢黄褐色，斑点细、椭圆、明显，平均长度

18.1cm，节间长9.7cm。叶片较大，长13.5cm，宽3.5cm，狭长形，绿色。叶缘波浪状明显，叶尖渐尖，叶基楔形。花枝较长。果实卵圆形，大型，平均单果重22.8g，大小较均匀。果皮鲜红色，果顶浑圆，果肩一边平，另一边微耸。龟裂片细密隆起，龟裂片峰锐尖而刺手，有淡黄色放射线，裂纹浅窄而明显，缝合线不甚明显。果皮厚且脆，果蒂微斜向一边。果肉蜡白色，肉厚1.25cm，肉质稍脆、清甜、微香，果汁较多。可食部分占全果重的71.9%，可溶性固形物含量19.5%，全糖含量16.7%，含酸量0.462%，糖酸比值36.15，每100mL果汁含维生素C 36.71mg。品质上等，小核居多。饱满种子长扁圆形，中等大，平均单核重1.50g，种皮黑褐色。退化种子平均单核重0.49g。4月上旬至下旬开花，雌花盛开期在4月中旬，果实6月中旬成熟，产量中等。在湿润、肥沃之地生长良好，虫害严重，主要害虫是天牛。

四、育苗与建园

(一)育苗

荔枝育苗在我国一向以高枝压条繁殖为主。20世纪80年代以来，广东、广西和福建逐渐采用嫁接繁殖。用种子繁育的实生苗，变异大、结果迟、品质差，很少用作果苗种植，现在普遍用作嫁接苗的砧木。嫁接繁殖方法与龙眼相同。

(二)建园

1. 园地选择与区划

(1)园地选择

参照龙眼园建园。

(2)做好果园的排灌系统

种植在坡地、山地的荔枝园修建等高梯田和反倾斜梯田，梯级内壁有蓄水式排水沟。平地果园，特别是低洼果园应开好"十"字形排灌沟，以利排灌，特别是防止雨季积水。这项工作应在开园时做好，在管理过程中注意维修。如果开园时没有做好这项工作，则应在管理过程中补上。

2. 品种配置

新建的荔枝园要注意品种配置，不同规模的荔枝园品种配置有所不同。小型荔枝园应以一个品种为主栽种，再搭配两个品种为授粉品种，授粉品种约占10%；大型荔枝园，如面积在100hm^{2}以上的荔枝园，除了有一个主栽品种外，还应有1~2个次要品种以及4~5个授粉品种。这样配置可避免因单一品种在成熟时采收、运输或加工不及时而造成的损失。值得提出的是，许多荔枝品种的雌、雄花花期不遇或相遇时间极短，因此建园时注意配置花期相近的品种，这对解决授粉问题是很重要的。

3. 种植

参照龙眼种植。适宜的种植密度有利于提高一个果园的经济效益。不同经营方法，初植密度有所不同。a.荔枝种植以后，既不进行间伐，也不间种其他果树的果园，每亩的定植株数为20株。b.采用行间较宽的种植规格，行间间种柑橘或其他树冠较矮小、周期较短的果树的果园,当间种果树对荔枝树产生不利影响时,即间伐去间种果树。采用这种经营方法的果园,定植密度每亩约 15 株。c.计划密植的果园,在开园种植时,每亩种植 40~60 株,待投产 10 余年后,树冠开始交叉重叠时,逐步间伐,直至每亩保留 15 株为止。

五、果园管理

(一)幼年期管理

荔枝幼年树管理的目的是:提高苗木的成活率;在定植后 4~5 年,让植株旺盛地进行营养生长,大量地抽生枝梢,形成一定体积($6m^3$ 左右)、具有一定挂果能力(5~8kg)的树冠;使植株在定植后 5~6 年进入结果期。

1. 定植初期管理

荔枝定植后头 3 个月必须有特殊的管理措施,才能获得理想的成活率。

(1)淋水和树盘覆盖

荔枝定植后必须经常淋水,使土壤保持湿润而又不积水。5~7 月定植的荔枝,若无雨应天天淋水。淋水时应用勺泼淋,不要用成桶水冲淋,以免冲走根部泥土造成露根,影响成活。在树盘覆盖干草,可保持土壤湿润、不干裂,以免新根被拉断,导致死苗。

(2)适当控制新梢生长量

在生产实践中往往发现,荔枝树新植苗在第一次新梢老熟后,第二次新梢在抽生过程中死亡率较高,这是由于新梢生长过快,根系生长发育跟不上,水分吸收量不能满足新梢迅速生长的需要,造成收支不平衡所致。若在第二次新梢抽生时留 2~3 片叶打顶,控制其生长量,可调节这一矛盾,提高成活率。此外,对新种树初抽 1~2 次梢时适当遮阴,减少幼树的水分蒸腾,也可平衡水分收支,提高成活率。

(3)加强病虫防治

新植苗新根脆嫩,容易招来白蚁等地下害虫侵害。高压苗多数在夏天定植,夏天危害嫩叶的卷叶蛾、象鼻虫等发生较多,害虫不但妨碍小苗生长,而且还会影响成活。树苗定植后应经常检查,定期防治。

2. 树苗成活后管理

(1)水肥管理

树苗定植成活后,应勤施薄肥,每月至少一次,每株每次施腐熟人粪尿 2kg、粪水 5kg,以促进幼树一年多次抽梢生长,使幼树树冠迅速扩大,为早投产、早丰收打下基础。在干旱季节,淋水与施肥结合,采取薄施多次的方法,这样既施了肥,也抗了旱。每年冬季(如 12 月上旬)进行浅耕,以疏松土壤和防旱保水。

(2)间作

新种植的荔枝园,树苗低小,株行距宽,应充分利用行间土地,间种一些矮秆、能增加经济收入、增进土壤肥力或对土壤有改良作用的农作物,如花生、黄豆、豇豆等作物或豆科绿肥、蔬菜,以及生长快、结果早、周期短的果树,如桃、李、梅、番木瓜、菠萝等。忌间种木薯、甘蔗、瓜类等高秆或攀缘作物,以防止与荔枝幼树争光、争营养,妨碍幼树正常生长。

(3)树冠下土壤管理

幼年树冠下土壤的管理主要是除草、中耕和深耕压青,扩大树盘,改良土壤。另外,在树冠下铺草覆盖,防止杂草生长和保湿。

(4)整形和树体保护

荔枝幼树在较好的肥水条件下,每年抽梢次数可达5次以上,枝叶茂盛,应通过小量修剪,使树冠生长成自然半月形。具体做法是:主干留3~4个主枝,着生角度适宜和分布相对均匀;各主枝上的分枝任其分生,但交叉、弯曲、过密的分枝要疏剪去,以免扰乱树形。种后1~4年,每年1~2月剪去抽生的花穗,使养分集中供应给营养枝,以扩大树冠。

(二)壮龄结果期管理

荔枝进入结果期后,管理的特点主要是:通过农业措施促进荔枝从营养生长为主转化到以生殖生长为主,提早丰产;不断调节结果树营养生长和生殖生长的关系,使之保持平衡,实现高产稳产。

1. 合理间种

在生长转变期和适龄结果期的荔枝园,树冠之间还有空间,在行间间种蔬菜或豆科作物,忌间种高秆作物或攀缘植物。

2. 除草和松土、培土

进入盛产期的荔枝园和盛产期前行间未间种作物的荔枝园,每年至少松土一次。一般在10月底至12月底进行全园耕翻,深度25~30cm。必要时在采果后(8月初)进行浅耕,深度为10cm左右。抽穗后至果实生长发育期不宜进行松土,以免伤根,引起落花落果。发现有露根或果园土壤瘠薄,要培入新土,培土宜在秋、冬季进行。果园杂草应及时铲除。不间作的果园一般每年应进行3次除草,5~6月一次,8月上旬一次,10月中旬一次。

3. 施肥

荔枝园的土壤施肥可分为施基肥和追肥。

①基肥 一般在秋末冬初施入,以土杂肥、绿肥、农家肥和麸饼肥为主。施用量根据具体情况而定,一般每株施土杂肥200~300kg,或压入绿肥200kg,或麸饼肥5~10kg。施用方法是:在树冠外围挖40cm×40cm×200cm的条状对沟,或30cm×40cm的环状沟,然后将肥料施下,覆土;基肥较多的时候,可以结合培土将肥料铺施于树盘上。肥料种类和施放方法均交替使用效果更好。

②追肥 荔枝的生长结果需消耗大量的矿质养分,在各个不同物候期,根据荔枝生长的需要及时适量追施速效的矿质肥料,才能使荔枝获得丰产。

追肥量及施肥时期 以平均结果量100kg计,每年每株施纯氮1.68~1.86kg(折合尿素3.65~4kg)、五氧化二磷0.5~0.7kg(折合过磷酸钙2.5~3.5kg)、氧化钾1.62~2kg(折合氯化钾2.7~3.3kg)。氮、磷、钾施用量的大体比例是1:(0.3~0.5):1.2。追肥大体分6个时期进行,促梢肥7月下旬至8上旬施用,施用量占全年施肥量分别为氮

30%、磷10%、钾10%；壮梢肥(对结果适龄树也作攻二次梢肥)9月中、下旬施用，施用量占全年施肥量分别为氮15%、磷15%、钾15%；花芽分化肥12月上、中旬施用，一般单施钾肥，施用量占全年施钾肥量的20%；促花肥2月下旬至3月初施用，施用量占全年施肥量分别为氮25%、磷25%、钾15%；保果肥5月上旬施用，施用量占全年施肥量分别为氮15%、磷25%、钾25%；壮果肥6月上、中旬施用，施用量占全年施肥量分别为氮15%、磷25%、钾15%。

追肥方法　以往通常使用开浅沟(对沟或环沟)干施化肥，这种方法使肥料过于集中，如果天气长久无雨，施肥虽然及时，但肥料仍不能及时溶解和被吸收利用。因此，应采用灌溉施肥。在连片栽培的果园和园土疏松的条件下，也可随雨撒施，这种追肥方法使荔枝园获得很好的丰产效果。

4. 树冠管理

荔枝树冠管理的主要目的是：创造一个能充分利用光能的绿叶层；培育一个高产稳产的树形结构；促使树体营养正常顺利地向花器官和果实运转，以保证适量的花器官形成、分化和果实的正常发育，最后达到高产稳产。结果树树冠管理的主要措施如下。

(1)培养健壮秋梢

秋梢是采果后新生的枝条，是荔枝的主要结果母枝。培养按时萌发并及时老熟、数量足够的健壮秋梢是荔枝获得丰产的基础。必须做好如下工作：适时采收，短枝采果。适时采收可避免果实过多消耗树体的养分，尤其是老弱树和结果多的树更应注意适时采收，以免树势难于恢复，造成翌年大幅度减产。一次将果采完可促使秋梢抽发整齐，利于恢复树势，打好翌年连续丰产的基础。采收时采用短枝采果，即不带叶采果，也称为"葫芦节"以上采果。"葫芦节"指在荔枝花穗基部和结果母枝顶部交界处形成的木节。"葫芦节"有密集而发育充实、休眠程度较浅的芽，如果在"葫芦节"的上方折断采果，不伤害"葫芦节"，这个节上的芽便会很快萌发生长成为新梢，这对培养健壮充实的秋梢作结果母枝十分有利。

(2)修剪

荔枝修剪以轻剪为宜。修剪的主要对象是交叉重叠枝、过密枝、荫蔽枝、弱枝、枯枝和病虫枝。对枝条疏而长的品种如'三月红''大造''妃子笑''黑叶'等进行新梢剪顶；对生长过旺、交叉或已接近交叉的枝条进行轻度回缩修剪，即在新梢转绿时，将枝条剪去1/2，让枝条在剪口处再抽发出2个以上的新梢，促使荔枝形成一个较为密集紧凑的树冠；对枝条较短而密集的品种如'淮枝'等采取适当疏删修剪，即剪去部分过密枝条，修剪程度以能看到太阳光通过叶层投射到土壤表面形成均匀的直径3~5cm的圆斑为宜。

(3)控制冬梢抽发和生长

冬梢通常是指冬季抽生但不能抽生花穗也不能成为结果母枝的枝梢。秋梢老熟后，往往由于气温过高和雨水过多而导致冬梢大量抽发，把秋梢积累的养分大量消耗，恶化花芽形成和分化的条件，造成荔枝翌年不能开花结果，因此必须控制冬梢抽发。若冬梢已经抽发，要将它们在完全展叶前及时除掉，以确保荔枝正常开花结果。

也有一些品种的冬梢由于气候的影响能成为结果母枝，而有些品种的晚秋梢由于气候的影响难以成为结果母枝。在一般的年景里，生产上通常以最后一次梢的老熟时间来判断枝梢能否培养成为正常结果母枝。如早中熟种'大造'，以能在立冬前老熟的梢作为结果母枝培养；迟熟种'淮枝'，以能在冬至前老熟的梢作为结果母枝培养。在上述时间界限未能老熟的梢一律当冬梢处理。

(4) 促进花芽分化和培养短壮花穗

荔枝花芽分化与形成的基本条件是：体内糖类的大量积累和含氮有机物的大量合成；足够的低温和干旱；充足的光照。健壮的荔枝树在冬季12月平均气温16℃以下和翌年1月平均气温13℃以下的情况下，或11月至翌年1月在气温相对较高但十分干旱、光照充足的条件下，都能很好成花，不需要特殊的促花措施。但在自然条件不适宜的年份，通过农业措施，促进花芽分化和花穗抽生是十分必要的。

荔枝花穗的长短直接影响花量、花质、坐果率和保果率。花穗过长，消耗养分大，而且长花穗结构对养分运转不利，抗逆力弱，对结果不利。因此，减少长花穗、培养短壮花穗是获取丰产的关键措施之一。以'淮枝'为例，一般花穗长度控制在10～15cm，每穗平均总花量200～300朵，其中雌花40～60朵比较适宜。在较好的管理条件下，'淮枝'的雌花数可占总花数的20%～25%，坐果率可达5%～8%，每穗平均结果数可达3～5粒。20年生的'淮枝'一般每株有花穗2000～2500穗，如果每穗结果3～4粒，则株产可达150kg左右，足以达到丰产的要求。目前荔枝控穗的主要途径有以下3种。

①对适龄结果树培养二次秋梢作结果母枝　二次秋梢抽出的花穗一般花序轴短、分杈粗壮、雌花比例高、坐果成球。培养短花穗时，要严格掌握二次秋梢抽发和老熟的时间，特别是要保证在12月上、中旬老熟，才能收到预期效果。

②人工短截花穗　在花穗抽出后，开花前15～20d进行人工打顶，留长10cm，这样可以提高雌花比例和坐果率，增加坐果数。但人工短截花穗也存在一些缺点：长花穗已经抽出，过长的花穗在抽生过程已经消耗了一部分养分；荔枝树冠高大，人工短截花穗耗工多、操作困难、不易推广。

③化学控穗　目前广东、广西、福建等主要荔枝产区应用化学药剂促花控穗已取得了较大成果。广东使用的药剂是比久1000倍液加40%乙烯利1000～2000倍液。福建使用的药剂是青鲜素1000倍水溶液加40%乙烯利700～1000倍液的混合液；乙烯利控梢促花控穗的具体做法是，早熟、大叶品种(如'大造')使用浓度为650～700倍液，晚熟小叶品种(如'淮枝')使用浓度为580～650倍液，在花芽分化前15～20d，早熟种在11月中旬使用，晚熟种在11月下旬至12月初使用。应用喷雾器均匀喷洒，以叶面喷湿为度，不可喷得叶面过湿滴水，以免药量过大，造成大量落叶。

(5) 保花保果

荔枝是多花果树，由于存在雌雄异花、异熟等特性，因而坐果率很低，一般只有3%～8%。花期常遇不良气候，容易出现大量落花落果。若栽培管理措施不当，往往花开满树，结果却寥寥无几，甚至颗粒无收。因此，采取有效的保花保果措施，是荔枝获得丰产的关键措施之一。

①放蜂授粉　荔枝开花时，每亩荔枝园放蜜蜂1～2群，以保证荔枝花粉有足够的传粉媒介。

②采取以营养调控为中心的综合措施　保花保果应从提高树体营养水平、提高花的质

量做起。据测定,谢花期叶片含钾量在0.2%以下的荔枝树基本不能坐果,含钾量在0.2%~0.3%的坐果能力较差。凡坐果较好的荔枝树,谢花期其叶片含钾量均在0.3%以上。因此,在荔枝花芽分化期(12月上、中旬)至幼果期(5月上、中旬),增施钾肥,能提高花的质量,提高保花能力和坐果率。花果期间施肥特别要注意每次施肥量不能过多,可以多施几次,同时要冲水淋施或随雨撒施,以保证肥料及时溶解和被植物吸收利用。切忌一次施肥过多或开沟集中施肥料,以免根系受损伤而造成大量落花落果。赤霉素和三十烷醇对荔枝有一定的保果作用。在花前、花后喷施0.1mg/L的三十烷醇1~2次,可以收到很好的增产效果,且花果期阴天多的年份效果更为显著。在春季较干旱的年份,抽穗期和谢花期分别喷15~20mg/L的赤霉素,可促进花穗抽出,也有较好的保果作用。

(三)老龄结果期更新复壮

荔枝经过丰产结果期后,从定植后80~100年起,进入更新结果期。此期的荔枝树冠和根系的生长均已减弱,出现了自然回缩现象。其特点常表现为:根群裸露、伤残、枯死,新生的幼根很少,吸收能力弱;树干粗糙,有的树干烂心、空心,主干和较大的侧枝常有地衣和被害虫蛀食;枝条细,呈扫把状,枯枝、病枝、虫枝多;叶片薄,呈淡绿色或暗绿色,无光泽,落叶严重;树冠越来越小,年年花开满树,却结果无几,其产量在小年和无收年之间,很难有丰产年出现。这时期的管理要点是更新复壮。据试验,采用更新复壮措施后的果树,其产量可比复壮前增加6倍以上。

1. 深耕改土

荔枝根的生长旺盛期为2~3月、5~6月、8~9月3个时期。当年没有挂果的老树深耕改土应在新根生长之前进行,当年已经挂果的最好是在11月至翌年1月进行。方法是:先将树冠下面的树盘周围土壤深耕,深度30cm左右,然后施一层农家肥、一层塘泥,再铺上一层15cm厚的泥土。在湿润的情况下,1个月左右老树会长出新根。

2. 施肥

经过深耕改土的荔枝生出了大量新根,吸收能力增强,在这基础上应追施液肥。第一次施肥在大寒后,每株施钾肥1.5kg、磷肥2kg、尿素1.5kg,兑300kg水或稀粪水,施完后再盖一层薄土。第二次施肥在现蕾期,当荔枝腋芽出现"白点"时,每株施牛尿15kg加水150kg,肥水淋在树盘上。第三次施肥在小果有绿豆大时,每株施复合肥2.5kg加水250kg。3次施肥都应注意浅施、淡施,切勿伤根。第四次是施果后肥,每株施尿素2kg、粪水150kg,用于促秋梢。如果施肥后秋梢仍未长出来,应再补施一次水肥。在施足根际肥的基础上,还应在关键时刻喷施叶面肥,方法是:第一次在2月,当叶色淡绿时用0.3%磷酸二氢钾+0.2%硫酸镁+0.3%尿素喷1~2次,7d后叶面即转绿;第二次叶面肥于开花前7d喷施,用0.2%尿素+0.2%磷酸二氢钾+0.2%硫酸镁;第三次在第二次生理落果前喷施,用0.2%尿素+0.2%磷酸二氢钾。

3. 修剪

适度修剪可改善通风透光条件,减少病虫害,使有限的养分集中到有用的枝条上。第一次修剪是秋剪,即在采果后15d完成。第二次修剪是在冬至到小寒这段时间,修剪对象是枯枝、弱枝、病虫枝、重叠枝。老树第一次修剪应轻剪,树势经过施肥恢复后,第二次修剪时可以重剪，剪去拇指大的枝条时剪口要平，残桩则应留3cm长，以免伤树。

4. 冬梢的控制和利用

冬梢对荔枝的花芽分化影响很大，尤其是展叶的冬梢，若不处理，翌年无花穗。但部分冬梢经过处理后可以成花，如小寒至大寒抽生的长度约10cm的冬梢，因温度低未能展叶，若遇轻霜，则会被冻死，这有利于抽过冬梢的秋梢翌年春抽穗。但如果冬梢未被冻死也不展叶，则成为翌年花穗主梗，这就是人们常说的"头造花"。11月抽生的冬梢，若在冬至前后展叶、呈红色、零星分散在部分枝头，则人工将这些冬梢从基部摘除，使翌年大部分枝成花。

另外，采用40％乙烯利540～680倍液喷杀冬梢也可诱导成花，成花率高达90％。喷乙烯利要注意用量，浓度低了不能杀死冬梢嫩叶，浓度高了老叶也会脱落。对树势未恢复、生长极弱的树，则应让其四季抽梢，对冬梢也不要处理，放弃一年的收获，待树势恢复后再按正常管理，夺取高产稳产。

六、有害生物防治

参照龙眼有害生物防治。

七、采收与贮藏保鲜

1. 采收

(1) 采收时间

采收时间对荔枝果实产量、质量以及秋梢的抽生有着密切的关系。过早采收，产量低，品质差；采收太迟，果实品质好，但不耐贮运，且因延长树体负果时间，加重植株营养消耗。特别是高产树，采果后更难恢复，从而影响秋梢的抽生。

不同品种和不同气候条件下，其采收期是不一样的。如'三月红'在广州于5月上旬成熟，而在广西峦城5月下旬才成熟；'淮枝'是晚熟品种，在广西北流市一般在7月上旬采收，而在桂平市麻洞镇与苍梧县龙圩镇古凤村要7月中旬才能采收。

(2) 采收标准

不论是早熟品种、中熟品种还是晚熟品种，其采收标准大致是相同的。远销的果实，可在果皮从绿黄色变为红色时开始采收；就地销售或加工的，可待果皮外表呈深红色、果皮内侧呈胭脂红色时采收，此时品质最佳。

(3) 采收方法

采收荔枝应注意掌握正确的方法，结果母枝与果穗交界处有一膨大的节，是养分积累较多、芽休眠较浅的地方，容易抽生新梢，采果时应在其上方折断，使新梢在采收后不久抽发；如果采果时带叶采摘，就会将其摘下，影响秋梢的萌发。采果时间以早晨为宜，中午、下午温度高，采后易使果实失水过多而变色。采下的果实在树下就地分级，剔除烂果、裂果及其他病虫危害果，然后用纸箱包装或用内垫多层纸的竹箩包装，每件重20kg，过重会由于装卸困难造成大量的机械损伤而腐烂。远销的荔枝要上午装车启运，或晚上装车晚上运。

2. 贮藏保鲜

常温保鲜：使用可释放 SO_2 的保鲜袋包装贮藏荔枝可以保鲜 6d。

低温保鲜：将荔枝用苯菌灵热液处理，并用聚氯乙烯薄膜包装，在 5℃贮藏，贮藏期可达 40～50d。

栽培管理月历

1月

◆物候期

早熟品种花蕾期；晚熟品种花芽形成期。

◆农事要点

①继续做好果园冬季清园工作，深耕、松土、培土，维修、整理果园排灌系统。

②树干涂白：涂白剂用生石灰 10kg、水 40kg、硫黄粉 1kg 或石硫合剂残渣 1.5kg 混合制成。涂白高度为离地面 1～1.2m。

③发现瘿螨危害的果园，喷 0.5～1 波美度的石硫合剂或三氯杀螨醇 500～600 倍液或乐果 800 倍液防治。

④在气温降至 8℃以下时进行人工摇树，震落荔枝椿象成虫，捕捉消灭或放鸡吃掉。

⑤结果树喷 0.3%尿素＋0.2%磷酸二氢钾溶液进行根外追肥，以促花。

⑥对晚熟品种中徒长型的青年树（6～15年生），若多年无花，可于 1 月初进行环割促花。选择骨干枝环割，深至韧皮部，以不伤木质部为宜，割口要小，一般割一圈即可。

⑦对新开园要做好挖穴、施基肥、回穴土等定植准备工作。

⑧对幼龄树进行冬季整形修剪工作。

2月

◆物候期

春梢萌发期；花器官分化期。

◆农事要点

①已吐出花蕾的结果树在雨水前后施攻花肥，按每株结 100kg 果计，施尿素 0.8～1kg、过磷酸钙 1.5～2kg、氯化钾 1kg，或腐熟人粪尿和麸水 100kg，兑水 200kg 淋施。若土质疏松、栽培连片，也可随雨撒施。

②过长、过大的花穗可进行人工短截，一般留 10～15cm 打顶。

③幼龄树每株施尿素 150g 或粪水 25kg 促梢。

④若遇严重春旱，应灌水或淋水促花（幼树促梢）。

⑤转暖较快的年份，2 月下旬荔枝椿象即出来活动，交尾产卵，可用敌百虫 800 倍液喷杀。

⑥初吐的春梢和花穗易受瘿螨危害，若有发现，应喷三氯杀螨醇或克螨特 500～600 倍液进行防治。

⑦新开园在春季定植。

⑧继续完成排灌系统的整理工作，预防雨季积水。

3月

◆物候期

幼树春梢期；早熟品种开花期；晚熟品种花蕾期。

◆农事要点

①对已开花的早熟品种放蜂辅助授粉。若遇高温干旱（日平均气温在 21℃以上，日最高气温在 30℃以上），在 8:00 以前和 17:00 以后喷水预防花灼伤；若遇阴雨或阵雨天气，应注意摇花，抖落水珠和残花，

以利于受粉和受精，防止"沤花"。

②惊蛰后，荔枝椿象大量出来活动交尾，喷敌百虫800倍液防治。

③惊蛰后，天气转暖，日平均气温达25℃以上时，晚上金龟子会从地下钻出来，群集吃花穗和嫩梢。可用敌百虫800倍液或敌敌畏1000倍液喷杀（白天给树喷药，晚上虫上树接触或吃到喷有药液的花、叶而被杀死）。

④若发现尺蠖危害花穗或嫩梢，可用敌敌畏1000倍液喷杀。

⑤施肥结合除虫，在100kg农药稀释液中加入尿素0.2kg、磷酸二氢钾0.2kg喷施，以补充养分，提高花的质量。若遇多阴雨天气，可加入瑞毒霉800倍液以防疫霉病。

⑥晚熟品种施攻花肥。在3月初每株（以结100kg果计）施尿素0.8~1kg、过磷酸钙1.5~2kg、氯化钾1kg，冲水淋施（或随雨撒施）。

⑦在未封行的果园间种绿肥。

⑧新开园继续完成春植。

（注：对正在开花的树，一般不喷农药。若病虫突发，危害严重，非喷不可，应在17:00后喷药，以免农药灼伤柱头，影响受精。）

4月

◆物候期

早熟品种幼果发育、生理落果期；晚熟品种盛花期、谢花期。

◆农事要点

①对正在开花的树继续放蜂授粉。盛花期遇高温干旱天气，要喷水预防"灼花"；若遇雨天（特别是阵雨后无风的天气），要及时摇树抖落花穗上的积水和残花，防止"沤花"。

②对谢花坐果的树（早熟种在4月上、中旬，晚熟种在4月底）及时施保果肥，以每株结100kg果计，施尿素0.5~0.8kg、过磷酸钙1~1.5kg、氯化钾1kg，兑水淋施或随雨撒施。

③果实并粒（子房两室明显分出大小，一室发育成长，另一室停止发育）期，喷0.2%尿素＋0.2%磷酸二氢钾＋0.1%硫酸镁（若遇阴雨天则加0.1mg/L的三十烷醇，晴天则再加15mg/L的九二〇）混合液喷洒保果。每隔7~10d喷一次，连喷3~5次。

④结合上述管理措施进行病虫害防治，在喷根外肥时加入机油乳剂200~300倍液喷杀荔枝椿象、尺蠖、佩夜蛾、金龟子等害虫。若雨天较多，应再加入瑞毒霉800倍液或40%乙膦铝200倍液或代森铵800倍液或多菌灵500倍液防治霜疫霉病。

⑤新定植和未投产的幼树注意淋水施肥促梢。

5月

◆物候期

早熟品种成熟期；晚熟品种幼果发育期，生理落果期；幼树及无果树夏梢萌发期。

◆农事要点

①对4月未施保果肥的晚熟品种，在5月初施下，施肥量及施用方法见4月的管理工作。

②5月上旬是爻纹细蛾大量危害期，可喷洒乐果800倍液或杀虫双300倍液。喷施Bt制剂800~1000倍液防治卷叶蛾。

③结合除虫进行施肥，在每100kg农药稀释液中加入尿素0.2kg和磷酸二氢钾0.2kg混合喷洒，以保果壮果。

④若发现疫霉病，可用62%多·锰锌可湿性粉剂600倍液喷施防病，连续喷药2次，间隔7~10d；也可用乙膦铝200倍液或瑞毒霉500倍液或代森铁800倍液防治。

⑤采收早熟品种果实，然后及时松土，重施攻梢肥(以每株结100kg果计，施尿素2kg)。

⑥对幼树施肥攻梢。

⑦对新植苗施肥促梢，并抹去树干的芽。

6月

◆物候期

中熟品种采收期；晚熟品种果实膨大期。

◆农事要点

①对结果丰产树在上、中旬各喷一次0.3%尿素、0.2%磷酸二氢钾混合液作根外追肥，以壮果。

②对多产树、老树或较弱树应在采果前7~10d追施速效氮肥，按每株结100kg果计，施尿素2kg，或腐熟人粪尿、麸水100kg，兑水淋施。

③对不结果的树或少果的壮树应在采果后5d以内施攻梢肥，按每株结100kg果计，施尿素1~1.5kg。

④在采果前20~25d，果实近蒂部外转红时，喷杀虫双300倍液以防治爻纹细蛾，隔10d再喷一次，可保持到采收时果蒂不受蛀虫危害。

⑤检查果实是否受霜疫霉病、炭疽病危害，对受害树及时喷多菌灵500倍液或瑞毒霉600~800倍液防治。

⑥捕捉天牛成虫，刮除树干(或大枝)上的天牛卵粒和孵化幼虫。

⑦采收中熟品种果实，执行短枝采果的原则。

7月

◆物候期

幼龄树夏梢老熟期；早、中熟品种秋梢发育和抽发期；晚熟品种成熟、采收期。

◆农事要点

①对短枝采果，采收晚熟品种。

②采果后进行果园除草，可结合进行浅耕(深度5~10cm)。

③采果后施重肥促秋梢，以每株结100kg果计，施尿素2kg(或腐熟人粪尿、麸水100kg)，兑水淋施或随雨撒施。

④捕捉天牛成虫，刮除树干卵粒和幼虫。

⑤对高压苗继续落苗定植(或假植)。

⑥对幼龄树进行除草、松土、施肥。

⑦抽新梢时喷三氯杀螨醇600~800倍液，杀瘿螨。

⑧对已抽发嫩梢的树，喷施阿维菌素1500~2000倍液，每隔7d喷一次，共1~3次，以防治卷叶蛾、象鼻虫等。

8月

◆物候期

秋梢萌发、生长发育期。

◆农事要点

①对多产树或结果后树势衰弱的树，应注意检查秋梢抽发情况。若未抽发新梢或顶芽及以下几个侧芽不够饱满健壮，应酌情补施肥促梢。

②进行修剪，剪除病虫枝、交叉重叠枝，并进行夏季清园工作。

③喷敌敌畏1000倍液，或敌百虫800倍液，除虫保梢。

④继续捕捉天牛成虫，刮除树干上的卵粒和幼虫。

⑤对新植树淋水保苗，幼龄树施肥促梢并喷药护梢。

9月

◆物候期

早熟品种第二次秋梢生长期；晚熟品种一次秋梢老熟期。

◆农事要点

①上旬对第一次梢已基本老熟的壮树，施肥促第二次秋梢。每株(以结100kg果计)施尿素0.8kg、过磷酸钙0.5kg、氯化钾0.8kg。对未抽第一次秋梢的弱树补施攻

梢肥，每株施尿素 1～1.2kg、过磷酸钙 1.5kg、氯化钾 0.8～1kg，兑水淋施（或随雨撒施）。对上述两种树在 9 月底至 10 月初分别使其抽发第二次秋梢或第一次秋梢，并培养成翌年结果母枝。

②发现卷叶蛾、金龟子或象鼻虫、尺蠖可喷敌敌畏 100 倍液毒杀；若发现瘿螨，可在吐新梢未展叶时喷三氯杀螨醇 600～800 倍液毒杀。

③继续完成修剪工作。

④做好果园除草工作。

⑤对新植园进行淋水保湿和遮阴，以提高成活率。

10 月

◆物候期

结果母枝萌发期、生长发育期、老熟期。

◆农事要点

①10 月中、下旬喷 0.2%尿素、0.2%磷酸二氢钾混合液，以促进结果母枝生长发育和老熟。可喷 2 次，隔 7～10d 喷第二次。

②喷乐果 1000 倍液除虫并保梢。

③对幼龄树施肥、淋水、促梢。

11 月

◆物候期

早熟品种抽穗期；中熟品种花芽分化期；晚熟品种养分积累期。

◆农事要点

①对早、中熟品种施花芽分化肥，分别于 11 月中旬和下旬进行，每株（以结 100kg 果计）施氯化钾 1kg，兑水淋施。

②对中熟品种，如'大造''黑叶'，于 11 月上旬喷 650～700mg/L 的乙烯利，以控制（或杀死）冬梢，促进花芽分化。用喷雾器将药液均匀地喷洒到叶面，以刚湿为度，不可过湿滴水。

③11 月下旬对晚熟品种喷 650～700mg/L 的乙烯利控制（或杀死）冬梢，促进花芽分化，方法同②。

④对幼龄树进行根外施肥，可用 0.2%尿素＋0.2%磷酸二氢钾的混合液喷叶面，以加快嫩梢老熟。注意做好防虫保梢工作。

⑤发现卷叶蛾、尺蠖等害虫可喷乐果 1000 倍液除虫保梢。

⑥11 月初耕翻园土，深 30～35cm，树盘内人工松土，深 20～25cm，断根控水（注意不要过多切断大根），控制冬梢，以促进养分积累。

⑦维修整理排灌系统和道路设施。

⑧施基肥，结合深耕，每株施土杂肥或猪、牛粪等 150～200kg。方法是：先铺施，后深翻入土。对露根的树，可铺施后再培上松土，以护根。

12 月

◆物候期

早、中熟品种抽穗期；晚熟品种花芽分化期。

◆农事要点

①对 11 月下旬未喷乙烯利控制冬梢的晚熟品种，可在 12 月初喷 650～700mg/L 的乙烯利控冬梢。

②继续耕翻园土，深 30～35cm，断根控水，以促进花芽形成。

③对晚熟品种于 12 月上、中旬施氯化钾（以结 100kg 果计）1kg，促进花芽分化。

④对晚熟品种进行冬剪，剪去病虫枝、内膛枝、弱枝、交叉重叠枝。

⑤喷乐果 1000 倍液＋0.2%尿素＋0.2%磷酸二氢钾，以杀虫保梢兼根外追肥。

⑥继续对露根树进行培土护根，修整果园排灌系统和道路设施。

> **实践技能**

实训 5-1　荔枝主要品种识别

一、实训目的

掌握识别荔枝品种的方法。

二、场所、材料与用具

(1) 场所：当地荔枝园。
(2) 材料及用具：当地有代表性的荔枝品种如'三月红''圆枝''大造''黑叶''妃子笑''糯米糍''桂味''淮枝''陈紫''兰竹''下番枝'等（选择3～5个品种），绘图用具，天平，卡尺，解剖刀，钢卷尺，手持糖量计。

三、方法及步骤

根据树形、叶形和果实识别荔枝品种，以果皮中部龟裂片和龟裂片峰的形态特征作为荔枝品种分类的主要标准。本实训可分两次进行：第一次在室外，观察和记录植株的形态特征；第二次在室内，选具有代表性的果实横切和纵切，观察内部构造，逐项详细记录到表5-1。

表 5-1　荔枝果实记录　　　　　　　年　　月　　日

项目		品种			
	成熟度				
	果形				
	果肩				
	果顶				
果大小	重量				
	纵/横径				
果皮	颜色				
	厚度				
	刺手度				
	龟裂片				
	缝合线				
	内果皮颜色				
	维管束				

(续)

项目		品种			
果肉	肉厚				
	可食率(%)				
	肉色				
	肉质				
	风味				
	果汁				
	可溶性固形物含量(%)				
核蒂柱					
种子					
其他					

1. 室外观察植株形态

(1)树性特征：直立、开张或半开张。

(2)树形：圆头形、自然半圆形、阔圆锥形或自然开张形。

(3)枝条：下垂或直立；密或疏；长或短。

(4)叶片：以春梢或秋梢叶片为代表。

①叶型：单叶或复叶(单数复叶、偶数复叶)。

②形状：整叶(椭圆形、长椭圆、披针形、卵圆形或长卵圆形)；叶端(短尖、长尖或钝)；叶缘(波纹或内卷)。

③叶脉：明显、中等或不明显。

④色泽：浓绿、绿、黄绿或淡绿。

2. 果实性状

(1)果形：形状(圆形、卵圆形、椭圆形、歪心形、长心形、圆球形或心脏形等)；果肩(平、突或歪斜等)；果顶(圆或渐尖等)。

(2)果大小：重量(20 个果平均值)；果纵径/横径(20 个果平均值)。

(3)果皮：颜色；厚度；刺手度；龟裂片(平、隆起或突出)；龟裂片峰(无、钝或尖锐)；缝合线(显著、不显著)；内果皮颜色(鲜红或淡白)；维管束(明显或不明显)。

(4)果肉：可食部分占全果重的百分数(10 个果平均值)；肉色(乳白、蜡白色或微带黄色)；肉质(柔软或爽脆)。

(5)果汁：多或少。

(6)风味：酸、甜或酸涩甜；味浓或淡；有无特殊香味等。

(7)可溶性固形物含量。

(8)核蒂柱：离核或连核；大或小；可食或不可食。
(9)种子：重量(10粒平均值)；纵径/横径(10粒平均值)；饱满或中空。
(10)其他特征。

四、要求

(1)详细记录各品种果实形态特征并绘果实纵切面图，注明各部分名称。
(2)就观察结果概述各品种果实的主要特征及品质。
(3)详细记录荔枝早、中、晚熟代表品种的植株形态特征。

实训5-2 荔枝、龙眼花序发育及开花坐果习性观察

一、实训目的

认识荔枝或龙眼圆锥花序的发育过程，纯花序及带叶花序的结构，雌、雄异花异开的开花习性，花形特征以及果实发育习性。

二、场所、材料与用具

(1)场所：当地荔枝园、龙眼园。
(2)材料及用具：开始抽出花序轴的荔枝或龙眼成年树、直尺、纸牌及绘图用品。

三、方法及步骤

在开始抽出花序轴(2~4cm)的荔枝或龙眼树上，选树冠中部外围健壮结果母枝抽出的花序4~6个，挂牌标号进行花序发育全过程、开花及果实发育初期的特性观察。

(1)在花序发育阶段，每隔14d观察一次。记录花序的长度、外表的形态及色泽，以及分枝情况和抽生侧生花序轴的时间。分辨纯花序和带叶花序并认识它们的结构。
(2)对带叶花序进行摘除小叶及保留小叶两种处理。观察这两种处理对花序进一步发育及坐果率的影响。
(3)在开花阶段，每隔2d观察一次。观察时注意各花序当时开花的位置及正在开放的花的花形。记录雌、雄花开放的先后顺序及雌、雄花开放期的相遇程度。分辨其开花习性属单性异熟型、单次同熟型还是多次同熟型。
(4)雌花开放后，每隔3d观察一次子房的发育情况，直到子房两个室中一室膨大，另一室停止发育时为止，这时小果发育进入"并粒"阶段，实验到此结束。

四、要求

(1)简述所观察的荔枝或龙眼花序发育过程及开花习性。
(2)绘制荔枝雄花和雌花或龙眼雄花和两性花的花形图。
(3)绘制果实"并粒"时的果实形态图。

实训 5-3　荔枝的整形修剪

一、实训目的

初步掌握幼树整形和结果树修剪的基本原则及方法。

二、场所、材料与用具

(1)场所：当地荔枝园。
(2)材料及用具：荔枝幼年树和结果树、枝剪、手锯、柴刀、人字梯、木桩、绳子等。

三、方法及步骤

1. 幼树整形修剪

荔枝幼树整形修剪可促使早结、丰产、稳产树冠较早形成。荔枝采用开张的圆头形树冠。

荔枝定植后在嫁接口30～40cm处短剪，待新梢生长后，选留3～4个分布均匀、生长健壮的新梢培养成主枝，其余抹除；当新梢长至20～25cm长时摘心，或在新梢转绿后留25～30cm长进行短剪。主枝萌发新梢长至10cm左右时选留2～3个分布合理、健壮的新梢，其余全部抹除，留下的新梢长至30～40cm时摘心，促其分枝。

2. 结果树修剪

荔枝结果树的修剪一般在秋季和冬季进行。秋季修剪在采果后1个月内完成。冬季修剪在冬末春初花序吐出时或春梢萌发前进行，常作秋季修剪的补充。

荔枝修剪的主要方法是疏剪和短剪。疏剪徒长枝、过密枝、交叉枝、枯枝、落花落果枝、病虫枝和弱小枝。短剪采果后的结果母枝和徒长枝。

四、要求

总结不同品种、树龄、树势的荔枝的修剪要点。

思考题

1. 当地有哪些荔枝品种？简述它们的生物学特性。
2. 简述荔枝的花型和雌性花比例。
3. 如何利用施肥、修剪技术培养好荔枝秋梢？
4. 荔枝保花保果技术有哪些？

项目 6 番木瓜生产

学习目标

【知识目标】
1. 了解番木瓜主要种类与栽培品种。
2. 掌握番木瓜的生长结果习性及生态特性。

【技能目标】
1. 能够识别番木瓜的主要品种。
2. 能够进行番木瓜丰产栽培。

一、生产概况

番木瓜别名木瓜、乳瓜、万寿果等,为多年生大型草本果树、速生性热带果树。原产热带美洲,广泛分布于热带及亚热带地区,以印度、泰国、印度尼西亚、巴西、越南、缅甸、墨西哥、马来西亚、菲律宾、哥伦比亚、刚果(金)、乌干达、美国、古巴等国家栽培为多。17世纪传入中国,至今已有300多年历史,主要栽培于广东、广西、福建、江西、海南及云南等地,尤其台湾栽培较多。

番木瓜生长迅速,结果快,产量高,效益好,栽培简易。一般播种后6个月就能开花结果,每株产量可达150kg,亩产可达5000kg以上,具有较高的经济价值(图6-1)。

图6-1 番木瓜果实

二、生物学和生态学特性

(一)生长结果特性

1. 根

番木瓜的根为肉质根,主根粗大,侧根强壮,须根多。大量的根系分布在表土下10~30cm处。若地下水位高,根系分

布浅；若地下水位低，根系深入土层可达70～100cm。故在低地起墩培土的栽植法有利于根系生长。丘陵山地可开大穴，以诱根深生。在广州地区，3月才见新根生长，此期月平均气温达17.9℃，故番木瓜根系生长的起始气温在18℃左右。随着气温的升高，根系生长加快，而以5～6月发根旺盛，12月以后新根生长减少。

2. 茎、芽

番木瓜幼苗期茎干为实心，随着迅速生长，茎干逐渐出现空心。成年番木瓜茎干表层半木质化，中层肉质性，中央空心，故易折断。番木瓜顶芽生长正常时侧芽受抑制，即使有侧芽萌发也不易生长为侧枝，故番木瓜茎干直立，一般不分枝，主干生长点受到伤害后，可促生侧枝。

番木瓜茎干上着生叶片，在叶柄着生的茎干上留有叶柄痕。成年树在夏、秋两季生长迅速，所形成的茎在叶柄部形成隔，两隔之间中空形成节；冬季生长缓慢，茎伸长极少，节密，隔已连在一起，所以茎中空现象不明显。番木瓜茎干高矮、粗细，因品种、环境条件、树势、树龄、株性、栽培管理不同而异。营养条件良好时，植株矮壮，茎干粗，叶片大且厚，叶色浓绿，有利于早结果、抗风和田间管理；挂果较多时，要保证肥水充足且均衡供应，以保证植株生长正常，结果良好。定植时斜植有利于抑制植株长高，增粗树干，提早结果。在同一条件下，雌株生长慢，雄株长得快，两性株介于两者之间。

茎干每个叶腋处都有一个潜伏芽，一般不萌发，但老树风折或人为砍断后，上端的数个潜伏芽即可萌发生长成为侧枝。若仅保留最上的1个，则成为主干的延长枝；若留2～4个，则斜向生长成为侧枝。幼苗定植时若苗干较长，可切去部分后再定植，使成长的苗株矮壮；被风所折或树龄较大、植株较高，所结的果较小，也不便管理，也可在离地面100cm或更低处切断茎干，促进潜伏芽萌发，并选留数个培养成为侧枝继续结果。

3. 叶

番木瓜的叶片为5～7出掌状深裂，叶片自树干顶部抽出，互生，叶柄中空，长可达100cm，颜色因品种而异。

由种子萌芽抽出的第一对子叶呈椭圆形，第二、第三片真叶呈三角形，第四、第五片开始呈三出掌状深裂，第九、第十片真叶呈五出掌状深裂。随着幼苗的生长，叶片的缺刻逐渐加深。从叶片抽出至成熟，夏季需要经过20d左右，冬季需30d以上。在广州附近，全年均可抽新叶，全年抽叶60片左右。若肥水条件好，一年可抽生90片以上。随着新叶不断抽发、生长，先发生的叶片不断衰老、枯黄脱落。叶子寿命一般4个月左右，老叶脱落后，留下明显的叶痕。根据叶痕的大小和疏密，可以判断树势和树龄及种植季节。在阳光充足的条件下，树冠呈圆头形，叶面积指数大，叶片也不会过早脱落；若过于荫蔽，则树冠呈伞形，叶面积指数小。光合作用最适气温为25℃。丰产树结实累累，一片叶要供两个以上的果实发育所需的养分，因此栽培要尽可能保证叶片正常发育，防止过早黄落。

4. 花、花性和株性

（1）花

植株长出一定的叶片数，有了一定的营养物质积累后，便开始陆续花芽分化、开花结果。番木瓜一旦进入生殖生长，便能在营养生长的同时不断地分化花芽，而不受季节变化、气温和土壤干湿的影响。花着生在每一叶腋的树干处（图6-2）。出现第一朵花的部位因品种而不同，现蕾时24～59片叶不等。两性株在高温干旱情况下易出现趋雄倾向，即出现雄花而间断结果。

（2）花性

番木瓜的花性种类较多，并且可随着气候的改变而不断变化。主要有3种类型：雌花，花型大，花瓣5枚，基部连生，子房上位肥大，

图6-2 番木瓜雌花

雄蕊完全退化，结的果实多数近圆形，果腔大，种子较多；雄花，花型小，花瓣上部5裂，下部呈管状，雄蕊10枚，子房退化成针状，缺柱头，不能结果；两性花，依花朵大小和雌蕊、雄蕊的发育情况又分为长圆形两性花、雌型两性花和雄型两性花。

（3）株性

一般可分为雌株、雄株和两性株3种。

①雌株 只开雌花的植株。这种植株花性稳定，受外界环境条件的影响少，结果能力强，但所结的果实果肉比较薄，单果轻。温度低时子房发育不良。雌株花朵受粉和受精后才能发育良好，未受粉和受精，则发育的果实细小，果肉薄，无商品价值。

②雄株 基本开雄花，着生在叶腋抽出的很长的花梗上，数量很多，为总状花序。不能结果或很少结果，俗称"公树"。

③两性株 是主要开两性花的植株，花性往往受外界条件的影响而变化。在广州地区，总的趋势是：随着气温逐渐升高，由雌型两性花转而出现长圆形两性花，再出现雄型两性花和短梗雄花。相反，气温从高逐渐降低时，由雄型两性花和短梗雄花转为出现长圆形两性花，再出现雌型两性花。由于广州7～8月气温高且偏于干旱，两性株都出现趋雄现象，即由雌型的两性花逐步向短柄雄花过渡，呈现间断结果现象。

5. 果实

受粉、受精后果实开始发育。开花后60～70d是果实重量增长高峰。果实为浆果，含水量90%～92%。未成熟的果实富含白色乳汁。乳汁中含有大量的酶类，主要是木瓜蛋白酶。割取木瓜蛋白酶是番木瓜生产的另一个目的。

影响果实发育的主要因素是温度、受粉和受精情况以及肥水等。气温增高有利于果实发育，低温则延迟成熟并影响品质。在每年1～2月低温条件下成熟的果实，由于形成多量的糖苷，具有明显的苦味，影响食用价值。

6. 种子

种子多少与雌蕊发育、受粉和受精情况及外界环境有关。充分受粉后发育的果实，一个果可有1000多粒种子，有的果实只在基部有少数种子或全果无种子。种子多且发育良好，果实发育也良好且坐果率高。11～12月，在成熟果中，往往具有已发芽的种子，若取出，遇干燥即丧失发芽力。

(二)对环境条件的要求

1. 温度

番木瓜是热带果树,喜炎热的天气,忌低温霜冻。适宜在年平均气温22～25℃、最低月平均气温16℃以上地区栽培。生长最适宜的气温为25～32℃;15℃是番木瓜生长的生物学零度;10℃时生长停滞;当气温下降到5℃以下时,地上部即会遭受不同程度的冻害;0℃时健壮叶片受冻枯死。但气温过高对番木瓜生长发育也不利,当气温高于35℃时,番木瓜花的发育受影响,出现趋雄现象,会引起落花、落果,影响产量。

2. 水分

番木瓜花果期长,雨水充足有利于其生长和果实发育。但若地下水位高或积水,易引起烂根,对生长和结果不利。

3. 光照

番木瓜是喜光植物,需要充足的光照。在光照强的条件下,植株矮壮,根茎粗,节间短,叶片宽大厚实;在光照不足的条件下,植株茎较细,节间和叶柄较长,叶片薄,花芽发育不良,坐果少,果实小,产量低。

4. 土壤

番木瓜要求土质疏松、排水良好的土壤环境,以pH 6～6.5的微酸性土壤为宜。一般番木瓜不宜连作。

三、种类和品种

(一)主要种类

番木瓜属于番木瓜科番木瓜属植物,本属有40个种,主要分布在美洲热带地区。除番木瓜外,其他番木瓜属植物果型细小,品质差,但其抗逆性和抗病力强,作为育种材料具有较大利用价值。主要有下列几种:

(1)番木瓜

原产热带美洲,现世界各地广泛作为经济栽培树种,大多数栽培品种都属此种,是番木瓜属植物中经济价值最高的一种。

(2)山番木瓜

原产哥伦比亚和厄瓜多尔海拔2400～2700m的高山地区,抗病性及抗寒性强,在-2～2.5℃也不受害。但其果小、味酸,不适于鲜食,主要用于腌制或糖渍。

(3)槲叶番木瓜

原产玻利维亚、厄瓜多尔、乌拉圭与阿根廷等地,-4.4℃以下的气温也不致冻死。果型较山番木瓜细小,味涩,可加工食用。

(4)秘鲁番木瓜

原产秘鲁,雌雄异株,树型小,早熟,播种后3～4个月开始连续结果数月,果、叶及幼株均可煮食。

此外,还有五棱番木瓜、兰花番木瓜、戟叶番木瓜3种都是南美洲安第斯山区原产,果细小,肉薄,少香味,可作蔬菜用。有天然单性结果现象,耐寒力较强。兰花番木瓜还含有抑制病毒的物质,可作为番木瓜的育种材料。

(二)主要栽培品种

(1)'蓝茎'

印度及东南亚栽培较多。其特点是茎粗大,有紫色斑,带绿点,矮生,株高50~60cm即开始结果。叶柄呈紫色,叶柄节间较密,叶片较肥厚,叶色浓绿。坐果率高,对土壤适应能力强。果长圆形,平均单果重1~2kg。果肉厚,橙黄色,味甜,品质一般,产量中等。引入中国多年,由于自然杂交,后代变异较大,而且产量不及当地栽培品种。种子数少,10~100粒。较耐花叶病。

(2)'夏威夷'

由美国引进,属质优、水果型品种。其株矮、早生,一般亩产2500kg左右。果小,平均单果重0.5~0.6kg。挂果密,果鹅蛋形。果肉红色,可溶性固形物含量13%~14%。耐贮藏,适应长途运输。其果实售价是目前所有品种中最高类型。

(3)'泰国红肉'

20世纪70年代中期从泰国引入我国。经多年选育,逐渐成为地方品种。茎灰绿色,较细而韧,叶片大,缺刻少而深。两性株的果实长椭圆形,雌株的果实心脏形,果中等大。果肉厚、红色、肉质细滑,味清甜。可溶性固形物含量可达12%,品质好,产量中等。抗风力较差,易受台风吹倒。

(4)'惠中红48'

广州地区的主栽优良品种之一。由广州市果树科学研究所在'惠中红'中经过多元杂交选育出,具茎矮、早结果、丰产、优质结果部位低、花性稳定等特性。第25~28片叶开始现蕾,花期早,坐果早。冬苗春植,190~200d可采果。果形美观,两性株果实长圆形,雌株果实椭圆形,平均单果重1.1~1.5kg,可溶性固形物含量11.5%~12.5%。高产稳产,每亩产量可达3500~4000kg。高温干旱条件下,两性花趋雄程度较轻,间断结果不明显。缺点是耐寒性稍差。

(5)'美中红'

1996年广州市果树研究所引进国外小果型品种与本地中果型品种杂交选育出的适宜广东地区栽培的鲜食小果型品种,株高153~156cm,茎周29~32cm。冬播春植,始蕾期在5月上旬,始收期在9月底至10月初。中熟种,群体的株性比较合理,花性较稳定,两性株在高温期趋雄程度较轻。两性花果实纺锤形或倒卵形。雌性株连续挂果,雌性果圆形。单株年平均产果22~25个,平均单果重0.5~0.7kg,产量稳定,亩产量可达2200~3000g。果肉红色,清甜,肉质嫩滑,品质极佳,可溶性固形物含量13%以上。果型中小,是符合国际市场上消费者喜欢的优质小果型品种,适宜鲜食。该品种适应性强。

(6)'马来种3号'

从马来西亚引入、适合于鲜食的小果型品种。该品种具有早中熟、丰产、优质、抗病和花性较稳定等特点。高肥水栽培,一般株高210cm,茎周38cm,茎粗壮,青绿色。叶片中上,色绿。在平原地区冬播春植,31叶开始现蕾。结果性好,多花多实,单叶腋结

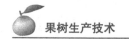

果多达6个,单株结果56个左右。两性株果实长圆形,雌株果实卵圆形(果肉较薄),肉色鲜红,平均单果重0.3kg,较抗花叶病。

(7)'优8'

1992年广州市果树研究所通过杂交育种选出的高产、高酶新品种。株型较矮,生长势中等,平均株高120～145cm,茎适中,茎周27～28cm,灰绿色;叶略小,缺刻多,叶柄短,营养期短;早抽蕾,结果早,初次坐果高度约40cm,冬播春植180～190d始收。两性株果实长椭圆形,平均单果重1.0～1.4kg。果肉呈橙黄色,肉质嫩滑,清香味甜,可溶性固形物含量11%～12%。每亩产量高达3800～4500kg,果实乳汁多,所含酶的活性高,是鲜食与采酶兼用的品种。

(8)'园优一代'

广州市河南园艺场于20世纪70年代选育出来的优良杂交组合。特点是茎矮、果大、高产。两性株坐果稳定,抗逆性强。两性株果实长圆形,个大,平均单果重1.5～1.8kg。雌株果实纺锤形,平均单果重1.0～1.2kg。青果乳汁量大。20世纪70年代中期至80年代末,番木瓜花叶病严重发生时期,该品种以早产早收、抗病性强的特点在广东、广西、海南等地大面积栽培。但果实味较淡,果型偏大,色、味变异较大,外销市场竞争力较差。是主要的酶用品种之一。

(9)'香蜜红肉'

华南农业大学种子种苗中心育成的水果型新品种。中、早熟种,春植至初收约200d,长势旺盛,抗病性强。株高约1.6m,25～28叶为始花期。连续结果性强,单株结果约30个。约有55%的植株结长形果,45%的植株结圆形果。平均单果重600～750g,果实外形美观,颜色深红,肉厚细,肉质嫩滑清甜,可溶性糖含量达13%～15%,具有独特芳香味,品质特优。耐花叶病。亩产约2500kg。

(10)'漳红'

漳州市农业科学研究所采用'马来种10号'为母本与'台农2号'(太空搭载返回的种子)作父本进行有性杂交,经过8年定向选择培育出的新品种。已通过福建省非主要农作物品种认定委员会的认定,适宜在闽南地区推广种植。该品种一年生株高175～185cm,茎周9.0～10.5cm,干直立,少分枝。根肉质,有主根、侧根多条。叶互生,为5～7出掌状缺刻;叶柄紫红色,中空,长80～100cm。花有雄花、雌花和两性花3种类型,聚伞花序或单生;花瓣内侧白色,外侧基部有紫红色条纹;雌花花型大,花瓣分裂相互分离,子房肥大;雄花花型小,下部呈管状,雄蕊19枚;两性花根据大小、形状及发育情况,分为长圆形两性花、单性两性花。雌性株果实短圆形,底部钝圆光滑;两性株果实长圆形,果柄紫红色,果蒂基部有近圆形五边状褐斑;平均单果重0.8～1.5kg,果肉橙红色,肉厚3.3cm,可溶性固形物含量为12%左右,口感清甜。该品种为中果型红肉品种,每亩产量约为3500kg。

(11)'穗黄'

广州市番禺区种子公司2002年选育出来的中果型黄肉优质高产新品种。该品种组培苗抗番木瓜环斑花叶病,全为长圆形两性株,植株粗壮,早蕾早花,花性稳定,坐果率高，连续结果能力强。果实长圆形，平均单果重 0.8~1.3kg，果肉厚 2.6cm，深橙黄色，肉质嫩滑，味甜清香，可溶性固形物含量 12%~14%，品质佳。春种当年单株产果 30~35kg，1 年生植株高 195~245cm，茎周 40~43cm，叶龄 95~100d。可作多年生栽培，第二年单株产果可达 75kg 以上，产量较高，是果蔬兼用型品种。

(12)'新世纪'

番木瓜杂交一代品种，由华南农业大学种子种苗中心育成。早熟种，春植至初收约 190d。植株生长旺盛，株高约 1.6m，展第 20 片叶时为始花期，连续结果性好，单株产果达 40 个。平均单果重 1.5~2.0kg，果肉黄红色，肉厚，味蜜甜，品质优。抗病性强，高产稳产，一般亩产 3500~4000kg。

(13)'台农杂交1号'

台湾凤山热带园艺试验分所育成。生长强健，结果力强，栽培容易，产量丰高，且耐贮运。雌株果实椭圆形，两性株果实长形。平均单果重 1.1kg。果肉红色，肉厚，可溶性固形物含量 11%~12%，品质优良，具有特殊香味。果皮光滑美观，具有特殊香味，适于鲜食和加工用。

(14)'红妃'

台湾引进的优良品种，生长特别强健。早熟，结第一果时，株高仅 50cm 左右。结果力强，福州地区种植每年单株可结 30 个以上，每亩产量达 2500~3500kg。果型大，平均单果重通常为 1.5~2.0kg，最大果重达 2.5kg。雌株果实椭圆形，两性株果实长形。果形美观，果皮光滑。果肉厚，肉色红美，可溶性固形物含量为 13%~15%。汁多，味甜，气味芳香，品质极优。耐运输性良好，且耐病毒病。

(15)'苏罗'

原产于加勒比海，引至美国夏威夷成为当地著名的品种，我国广东已引种多年。植株矮壮，果实小型，平均单果重 500~800g，两性株果实梨形或长椭圆形。果肉深橙色，肉厚，肉质细滑。含糖量高，可溶性固形物含量可达 13%~16%，果腔小，为色、香、味俱佳的鲜食品种。较耐储运，但单产量不高，易感炭疽病，抗逆性较弱。

四、育苗与建园

(一)育苗

1. 苗圃地选择

番木瓜苗期怕低温霜冻且更忌积水。为预防番木瓜环斑花叶病，应在远离旧番木瓜园 500~1000m 的地方育苗。宜选择地势稍高(冷空气不易下沉积聚)、背北向南、阳光充足和排水良好的地方作育苗园地。

2. 容器及营养土准备

为培育矮壮苗并能早种植、不伤根、成活率高和生长快，各地均用容器盛营养土育苗。常用的容器为黑色或白色塑料袋，直径 12cm，高 16~18cm，底部开 2~4 个直径约 1cm 的小孔以利于排水。营养土由较肥沃的砂壤土、充分腐熟的基肥和磷肥搅拌而成，基肥约占 5%，过磷酸钙约占 1%。将营养土装满袋后，紧靠排列不超过 1m 宽，长度依场地

而定，但以不超过20m为宜，以便于管理。四周围填泥土保湿。

3. 取种与种子处理

番木瓜一般用种子繁殖。留种用的果实要黄熟过半时才采收，后熟转黄后剖取种子，把种子外表的胶膜除去、洗净，漂去不实粒即可阴干备用。种子可随采随播。播种前，种子要用70%甲基托布津500倍液消毒，洗净后再用1%小苏打（$NaHCO_3$）液浸种4～5h，洗净后用清水浸种20～24h。用洁净的湿毛巾或棉纱布包好，放于35～37℃的恒温箱中催芽，或用自制灯箱、电灯泡提高箱内温度催芽。每天翻拌及湿水一次，当种皮裂开见白时取出播种。

4. 幼苗管理

播种后10～20d出苗。出苗后要注意间去弱苗和经常保持土壤湿润，但忌过湿。当幼苗长出2～3片真叶以后，要适当控制水分，以促根深生，防止徒长。至出叶4片时，可开始施10%腐熟稀薄尿水，每隔15d施一次。苗期在长出5片叶之前较易遭受冻害和染病，要加强管理。至长出5片叶以后要进行炼苗，控制肥水供应，以促根系发达和防止茎叶徒长。翌年春暖后即可移苗定植。

(二)建园

1. 园地选择

园地最好与旧番木瓜园有一定的隔离，旧园不宜连种。植地以选择背西北向东南、土壤疏松肥沃、地势高燥、排灌便利的土地为好。

2. 定植

番木瓜可春植或秋植，近年来多实行春植。如粤中地区秋、冬育大苗，翌年3月上旬至4月上旬定植，植后逐渐天暖雨足，植株生长快。定植的株行距可根据不同品种的冠幅和各地的自然条件来决定：冠幅大的品种株行距大一些，冠幅小的种密一些；在荫蔽的平地略宽一些，山地、山坡地种密一些。一般可采用宽行密植，株行距1.5m×2.5m。定植用的苗必须茎秆粗壮，叶片厚而阔，缺刻少，叶柄略下垂，生长壮旺。定植前要挖长、宽、深为70cm×70cm×70cm的植穴，每植穴施优质腐熟的有机肥5～10kg。植后注意浇水，遇刮寒风要稍加遮盖防寒。定植后3～5d，如果发现幼苗的老叶柄(起苗时去掉叶片留下的叶柄)触碰时容易脱落，这表明幼苗已经成活，可逐渐减少浇水。如果老叶柄不易脱落，顶芽凋萎下垂，就要尽快把下垂的顶芽剪掉，并经常浇水，以促进成活。

五、果园管理

1. 施肥

番木瓜在营养生长期氮、磷、钾的适宜比例是5∶6∶5，生殖生长期的适宜比例是4∶8∶8。

(1)初期促生长追肥

3～4月，是促进番木瓜速生和提早开花的关键时期。此时期苗嫩根浅，施肥由薄渐浓，由少至多，以氮为主，每10d施一次，共施5次。在定植后10～15d，叶片正常伸展后,每株施尿素10g,撒施或兑水淋施;再过约10d追施第二次,每株施尿素10g;此后每约10d追施第三、第四和第五次肥,每株分别施尿素20g、30g和30g。在此时期结合喷杀菌剂每7~10d喷0.2%~0.3%的尿素或磷酸二氢钾,两者交替喷施更好。

(2)促花追肥

番木瓜定植后生出一定叶片数便出现花蕾。现蕾前后要增加施肥量,特别是磷肥量和钾肥量。在5月上旬每株追施复合肥(N∶P∶K=15∶15∶15)100g,5月下旬再追施同量复合肥,以维持植株生势强壮,花芽分化良好。为预防番木瓜缺铜症发生,每株配施硼砂5g,同时结合喷药或单独叶面喷施0.2%的硼酸或0.3%的硼砂液,每周一次,共4~5次。

(3)盛果期追肥

6~10月是番木瓜继续生长、大量开花坐果的时期,需多量肥料以满足下部果实发育和上部继续开花坐果的需要。6月上旬及下旬各施一次复合肥,每次每株100g;7~10月每月施一次复合肥,每次每株150g,8月加施腐熟的花生麸肥,每株500g,以便提高果实品质。

2. 水分管理

番木瓜生长迅速,周年需要较多的水分,用塑料膜或干草、土杂肥覆盖地面,有良好保水效果。但土壤不能过湿或积水,否则会造成烂根引起植株死亡。雨季要注意排水。采用深沟高畦的方式种植时,低地要保持一定的水位。若水位较高,要培土,防止根系裸露。番木瓜根系比较浅,故可在树干周围进行覆盖,也可在树冠下开30cm深的环沟进行压绿,诱导根系深生防旱。

3. 砍伐雄性株

番木瓜雄性株不能结果,直接影响产量,若作为留种树,还会因其所繁殖的雄性株越来越多而失去栽培意义。故待植株能辨别株性时,对雄性株要及时砍伐,并补植大小相等的雌性株或两性株。即使砍伐后未能补植,也可让出空间给周围的植株,通过增加单株结果量和增大果实来补偿。

4. 疏花、疏果、除枯叶

番木瓜营养生长到一定叶片数后,每一个叶腋处均能成花。有的是单朵,有的是数朵成花序,但一般每一叶腋仅留1个(最多两个)果。雌性株一般坐果率高,仅留1个果;长果形两性株若间断结果的现象明显,可部分留两个果;优质小果型番木瓜果小,为保证产量,在不降低商品果质量的前提下可多留果。对多余的花、果要及早疏去,以免浪费养分。广州地区,计划只收当年果实的果园,一般留果至9月即可,单株留果20~25个,以后的花果全部疏去。疏花在开花后进行;疏果则在幼果期进行,越早越好。疏去畸形果、病虫果、过密的弱势果,使留存的果实分布均匀、发育空间良好。

5. 防寒

番木瓜不耐低温,冬季常受霜冻危害,故每年12月前应做好防寒准备工作。可将成束稻草一端捆扎,当遇上霜冻天气时,即将此稻草束下面张开,成伞状覆盖于植株生长点和幼叶、幼果之上予以保护。根颈部则培土、树盘盖草。霜冻后在日出之前全株喷水洗霜。对挂果较多的植株,应疏除一些果实,以利于植株抗寒越冬。

六、有害生物防治

(一)番木瓜主要病害

1. 番木瓜环斑花叶病

番木瓜环斑花叶病一般称花叶病,病源属于番木瓜环斑病毒。在番木瓜的主要种植区都有发生,是一种危害最普遍和最严重的病害。

(1)发病症状

植株感病后最初只在顶部叶片背面产生水渍状圈斑,顶部嫩茎及叶柄上也产生水渍状斑点,随后全叶出现花叶症状,嫩茎及叶柄的水渍状斑点扩大并连合成水渍状条纹。病叶极少变形,但新长出的叶片有时畸形。感病果实上产生水渍状圈斑或同心轮纹圈斑,2~3个圈斑可互相连合成不规则形大病斑。在天气转冷时,花叶症状不显著,病株叶片大多脱落,只剩下顶部黄色幼叶,幼叶变脆、透明、畸形、皱缩。

(2)发生规律

一年内有2个发病高峰期,分别是4~5月及10~11月。自然传播媒介为桃蚜和棉蚜,传播率高,传播速度快。田间病株叶片与健株叶片接触摩擦,也可传染,主要是通过人为触摸到病株叶片后再与健康植株接触而染病。从苗期开始到移栽后开花坐果,整个生长发育阶段均可感染。

(3)防治方法

番木瓜环斑花叶病还没有根治方法,目前主要是采取以选育抗病毒新品种和栽培措施为主的综合防治措施。a.选种耐病品种。b.改进栽培管理措施,增强植株抗、耐病能力。改秋植为春植,适当密植,施足基肥,促进植株长势壮旺,做到当年种植当年收果,争取在发病高峰前已获得一定产量。c.及时砍除病株:植株在营养生长期一般抗性较强,当转入开花结果阶段,抗病性减弱,此时田间会陆续出现病株,应注意检查,发现初发病株应及时砍除,并集体烧毁,防止病害扩展蔓延。d.防治蚜虫:若在小面积范围内防治蚜虫,较难收到治蚜防病的效果,需要全园及周边统一防治蚜虫。e.利用弱毒系防治病毒病害。一般番木瓜感染环斑花叶病毒后,1~2年就使植株失去产果能力。某些植株仅表现极轻微的症状,从这些植株中分离到弱毒系,利用这些弱毒系先接种于木瓜的幼苗,此后植株表现较轻微的病害症状,这可以增加木瓜的产果能力,延缓病情的发展,延长结果时间。

2. 炭疽病

本病是仅次于番木瓜环斑花叶病的另一种重要病害,病原菌为炭疽病菌。在我国广东、广西、福建、海南和台湾等产地普遍发生。全年都可发病,以秋季最为严重,幼果及成熟果发病较多,在果实贮藏期本病可继续危害。

(1)发病症状

病原菌可危害老叶叶柄、果柄及果实,以成熟果实上的病征最明显。

果实病征 果实成熟后,病征初现时呈细小水浸状斑点,继而扩大凹陷,其上产生粉红色黏状孢子堆;病菌菌丝可侵入果实组织,造成组织变色、变软,并散发异味;多数病斑融合后加速果实腐烂。

叶部病征　病菌也可危害即将干枯的老叶叶柄，在叶柄上形成圆形病斑，其上密生暗色小黑点，为其孢子盘，使叶片提早干枯掉落，叶柄上着生的孢子也是重要的感染源。

(2)发生规律

病菌以菌丝体和分生孢子盘在田间病株的僵果、叶、叶柄和地面病残体中越冬，成为翌年的侵染源，分生孢子在田间借风雨及昆虫传播，由气孔、伤口或直接由表皮侵入。高温多湿有利于病害发生流行。果实储运期间，病菌可继续借助病、健果接触侵染而发病。本病具有潜伏侵染的现象，病菌在幼果期侵入，直到果实近成熟时显露症状发病。

(3)防治方法

a.冬季清园，彻底清除病残体，集中烧毁或深埋，并在树上喷洒1%波尔多液一次。b.采前、开花后，喷洒1%波尔多液，发病季节每隔10～15d喷一次，连喷3～4次，或喷洒70%甲基托布津可湿性粉剂800～1000液3次，并及时清除病果。c.适时采果，避免过熟采果；采收时避免弄伤果实，特别是果梗端。d.在采果前14d喷70%甲基托布津可湿性粉剂1000倍液，可起到防腐保鲜的作用。采后以特克多1000mg/kg浸果，果面晾干后用薄膜单包装，能贮存一段时间。

3. 疮痂病

疮痂病是番木瓜第三大病害。病原菌为枝孢霉，属半知菌亚门真菌。

(1)发病症状

主要危害叶片。番木瓜叶面出现不规则形淡黄色疮痂状病斑，严重时整叶变黄。与此相对应的叶背部，沿叶脉两侧现木栓化疮痂状突起，手摸质感粗糙。后期病斑转呈灰褐色，易破裂成穿孔，病叶易早衰脱落。

(2)发生规律

以菌丝体和分生孢子在病叶和残体上越冬，翌年3～4月产生分生孢子，借气流和风雨传播至番木瓜上，孢子萌发后多从叶背入侵致病。一年中有多次再侵染。

(3)防治方法

a.清洁果园，及时收集病残叶并烧毁或深埋。b.喷洒农药保护新叶：应以初夏至初秋为重点防治时期，视天气和病情连续喷洒4～5次，隔15～25d喷一次。发病初期喷洒75%百菌清可湿性粉剂600倍液或50%甲基托布津可湿性粉剂600倍液。也可结合防治炭疽病喷洒药剂，如喷洒25%施保克乳油800倍液，或20%施宝灵悬浮剂1000～1500倍液。

4. 黑腐病

病原菌属茎点霉属半知亚门真菌。

(1)发病症状

叶片病征　在叶片上先呈水浸状小点，逐渐扩大，变成褐色或黑色斑，高湿时有泌胶现象，最后病斑坏疽枯死。

茎部病征　植株心部感染初期呈现水浸状，然后逐渐变黑，患处叶柄下垂，在叶片脱落前株心即已转黑枯死，此时内部横切面可明显看到褐变现象，褐变速度较外表病征之发展为快，因此患部下数厘米的组织其横切面已有褐变现象。病变由株心处向下扩展，上端

患处亦逐渐干死,但在较老熟的基部未见发病。病株有时会自患处下方抽出新芽,但此新芽不久也常会自心部发病,随即整株枯死。

果实病征 在田间也常可找到病果,果实上出现水浸状小点,逐渐由小转大,并转成黑色病斑,且向果肉组织扩展,使果肉变成褐色,进而腐烂。株心及果实患部至后期常会散发恶臭。

(2)发生规律

病菌以菌丝体和分生孢子在病部越冬或越夏,翌春产生分生孢子借风雨传播进行初侵染和再侵染。分生孢子萌发需高湿,相对湿度40%~80%时,萌发率1%~5%;相对湿度98%时,萌发率为87%,降水量和空气湿度是该病扩展和流行的关键因素。

(3)防治方法

a.在多湿季节喷施杀菌剂。b.收获后用热水浸泡。上述防治方法仅起延缓作用,本病目前尚无有效的防治药剂,发病果园较轻微者应砍除病株,严重者应予废耕。本病于贫瘠土壤处较易发生,种植时选良好地块,则本病不致猖獗成灾。

5. 番木瓜疫病

番木瓜疫病俗称水伤、败根。疫病种类有:果实疫病、幼苗疫病、根腐病。

(1)发病症状

①果实疫病 从幼果至成熟期果实均会得病,以近熟尚未转黄的果实发病较常见。整个果实均可被感染,但以两果实接触面染病概率最大。患病果实表皮初现绿色水浸状小斑点,病斑迅速扩展呈圆形大病斑,数天后直径可达10cm以上,患病掉落地面,一般一个果实仅有一个病斑,有时会有2~3个病斑。病斑表面长出白色霉状菌丝,病斑上拌有渗出物。患病果实不软化,但用手触摸病斑中心时,患病表皮易剥离。

②幼苗疫病(猝倒病) 种子萌芽至1月龄幼苗最易染病,患病幼苗倒伏、夭折,地上部出现水浸状,继而迅速蔓延,全株死亡,严重时全园幼苗枯萎、死亡。

③根腐病 细根、支根及主根均可被害而腐败,受害植株倾斜、倒伏甚至死亡。

(2)发生规律

病原菌是两种疫霉菌,分别为棕榈疫霉菌和辣椒疫霉菌,但主要为棕榈疫霉菌。病菌以卵孢子在土壤里和病残体上越冬,翌年条件适宜时,越冬孢子萌发芽管侵入寄主,在病株上产生孢子囊和游动孢子,借风、雨水、灌溉水等途径传播,进行再侵染,致使该病快速流行。高温、高湿、土壤积水,或干旱时大水漫灌,以及多年连茬地块普遍发病,危害严重。

(3)防治方法

a.育苗盆、土壤、介质需消毒,苗圃宜有防雨设施,幼苗置于台架上。b.选择排水良好的土壤种植,避免造成根部伤害,并避免木瓜园连作。清除木瓜园内的病株、患病果实与过熟果并烧毁或掘深穴予以掩埋。c.海南栽培的番木瓜品种均会得病,在经常发病地区,应避免栽植感病品种。d.药剂防治:本病目前尚无正式推荐的防治药剂,发病初期可参考采用80%锌锰乃浦可湿性粉剂400倍液(加黏着剂)或4-4式波尔多液防治果实疫病,每7d喷一次,连续喷2~3次。

6. 白粉病

(1) 发病症状

危害叶片、叶柄、茎部、花及果实。患病叶片表面初现黄色斑点，叶背或叶片上有白色粉状物，最初点状散生，后可布满全叶，导致叶缘上卷甚至焦枯。患病新叶竖立，叶柄及叶片均脆弱易折断。患病株生长发育缓慢，植株矮小。幼苗被害时，往往导致严重落叶，甚至植株萎凋；成株受害时，常导致开花不结果或果实品质降低。果实发病时，初呈褪色斑块，后病部着生白色粉状物。粉状物消失后，果皮上残留黑色斑痕，发病严重时果实发育受阻。

(2) 发生规律

病菌是一类比较耐干旱的真菌。空气相对湿度降低至25％的情况下，其分生孢子仍可萌发并侵入危害。分生孢子萌发要求较高的温度，20～25℃为最适宜。空气相对湿度大、温度高时最有利于白粉病的发生和流行。过于高温干旱或过多降雨都会减缓白粉病流行的速度。3～4月为白粉病盛发期。露地夏、秋季番木瓜白粉病发病较轻。施肥不足、土壤缺水、光照不足均易造成植株生长势衰弱，抗病原菌侵染的能力降低。浇水过多、通风不良有利于番木瓜白粉病的发生，因此窝地、低洼或排水不良的地块白粉病发生较重。

(3) 防治方法

a.保持果园良好的通风条件。b.于发病初期喷洒药剂防治，每隔10d一次，连续2～3次。防治药剂有：50％百螨克可湿性粉剂2000倍液（番木瓜幼苗期避免使用）、18.6％赛福宁乳剂1000倍液（木瓜幼苗期避免使用，以免产生药害）、75％快得保净混合可湿性粉剂600倍液（发病初期开始，每隔10d喷药一次，连续2～3次，采收前18d停止施药）、50％免赖得可湿性粉剂3000倍液、10.5％平克座乳剂2000倍液（发病初期开始施用，每隔14d施药一次，连续4次，采收前3d停止用药）。

7. 瘤肿病——缺硼症

这属于一种生理病害，主要由土壤中缺乏硼元素或土壤酸碱度不合适，植株硼元素不足而引起。

(1) 发病症状

叶片变小，叶柄缩短；幼叶叶尖变褐枯死，叶片可卷曲、脱落；雌花可变雄花，花常枯死。果实很小时就大量脱落。在果实、嫩叶、花、茎干上有乳汁流出，并在流出部位有白色干结物。主要发生于果实上，初期果实会流出乳汁，进而果实表面凹凸不平呈肿瘤状突起。果实在成熟初期也有乳汁流出的症状，且多在果实向阳面流出，果皮流出汁液后会慢慢溃烂、变软，溃烂部分会变褐色。果肉硬，有时果肉褐化，果农称为块肿病。严重的病果种子退化败育，幼嫩白色种子变成褐色坏死。果实不易催熟，风味变劣，无食用价值。

(2) 发生规律

番木瓜在整个生长期中对硼的缺乏相当敏感，特别是在干旱季节，若处理不及时，往往造成大面积缺硼死亡，给生产带来极为不利的影响。

(3)防治方法

a.本病一旦发生,染病的果实即无法恢复,因此番木瓜若种植于砂质或砾质土壤,应及早预防其发生。对这些土质的园地要及时补充硼元素,可选用硼酸或硼砂进行土壤施硼或根外施硼。施放硼砂或硼酸应在番木瓜植株现蕾时完成。b.番木瓜园多施用有机质肥料,也可防止番木瓜瘤肿病。

8. 黑点病

(1)发病症状

病原菌可危害叶片及果实。初发生时,先于下部老叶背面产生水浸状小点,随后褐变,终而成为直径1~3mm的不规则小黑点,黑点略突出于叶下表皮,病斑背面则转为灰白至褐色。病斑老化后,有时会着生黑色小点,为病菌有性世代的子囊壳。环境适宜时,整叶迅速密布小黑点,高湿时,黑点上有时会着生白色次寄生真菌,组织随之坏死干枯,继而往上蔓延。若防治不当,2~3个月后植株仅剩心部少数叶片。该病发生于果实时症状与叶片上的相同,但黑点略微凹陷。

(2)发生规律

在潮湿冷凉山区,9月至翌年2月发病。在平地发生于12月至翌年4月。

(3)防治方法

a.清除园内病叶及病果,并保持果园通风良好。b.药剂防治:目前本病尚无正式推荐的化学防治药剂,可于发病初期参考选用下列药剂喷洒:50%免赖得可湿性粉剂1500倍液、75%快得保净可湿性粉剂800倍液。每隔7d喷一次,连续3~4次,喷洒时药液应喷及叶背。免赖得及快得保净对白粉病也有优良的防治效果。

(二)番木瓜主要虫害

危害番木瓜的常见害虫有红蜘蛛、蚜虫、介壳虫等,苗期还经常受小地老虎、大蟋蟀等地下害虫的危害。

1. 红蜘蛛

(1)形态特征

雌成螨椭圆形,体长约0.2mm,腹部末端平截,乳白色至黄绿色,半透明。体部背面两侧各有一红色斑点。雄成螨近菱形或略呈六角形,扁平,腹部末端圆锥形上翘,乳白至淡黄色,半透明。幼螨近圆形或菱形,乳白色或淡绿色。若螨纺锤形,淡绿色。

(2)危害症状

红蜘蛛以成螨和若螨活动于叶片背面,吸食汁液。被害叶片缺绿变黄点,严重危害叶片时黄斑点连成一片或斑块,似花叶病症状,影响光合作用,严重时叶片脱落,植株生长受影响。

(3)发生规律

该螨具杂食性,可危害番木瓜、柑橘及瓜类等。其生活史可分为卵期、幼螨期、蛹期及成螨期。从卵发育至成螨仅3~4d,雄成螨寿命约4d,雌成螨寿命约9d。繁殖速度甚快,每年可繁殖约52代,然而气温超过30℃时易生无精卵,低温时潜伏于茶丛内或叶腋内,自4月下旬开始增加,最高峰为10月。因此全年皆会发生,但以4~5月和8~11月(秋、冬两季)为发生高峰期。

(4)防治方法

参照柑橘红蜘蛛防治方法。

2. 蚜虫

(1)形态特征

有翅胎生雌蚜体长1.8~2.1mm;头、胸部黑色,腹部绿色、黄绿色、褐色,赤褐色,背面有黑斑;翅较长、大,腹部略瘦长,尾片圆锥形;额瘤显著,向内倾斜。无翅胎生雌蚜体长2.0mm左右;体鸭梨形,全体绿色,橘黄色、赤褐色等,颜色变化大,有光泽,其他部位同有翅蚜。卵初为橙黄色,后变黑色而有光泽,长椭圆形,长0.5~1.2mm。若蚜体小,似无翅胎生雌蚜。

(2)危害症状

一年发生10余代,以5~6月繁殖最快,危害最重。以春、秋季危害为重。新梢和徒长枝上发生较多。被害叶初呈现皱缩不平,叶尖向叶背横卷,严重时叶片皱缩干枯,初夏落叶。新梢被害后,生长不良。

(3)发生规律

蚜虫是番木瓜环斑花叶病的主要昆虫媒介之一,主要有桃蚜虫和棉蚜虫。蚜虫全年均有发生,干旱天气有利于蚜虫大发生,它可以传播番木瓜环斑病毒病(PRV)。因传播病毒病所造成的损失,远比其自身直接危害严重得多。5~6月和10~11月为危害盛期。严重时叶、嫩枝上布满虫体,大量排泄物向下流,易导致煤污病,枝叶变黑,严重影响光合作用。雨水对蚜虫有直接冲刷击落作用,有翅蚜虫对黄色有强烈的趋向性,对银灰膜有负趋性。

(4)防治方法

a.育苗应远离桃树等寄主植物,清除田间杂草。b.消除蚜虫传病的病株。c.畦面覆盖银灰膜驱蚜。苗期及生长前期用32目网室防蚜。d.发现蚜虫及发生高峰期施用药剂防治,可选50%巴丹可溶性粉剂1000倍液、50%抗蚜威可湿性粉剂2000~3000倍液等杀虫剂交替使用。

3. 蚧类

参照柑橘有害生物防治。

4. 茶黄螨

(1)形态特征

雌成螨椭圆形,体长约0.2mm,腹部末端平截,乳白色至黄绿色,半透明。体后部背面中央有一乳白色纵条斑,由前向后逐渐增宽。雄成螨近菱形或略呈六角形,扁平,腹部末端圆锥形上翘,乳白至淡黄色,半透明。幼螨近圆形或菱形,乳白色或淡绿色。若螨纺锤形,淡绿色。

(2)危害症状

受害整片叶褪绿,叶片背面呈灰褐色或黄褐色,具油质光泽或呈油浸状,叶缘向背面卷曲;受害嫩茎枝变黄褐色,严重者植株顶部枯死;花蕾和幼果受害则不开花或开畸形

花,严重者不能坐果;果实受害,果柄及萼片表面呈灰白色至灰褐色,丧失光泽,木栓化,受害严重时落花、落叶、落果。

(3)发生规律

该螨具杂食性,可危害茶树、葡萄、柑橘、豆类等。其生活史可分为卵期、幼螨期、蛹期及成螨期,从卵发育至成螨仅3~4d,雄成螨寿命约4d,雌成螨寿命约9d,繁殖速度甚快,每年可繁殖约52代,然而温度超过30℃时易生无精卵,低温时潜伏于叶腋内,虫群自4月下旬开始增加,最高峰为10月。全年皆会发生,但以秋、冬两季密度最高。

(4)防治方法

参照柑橘红蜘蛛防治。

5. 根结线虫

(1)形态特征

根结线虫雌雄异体。幼虫呈细长蠕虫状。雄成虫线状,尾端稍圆,无色透明,大小(1.0~1.5)mm×(0.03~0.04)mm。雌成虫梨形,多埋藏在寄主组织内,大小(0.44~1.59)mm×(0.26~0.81)mm。该种雌虫会阴区图纹近似圆形,弓部低而圆,背部近中央和两侧的环纹略呈锯齿状,肛门附近的角质层向内折叠形成一条明显的折纹,肛门上方有许多短的线纹,这些特征与本属已记载的其他根结线虫的会阴区图纹显著不同。此外,具有比一般根结线虫较长的侵袭期幼虫。雌虫、雄虫和幼虫的口针较长,背食道腺开口离口针基部球较远,雌虫排泄孔位置偏后。卵囊通常为褐色,表面粗糙,常附着许多细小的砂粒。

(2)危害症状

根结线虫从主根与侧根的交汇处侵染,刺激寄主细胞膨大形成巨型细胞,导致寄主根系形成根结,根不能再伸展而发生次生根,次生根再次被侵染。由于不断重复侵染,根系萎缩变形,成为根结团。还有的危害后只表现在侧根的生长点部位坏死。地上部植株生长缓慢,叶片黄化、皱缩,一般种植者都认为是病毒病,给及时防治带来一定的难度。

(3)发生规律

番木瓜根结线虫主要以卵在植株根部的病残体或土壤中越冬。植株定植后,卵在适宜的环境条件下,一般只需要几小时就可以孵化为幼虫,根结线虫最适宜的温度25~30℃,低于5℃或超过50℃,活动减弱。线虫完成一代需25~30d,每年可发生5~8代,通过流水、病根、病土等移动传播,也可通过农事操作传播。

(4)防治方法

a.在植株周围施用防治线虫的特效新药治线宝:先在离植株20cm左右周围开深5cm的沟,按每株50~70g的用量撒到沟内,然后埋好即可。也可先把治线宝粉500~700g倒入20kg的水中,搅拌均匀后,分浇在8~10株植株的沟内,然后埋好。一般用后5~7d即可见到植株开始恢复生长。b.对发病严重的植株,可以用灭线来防治:先在离植株20cm左右周围开深5cm的沟,取灭线一组倒入200kg水中,按每株1.5~2kg水的用量浇到沟内,然后埋好即可。c.植株表现为病害严重的,除了采取以上方法消除线虫危害以外,最好再用抗毒丰300倍液喷叶面2~3次,以防病原菌复合侵染,使植株尽快恢复生长。

七、果实采收

1. 采收时间

番木瓜由开花至果实成熟的时间，短则110d，长则210d以上。果实采收时间可根据市场需求与贮运时间的长短来确定。若过早采收，果实难以成熟；过熟采收，则不耐贮运。适时采收的标准如下。

（1）果皮颜色

番木瓜果皮色泽的变化是粉绿（嫩绿）→浓绿→绿→浅绿→果端黄绿色→果端黄色。要在果实中部的两个心皮间出现黄色条纹斑后、果皮部分变黄时采收。若远销外地，可在黄色条斑出现前采收。

（2）果汁

随着果实趋于成熟，乳汁颜色由白变淡，至轻微混浊的半透明状，汁液数量变少，流速变慢，较易凝集。果实在树上成熟时，乳汁基本消失，此时采收可供就地食用。若近地销售，可在此时采收。

2. 采后处理

果实在采收时，宜轻采、轻放，避免产生机械损伤。采果时应剔除畸形果及烂果，并将烂果集中销毁。果实采收后先在清水中浸洗，经防腐消毒后按大小分级，用洁净纸单果包裹，装箱待运。过早采下的果实，果皮尚带浅绿色时，可用乙烯利进行人工催熟：高温的7~8月，可用500~600mg/kg浓度催熟；低温的10~11月，可用1000~2000mg/kg浓度催熟。

采果后，要削平残留在茎上的果柄，以免影响其他果实的生长。

栽培管理月历

1月

◆物候期

花芽萌动期。

◆农事要点

①防寒：对幼树用稻草扎成束覆盖植株顶芽进行防寒，成年结果树可搭建简易塑料薄膜大棚进行防寒。同时，可根据天气预报进行全园熏烟防冻。

②促花：1月上、中旬每株施用0.25~0.3kg复合肥、0.2kg尿素及3~5g硼砂。在树冠滴水线处挖深20~30cm的条沟拌土施入，施后覆土。

③深翻：结合施促花肥进行果园深翻，深度以20~30cm为宜，并修整排灌系统。

④清园：剪除病虫枝叶并集中烧毁。

2月

◆物候期

现蕾及开花结果期。

◆农事要点

①疏花：及时摘除叶腋侧芽，每个叶腋留健壮饱满的花2~5朵。

②施壮花促果肥：由于番木瓜需肥量

较大，为使开花壮实饱满，2月上旬应进行追肥，每株施入腐熟的人畜粪尿10~15kg、硫酸钾0.3kg或每株施复合肥0.2kg。根外追肥：喷布0.2%尿素＋0.2%磷酸二氢钾＋0.2%~0.4%的硼酸。

③病虫害防治：防治环斑花叶病、番木瓜肿瘤病、炭疽病、白粉病、蚜虫。

3~4月

◆物候期

果实发育期。

◆农事要点

①疏果：继续摘除叶腋侧芽，3月上、中旬，在果实发育至指甲盖大小时即可进行疏果，通常每个叶腋留果1~3个，两性株叶腋可留果2个，雌性株叶腋留果1个，疏去畸形果，每株共留果25~30个。

②施肥：为促使果实发育壮实，每株施入腐熟的人畜粪尿10~15kg、硫酸钾0.3kg，或每株施复合肥0.2kg。可结合喷药进行根外喷布0.2%尿素（或0.2%磷酸二氢钾）＋0.2%~0.4%的硼酸。

③病虫害防治：防治环斑花叶病、炭疽病、番木瓜疫病、柑橘小实蝇、蚜虫。

5~6月

◆物候期

果实迅速膨大期。

◆农事要点

①果实套袋：采用规格相当的泡沫网袋外加透明塑料袋，塑料袋底部打1~2个小孔，以利于透水通气。套袋宜在晴天进行，套袋前要对果实喷施药剂进行防治病虫。

②施壮果肥：此时番木瓜果实处于迅速膨大期，应施用有机肥配合速效肥，以保证果实品质。土施：6月中、下旬每株可施饼麸肥0.3kg＋复合肥0.2kg，隔15~20d再施入腐熟的人畜粪尿5~10kg。根外

追肥：根外追肥可喷施0.2%磷酸二氢钾和0.2%硼酸溶液，每15~20d喷施一次。

③防风：可采用单竿或双竿固定，向4个方向牵引植株。

④病虫害防治：防治柑橘小实蝇、斜纹夜蛾、蚜虫、红蜘蛛及茶黄螨。

7月

◆物候期

果实生长、成熟期。

◆农事要点

①施采前肥：在7月初每株施稀薄的腐熟人畜粪尿5kg，追施0.1kg氯酸钾和0.15kg复合肥。

②病虫害防治：防治柑橘小实蝇、炭疽病。

③采收：7月中、下旬，番木瓜进入成熟采收期。一般情况下，果实呈"三画黄"（黄色条斑）时就可采收。

8月

◆物候期

果实采收期。

◆农事要点

①采收：采果工作同7月。

②清园：果实采收结束后，应收集干枯枝叶、烂果等并集中烧毁。

③施采后肥：结合果园深翻进行施肥。由于番木瓜根系主要分布在20~50cm的土层，所以果园深翻不宜过深，且要将裸露在外的根系培土覆盖。每株用腐熟的厩肥或饼麸肥3~5kg拌土沟施。

④防涝和防台风：由于7~8月为台风和多雨季节，应注意整修果园排灌系统，使果园排水通畅，避免果园积水导致烂根。防台风措施见5~6月农事要点。

9月

◆物候期

育苗期。

◆农事要点

①选择苗地：冬季育苗一定要选择在温室或塑料大棚内进行，温度控制在20～30℃。

②配制营养土：营养土由40%田土＋40%火烧土＋20%腐熟的有机肥配制而成。

③种子催芽：种子选用70%甲基托布津500倍液浸种消毒20min，用清水洗净后再用1%小苏打水浸4～5h，再次洗净后用纱布包裹，置于34℃左右恒温箱催芽。

④播种：种子露白（种皮裂开见白）后播种。播种前先浇透营养土，每个营养袋播2～3粒种子，播后撒上一层火烧土，以刚覆盖种子为宜，然后用水淋透火烧土。要经常保持营养袋内土壤湿润。

⑤疏花：9月后开的花应全部疏除，以防止树体养分散失。

10～11月

◆物候期

幼苗生长期。

◆农事要点

①控水：当番木瓜幼苗长出2～3片真叶时，应适当控水以防幼苗徒长和感染病害。

②施肥：当幼苗长出4～6片真叶时，可用0.2%～0.3%复合肥淋施。在夜间温度不低于8℃时不盖膜进行炼苗，并减少氮肥施用量，同时适当增施磷、钾肥，以促使茎干增粗、叶片增厚，逐渐提高抗寒能力。成年树可于11月中旬每株施腐熟的厩肥或饼麸肥3～5kg，拌土沟施，以利于植株越冬。

③病虫害防治：苗期应注意防治白粉病、根腐病、猝倒病和地下害虫、蚜虫。

12月

◆物候期

幼苗定植期。

◆农事要点

①幼苗定植：12月初在温度达到8℃以上时即可进行小苗定植。株行距采用(2.5～3)m×(1.5～2)m，每亩130～180株。不宜深植，以根颈部露出土面为宜。定根水一定要浇透，植后5～7d每天浇水一次，成活后每隔2～3d浇一次水。

②防寒：树体越冬防寒措施见1月农事要点。

实践技能

实训6-1 番木瓜生长结果习性观察

一、实训目的

认识番木瓜植株各器官的形态特征，掌握番木瓜生长结果习性。

二、场所、材料与用具

(1)场所：当地附近番木瓜园。

(2)材料及用具：刚开花的番木瓜1～2株、成熟番木瓜果指若干，皮尺、卷尺、刀、锄、天平、记录本。

三、方法及步骤

选一株生长正常、刚开花的番木瓜和成熟番木瓜，然后对植株和果实进行观察。

1. 观察地上部器官

（1）叶片：形状。

（2）花：花苞的形状、结构；雌花、雄花、中性花的形态。

（3）果：形态、成熟果实大小、纵/横剖面、果肉色泽、种子数量、果皮颜色、果皮厚度及韧性。

2. 观察生长结果习性

（1）选择10株番木瓜，调查各株开花时的叶片总数，了解番木瓜开花与其叶片数量的关系。

（2）选择6~8株番木瓜，列表记录各株的雌花、雄花、两性花数量，调查不同花的比例和坐果率。

四、要求

（1）记录番木瓜初始开花的营养生长状况，分析、统计番木瓜坐果率。

（2）品尝成熟番木瓜不同部位的口感并进行记录。

思考题

1. 简述番木瓜不同花的形态特征。
2. 番木瓜冬季如何进行防寒？
3. 如何培育番木瓜脱毒苗？

项目 7 香蕉生产

学习目标

【知识目标】
1. 掌握香蕉的生物学特性。
2. 掌握香蕉的优质高产栽培要点。

【技能目标】
1. 能够识别香蕉的主要种类、品种。
2. 能独立进行香蕉的育苗、建园、定植、土肥水管理等操作。

一、生产概况

香蕉是食用蕉类的习惯统称,根据形态特征,大致可分为香蕉、大蕉、粉蕉三大种类。香蕉原产东南亚和中国南部,目前我国海南、中越边境、泰国及印度还分布有种子的野生香蕉。香蕉是热带、亚热带地区广泛栽培的重要水果。在世界水果产量的排名中居第二位,仅次于柑橘,其果实是我国南方四大水果之一。生长快,投产早,产量高,销路好,经济效益高。

2018年全球香蕉种植面积565.4万hm^2,总产量为11 456.89万t。我国有11个省份栽培香蕉,主要为广东、广西、云南、海南、福建等。2018年全国种植面积33.1万hm^2,总产量为1122.17万t。福建省种植面积1.13万hm^2,产量42.08万t,排全国第五位。总的趋势是:我国热带、南亚热带以香蕉为主,中亚热带以粉蕉和大蕉为主。近年来,香蕉生产沿着标准化、区域化、科学化、商品化方向发展,提质增效,更好地与国际市场接轨。

在香蕉生产中存在的主要问题:单产低,一般平均亩产只有1200~1500kg,不足高产国家的1/3;易受自然灾害的影响(如受台风袭击、低温霜冻害),产量极不稳定;品种杂、品质差、外销竞争力低;蕉园机械化程度低,基本上为手工操作;香蕉危害性病害有发展趋势,如束顶病、叶斑病、炭疽病等,近年还发现花叶心腐病。

二、生物学和生态学特性

(一)生长结果习性

1. 根

香蕉没有主根,其根系由球茎抽出的细长肉质不定根组成,经常是由2~4条一组并生。新根白色,老根淡黄色。幼根先端被根毛,是吸收水分和矿质养分的主要部位。老根外层组织逐渐木栓化,吸收作用减弱,只起固定作用。球茎上部长出的根较多,大部分为水平分布,集中分布在10~30cm的土层中,其伸展宽度可达到100~300cm。从球茎底部抽生的根不多,多为垂直生长,深达100~150cm。香蕉根系好氧,既不耐旱,也不耐涝;适宜生长温度为20~35℃,高温、高湿的5~8月生长量最大,10月以后随温度下降根系生长量逐渐减少,寒冷的冬季基本停止生长。

2. 球茎(地下茎)

香蕉的茎部可分为真茎和假茎,真茎即球茎,球茎着生芽眼、吸芽、根和叶,同时又是植株的养分贮存中心。球茎生长适温是25~35℃,其生长发育状况决定香蕉生长和结果状况,球茎粗壮,地上的茎干和叶片也粗大,果指肥大,产量高。叶面积的增加与球茎的增粗呈正相关,即地上部抽大叶时是地下球茎加速生长期,地上部生长旺盛也是地下部生长的最快时期。当蕉株抽生一定数量的叶片后,球茎顶端分生组织进行花芽分化、花序发育。

3. 假茎

香蕉的假茎又称蕉身,由许多叶鞘呈覆瓦状互相紧密地抱合而成,汁多,呈圆柱形,起支持和运输作用。每片新叶都是从假茎中心伸出,把老叶及其叶鞘逐渐挤向外围,从而使假茎不断增粗。假茎的大小与地上部的叶片多少和大小呈正相关,即叶片多且大,则假茎粗大。

4. 叶

香蕉正常叶片由叶鞘、叶柄、叶翼和叶身组成。叶片宽大,中脉明显,具浅中槽,可使雨露顺其浅槽下渗,利于新叶和花序向上生长。新叶从假茎中心向上生长时,叶身左右半片互相抱卷成圆筒形。当整张叶片全伸出假茎后,抱卷的叶片才自上而下张开。

香蕉从吸芽开始长出叶片到开花结果止,其叶片大小、形状均在变化。吸芽初期长出的叶片如鳞状,只有狭小的叶鞘,无叶身,约10片;随后抽出仅有狭窄叶身的小形叶,10~15片;其后逐渐长出正常的大叶,叶片一片比一片大,直到花序分化开始,叶身达到最大,约为15片;以后抽生的叶又逐渐缩小,花序抽出前的两片叶更小,最后一片直立生长。花芽分化后,叶片、叶柄变短而密集排列于假茎顶部,称为"把头"。叶片的生长发育与花芽分化、结果关系密切。叶片总面积大小与果实数量、重量、品质呈正比,与果实发育所需时间呈反比。抽蕾后蕉株保持10片以上的青叶才能保证果穗丰产优质。

5. 吸芽

香蕉的芽称吸芽,萌发于球茎上。根据吸芽的形状和着生的部位及发生时间的不同,可分为剑芽和大叶芽。剑芽可接替母株，也可作种苗。剑芽因抽生时间不同可分为红笋和褛衣芽。红笋球茎粗壮，假茎上部尖细，顶部有几片尖窄的叶似剑。红笋一般为初春抽生，色泽嫩红，故而得名。褛衣芽发生于上一年秋后，地上部生长慢，地下茎的养分积累较多，形成下大上小的形状，叶片狭小，似剑状。褛衣芽上一年抽生的叶片过冬后部分枯死，干叶包裹身上，因而得名。香蕉母株抽生的吸芽数量过多会消耗大量的营养，影响母株的生长，使结果量减少。

6. 花

（1）花芽分化

香蕉的花芽分化不受日照时数和温度的影响。生产实践表明，香蕉的花芽分化主要受叶片数和体内贮藏养分多少的影响。在一般情况下，达到一定叶片数，叶面积增大快者，全株达到最大叶面积早，则花芽分化早，反之则迟。大量试验表明，用吸芽种植，抽生大叶约23片时进行花芽分化，当抽生28～36片大叶时就可开花；用组培苗种植（种植时有5～8片小叶），种后抽出30～34片叶就可开始花芽分化。叶片生长的快慢受品种、气候影响，气温高、水肥充足，则叶抽生快，叶面积增大快，花芽分化可提早。

花序形成是植株生长7～10个月才开始的，但也受到品种、气候及栽培条件的制约。香蕉花芽分化时，在形态上最突出的变化是球茎生长点迅速伸长。花芽分化1个月后花轴由球茎向上伸长到假茎顶端。因此，在花序伸长到假茎顶部（抽蕾）前1个月左右是果实段数和每段果指数的决定期，花序分化前的营养状况决定雌花的段数和果指数，尤其是足量钾元素能增加雌花数量。生产上为提高产量，十分重视花芽分化前的施肥管理。

（2）开花

香蕉一年四季都可以抽穗开花。香蕉的花序为无限佛焰花序。抽蕾时，花轴由球茎向上迅速伸长到假茎顶部中央抽出，花序由数片像佛焰的花苞保护。当花序下垂后，花序轴基部花苞先展开，以后向上开裂、脱落，露出数段小花，每段有小花10～20朵，双行排列，称为一梳。香蕉的花性有3种：雌花（子房长度占全花长的2/3）、中性花（子房长度占全花长的1/2）、雄花（子房长度仅有全花长的1/3）。在花序上排列次序为：基部的为雌花，中部的为中性花，先端的为雄花。

7. 果实

雌花子房发育成果实，果实圆柱形，有3～5个棱（图7-1）。果实为浆果，肉质细嫩。果肉未成熟时富含淀粉，成熟后，淀粉转化为可溶性糖。果皮和果肉成熟前含有单宁。香蕉为单性结实，因此没有种子。一株香蕉一生只抽一穗，每穗梳数的多少与品种和营养有关，少的4～5梳，多的15～16梳。果实在断蕾初期（约30d）发育慢，50d后发育较快。夏季从现蕾到收获约3个月，而冬季则需6个月。

图7-1 香蕉果穗

(二)对环境条件的要求

1. 温度

香蕉属热带水果,喜高温,不耐寒。作为经济栽培要求年平均气温在21℃以上,≥10℃年活动积温7000℃以上,最冷月平均气温不低于15℃,全年无霜或有霜日仅1~2d。香蕉生长温度为15.5~35℃,最适宜温度为24~32℃,当气温上升到29~31℃时,生长最快。香蕉怕低温,忌霜雪,气温在10℃以下时,生长几乎停止,4~5℃时,叶片则受冻害,霜雪使蕉叶枯死,严重者使植株死亡。果实在12℃即遭受冻害,影响商品质量。香蕉在不同的生育期其耐寒性不同,未展开大叶的吸芽最耐寒,已抽花蕾的植株最易受冻害。不同的种类耐寒力也有差异。大蕉的耐寒力较强,粉蕉次之,香蕉最弱。

2. 水分

香蕉生长结果要求充足的水分,一般认为,适宜降水量为1500~2000mm,月平均降水量为100~150mm,每周25mm最为理想。在高温多雨季节,若不断供应所需的养分,则香蕉生长迅速,出叶快,叶面积增大快,能提早抽蕾和提高产量。香蕉生长初期遇旱,会引起营养器官发育不良,生长速度和生长量显著下降;生长后期遇旱,特别是在花芽分化前遇旱,会使营养器官过早衰退,果实的梳数和果指数都减少,果指短小,产量低,品质差。但土壤中水分过多会导致烂根。

3. 光照

香蕉需要有充足的光照。在高温、多雨、光照充足的情况下,生长快,成花早,产量高。但香蕉具丛生性,彼此间造成一定的荫蔽环境不影响其生长发育。对光的要求,不同种、品种不同,大蕉比香蕉需要较多光照,强光易引起干旱,发生日灼。光照不足,则植株细弱,产量低,果实无光泽。

4. 风

香蕉为浅根性大型草本植物,叶大、干高、根浅。尤其结果期,重心上移,植株易受台风吹倒、折断。微风有调节气温的作用,对香蕉生长有利。因此,在台风常经的路径,宜采取相应防风措施或不种,避免损失。

5. 土壤

香蕉生长对土壤要求不是很严格,但以土层深厚(耕层60~80cm)、富含有机质、疏松肥沃、水分充足、排水良好、地下水位较低的砂壤土或冲积土为最适宜。pH 6~6.5最适宜,土壤碱性过大,香蕉叶柄会出现白色霜状物,生长不良;而pH 5.5以下时,由于土壤中镰刀菌繁殖迅速,在蕉类凋萎病严重地区,易侵害根系而使其发病。

三、种类和品种

香蕉在植物分类学上属芭蕉科芭蕉属。目前,生产上栽培的香蕉都是由两个原始野生种即尖叶蕉和长梗蕉的杂交后代进化或由某一野生种进化而来的,栽培的香蕉绝大多数为三倍体。以下介绍主要的优良品种。

(1)'天宝蕉'

株高160~200cm,假茎周长60~70cm,叶柄粗短;花柱、花丝宿存;果皮薄,肉质柔软,味甜浓香。抗风力强,耐寒力较差。

(2)'浦北矮蕉'

株高130~160cm,假茎周长60~80cm,长势粗壮,叶柄短,叶片长椭圆形;果轴短,株产15~25kg,果实品质好。抗寒力强,有一定抗风力,宜密植。

(3)'威廉斯'

株高200~250cm,假茎周长60~80cm,叶柄短,叶片大,初出常带紫斑;果轴长,7~14梳,株产20~35kg;果较大而齐;果皮薄,肉质甜,品质好。抗病力较弱,对枯萎病敏感。

(4)'巴西蕉'

株高220~250cm,假茎周长70~85cm,叶柄较细长而且直立;果穗较长,梳形好,果指长达24~26cm。生长壮旺,抗风力较强,抗病力中等,耐肥高产,亩产可达4000~5000kg,品质好。

(5)'威廉斯8818'

株高240~300cm,假茎周长60~80cm,果穗整齐,外观好。适应性广,省肥,亩产3000~4000g,但抗风力较差,抗寒力中等。

(6)'广东香蕉2号'

株高200~265cm,假茎周长55~65cm;果穗10~11梳,果指18~23cm,可溶性固形物含量约20%,株产22~32kg。丰产优质,果形好,适应性强,抗风力较强,受冻后恢复生长较快。

此外,还有'红皮香蕉''西贡蕉''大种高把''红河矮蕉'等优良品种。

四、育苗与建园

(一)育苗

1. 吸芽繁殖育苗

我国有采用香蕉吸芽作种苗的传统,要选头大尾小的吸芽。春种一般选用过冬的褛衣芽,而夏、秋两季栽植多选用当年抽生(2~5月)的高0.6m左右的红笋。将吸芽直接从蕉园挖取,挖苗时,用锋利的蕉铲从吸芽与母株相连处切离,尽量少伤母株地下茎。挖出的吸芽应有自己的地下茎,否则栽植不能成活。

2. 组织培养育苗

采用传统的吸芽作繁殖材料已很难加速良种繁殖的需要,而且大田蕉苗(吸芽苗)的发病率有逐年增加的趋势。组织培养苗是采用生物工程技术,取香蕉优良无病健壮母株吸芽苗的顶端生长点作为培养材料,经过消毒培养诱发成苗。从组培公司购苗,最好选择在9月底,通过分株假植培育,翌年3月有叶10~12片时栽植较好。由于组培苗组织幼嫩,需及时喷药防治蚜虫,以保证蕉苗健康成长。

(二)建园

1. 选地和整地

(1)选地

香蕉喜温忌冻,因此,较理想的园地小气候环境是周年无霜或霜冻不严重,空气流通,地势开阔。选择避风、避寒、背北向南的地块,土层深厚、疏松、肥沃,不选用重碱、黏土、砂土或易积水的地段。沿海地区还要选择台风危害不严重或有天然屏障的地势。

(2)整地

①坡地栽植 过去常采用等高梯田种植,目前逐步推广深沟种植。方法是:在等高线上挖一个通沟,即80cm×70cm×50cm(沟面宽×沟底宽×沟深),单行种植,沟内回填表土,增施有机肥,回土后略呈沟状。这样,可充分利用自然降水,保持土壤湿润。

②平地种植 建园时先深翻作畦,采用高畦深沟方式栽培,园地四周挖宽1m、深1.5m的排灌沟,畦沟深50~60cm。一般畦面+排水沟宽为4m,每畦植两行,蕉穴离畦边50cm,行距2.4m。植穴的大小视质地而定。土质越硬,挖的穴越大,一般宽60~80cm,深60cm。

2. 栽植时期

我国香蕉产区周年可种植,要取得较好的经济效益,应视当地的气候、土壤、栽培条件而选择栽植时期。确定栽植时期是调节产期的主要措施。在冬季较暖、周年无霜、管理水平高、土壤肥沃的地区,可选择春种,2月至3月中旬种植,此时气温回升,雨水渐多,栽植成活率高,大苗种植如果管理得当,当年10月抽蕾,12月至翌年1月即可收获。大部分香蕉产区均采用春植。在冬季有不同程度低温寒害、管理水平不高的地区,则宜选择秋植。秋植宜在8~9月进行,以中秋前后为好,植后有2个月左右生长时间,当年扎好根,积累一定养分,过冬时已有8~10张大叶,抗寒能力较强,即使遇到轻度霜冻,也对生长影响不大,翌年春暖后生长迅速,到7~8月抽蕾,11~12月收获,产量高、品质好,且可避免收雪蕉。

3. 栽植密度

栽植密度视种类、品种、土壤肥力、地势、机械化管理程度等而定。栽植方式采用长方形、正方形和三角形。一般单株植的株行距:矮蕉2.0m×2.3m,每亩植145株;中型蕉2.0m×2.5m,每亩植125株;高蕉2.3m×2.5m或2.7m×2.7m,每亩植91~116株。根据广西香蕉产区的经验,目前推广种植的'威廉斯'以每亩植110~120株较为适宜(即株行距为2.3m×2.5m),具果梳多、果指大、品质好、产量高等特点。

当然,若管理水平高,肥水充足,植株粗大、叶片茂密,通风透光差,可适当种稀些;但在一般管理的情况下,则产量是随着密度的增加而提高的,但也不宜过密,否则会因相互庇荫,中、下层叶片早衰,延迟抽蕾,影响产量。

4. 栽植方法

(1)植穴准备

平地园先将园土翻犁风化,然后起畦,每畦双行(规格如上述),按株行距挖定植穴。

定植穴宽 0.5～0.8m，深 0.3～0.5m，视土质而定，坡地采用深沟种植。每植穴施足基肥，可施土杂肥 25kg、磷肥 0.5kg、尿素 0.1kg、氯化钾 0.1kg、猪粪（或鸡粪）2.5kg，并与表土拌匀，填于植穴内，然后用表土回平或略高于地面。沟植的，回土后沟内略低于沟面。

(2)种植

种植时要选好种苗，种苗的好坏直接影响产量和品质。优良种苗的共性是：地下球茎大，形状似竹笋，生长粗壮，伤口小，无病虫危害。用组培苗的，蕉苗生长正常，不用变异苗。定植时应注意以下几点：a.种植深度以深于蕉头 6cm 左右为宜，过深或过浅均不利于生长；b.植穴适当施些煤灰，以利于根系生长；c.蕉苗伤口要统一朝向，以利于以后整齐留苗，便于管理；d.种吸芽的，把蕉头的芽眼挖除，以减少营养消耗；e.种苗按高矮、大小分片种植，以便于管理；f.种后将泥土踏实，淋水，做好覆盖、防晒工作；g.大苗定植时适当剪除部分叶片，以减少蒸腾失水，提高成活率。

五、果园管理

(一)土肥水管理

1. 中耕除草

香蕉根系分布在土壤的表层，耕作时容易伤根。中耕除草时尽量浅耕，耕深 2～5cm 即可。可采用化学除草剂消灭杂草，如用克芜踪、农达、草甘膦等，使用时要注意离开植株蕉头 60cm 以上。蕉头周围杂草应人工拔除。只要管理得当，经 3～4 个月植株生长茂盛，叶片密接，阳光难以透进，则杂草难以生长。

秋植或留球茎蕉，一般在早春回暖、新根发生前进行一次深耕，以增进土壤透性和改善根系生长条件。深耕时间掌握在春节过后 1 个月左右，不宜耕作过早或过迟。如果深耕过早，极易受到"倒春寒"的影响而受冻害；耕作过迟，新根已大量发生，则伤根过多，影响根群生长。深耕的深度视当地环境而定。平原区，根系较浅，深度为 15cm；山地蕉园，根群深生，耕深以 20cm 左右为好。深耕时把隔年的旧蕉头挖除，以免影响根群及新蕉头的生长；当年的蕉头要保留，其还含有一定的营养，可供新根生长。

2. 施肥

(1)香蕉的营养特点

香蕉生长迅速，一年四季均可结果，产量高，因此必须从土壤中吸收大量养分。同时，香蕉根系浅，对肥料特别敏感。做好肥水管理，可以增加雌花数量，控制开花期，增加果穗重量。据分析，香蕉植株钾需要量最多，氮次之，磷最少，其氮、磷、钾含量的比例为 4∶1∶(13～14)。

(2)施肥时间

香蕉的月生长量很大，需施肥及时，才能获得高产。在生产上，经常把香蕉全生育期分为 3 个阶段，即营养生长期、花分化期和果实发育期。研究表明，香蕉营养生长期(1～5 个月)对肥料反应最敏感，是重要的养分临界期。因此，香蕉的施肥采用前促、中攻、后补的原则。即香蕉栽植成活后或者留萌后，应马上施肥，不可拖延，到抽花蕾时应施完大部分肥料。当然，抽蕾结果后的施肥也不可缺少，是果指增大的物质基础。若营养不足，则产量会下降。

(3)施肥量

各地的施肥量有所不同，一般每株用尿素0.5kg、过磷酸钙0.56kg、氯化钾1kg、复合肥2kg、花生麸1kg。各生育期的施肥量为：营养生长期35%，花芽分化期50%，果实发育期15%。前促(营养生长期)分8次施肥，N∶K为1∶(1~1.3)，在栽植后15d开始淋施水肥，每隔10d淋施一次，前4次肥的钾肥用氯化钾，以后改用硝酸钾则效果更好。施肥浓度随植株的长大而增加。中攻分4~5次施肥，N∶K为1∶(1.5~1.8)，每15d施一次肥。每株每次施复合肥0.2~0.3kg，氯化钾0.15~0.2kg；花芽分化前一个月重施肥，每株施复合肥0.4~0.5kg，氯化钾0.3kg、花生麸1kg。后补(断蕾，幼果期)分2次施肥，以复合肥和草木灰为主。每株用复合肥0.3kg、草木灰2kg和猪粪5kg。大蕉和粉蕉对肥水要求不如香蕉，肥料用量和施肥次数可适当减少。

(4)施肥方法

可分沟施和撒施两种。冬、春季的基肥采用沟施，即离蕉头40cm处开一个半圆形沟，沟深20~30cm，施后覆土。尿素、钾肥、复合肥采用撒施，即在多雨季节施用，也可开浅沟(深约10cm)，施后覆土。花芽分化前后的2~3次大肥不适用沟施，可直接撒于地表，然后覆土，以免伤根。施后可灌跑马水，以保湿土壤，提高肥料利用率。

3. 培土

香蕉地下茎抽生的吸芽会逐年上移，所以每年需要培土。使用的材料有塘泥、河泥。培土既有助于生长、延长结果年限，又可以防止植株露头、倒伏。一般每年培土2~3次。培土的原则是旱季多培，雨季少培，雨天不培。如果雨天培土，会造成土壤板结，引起大量根群窒息死亡。培土一般在3~4月天气转暖后进行，此期培土宜多，有平整畦面、避免积水和覆盖的作用，促进新根大量发生；第二次在5~7月，用量宜少；第三次在8~10月，用量宜多，有防止秋后土壤干旱使营养器官早衰的作用。也可结合中耕除草，把除下的草皮泥土培壅在根颈附近，既可腐烂作肥，又可作培土、防寒之用。

4. 灌溉、排水

(1)灌溉

香蕉叶片大，假茎、叶片、果实含水量在80%以上，因此需要大量的水分，尤以旺盛生长期需水较多。抽蕾期为需水敏感期，水分过多或者不足均影响产量。据测定，香蕉每制造1g干物质，需从土壤中吸收600g的水。有灌溉条件的蕉园，每株年平均可长叶32.8~37.3片；无灌溉条件的蕉园，每株年平均长叶仅28.9片。因此，灌溉能加快香蕉生长，提早结果，增加产量。我国香蕉产区降水多集中在5~8月，秋、冬季干旱，尤其坡地干旱更为突出。因此，在8~11月，10d内不降水的，应灌水一次，以保持土壤湿润。在水源充足、灌溉方便的蕉园，可用沟灌，将水排入灌沟中，浸水至根下，日排夜灌。

(2)排水

排水不良，积水或地下水位过高，会使土壤空隙充满水分，限制土壤与地面进行空气交换，长时间会造成涝害，引起烂根。华南地区雨量集中，5~8月常有大雨或大暴雨。因此，在雨季来临前应结合培土修好排水沟，防止畦面积水。

5. 轮作

香蕉是耗肥量大的果树，若连作的年限过长，土壤肥力会下降，病虫害增多（香蕉束顶病、叶斑病、黑星病等，均由于连作的年限长而发病率上升）。宿根年限长，留芽造成的株行距不一致，会影响对光能的利用率，也会造成田间管理困难。因此，种植一定年限后应进行轮作。广东、广西有水田蕉与水稻轮作、坡地蕉与甘蔗轮作的习惯。香蕉连作时间的长短视发病率、单产、管理难易而定，一般4~5年后轮作水稻或甘蔗2~3年。

（二）植株管理

1. 校蕾、断蕾和除残花萼片

香蕉在抽出花蕾时正好被叶柄托着，不能下垂，可人工将花蕾移于一侧，使其能下垂生长，称为校蕾。校蕾有利于花蕾下垂，防止果穗畸形或花轴折断。当花蕾开至中性花或者雄性花后，用刀在离最后一疏果8~10cm处将花蕾除去，称为断蕾。断蕾的目的是减少养分消耗，提高产量。结合断蕾，一般每株只留8~10梳，其余的疏除。断蕾宜在晴天中下午进行，使伤口愈合快，减少伤流液。不宜在雨天或者早晨雾水大时断蕾。当果梳的果指展开、蕉花有约2/3变黑时，还要用手清除果指顶上的残花萼片。

2. 果穗套袋

套袋能有效地减少病虫害、农药污染和机械损伤，果实色泽好、品质优。一般在断蕾约10d后进行套袋，果袋选用厚度0.02~0.03mm、打孔的浅蓝色PE薄膜香蕉专用袋。先将顶叶覆盖于果轴、果穗上，再套袋，果袋上口扎于果轴，果袋要与果梳有1cm以上的距离。套袋时标记日期，以利于采收时确定成熟度。

3. 促进果实膨大

要促进香蕉果实膨大，除了保证充足肥水外，生产上可使用一些生长调节剂。在蕉穗断蕾时和断蕾后10d各喷一次"香蕉丰满剂"，对促进蕉指增长和长粗、提高产量有良好的效应。使用1~3mg/L的防落素在开花期喷花，对促进香蕉果指粗大和提高品质也有效果。

4. 吸芽选留与刈除

（1）新植蕉留芽（春植）

在2月底栽植的香蕉，经3个月生长后（即5~6月），定植的吸芽即形成新球茎。母株1m左右高时，开始发生吸芽。第一批吸芽有1~3个，这类吸芽很快生出小圆阔叶片，以后生长慢。同时，若留吸芽过早，会影响母株的生长，推迟抽蕾。因此，这批吸芽不宜留作接替母株。8月初长出的第二批吸芽生长迅速，对母株依赖不大，从中选择一个生长粗壮的吸芽作后备母株，其余挖掉。这个吸芽在肥水充足的情况下，第二年7~8月抽蕾，10~11月收获。

（2）宿根单造蕉留芽（一年一造）

在土质和水肥条件较差、气温较低的地区，一般应掌握在10月收获，这次果为"正造蕉"。要在翌年10月收获，就必须使吸芽在越冬时有大叶6～8片，一般是在6月上旬选留高33cm的吸芽，这个吸芽一般是在5月中旬左右已露出地面。留芽时还应考虑吸芽的位置，要保证下一年有合理的株行距。广西大部和粤西一带宜以此法为主。

(3) 宿根多造蕉留芽

多造蕉是指两年三造或三年五造。适宜实行这种留芽法的地区应是终年无霜、温度较高、光照充足、肥水条件好、栽培技术高的地区。主要根据母株生长情况决定留芽时间和数量。母株在7月以前收获的，则当年可选留2次芽，翌年收获2次。母株在7月以后才收获的，则当年只留1次芽，翌年只收获1次。具体的留芽方法是：在收获一造蕉的当年留2次芽，第一次留芽应在2～3月，第二次留芽在8～9月，这样翌年4～6月收获一造，10～12月收获第二造。值得注意的是，第一次留芽与第二次留芽应间隔6个月，使第二次留芽时，第一次芽已有23～24片叶，其营养生长阶段已完成，不受新留株的影响；收双造蕉的当年(即第二年)留芽在5～6月，下一年(即第三年)赶上收正造蕉。重复上述留芽法，即可收获两年三造或三年五造。

(4) 除芽

每年所需的吸芽留足后，对多余的吸芽应及时除去，以免影响母株的生长和结果。母株留的吸芽多，养分消耗大，会造成产量低。吸芽的抽生，多在3～7月，8月以后吸芽抽生明显减少，因此在3～7月每隔15d左右除芽一次，8月以后每月除芽一次。除芽时可用蕉铲从母株与吸芽连接处切离吸芽，但此法伤根太多。也可用蕉铲齐地面把吸芽铲除，然后挖掉生长点，以防再生。

(三) 其他管理

1. 防风和防晒

香蕉容易被台风吹倒，尤其结果后，重心上移，受害更重。沿海地区，在台风来临前的6月，在假茎旁边立一根支柱(木或竹)把果轴和果穗柄固定，以提高抗风能力。也可在四周的边株各打一根木桩，园内用尼龙线绑成棋盘式相互拉紧，最后把绳固定在木桩上，防风性能较好。也可在植株抽蕾后用尼龙线绑缚果轴反方向牵引绑在邻近蕉株假茎离地面约20cm处，全园植株互相牵引，防止植株倒伏。果轴在7～9月容易受烈日暴晒而灼伤，阻碍养分运输，影响产量。在7～9月，可把果穗梗上的叶片拉下来包盖果轴，也可用枯叶包盖果轴。

2. 防寒与受冻后的补救措施

(1) 防寒

香蕉喜温忌寒，10℃以下即不同程度受害。因此，在11月下旬即应采取防寒措施：

①秋植幼苗　每一植株用塑料薄膜袋套住，下部用泥压紧；也可先将叶片绑住，再用稻草人盖顶。

②对越冬幼果，先用稻草人包扎果轴上端，然后用双层薄膜袋套住果穗，袋上部紧系果轴，下部打开垂下，以排积水；如果连续低温阴雨，最好束紧袋的下开口，晴天立即打开。薄膜袋宜用浅蓝色袋，果实外观才美，商品率高。

③灌水护根　灌水可提高土温，对防霜有一定效果。

(2)受冻后的补救措施

受冻害的叶片会腐烂并会逐渐向下蔓延,春暖后及时割除被冻害的叶片,尤其是未张开的叶片,防止蔓延。花蕾、幼果、假茎受冻害严重时,应及时砍掉母株,加强肥水管理,促进吸芽生长,仍可获得一定产量。提早中耕松土,及时施肥,尤其施速效氮肥如碳酸氢铵等,对促进植株生长有显著的作用。

六、有害生物防治

(一)香蕉生长期病害

1. 束顶病

本病为病毒性病害,病毒最初传染源来自病株种苗,人工汁液摩擦接种不能传染,主要传播媒介为蕉脉蚜,它吸食病株汁液后又到健康植株吸食而发生传染。天气干旱有利于蕉脉蚜繁殖和活动,旱季是本病传染和感病最盛时期。

(1)发病症状

香蕉苗期至抽蕾期都可能发生束顶病,感病植株生长势明显降低,不抽生新根,吸芽多,叶片抽生慢,且一片比一片小,僵化,长成束状。老叶变黄,新叶浓绿不匀,质地脆,叶脉有若断若续、长短不一的浓绿色条斑,初时透明,后变为墨色。心叶很难抽出,最后腐烂。发病较晚或发病较轻的植株,有时能勉强抽蕾,但果小如指,畸形,无食用价值。植株感病后,首先在叶柄或假茎表面出现浓绿不均匀的条纹,可作早期诊断参考。

(2)发生规律

香蕉束顶病在香蕉一年中的各个生长期均可发病。带毒蚜虫吸食蕉苗汁液后,蕉苗1~3个月就可发病。发病高峰一般在4~5月,其次在9~10月。该病的发生流行与香蕉交脉蚜的发生及虫口密度关系密切,在降雨少、天气干旱的年份香蕉交脉蚜繁殖较多,有翅蚜也较多,该病发生就严重;在雨水多、天气潮湿的年份交脉蚜死亡较多,病害发生较少。香蕉不同类型、品种发病程度不同,一般香蕉发病多,大蕉、粉蕉、龙牙蕉发病较少,通常矮秆品种比高秆品种发病重;在吸芽种类上,褛衣芽较红笋芽发病重。

(3)防治方法

a.选用无病苗作种苗。b.蕉园一旦发现病株,要及时将病株整株挖起搬走深埋。c.在有翅蚜虫大量发生时,尤其是9~10月,及时用50%马拉硫磷乳剂2000~3000倍液喷杀。

2. 花叶心腐病

本病为病毒病,由带病吸芽苗初次传染,造成种苗地域性传播,而病区的自然传播主要是通过蕉脉蚜进行。病毒在植株内潜伏期较长,可达12~18个月,所以有些带有病毒的病株可能到第二代才发病。此病具有毁灭性。

(1)发病症状

本病在苗期至抽蕾期均可发病,病株叶无光泽,出现褪绿黄色棱形圈斑(与束顶病区别之处),叶面发生若断若续、或长或短的褪绿黄色条纹,条纹由叶缘向主脉方向扩展,严重时整张叶片呈现黄绿不均匀的花叶病状。顶叶有扭曲和束生的现象,心叶和嫩叶最后变黑腐烂。幼苗染病萎缩至死,纵割病株假茎,可见长条状黑色病变组织,横切见环状坏死。

(2)发生规律

病源为黄瓜花叶病毒香蕉株系。蕉园内病害近距离传播主要靠蚜虫等传毒虫媒,也可以通过汁液摩擦或机械接触方式传播;远距离传播则借带病芽的调运。幼嫩的组培苗对该病极敏感,感病后1~3个月即可发病;吸芽苗则较耐病,且潜育期较长。温暖而较干燥的年份有利于蚜虫繁殖活动,往往发病较重。每年发病高峰期为5~6月。蕉园及其附近栽植茄、瓜类作物的园圃较多发病。高湿多雨的春植园一般较少发病。

(3)防治方法

a.禁止从病区调运种苗。建立无病区,供应无病种苗并进行检疫。b.增施钾肥,提高植株抗病力。c.防治蕉脉蚜。d.发现蕉园出现病株,应喷药杀死病株上的蕉脉蚜后再挖除病株(连同地下各代老茎)深埋。

3. 炭疽病

本病为真菌病害。带病苗为初染来源。病部产生分生孢子,通过风、雨、水、昆虫扩大传播。

(1)发病症状

本病危害香蕉的根、茎、叶、花、果实。叶片受害常发生于叶片与假茎连接部位,往往产生大块黑色病斑,叶鞘脱离假茎,故又称"崩叶",受害处组织呈水渍状腐烂并发臭。花和幼果受感染后最初在花或果实顶端出现褐黑小圆点,然后小圆点很快会合成片,并轴向蔓延,最后变黑腐烂。

受侵染的果在刚黄熟时,果皮出现浅褐色、绿豆大的病斑,俗称"梅花点",2d后扩大连成深褐色梭状或形状不规则的斑块,潮湿时病斑上出许多黏质朱红色小点,然后整个果变成黑褐色腐烂。果柄发病,引起落果,俗称"烧爆仗"。此病夏、秋季气温25~35℃时在黄熟果上发生严重,冬春低温期发病较轻。在高湿(95%以上)、低O_2、高CO_2的情况下不利于发病。

(2)发生规律

病菌在田间青果期就可侵染,但是以附着孢侵入并以休眠状态潜伏于青果上,待果实成熟采收后才表现症状。所以,果实成熟度越高,病害发生越严重。排水不良、多雨雾的蕉园较易受害。在各种蕉类中,香蕉发病重,大蕉次之,西贡蕉轻。

(3)防治方法

a.幼叶喷波尔多液、多菌灵或托布津进行防治。b.在现蕾后采用0.1%多菌灵和高脂膜水乳剂200倍液混合药液喷防,10d一次。c.果穗在断蕾后喷多菌灵或托布津,然后套上塑料薄膜罩。

4. 叶斑病类

(1)发病症状

叶斑病属真菌病害,有褐缘灰斑病、灰纹病和煤纹病3种。叶斑病类主要危害香蕉叶片,受害叶片产生各种病斑,逐渐连成大片病斑,最后全叶枯萎,失去生理功能。当受害叶片数多时，功能叶减少，果实发育不饱满，造成部分减产或全部失收。

(2) 发生规律

病原菌主要以菌丝体寄生在寄主病部或在病株残体上越冬。分生孢子靠风雨传播，落在寄主叶面后发芽自表皮侵入引致发病。以后新病斑又产生分生孢子进行再侵染。3种病害多发生于温度中等、湿度较高的季节，故每年4~6月是香蕉叶斑病发生较多的季节。果园密度较高，地势低洼，排水不良，植株根部生长不良及受象鼻虫危害严重时，此病发生较为严重。

(3) 防治方法

a.加强蕉园管理，蕉园排水沟应疏通、不积水，及时清除蕉园中的病叶和枯叶，减少初次传染源，并使蕉园通风透光，降低高温、高湿期间蕉园的空气相对湿度。b.适当增施钾肥，提高植株抗病能力。c.每隔15d喷一次波尔多液或0.1%多菌灵，或0.2%~0.1%托布津液，连续喷2~3次。

(二) 香蕉采收后病害

香蕉采收后病害是影响香蕉果实贮运保鲜、调运与出口的主要问题之一。国内外对香蕉采后病害的研究认为，香蕉采后发生的病害主要有以下几种。

1. 炭疽病

(1) 发病症状

成熟的香蕉果实受感染后，果皮产生褐色或褐黑色小圆点病斑。

(2) 发生规律

在自然条件下，病菌只产生无性阶段。分生孢子长椭圆形，无色单孢，聚一起时呈粉红色。病菌最适生长温度为25~30℃，在果上病害发展最适温度为32℃。病菌在田间青果期就可侵染，但是以附着孢侵入并以休眠状态潜伏于青果上，待果实成熟采收后才表现症状。在各种蕉类中，香蕉发病最重，大蕉次之，西贡蕉最轻。排水不良、多雨雾的蕉园较易受害。

(3) 防治方法

在果实成熟采收脱梳后，用托布津或多菌灵600~1000倍液浸果处理。

2. 冠腐病

(1) 发病症状

香蕉采收后在25~33℃密封贮藏7~10d，蕉梳切口产生白色棉絮状物，造成轴腐。严重时，果柄也受侵染，病处呈深褐色，蕉指散落。20~25d后果身发病，果皮爆裂，并覆盖有白色菌丝体和镰刀菌分生孢子，蕉肉僵化，不易催熟转黄，青软蕉中央胎座硬，食之有淀粉味。北运香蕉常发生此病，严重的轴腐率达70%~100%，果腐率达18.3%。运输途中车厢内高温高湿，发病极为迅速。

(2) 发生规律

病菌主要是从伤口侵入，香蕉去轴分梳以后，切口处留下大面积伤口，成为病原菌的入侵点。香蕉运输过程中，会造成一定的伤害，加上夏、秋季北运车厢内高温、高湿，常导致果实大量腐烂。聚乙烯袋密封包装虽能延长果实的绿色寿命，但高温、高湿及二氧化碳的小环境极易诱发冠腐病。雨后采收或采前灌溉的果实也极易发病。成熟度太高的果实未到达目的地已黄熟，也常引起北运途中大量烂果。

(3)防治方法

落梳洗涤后采用0.05%多菌灵加200倍高脂膜水乳剂浸果，预防效果在90%以上。

(三)香蕉贮运过程中的生理性病害

1. 冻害

香蕉果实对低温极为敏感，冻害的临界温度为11～13℃。采收前若夜间最低气温为11～12℃且持续2～3d，则果实受轻微冻害，田间虽尚未见冻害症状，但采后黄熟时，果皮呈暗黄色，无光泽。贮运中，车厢内温度降至10℃以下，果实受冻严重；降至11～13℃，受冻果皮暗绿；升温催熟，果皮转呈褐色，呈水渍状。

2. CO_2中毒

CO_2中毒为贮运中常见的现象。采用密封包装常温贮运虽能延长香蕉的绿色寿命，但若薄膜太厚或贮藏期过长，袋内CO_2积累多，会导致CO_2中毒。症状为果皮暗褐色，呈水渍状，不能催熟，果有酒味。

(四)香蕉主要虫害

1. 象鼻虫

(1)形态特征

成虫体长11mm左右，宽4mm左右，全身黑色或者黑褐色，有蜡质光泽。卵为乳白色，表面光滑，长度为1.5mm左右。老熟幼虫体长15mm左右，乳白色，没有足。

(2)危害症状

主要以幼虫在香蕉植株近地面的茎基部和球茎内危害，使茎基部和球茎出现纵横交错的隧道。幼株受害后整株矮缩，地上部得不到充足养分，生长发育受阻，叶片抽生缓慢，抗病能力差，易感染花叶心腐病、束顶病，叶片变黄枯萎，直至全株死亡；成株受害，生长势减弱，叶片早衰，不能抽穗或穗小，蕉果尚未成熟饱满即失去青叶，长出来的蕉果细小、瘦身、档次低，无商品价值。受害严重的植株球茎变黑腐烂，遇到大风易倒伏。以清园不周、管理粗放、防治不及时的蕉园发生偏重，新植蕉园大多数是由带虫的球茎或吸芽蕉苗传播。

(3)发生规律

象鼻虫的幼虫与成虫蛀食假茎，偶尔也蛀食叶柄；受害植株假茎的虫道纵横交错，虫道口虫粪堆积，蛀食严重时假茎易折断或腐烂。终年均有发生危害，5～9月危害尤为严重；一年发生4～5代，且世代重叠。危害的特点是多蛀食接近地面部位的假茎，老熟幼虫在虫道内化蛹。

(4)防治方法

a.经常清理蕉园枯叶。b.春季在香蕉叶柄和假茎基部喷敌敌畏1000倍液防治。c.人工捕杀幼虫。

2. 卷叶虫（弄蝶幼虫）

（1）形态特征

成虫体长 25～30mm，呈灰褐色或黑褐色。前翅中部有 3 个大小不一的黄色斑。卵红色，横径 2mm，馒头状，卵壳表面有放射状白色线纹。幼虫长 54～64mm，被白色蜡粉；头黑色，三角形，胸部一、二节细小如颈。蛹淡黄白色，被白粉，口吻伸达虫腹末。

（2）危害症状

幼虫孵化后爬至叶缘咬开一个缺口，随即吐丝卷成筒状，并继续卷至中脉。危害严重的植株，叶面积减少 90%，光合作用减弱，生育期延长，以致严重减产。

（3）发生规律

一年发生 4～5 代，3 月上旬通常出现成虫，于早上或傍晚活动，吸食花蜜，数天后交尾产卵于叶柄和嫩假茎上。幼虫孵化后咬食嫩叶叶缘，并吐丝卷叶成筒，蔽身在内。蕉叶不仅被咬食，而且卷成筒状，影响光合作用，造成减产。老熟幼虫吐丝封住筒口后，在筒内吐丝化蛹。

（4）防治方法

a. 人工摘除虫苞。b. 用 90% 敌百虫 800 倍液喷杀。

3. 蚜虫

（1）形态特征

成虫可分为有翅蚜和无翅蚜两种类型。有翅蚜体长 1.7mm，褐至黑褐色；头两侧具角瘤，触角 6 节，约与下体等长；前翅径脉与中脉有一段相交，径脉端部分叉为 2 支，后翅翅脉退化，只有一根斜脉。无翅蚜体长 0.8～1.6mm，卵圆形，红褐至黑褐色，触角比体稍长。若虫体长 0.7～1.0mm，1 龄时触角 4 节，2 龄时触角 5 节，3 龄和末龄时触角 6 节。

（2）危害症状

以若虫、成虫吸食叶片汁液，受害叶片皱缩、畸形，虫口密度大时受害植株生长不良，抽蕾期延迟，果穗小，果梳蕉指少、品质低劣。此外，蚜虫在吸食叶片汁液过程中还传播束顶病、花叶心腐病等病毒病。还可分泌蜜露，诱发煤烟病。

（3）发生规律

蚜虫每年发生 10 余代，以若虫藏在枯叶或蕉根裂缝中越冬，到翌春回暖后在原处大量繁殖，并产生有翅蚜进行较远距离飞迁。夏季高温多雨对蚜虫生长发育不利，虫口明显减少，秋、冬干旱季节则虫口增加。

（4）防治方法

用敌百虫 800 倍液或乐果乳剂 1000 倍液喷杀。

七、果实采收

采收时 2 人为一组，一人先用利刀在假茎的中上部砍切一刀，使植株缓慢倾斜，另一人用软物托住缓慢倒下的果穗，持刀人再将果轴割下。果轴长度要留 15～20cm，两人合作将果穗保护性转移。放置果穗时要垫棉毡、海绵等软物，避免果实间相互挤伤、擦伤和碰撞。有条件的大型蕉园可采用索道悬挂式无着地采收方式，即将砍断的果穗缚吊在铁索上，从索道引至加工包装场地，这样从采收到包装果穗不着地，机械损伤少，果实外观品质好。

栽培管理月历

1月

◆物候期

休眠期。

◆农事要点

①冬季清园：铲除蕉园内的杂草，清除蕉园内的枯叶和病叶。

②已收蕉、预种植新蕉苗的蕉园开始深耕、翻土。

③尚未套袋防寒的立即套袋，有霜冻的晚上要对挂果蕉园或秋植蕉园灌水和喷淋防霜。

2~3月

◆物候期

休眠期。

◆农事要点

①冬季清园：继续注意防寒和清理蕉园。秋植蕉应注意及时清理束顶病与花叶心腐病病株及地下茎，同时用80%乙蒜素乳油（护航一号、蕉病快克、枯黄必克、枯黄星斑必克、菌泰克、克立刻、菌立消等）1000~1500倍液与32%核苷溴吗啉胍水剂复配喷雾1~2次，每次间隔7~10d，以减少越冬菌源。

②防寒：继续注意防寒。

③灌溉：3月中、下旬气温回暖，开始平畦，修理沟田；秋植蕉园种植间作物，干旱时应及时灌水或淋水。

④施基肥：春植蕉园3月中、下旬施基肥，每穴施有机肥10~20kg和过磷酸钙0.5kg，与表土混匀后回坑，准备种蕉；秋植蕉和二年春植蕉园追施速效肥，每株施尿素50g、氯化钾25g、复合肥25g。

4月

◆物候期

萌芽期；生长期。

◆农事要点

①防旱：蕉园除杂草和继续修整畦沟和各种排水沟。春植蕉及时补植缺株，所有蕉园注意灌溉防旱。

②施追肥：二年蕉、秋植蕉株施尿素100g、氯化钾50g、复合肥50g、花生麸350g、辛硫磷10g。

③病虫害防治：蕉园中开始出现叶斑病，用80%乙蒜素乳油与25%丙环唑乳油（敌力脱、裕农等）或25%戊唑醇乳油复配，稀释1000~1500倍喷雾1~2次；再复配32%核苷溴吗啉胍水剂继续防治束顶病及花叶心腐病，同时用70%啶虫脒（毒手）防治蕉蚜，减少束顶病及花叶心腐病病菌的传播；加强斜纹夜蛾、象鼻虫等害虫和香蕉黄叶病的防治。

5月

◆物候期

生长期。

◆农事要点

①施肥：5月上旬追施攻苗肥，每株施尿素150g、氯化钾100g、复合肥100g。

②病虫害防治：雨季开始，清理蕉园中的杂草、枯叶、病叶和病株。叶斑病也进入高发期，用80%乙蒜素乳油800~1000

倍液与50%丙环唑乳油（倍敌脱）或30%苯甲丙环唑乳油（先苗、爱苗等）复配喷雾2次，间隔7～10d；同时加强黄叶病、束顶病和花叶心腐病的防治。

③虫害防治：用70%啶虫脒可湿性粉剂（毒手）防治蕉蚜，用30%乙酰甲胺磷乳油（盼丰）防治香蕉象鼻虫和斜纹夜蛾。

6月

◆物候期

花芽分化；开花期。

◆农事要点

①施肥：6月上旬追施壮苗肥，每株施尿素150g、氯化钾100g、复合肥100g。秋植蕉施攻花肥。

②清园：清除杂草和枯叶、病叶，铲除吸芽，清畦沟泥、培土，结合修整各种沟。

③病害防治：重点防治叶斑病和黄叶病，发现有束顶病和花叶心腐病及时挖除和补植大小相当的健康苗。

④虫害防治：秋植蕉注意用70%啶虫脒可湿性粉剂（毒手）防治香蕉花蓟马，同时不间断对蚜虫、斜纹夜蛾、象鼻虫等害虫的防治。

7月

◆物候期

结果期；分蘖期。

◆农事要点

①除吸芽：秋植蕉每10d除吸芽一次（结合除草进行），并在断口处涂抹煤油或汽油，破坏其生长点。

②花穗管理：进行校蕾、修叶、疏果、断蕾。

③施壮穗肥：秋植蕉施壮蕾肥，每株施氯化钾150g、复合肥200g、过磷酸钙250g、花生麸300g、辛硫磷10g，其余蕉按6月施肥量进行追肥。

④病虫害防治：用80%乙蒜素乳油、25%苯醚甲环唑乳油（势克、傲世等）、32%核苷·溴·吗啉胍水剂、70%啶虫脒可湿性粉剂（毒手）与30%乙酰甲胺磷乳油（盼丰）复配，按比例稀释后喷雾，防治蕉园中的病虫害。

⑤秋植蕉在果面上，自下而上喷施壮果药剂（金和能、果之宝等）。

8月

◆物候期

结果期；分蘖期。

◆农事要点

①防旱：丘陵坡地注意淋水防旱、除草和覆盖。

②果实管理：秋植蕉开始抹花（宜在蕉指未完全展开、花瓣轻触即落时进行）、套袋（冬季防寒保温，蕉果着色好、减少病虫害及避免外伤）、标记（预计产量和采收期）、垂果串（避免歪梳、散梳、果梳不整齐）、支杆撑蕉（或用绳牵引）。8月下旬准备采收秋植蕉。

③施肥：秋植蕉防晒和施壮果肥，每株施氯化钾100g、复合肥150g。其他蕉施攻花肥，每株施氯化钾150g、复合肥200g、花生麸300g。

④病虫害防治：防治叶斑病和黄叶病，挖除束顶病与花叶心腐病病株，注意防治蕉蚜、香蕉花蓟马等害虫，并用20%甲氰菊酯乳油（灭扫利）防治香蕉叶甲。

⑤整地：8月下旬准备采收秋植蕉。秋植蕉整地、挖坑和沤制基肥。

9月

◆物候期

结果期；采收期。

◆农事要点

①果实管理：对春植蕉校蕾、修叶、疏果和断蕾，注意灌溉防旱。采收秋植蕉

和定植秋植蕉，砍除已收秋植蕉的假茎并堆沤制堆肥。

②施肥：追施促花肥，每株施氯化钾150g、复合肥200g、花生麸300g；已收秋植蕉追施苗肥，每株施尿素100g、氯化钾50g、复合肥50g、花生麸350g、辛硫磷10g。

③病虫害防治：黄叶病即将进入高发期，出现黄叶病应及时处理，在病株距地面30cm处注射草甘膦原液10mL，病株枯死后，挖出地下茎（尽量带根系），集中焚烧深埋，病穴中撒石灰，病穴周围及水流下游蕉要用80％乙蒜素乳油1500～2000倍液和2％氨基寡糖素水剂800倍液10kg灌根，接触过病株的工具要用火烧等方法消毒。兼顾其他病虫害的防治。

10月

◆物候期

结果期；采收期。

◆农事要点

①果实管理：对春植蕉抹花、套袋、标记、垂果串和支杆撑蕉，注意灌水防旱。

②施肥：春植蕉追施壮果肥，每株施氯化钾100g、复合肥150g。秋植蕉继续追肥，每株施尿素50g、氯化钾100g。

③病虫害防治：香蕉黄叶病进入高发期，应积极防治，及时处理。其他病虫害用80％乙蒜素乳油、25％苯醚甲环唑乳油、32％核苷溴吗啉胍水剂、70％啶虫脒可湿性粉剂（毒手）与20％甲氰菊酯复配，按比例稀释后喷雾防治。

11月

◆物候期

停止生长期。

◆农事要点

①冬季管理：清理枯叶、病叶和整畦修沟。除草并积制堆肥，准备和开始收蕉。

②施肥：秋植蕉施越冬肥，每株施有机肥10kg、氯化钾100g，并用沟泥培地下茎。

③病虫害防治：关注香蕉黄叶病病情，实时防治，处理发病病株；挖除束顶病与花叶心腐病病株及地下茎。

12月

◆物候期

休眠期。

◆农事要点

①清园：清除杂草、枯叶、病叶和病株，修整畦沟。

②防寒：施越冬肥，地下茎部培土护根。对未收蕉套袋防寒。

③病虫害防治：继续注意香蕉黄叶病的病情，实时处理。

实践技能

实训 7-1　香蕉种类和品种识别

一、实训目的

通过对三大类香蕉的植株、叶片、果实的观察，掌握香蕉的主要形态特征和种类划分依据，识别当地主要品种。

二、场所、材料与用具

(1)场所：当地香蕉园。

(2)材料及用具：香蕉、大蕉、粉蕉代表品种的植株和果实，皮尺、卡尺、水果刀、放大镜、锄、铲等。

三、方法及步骤

1. 香蕉种类识别

(1)植株：香蕉植株生长健壮，大蕉植株高大健壮，粉蕉植株高大。

(2)假茎：香蕉假茎黄绿色而带紫褐色斑；大蕉假茎绿色；粉蕉假茎淡黄绿色。

(3)叶片：香蕉叶片阔大，叶柄粗短，叶柄槽开张，叶基部对称，斜向上，幼叶初出时往往带些大小不等的紫斑；大蕉叶宽大而厚，深绿色，叶先端较尖，基部近心脏形，对称，叶柄长而闭合；粉蕉叶狭长而薄，淡绿色，先端稍尖，叶基部不对称，叶背、叶鞘白粉较多，叶柄狭长，闭合。

(4)果实：香蕉小果弯曲向上生长，幼果横断面为五棱形，成熟时棱角小而呈圆形，果皮黄绿色，催熟时常有炭疽病斑点，使香味更浓，果肉更甜，皮较厚，果肉黄白色，无种子；大蕉小果大，果身直，棱角明显，果皮厚而韧，果肉杏黄色，柔软，味甜略带酸味，无香气，偶有种子；粉蕉果身近圆形而微起棱，果形较短小，成熟时果皮鲜黄色，皮薄微韧，但易开裂，果肉乳白色，柔软、甜滑。

(5)吸芽：香蕉吸芽紫绿色；大蕉吸芽青绿色；粉蕉吸芽黄绿色。

2. 香蕉主要品种识别

(1)植株观察：在蕉园现场，观察并记录当地主要香蕉品种的形态特征，将观察结果填入表7-1。

(2)果实观察：将叶、果实采回室内观察，将观察结果填入表7-1。

(3)识别香蕉主要品种。

表7-1 香蕉种类和品种记录

记录人： 时间：

形态特征			种类或品种					
			香蕉	大蕉	粉蕉	品种1	品种2	品种3	……
植株形态	假茎	高度、围径、颜色、蜡粉							
	叶身	形状、大小、颜色、叶基形状、蜡粉							
	叶柄	长或短、叶柄槽(闭合或开张)、蜡粉							

(续)

形态特征		种类或品种					
		香蕉	大蕉	粉蕉	品种1	品种2	品种3	……
果实	果形	果身形状、大小、长短						
	果实横断面	形状、棱角(是否明显)						
	果色	颜色、特征						
	果皮	厚薄、韧性						
	果肉	颜色、风味						
吸芽	假茎	颜色						
	叶身	颜色						

四、要求

(1)根据假茎、叶片及果实的形态特征差异对香蕉、大蕉及粉蕉加以区别。

(2)认识本地区3～5个香蕉品种特征。

实训7-2　香蕉生长结果习性观察

一、实训目的

认识香蕉植株各器官的形态特征，了解香蕉生长结果习性。

二、场所、材料与用具

(1)场所：附近香蕉园。

(2)材料及用具：刚抽花序的蕉株1～2株，雌花抽生数量已定的蕉株6～8株，成熟香蕉果指若干；皮尺、卷尺、刀、锄、天平、记录本。

三、方法及步骤

选一株生长正常、刚抽生花序的蕉株，连球茎、吸芽和根系完整挖掘，用水将植株地下部冲洗干净，然后对植株进行观察。

1. 地上器官观察

(1)叶片：叶片排列情况、形状、大小、叶脉、叶柄长短、叶翼、新叶抽生位置。

(2)花：花苞的形状，小花排列情况，雌花、雄花、中性花的形态及在花轴上的排序。

(3)果：果穗形态，果梳形态，果指外部形态及排列，成熟果指的大小、纵/横剖面、果肉色泽、种子有无、果皮厚度及韧性。

(4)假茎：高度、颜色、结构、质地、纵/横切面。

(5)果轴：形态、质地、长度、抽生位置。

(6)吸芽地上部：形态。

2. 地下器官观察

(1)地下茎：形态、大小、质地及其上着生的器官。

(2)根：粗度、颜色、质地、数量。

(3)吸芽地下部：不同抽生位置吸芽的大小和形态。

3. 生长结果习性观察

(1)逐片剥开1~2株抽生花序的蕉株的每一张叶鞘，计算此两株蕉株各自所抽生的叶片总数，了解蕉株抽生花序与其叶片数量的关系。

(2)在蕉园选择6~8株花序上雌花形成数量已定的蕉株并进行编号，记录各单株花序形成的雌花梳数，测量并记录各蕉株假茎离地面20cm处的周长、单株青叶数量和叶面积（单叶面积以叶长×叶宽的估算）。根据测量结果判断单株营养生长状况与单株产量的相关性。也可等到采收时分别称量原先已编号的各蕉株单株果实，再分析单株营养生长状况与单株产量相关性的显著程度。

四、要求

(1)测量不同种类香蕉未开花植株要在同一营养条件下进行。

(2)果实形状、假茎颜色和叶片形态是区别香蕉不同种类的主要特征，需要调查详细。

(3)香蕉营养生长与开花关系密切，需要认真调查香蕉开花前的叶片数量。

实训7-3　香蕉留芽与除芽

一、实训目的

掌握蕉类植株选芽和留芽的方法。

二、场所、材料与用具

(1)场所：附近香蕉园。

(2)材料及用具：7~8株已萌发吸芽的香蕉母株，锄头、钢钎、铁铲、手套。

三、方法及步骤

1. 留芽

(1)一年一造留芽法：根据下一年香蕉预计收获的时间确定留芽的时间（一般10~12月收获为正造蕉）。在母株有22~23片大叶时(8月)，即将花芽分化，此时留芽，吸芽对母株依赖不大。待吸芽高度30~40cm时选留假茎粗壮、叶片狭长呈剑形、生长位置合理的1~2个吸芽作母株接替株，其余挖掉。留芽时香蕉花穗或果穗下方的吸芽、畦面边缘的吸芽和"大叶芽"不留，留芽方向要求一致。

(2)两年三造留芽法：在收获一造蕉的当年留2次芽。步骤是：在收获一造蕉的当年2~3月留第一次芽，经过加强营养管理，经过6个月，在母蕉上留第二次芽，这样翌年4~6月收获一造，10~12月收获第二造。

2. 除芽

对不作母株接替株的吸芽全部铲除。除芽时，选用锄头或铁铲平地面将吸芽的假茎去除，然后用钢钎扎入吸芽球茎的生长点将其捣烂。5~8月每20d左右要除芽一次。

四、要求

（1）香蕉吸芽选择直接影响香蕉的成熟时间和产量，要认真观察吸芽的质量。

（2）两年三造留芽对管理水平要求比较高，需要加强水肥管理，培养高质量吸芽。

思考题

1. 简述香蕉花芽分化与香蕉叶片数量的关系。
2. 简述香蕉雌花、中性花和雄花与管理水平的关系。
3. 简述香蕉无病毒苗培育的意义。

项目 8 橄榄生产

学习目标

【知识目标】
1. 掌握橄榄的生长结果习性和生态特征。
2. 掌握橄榄优质栽培要点。

【技能目标】
1. 能够识别橄榄习性和品种。
2. 能够进行橄榄土肥水管理、整形修剪等操作。

一、生产概况

橄榄属于橄榄科橄榄属，原产我国南部地区。我国栽培橄榄的历史悠久，迄今已有2000多年，目前广东、广西、海南、云南（西双版纳）、四川（西昌地区）、台湾等地都发现有野生橄榄林。栽培橄榄的经济价值较高，在我国广泛栽培的橄榄有普通橄榄和乌榄，前者用于鲜食或加工，后者一般用于加工。

我国是世界上栽培橄榄面积最大、产量最高的国家，越南、泰国、柬埔寨、老挝、缅甸、菲律宾、印度及马来西亚等也有一定栽培面积。我国橄榄种植面积以福建、广东最大，其次为广西、台湾。此外，海南、四川、重庆、云南、贵州、浙江等地也有一定栽培面积。福建的主要橄榄产地是闽侯、闽清、莆田等地，其次是平和、长泰、南靖、华安、诏安、龙海、南安、永泰、仙游、宁德及福安等地；广东的主要橄榄产地是揭阳、广州等地；广西橄榄主要分布在南宁、玉林、合浦、平南等地；四川橄榄主要分布在江津、泸县、内江、宜宾等地；浙江橄榄主要分布在瑞安、平阳；台湾橄榄主要分布在南投、台东和彰化等地；云南的昭通也有栽培。

二、生物学和生态学特性

（一）生长习性

橄榄为橄榄属常绿大乔木，实生树树冠高大，树势强健，寿命长。一般实生苗定植7

图 8-1 橄榄植株

年开始结果,10年以后进入盛果期,经济寿命50年以上,但是100年以上的丰产树不多见(图8-1)。

1. 枝梢

橄榄一年抽2~4次梢,每次梢都是在前一次梢的顶芽上继续延伸生长。橄榄合轴分枝,生长顶端优势强,使橄榄枝条不断延长而分枝力不强。成年橄榄树一般年发3次梢,即春梢、夏梢、秋梢;当年生枝条,顶端绿色部分是秋梢,中间红褐色部分是夏梢,基部暗褐色部分是春梢。结果树一般年仅发2次梢,即春梢和秋梢;当年生枝条,前端绿色部分是秋梢,后端褐色部分是春梢。未结果的幼年树年可发3~4次梢,在暖冬年份,可发冬梢;当年生枝条,若抽4次梢,则最前端嫩绿色部分是冬梢,次前端绿色部分是秋梢,往下褐色、暗红色部分是夏梢,基部灰褐色部分是春梢。春梢有92%~95%是从上一年秋梢上抽生的,5%~7%是由上一年春梢侧芽上抽生的。从上一年春梢上抽生的称为侧枝。夏梢、冬梢是营养枝,春梢可成为结果枝,也可成为营养枝,秋梢是主要的结果母枝,春梢是其次的结果母枝。

2. 叶

橄榄的叶为奇数羽状复叶,互生,长15~30cm。有小叶7~13片。小叶对生,具短柄,长圆披针形,长6~14cm,宽2.5~5cm,先端渐尖,基部偏斜,两面网脉均明显,在下面网脉上有小疣状突起,表面浓绿,革质,有光泽,叶背淡绿色,侧脉及中脉有细茸毛。

3. 芽

橄榄一个节位上只有一个单芽,按其性质分为叶枝芽和花序芽。叶枝芽从夏、秋梢叶腋间萌发,较为细尖。花序芽从春梢叶腋间萌发,较为扁平。橄榄顶芽的顶端优势极强,侧芽萌发率低,基部芽几乎都是隐芽,成枝力弱。若将顶芽抹除,则侧芽具有很强的萌发力和成枝力。花序芽是混合芽,较肥大,芽顶钝圆形,萌发后抽圆锥花序。橄榄芽表面密被短而极细的茸毛,绿色或红色。芽伸出后,芽内表面也是密被同样的茸毛,所以橄榄有绿芽和红芽之分。橄榄芽还具有早熟性,一年能抽2~5次新梢,树冠易形成。橄榄的芽还具有潜伏力。橄榄枝干短截后,能由潜伏芽发生新梢,这是橄榄更新复壮的生物学基础。橄榄芽的潜伏力受树体本身营养状况和栽培管理的影响,条件好的隐芽潜伏力强,寿命长。

4. 花

橄榄花有雌花、雄花、完全花、畸形花之别。雌花花蕾粗圆,子房发达,3室,雌蕊健壮,花盘杯状,雄蕊花丝短,花药萎缩,结果性强;雄花花蕾细长,子房败育或无,花柱有或无,雄蕊发育完全健壮,花盘球状;完全花花蕾较长,顶端较圆,子房中位或下位,雌蕊粗壮,花丝长,花药健壮,结果性强;畸形花极少见,花蕾矩圆形,似由2~3个雄蕊并生而成,花萼6~9浅裂,花瓣6~12枚,雄蕊发育完全,10~12枚,无子房和花柱。

橄榄花小，长约 1cm，径 0.3~0.5cm。雌花序为总状圆锥花序，花序较雄花短，长 3~15cm；雄花序为聚伞圆锥花序，长 15~30cm。花微被茸毛或无毛，有短花梗，每 3 朵聚成一小穗，着生于花轴上。橄榄花萼杯状，3~5 裂，长约 3mm，复瓦状排列，绿白色；花瓣 3~5 枚，白色芳香，长约花萼的两倍；雄蕊 6 枚，无毛，着生于花盘边缘；花药为披针形，黄白色；花粉乳白色；雌花花丝基部全部合生，雄花花丝基部大部分合生，与子房之间有块蜜腺，呈橙红色；花柱短，柱头三棱，绿白色；雌蕊密被短茸毛，子房呈卵形，2~3 室，每室有胚珠两颗。橄榄开花有两类 4 种，一类是同株同花树，另一类是同株异花树。同株同花树有雌花树、雄花树和两性花树，共 3 种，同株异花树则同一树上有雄花和两性花。各类型花树所占比例依树龄不同有所变化。据研究，一般幼年树雌花比例较低，成年树雌花比例较高。

5. 果实

橄榄果实为核果，形状因品种而异，有卵圆形、椭圆形等，大小也与品种有关(图 8-2)。单果重 4~20g 不等，颜色初为黄绿色，后变为淡黄色，有的初为青色后变为青绿色，果肉白色带绿或淡黄色。果核两端锐尖，核面有棱，横切面圆形至六角形，内有种仁 1~3 粒。乌榄未成熟时青绿色，成熟后一般为紫黑色，果皮被白色蜡粉，少数品种成熟时果皮仍保持青绿色。

6. 茎干

橄榄树冠开展，可达 15m 以上，树干直立，外皮呈灰色，高可达 10~20m，胸径有的可达 2.5m。老树干常有灰褐色瘤状突起。

7. 根系

图 8-2　橄榄枝叶和果实

橄榄实生树主根发达，须根很少。实生苗定植时若主根被短截，种植后可在主根短截处长出 5~8 条侧根，大的侧根还可长出支根，小的须根长满根毛，并沿不同方向延伸，形成较好的根系结构。橄榄根的生长情况与土质及地势有关，种在土层深厚的山地，根深入土中；栽于水旁或地下有犁底层的山地土壤，根系大量分布在近地表处。据调查，干径 50cm 的橄榄树，在砂质土壤根深可达 5~8m，在丘陵地根深可达 4~5m；洲地橄榄主根离地 2m 处根径可达 20cm 以上，离树干 1m 处的水平根直径可达 20~25cm。橄榄根系强大，分布深，所以抗旱能力强。

(二) 结果习性

1. 结果母枝

橄榄的结果母枝有两种，秋梢和春梢。其中，秋梢是主要的结果母枝，占总数的 89%~92%；其次为春梢，占 8%~11%。多数的结果母枝是上一年的结果枝，或是生长比较充实的秋梢。据观察，结果母枝越粗，挂果越多。径粗 0.71cm 以上的每个结果母枝挂果 8~10 个，径粗 0.6cm 以下的每个结果枝挂果只有 3~4 个。

2. 结果枝

橄榄春梢为结果枝，由上一年秋梢或春梢抽生，这些春梢顶芽的性质为混合芽。结果枝从结果母枝顶芽抽生的占95%左右，由侧芽抽生的占5%左右，所以橄榄秋梢的顶芽是翌年结果枝的主要来源。据观察，结果枝的穗径越粗，挂果越多。穗径1.0cm以上，每枝挂果在10~12个，穗径在0.90cm以下的随着穗径的减小而减少挂果数。

3. 结果部位

橄榄外部结果十分明显，由外向内，结果枝数、结果枝平均长度和挂果数都递减。据调查，橄榄果实主要着生于枝条的最末三级。

4. 花芽分化

橄榄的花芽分化从3月下旬开始，到5月下旬基本结束，约需2个月时间。橄榄花芽分化是连续的，在同一枝梢上的花芽分化是从下端到上端，同一花序上的花芽分化是从基端到顶端，同一株树不同方向、部位的花芽分化阶段有互相交错的现象，不同品种分化时间有差异。橄榄雄花、完全花一般3朵并生成一小穗，中间1朵先开，旁边2朵后开；雌花多单生，也有2朵并生，3朵并生的较少。橄榄花芽分化顺序为：花序总轴原基—花序侧穗原基—小形聚伞花序原基—花原基—花萼—花瓣—雄蕊—雌蕊—花粉粒。

5. 开花结果

一般是4~5月从结果母枝先端抽生结果枝，待长达10cm左右时，从结果枝的叶腋间或顶端抽生花序。5月底开花，6月上旬盛开。不同品种花期长短不一，需要24~37d。橄榄单朵花现蕾3~5d，开花至谢花4~5d。开花后1~3d是授粉的有效时间，尤其第二天受粉能力最强。受粉8h，花粉管还停留在柱头上，尚未进入花柱；受粉后20h，花粉管才有部分到达子房完成受精；32h后，大部分完成受精；48h后，绝大部分完成受精。橄榄花粉的萌发率较低，仅为12.67%~30.17%，因树势和开花期不同而异，始花期的花粉萌发率较低，而盛花期则较高。

橄榄的花序有3~4级花穗分枝，不同品种间形成花序需18~50d，差别很大。一级花穗从3月下旬至4月中旬抽生，二级花穗从4月中旬至5月上旬抽生，三、四级花穗从5月上旬抽生。两性株的总状花序是自下而上逐步开放的。花序的小穗则中央一朵先开，旁两朵后开。或当中央的一朵花将开放时，两旁的花逐渐凋萎而不能开放。每一花序有花10余朵，多至200~300朵，但能结果的不到1/10。

花轴长短因嫁接与否而不同，实生树花轴长在30cm以上，多雄花，很少结果；嫁接树花轴短，长仅10cm左右，两性花多，结果也多。橄榄开花后若授粉、受精不良，花谢后7d便开始大量落花、落果。壮旺的幼树抽夏梢也会引起落果。橄榄花谢后1~2个月是果实迅速膨大期，8月后核陆续硬化，早熟种为9月至10月中、下旬成熟，10月可采收，中熟种为10月中、下旬至11月上、中旬成熟，晚熟种为11月下旬以后成熟。

（三）对环境条件的要求

橄榄以年平均气温20~22℃生长最适宜，年降水量1200~1400mm可正常生长，对土壤要求不严，尤以土层较深厚，土质中等肥，排水良好，pH 4.5~5.0的土壤为宜。

1. 温度

温度是决定果树经济栽培适宜区的主要因素,除年平均气温外,果树易受到极端最低气温的影响。橄榄原产于我国南部,喜温暖的气候,气温过低,橄榄易受冻害,不宜进行经济栽培。据调查,福建年平均气温 19.7℃ 以上,≥10℃ 年活动积温 6450h,日极端低温 -3℃ 持续时间不超过 3h 连续出现不超过 3d 的地区,均适宜发展橄榄。我国栽培橄榄的地区最北到浙江温州的瑞安、平阳,均在 28.2°N,年平均气温为 18.6℃,但冬天受冻害,生长、结果都不好。在福建仅限于沿海地区栽培,北部因气温低,不见有橄榄栽培;广东英德以北也很少栽培。

2. 水分

水分是果树生命活动中不可缺少的环境条件之一。橄榄的主根发达,抗旱力强,但喜湿润,忌积水。橄榄长期浸水,轻则烂根,生长不良,重则枯死。橄榄在年降水量 1200～1400mm 地区即能正常生长。福建是全国多雨省份之一,但是降水不均,大部分降水集中在春、夏两季。橄榄在 5 月底开花,5～6 月若降水过多,不利于授粉,会导致严重的落花落果,降低坐果率。7～8 月幼果长大时,需要适当的降水量。福建、广东 4～5 月多雨,秋冬少雨,基本上能满足橄榄生长结果的要求,但秋旱对果实生长不利。

3. 土壤

橄榄对土壤要求不严。只要不是潮湿黏重和盐碱地土壤,从江河沿岸到丘陵山地,pH 4.5～6.5 的地块均可种植。但一般土层深厚、水位低、通透性好、有机质含量 1.5% 以上、pH 5～6.5 的地块,生长结果最好。

4. 光照

光对果树的生长发育和光合作用等生理活动起着重要的作用。充足的日照能提高光合作用效率,增加糖类的积累,促进根系和枝梢健壮生长、叶厚浓绿,为开花结果打下营养基础。橄榄虽耐阴喜光,但是在光照比较充足的环境进行高产优质种植较好。需注意的是,橄榄特别是幼树忌暴晒。

5. 地势、坡向

橄榄适于山地栽培,因山地一般排水通气较好,山地种植的橄榄根系深,树龄较长。山地还可以形成适宜的小气候,利于橄榄栽培。如利用山坡逆温层发展橄榄,可以减轻冻害。海拔高度主要关系到气温和霜冻,海拔每升高 100m,气温就降低 0.4～0.6℃。随着海拔的升高,温度降低,霜冻变重。只要海拔高度不足以对橄榄造成冻害,均可以种植。

山地坡向直接影响日照量、温度、水分、风等,间接影响到橄榄树势、产量、果实外观及品质。南坡日照时间最长,光量最多,在低温地区一般是最优的坡向。但是在高温地区夏季南坡升温快,土壤表层的细根常受灼伤,强光照射又造成旱害,橄榄常出现大小年现象。在低温地区,北坡常因冬季日照少,气温不足,而容易使橄榄受到冻害。

6. 风

风对果树的影响既有有利的一面,也有有害的一面。微风可以促进空气流动,提高光合效率,减少病害,还会对橄榄树起着传递花粉的作用。在强日照时,微风可降低叶温,避免日灼。但是在强风影响下，蒸腾作用加剧，水分失去平衡，光合作用下降，会严重影响橄榄的生长。风和热带风暴对橄榄果实的危害最大，大风可导致大量落果。沿海地区果实成熟季节常有热带风暴袭击，台风带来的8级以上风暴常造成橄榄大量落果、断枝。

三、种类和品种

(一)主要种类

橄榄属有100余种，其中有栽培种和野生种30多种(表8-1)。

表8-1 橄榄属主要的种类

序号	学名	中文名	原产地	序号	学名	中文名	原产地
1	Canarium album	橄榄、白榄	中国	14	Canarium ovatum	菲律宾榄	
2	Canarium pimela	乌榄	中国	15	Canarium parvum	小叶榄	中国（云南河口）
3	Canarium amboinenensis	爪哇橄榄		16	Canarium polyphyllum	多叶橄榄	
4	Canarium commune	爪哇榄	摩洛哥	17	Canarium purpuroscens	紫色橄榄	
5	Canarium bengalense	方榄	中国（广西、云南）	18	Canarium rufum	红榄	
6	Canarium denticulatum	细齿榄		19	Canarium secundum	侧榄	
7	Canarium edule	非洲橄榄		20	Canarium subulatum	毛叶榄	中国（云南西双版纳）
8	Canarium grandiflorum	大花橄榄		21	Canarium tonkinense	越南橄榄	中国（云南）
9	Canarium littorale	海滨榄		22	Canarium vulgare	普通橄榄	
10	Canarium luzonicum	吕宋榄		23	Canarium willamsii	韦氏榄	
11	Canarium moluccanum	马六甲橄榄		24	Canarium yunnanense	云南榄	
12	Canarium nigrum	黑榄		25	Canarium strictum	滇榄	中国（云南西双版纳）
13	Canarium nitidum	小榄		26	Canarium zeylanicum	锡兰榄	

(二)主要栽培品种

我国生产上使用的橄榄主要品种有50多个。福建主要有'檀香''安仁溪檀香''檀头''霞溪本''厝后本''糯米''惠圆''自来圆''小自来圆''黄大''大立黄''长梭''长穗''长营''黄皮长营'等28个品种；广东主要有'茶窖榄''猪腰榄''鹰爪指''尖青''凤湖榄''三棱榄''冬节圆''丁香榄'等14个品种；广西主要有'福州橄榄''青皮橄榄'等品种；台湾主要有'台湾榄''泰国榄'等品种。

1. '檀香'（又名'莲花座'）

福建闽侯主栽优良品种。该品种是檀香品种群的代表品种。果实较小，青绿色，卵圆形，中部较肥大，基部圆平，有时微凹，成熟时有褐色放射状条纹，果顶圆突，花柱残存、有黑点。果实纵径3.17cm，横径2.08cm，平均单果重7.65g。果肉淡黄色，厚度1.01cm，可食率77.91%。果核梭形，较小，棱明显，平均重1.69g。小叶短椭圆形，全缘，尾尖，不对称。圆锥花序，粗短，6.8~8.3cm，属短花序类型。开雌花，花蕾粗圆饱满。花单生居多，也有2~3朵并生。5月下旬开花，果实11月上旬成熟，属于晚熟品种。该品种肉质清脆，浓香味甜，嚼后回甜，无涩味，纤维少，品质上等。

2. '安仁溪檀香'

产于福建闽清安仁溪。从檀香品种中筛选出的优良单株选育而成，属于檀香品种群。果实中等偏小，青绿色，果皮光滑，果基微突，连接果蒂处呈橙黄色，有放射状五裂纹，果顶平或微凹，花柱宿存突起、有小黑点。果实纵径2.67cm，横径2.03cm，平均单果重7.7g。果核梭形，平均0.5g。果肉淡白色，可食率76.1%，品质极佳。该品种肉质清脆，香味浓，味甜，回味极好，纤维少，最适鲜食。

3. '檀头'

产于福建闽侯、闽清。该品种为檀香实生后代，属于檀香品种群。果实卵形，较小，纵径2.56cm，横径1.94cm，平均单果重5.23g。果基部圆突，有不明显的褐色放射状条纹，果顶圆突，花柱残存成黑点。果皮光滑，青绿色，有时呈黄绿色。果核纺锤形，较小，中部肥大，棱较明显，平均重1.33g。果肉淡黄色，可食率74.57%，肉质较粗，纤维多，有涩味。圆锥花序，花序粗壮，长8.10~12.98cm。开雌花，花蕾粗圆，花单生或2~3朵花并生，5月中旬现蕾开花。果实10~11月成熟。该品种质地和香气都不及'檀香'，但个别品质优良者与檀香不相上下。

4. '霞溪本'（又名'下溪本'）

福建莆田的主栽优良品种。果实长纺锤形，两端尖而长，顶部较突出，果基部有褐色呈血丝状的短条纹。果实纵径3.09cm，横径1.93cm，平均单果重7.6g。果皮光滑，成熟时淡黄色。果肉黄色，较厚，可食部分占78.3%，质较粗，纤维较多，有香味，微涩，但嚼后有回甜而带咸味。核梭形，中等大，平均重1.65g。树干和枝条都较直立，结果枝上有7~8个花序，花序长6.5~8.0cm，属短花序类型，花以单生为主。比较早熟。该品种产量高，大小年结果不明显，品质好。

5. '厝后本'

分布在福建莆田、仙游等地。果实多呈卵形或广椭圆形，果顶小而基部较大，稍有凹入。果实纵径3.43cm，横径2.19cm，平均单果重9.5g。果皮平滑，黄绿色。果肉白色，可食率78.5%，质地较细，汁多，鲜食带酸味，嚼后转清爽。果核中等大，平均重2.04g。结果枝上着生花序5~6个，簇生于先端。花序粗短，长度1~2cm，属短花序类型。花以单生为主。品质中等。

6. '糯米'

分布在福建莆田、仙游。果实小，平均单果重5.5g，椭圆形，两端较尖，纵径3.44cm，横径1.76cm。果皮有光泽，成熟时黄白色。果肉白色，质地细致，纤维少，汁较多,有香味,回甜好,可食率76.5%,为鲜食上品。每花穗有4~5个花序,花序较细短,长4~6cm,属短花序类型。花以单生为主,个别2朵花并生。该品种是从实生树中选出的优良鲜食品种,不耐贮藏且产量较低。

7. '茶窖榄'

主产于广州地区。果小,果身短而阔,纵径3.0cm,横径2.2cm。果肩有暗灰色点散布果面,成熟时果皮青绿色。肉质细致、爽脆,纤维少,肉核易分离,甘香,无涩味,嚼后回甘。成熟期10~11月,是广东的鲜食最优质品种。

8. '猪腰榄'

主要分布在广州郊区。果形狭长,两端稍弯,形似猪腰,纵径3.4cm,横径1.7cm。成熟时果皮青绿色,有黑色痣点散布于果面。肉质脆,味甘香,无涩味。核较小。成熟期10~11月,成熟后挂在树上不易脱落。该品种果肉品质优良,但产量较低。

9. '鹰爪指'

分布在广东。果穗大,果较小。肉质略韧,稍有涩味。较耐贮藏,耐风雨。果实不易脱落,成熟果实留在树上可延至翌年2月采收。丰产。

10. '尖青'(又名'蜜枣核')

分布在广东。果身细长,两端较尖。核尖,核细。肉脆,稍有涩味。品质和产量中等。

11. '凤湖榄'

分布在广东揭西,是揭西的著名地方良种。果形近似腰鼓状,基部平钝,果可竖立,果顶钝而微凹,常有3条浅裂沟和残存的花柱成小黑点突起。果实纵径3.7cm,横径2.56cm,平均单果重14.0g。核棕黑色,平均重1.6g,肉与核易分离,可食率88.5%。每100g果肉含钙282mg,可溶性固形物含量12%,肉质酥脆,香甜,无涩味,多汁,回味甘。成熟期为9月中旬至11月上旬。本品种早熟,耐肥,丰产、稳产,果大,品质上乘,中秋节可应市,为早熟鲜食橄榄良种之一。耐贮藏,成熟后也可留树至春节前后采收。主供鲜食,也可加工。

12. '三棱榄'

分布在广东,是潮阳著名地方良种。耐旱、耐寒。果倒卵形,黄色,基部圆,果顶有三条明显的浅裂沟和黑色突起的残存花柱。平均单果重10.2g,果实纵径3.68cm,横径2.21cm。果皮光滑。果核赤色,平均重1.2g,肉与核不易分离。果肉黄白色,肉质酥脆、化渣,味香不涩,回味甘。每100g果肉含可溶性钙334mg。成熟期10月,留树保鲜性能好,成熟果留树至翌年2~3月而不易脱落。耐贮藏,品质特优。主供鲜食,也可加工。

13. '冬节圆'

分布在广东,主产于广东普宁等地。果实长椭圆形,平均纵径3.4cm,横径2.1cm,平均单果重9g左右。果皮黄绿色。果肉脆,纤维较少,化渣,甘甜,回味浓,肉核不易分离,可食率80%,含全糖2.27%、酸1.41%、可溶性固形物12%。果实8~10个月成熟。该品种品质优良,果实主要鲜食,也可用于加工,在适宜区可推广。

14. '丁香榄'

分布在广东。果实长椭圆形，纵径 3.71cm，横径 2.25cm，平均单果重 7.5~8g。果皮黄绿色。果肉脆，化渣，有香味，品质较佳。果核平均重 2.2g。该品种果实可食率 78.0%，每 100g 果肉含钙 330mg，可溶性固形物含量 11%。成熟期 11 月上旬。

15. '台湾榄'

台湾本地品种。果实椭圆形，果顶稍尖。纵径 3.3cm，横径 2.2cm，平均单果重 9.0g。果皮深黄色。果肉浅黄，可食率 78%。味酸甜，涩味少，有浓香，回味甜。有红心本地种、青心本地种和实生野生种等品系。

四、育苗与建园

(一)育苗

过去，橄榄育苗采用压条和扦插繁殖，但长出的苗木根浅，不耐旱，忌风。目前，生产上常采用的橄榄苗木繁殖方法有实生苗繁殖、嫁接繁殖。

1. 实生苗繁殖

实生苗即直接用果实的种子播种育成的苗。虽然实生苗变异较大，结果较迟(常规管理 7 年以后才会结果)，但是目前不少地区仍采用实生苗定植。

(1)砧木种子采集

要采选母树树冠外围中上部、大小一致、充分成熟的果实取种子。一般要到立冬后采收，此时果核才充分硬化，种胚发育健全。采收后先脱肉取核，洗净晾干，然后将种子进行层积处理来完成后熟阶段。种子经过层积贮藏处理后，发芽率高、出苗整齐、苗木粗壮。

(2)播种

①常规育苗播种　常规育苗在 2~3 月进行，园地按行距 30cm 开浅沟，并追施过磷酸钙或腐熟人粪尿，松土后按株距 20cm，倒放 1 粒层积过的种子，播种深度 1~2cm。为了在苗期能及时做好补苗工作，可利用园地四周空闲处按株距 5cm 左右撒播一些种子，播种后及时盖上 2cm 厚的蘑菇土或土杂肥，再覆盖地膜或稻草。

②塑料营养袋育苗播种　塑料营养袋育苗在 3~4 月进行，取出层积的种子经太阳晒后，用 75~80℃的热水浸 30s，再倒入冷水中浸 1~3h，进行播种，每袋放 1 粒种子，倒播(种子胚芽朝下)或平播入土(深 1~2cm)，上盖 3cm 蘑菇土或火烧土，再盖上一层地膜或稻草，以增加土壤的温度、湿度和防止土壤板结。营养袋用厚度为 0.2mm 的塑料薄膜制作，直径 12cm 以上，长 20cm 以上。营养土要取肥沃稻田土、火烧土和腐熟堆肥以 5:3:2 的比例混合，加入 2% 钙镁磷肥拌匀。将配好的营养土拌入少量的杀虫剂和杀菌剂进行土壤消毒，搅拌均匀后用不透气的材料覆盖 3~5d，翻拌无气味后即可使用。营养袋装土后每 10 袋紧密相靠为一行，行距约 20cm，行与行之间用一般土填充成畦。

③两段育苗法播种　目前，福建地区橄榄生产主产区一般采用这种育苗方式。这种方法育出的橄榄苗生长粗壮、整齐，须根发达，定植后起苗快，成活率较高，而且种植后有

矮化、早产、丰产的表现。具体操作是：2～3月取出沙藏的种子，用60～70℃热水浸0.5min，再用冷水浸2～3h，然后播种。一般每次撒播种子2.5kg。将种子均匀地撒播在苗床上后，用木板压平，然后覆盖一层细沙，其厚度以不见种子为宜，再覆盖稻草，浇一次透水。播种后，在苗床上搭好弓形竹架，盖上塑料薄膜，以利于保温、保湿，促使种子提早发芽。橄榄幼苗出土后15d，待长出3～5片真叶时，即可移植上袋。移植前先在沙床浇透水，起苗时用竹签将芽苗轻轻撬起，尽量不伤须根，使根系多带细土，随起苗随移苗入袋。移植时先用竹签在容器袋中央打孔，然后将幼苗放入栽植孔，用手在苗旁回土压实，使根土密接，防止栽植过深、窝根、断根或露根。移植后随即浇透水，以提高成活率。移植宜在傍晚进行。

(3)苗期管理

播种后30～50d种子即可发芽出苗，嫩芽刚露出土面时，要及时揭去覆盖物，地膜覆盖的要揭破膜孔让其出苗。苗期着重做好以下田间管理工作：

①中耕除草 苗圃地除草要及时，有草就要拔。如果拔迟了，不但杂草与苗木争夺养分，而且拔除时还会松动幼苗根系，导致死苗。用地膜覆盖畦面的苗圃，杂草很少，不需要中耕除草，可省去很多人工，降低管理成本。营养袋育苗最好用手拔草，不要用锄头除草，以免营养袋破损。

②间苗、补苗 1粒橄榄种子可长出苗1～3株，因此，苗期要间苗1～2次。当幼苗长至2～3片真叶时可进行第一次间苗；第二次间苗在苗高20～25cm时进行，对2株以上去弱留强。要及时检查成活情况，发现死苗要及时补苗。

③施肥 待苗长出2～3片真叶时可淋施5％左右的腐熟人粪尿薄肥，此后每隔15d施一次，浓度可以逐渐增高，但是千万不要太浓，以免烧根。不宜用尿素追肥，否则很容易造成苗木徒长或烧根。

④水分管理 橄榄苗期不耐旱且怕涝，尤其营养袋育苗更为明显，遇晴天干旱要及时灌水，遇雨天要注意及时排水。

⑤病虫害防治 橄榄苗期主要病虫害有炭疽病、叶斑病、叶枯病、枯斑病、橄榄星室木虱、金龟子、松毛虫等，危害芽、叶。可选用50％多菌灵可湿性粉剂800～1000倍液、0.6％波尔多液、40％氧化乐果乳油1000倍液或50％敌百虫可溶性粉剂800～1000倍液等进行防治。

⑥防霜冻 橄榄喜温，怕寒畏冻，特别是苗期和幼树更不耐霜冻。因此，在冬季来临时，苗圃必须搭棚遮盖，预防霜冻，以保护幼苗安全过冬。福建产区一般在3月中旬后就可以拆除棚架。

2. 嫁接繁殖

(1)砧木培育

可利用塑料袋培育苗木。径粗1.5cm以上的砧苗，可在苗地嫁接成活后培育1年再起苗移栽，这样嫁接效率高，容易管理。也可先将小苗定植，成活后再进行嫁接。

(2)选取接穗

要在品种优良、高产稳产的壮年结果树上选接穗，以树冠外围中上部1～2年生、粗细适中、组织充实、枝条圆直、表皮光滑、芽眼饱满的结果枝为佳。枝条剪下后即去叶留柄,用湿布包好,切忌损伤芽眼和皮部。做到随采随接,尽量缩短存放时间。一般一个接穗可接2~5株砧苗。也可每50个或100个扎一捆,挂好标签,注明采集地点、品种和日期,用塑料薄膜或其他保湿包装材料包好,以保持水分。贮藏期不超过2d,且贮藏过程要经常开包通气、检查,并剔除腐烂接穗,防止蔓延。

(3)嫁接时间

橄榄嫁接成活率高低与气候条件关系很大。一般选择春季嫁接,即3月下旬至5月上旬,气温稳定在15~20℃时,在无风晴天嫁接,可显著提高嫁接成活率。这期间树液开始流动,芽穗正处于萌发前期,有利于嫁接伤口迅速愈合和接穗萌发成活。若嫁接太迟,即使嫁接成活,剪砧后进入秋旱季节,也影响苗木的生长。

(4)嫁接方法

橄榄嫁接育苗常用的方法有腹接、切接和芽接。

①腹接 相对于切接和芽接,橄榄腹接的成活率最高。在接穗的下方斜切一刀,斜面长2~3cm;然后翻转穗条把芽眼转向上方,在芽的下端又削一刀,长0.5~1cm;在留有2~3个饱满芽的上端5~10cm处剪下,即为一个接穗。切好的接穗要放入水中,尽量避免氧化。嫁接部位选在砧木树干平滑的端面,高度一般在10~30cm。先由上而下斜切一刀,切口长度3.5cm左右,比接穗削口略长0.5cm,深处应带有少量木质部,呈上浅下深的斜面。把削好的接穗对准砧木形成层插入切口,如果砧、穗大小不一,一定要有一边形成层对准,使其紧密贴合无缝隙。然后拿一小团脱脂棉包在嫁接处,再用薄膜条由下往上一圈一圈地包扎,最后打一结即可。

②切接 选粗度0.8cm以上、生长健壮的砧木,在距地面15~30cm处留5~7片叶片剪去顶部,再用嫁接刀在剪口断面约1/3处以稍伤木质部向下且略向内斜切一刀,切口深约2.5cm。在接穗下端,削成1.5~2.0cm的长削面,微露木质部,长削面与接穗呈20°角;在其相对一侧削成0.5~1.0cm的短削面,短切面与接穗呈30°~45°角;削面上部留1~2个芽眼(芽眼以处于两削面之间为佳),将接穗切断。将接穗插入砧木的切口内,使接穗的长削面与砧木切面形成层对准后,拿一小团脱脂棉包在嫁接处,然后用宽1.5~2.0cm的塑料薄膜带在接口处捆扎2~3圈后将薄膜带向上捆扎,盖住接穗及砧木切口,微露出芽眼。如果接穗与砧木的粗度不同,使一边形成层对齐则可,并封严砧木和接穗上部切口,使两者形成层密切接合,防止雨水侵入。脱脂棉能吸收伤流液,并起保湿作用,提高嫁接成活率。

③芽接 即先用左腕将砧木压斜,同时左手握接穗,右手拿刀,在芽上0.7~1.0cm处横切一刀,宽度达接穗圆周的3/5,深达木质部,再在芽的下部1.0~1.5cm处斜向由浅入深削进木质部达横切口的地方,深度入木质部的1/3,然后用左手拇指与食指将芽剥下,芽片呈盾片形状,长2.0~2.5cm,宽0.6cm。随即选砧木表皮光滑的一侧,在离地10~15cm处用抹布将嫁接部位擦干净,先横切一刀,宽度不超过砧干周的1/2(要与芽片宽度相适应),再在垂直于横切口的中心竖切一刀(长度要与芽片长度相适应),用刀尖向左、右两边拨弄,微微撬开皮层,左手迅速将芽片插入切口中。砧木与接穗互相密接后,随即拿一小团脱脂棉包在嫁接处,使其能吸收砧木伤流,提高成活率,然后用宽1.5cm左

右的薄膜带把伤口扎紧,并把整个接穗包紧。绑时注意将芽片上留下的叶柄和芽外露。

(5)嫁接后管理

嫁接后20d左右检查成活率。若成活率太低,未成活的要及时补接,尽可能在嫁接后1个月内补接完毕。嫁接成活剪砧后,正值高温多湿季节,砧芽容易萌发生长,要及时抹除。同时要注意防霜、防冻和及时防治炭疽病、叶斑病、叶枯病、枯斑病、橄榄星室木虱、金龟子、松毛虫等病虫害。结合病虫害防治进行叶面喷施0.2%~0.3%尿素+0.2%~0.3%磷酸二氢钾2~3次,促进嫁接苗快速生长。经常清除园内杂草,适时施用肥料,争取当年长3次梢,培养成高50cm以上的壮苗,即可出圃种植。

3. 苗木出圃

(1)苗木质量标准

①营养袋实生苗质量标准 根据福建省地方标准,橄榄营养袋半年生实生苗要求高15cm左右,具真叶3~5片,生长发育正常,营养袋完整;营养袋一年生实生苗高40~60cm,主干离土面10cm处径粗达到0.6cm以上,生长发育正常,营养袋完整。符合上面条件的各类苗均为合格苗。

②嫁接苗质量标准 要求品种纯正,生长健壮,主干直立,有2~3个分枝,根系发达,嫁接口愈合良好;嫁接口上5cm处茎粗1.0cm以上,嫁接口以上苗高50cm;整形带内有3~4个发育饱满的芽,且叶色浓绿,秋梢成熟,无冬梢,无检疫性病虫害。

(2)起苗、包装

橄榄苗一般春、秋两季出圃定植较多。若用营养袋育苗,因根系完整、不易损伤,随时可出圃定植。

①带土起苗 带土起苗应在晴天进行。起苗时保留直径10~12cm、高15~20cm的土团。起苗后立即剪去2/3的叶片,然后用稻草包扎。带土起苗根系损伤少,生长恢复快,定植成活率高。

②不带土起苗 起苗前先灌透水再起苗。如果不先灌水,挖苗时易损伤须根,而且增加挖苗难度。起苗后剪去1/2~2/3叶片,再用黄泥浆根。

(3)苗木检验

采用随机抽样方法,从总苗数中取3%,但不少于50株,测量苗高、茎粗、侧根条数、根长,检查品种纯度、嫁接愈合情况及有无病虫害。

(4)包装运输、存放

按50~100株包成一捆,若需远运则用塑料薄膜(或袋)将根部包裹。挂塑料标签,注明产地、生产单位、品种名称、级别、数量、出圃时间等。

苗木不要堆得过高,要通风透气,防止重压、日晒、雨淋。到达目的地后立即竖立放置于阴凉处,并及时定植。

(二)建园

1. 园地选择和开园

参照龙眼建园。

2. 定植

(1) 定植前准备

橄榄是深根性果树，根系分布比较深广。由于山地土壤贫瘠、板结不透气，要种好橄榄，就必须对土壤进行改良。首先应按已定的种植方式和株行距确定植穴的位置，并在定植穴的中心点插上竹竿作标记。定植穴长、宽各1m，深0.8m。挖穴时，应将表土和底土分开堆放。定植穴挖好后，底层分层施入足够的绿肥、豆秆或杂草等，并撒上石灰，中、上层再分层施入饼肥、磷肥及足够的土杂肥。一般每株施绿肥或豆秆等30～40kg、饼肥3～5kg、石灰0.5～1.0kg、过磷酸钙0.5～1.0kg、土杂肥30～50kg。将定植穴所有挖出的土全部回填。覆土时先覆表土，后覆心土。由于土壤疏松，最后的填土要高出地面30～40cm。回穴填肥工作最好在定植前2～3个月完成，让基肥充分腐熟、穴土沉实后栽植。

(2) 定植时间

传统的橄榄种植时间一般在春季。营养袋小苗定植有春植和秋植两种。春植一般在清明前后，此时雨水较多，有利于成活，但苗木植后未长根而先长梢，越夏时，常因苗木根系吸收水分不足以供应梢的生长而导致死亡，影响春植成活率。近年来，也有采取在10月中、下旬秋梢生长停止后秋植，这样根可在秋、冬季生长，到春季枝梢生长时，苗根已经有能力吸收足够的土壤水分以供应枝梢生长需要，能提高栽植的成活率和速生快长，有助于顺利地越过酷夏。在无霜地区，从秋梢生长结束后到春季新梢萌发前均可栽植。但秋植时若遇到秋旱要注意浇水和用杂草覆盖树盘，以保持土壤湿度，防止因失水而死苗。

(3) 定植方式和密度

合理密植可以充分利用阳光和土地，提高单位面积产量和经济效益。目前大面积生产常用种植方式有两种。

①永久性定植 从长远考虑，根据橄榄树龄长、树体高大、要求良好通风透光的特性，株行距较宽，一般为(5～6)m×(6～7)m，每亩栽植16～22株。平地果园土地较肥沃，水源充足，橄榄生长较快，大多采用该种植方式。

②计划密植 把定植树分为永久树和计划间伐树，计划间伐树也为橄榄树本身。开始栽植密度较大，株行距为(3～4)m×(4～5)m，每亩植33～56株。定植时株数为永久树的2～3倍，以增加株数争取早期产量和经济效益。当枝条交叉影响永久树生长和结果时，即有计划进行回缩修剪、间伐或移植，以保持永久树继续正常生长和获得更高产量。

(4) 定植方法

①大苗定植 即采用经3～4年甚至6～7年培育、径粗4～5cm的大苗，在立夏前后，于起苗前7d先对苗木进行剪枝、去叶，然后在主干地面1.2～1.5m处截顶。待伤口愈合后，深挖根部，尽可能保留侧、须根，主根留50～60cm短截。为防止根部因断根引起伤流，伤口需用明火烤(烘)焦(注意不能用火直接烧根)。移苗时，为了防止蚂蚁危害和防风吹日晒失水，大苗主干离地面5～6cm以上用稻麦秆紧密包扎。大苗裸根移植一定要先用黄泥浆根再栽植，栽植时先把表土填入种植穴，层层用脚踏实，务必使根系与填土紧密结合，然后淋足定根水。切忌大力踩踏，以免伤根。这是一种传统的种植方法，此种方法定植1～3年即可初产，成园和投产快，单株产量迅速提高，经济效益明显，但成活率低，

仅20%~50%，且费工、费劳力。

②营养袋小苗定植　目前生产上推广此方法定植，成活率高，可达80%~90%。但若是实生苗，种后要7年以上才能结果，果园投资管理期长。营养袋小苗定植起苗时要剪掉1/2~2/3叶片，并要注意断掉伸出营养袋的主根，顶芽较嫩部分也可适当短截。定植时将袋苗放入定植穴内后将营养袋割破，将小苗摆正扶直，然后填入表土，用手分层压实，并淋足定根水即可。如果在风力较大的地方种植，设支柱固定苗木，避免苗木因摇动伤根。可用20mg/kg的萘乙酸或50~100mg/kg的ABT生根粉每株浇根200mL，能显著地提高栽植成活率，并能促进苗木成活后迅速生长。

(5)植后管理

晴天干旱每2~4d淋水一次，保持土壤湿润；雨水多时，要注意排水，防止积水烂根。若发现有橄榄木虱、橄榄小黄卷叶蛾、金龟子等害虫咬食叶片，蛴螬、白蚁食根，要及时施药灭虫。种后1个月，检查成活与否，若植株没有成活，要及时补种。

五、果园管理

(一)幼年期管理

1. 肥水管理

加强植后管理，遇旱每2~3d淋水一次，经常性松土、除草和追肥。定植后一个月开始施薄肥，以后坚持"一梢两肥"，即在新梢萌芽和转绿时各施一次肥，肥料必须腐熟，以氮肥为主，配少量磷肥。在新梢抽出期间遇旱需淋水或灌水保持土壤湿润，多雨季节需注意排水防涝。冬季应扩穴施肥，在植穴外侧挖深50cm的施肥沟，然后施入农家肥15~20kg、钙镁磷肥0.5kg、饼肥5~10kg，并逐年扩穴，增加施肥量。定植2~3年的幼树，追肥次数可减少，每年追肥3~4次，施肥量和浓度比第一年增大，每株每次除粪水外，增施复合肥0.2~0.3kg，注意磷、钾肥配比，防止偏施氮肥。随树冠增大，树穴逐年外扩，不断更换施肥方向。

幼年橄榄根系浅，要注意保持土壤滋润。幼树抽发新梢时需要较多的水分，田间土壤要保持适当的水分。抽梢期间遇天气干旱，轻者影响枝梢萌发，重者导致植株枯死，因此要及时引水灌溉。橄榄根系忌积水，积水容易引起烂根。因此，在雨季，若果园有积水现象，要及时做好排水工作。

2. 土壤管理

(1)树盘覆盖

树冠滴水线以内为树盘，树盘内勤中耕，严禁间作。一般幼树可采取树盘覆盖的方法，在高温干旱、暴雨季节，以及秋、冬干旱季节，利用杂草、稻草、树叶等材料覆盖在树盘上面，厚度视材料多少而定，一般为10~15cm。覆盖树盘，在高温干旱季节可以降低地表温度3.4~3.6℃，避免高温灼根；在冬季可以提高土温2.3~3℃，从而缩小土壤的季节温差、昼夜温差及上层与下层的温差。覆盖可以减少土壤的水分蒸发，提高土壤含水量；可以减弱雨水对表土的冲刷，保持土壤疏松；可以提高土壤有机质和有效养分含量，利于土壤微生物活动；可以减少中耕除草的劳力。

(2)培土覆盖

可以增厚土层，保护根系，增加营养，改良土壤结构。培土工作要每年进行，土质黏重的应培砂质较多的疏松肥土，含砂质多的可培河泥、塘土等较黏重的肥土。培土量的多少视植株大小、劳力状况而定，大树多培，小树少培，每株培200～1500kg不等。培土多在冬季至初春进行，培土前先行中耕松土。

(3)间种

橄榄树种植株行距比较宽，根系也较深，投产前可选择经济价值高、耗水量少的矮秆植物合理间套种。

3. 整形修剪

培养优良的树体结构是橄榄丰产稳产的基础。幼龄橄榄若不进行整形修剪，会导致枝条稀疏，树形松散，影响早产丰产。

幼龄橄榄的整形修剪具体如下：橄榄小苗定植1年后，经过良好的培育，可长至1.5～2.0m。第二年春梢萌发之前，在1.0～1.2m处短截主干。定干的高低决定主枝配置位置的高低。在自然状态下生长，第一分枝多在2m以上。定干之后，选留靠近顶端、均匀分布的3个芽培育主枝，其他芽抹除。橄榄枝梢合轴生长，分枝力弱，在生产上往往难以一次定干形成良好的3个错落分布的均衡主枝，有时仅有两个主枝，或两个主枝理想，另一个主枝不理想。这时，应注意从最上侧主枝中再通过短截培育形成两个主枝。第二次培育主枝与第一次定干培育最好能在一年内完成，即春季定干，夏梢生长后若发现不理想，就对夏梢进行第二次短截培养主枝。橄榄分枝角度小，自然生长会形成较直的主枝，因此要采取人工拉枝，张开角度到与主干形成45°。

橄榄幼树定干后，于秋梢停止生长时留枝长50～80cm摘心或短截，以阻止晚秋梢或冬梢的抽生，促进当年生枝条成熟和健壮。第二年春梢除在主枝上留2～3个芽培育副主枝外，其他全部抹除。副主枝经一年培育抽3次梢后，于秋梢停止生长时再留枝长50～80cm摘心或短截，促进当年生副主枝的成熟和健壮。第三年春梢生长时，再在副主枝上留2～3个芽培育春、夏梢作为较大的侧枝。

(二)壮龄结果期管理

1. 土壤改良

(1)深翻改土

橄榄园深翻每年进行一次，可于春季(3月前)或夏季(5～6月)或秋季(10～11月)进行，但最好在秋、冬季进行，以采果后(翌年1～2月)为最佳。深翻每次刨深25～30cm，将刨起的土块掀翻，即将原土面朝下，心土朝上，土块不打碎；撒些石灰，以中和酸性和代换盐基，促进土壤养分释放，让其自然分解；有套种绿肥的，应选绿肥收割最佳期深翻，尽可能将绿肥埋入地下。

(2)培土覆盖

对于结果的橄榄树，培土可以显著改善树体的营养状况。培土工作要每年进行，土质黏重的应培砂质较多的疏松肥土，含砂质多的可培河泥、塘泥等较黏重的肥土。培土多在冬季或初春进行，培土前先进行中耕松土。

覆盖分为全园覆盖和树盘覆盖。全园覆盖是将覆盖物铺盖全园，而树盘覆盖仅在树冠内部的地面进行覆盖。可以种绿肥进行覆盖，也可以稻草、秸秆、蔗叶、杂草等来覆盖。近年来还采用地膜覆盖，具有提高土温、防止水分蒸发的显著效果。

2. 施肥

合理施肥是保证橄榄生长发育和丰产稳产的重要措施之一，也是提高土壤肥力，改善土壤团粒结构的有力措施。实践证明，合理施肥可以使植株健壮生长，促进花芽分化，减少落花落果，提高产量和果实品质，减轻大小年结果的现象，增强植株对不良环境的抗性，延长结果年限和寿命。

要根据树龄、树势、生长量、结果量、土壤肥力等状况决定施肥量和施肥期。结果树施肥重在促进花芽分化和丰产、稳产。一般每年施3次。橄榄结果树施肥以有机肥为主，无机肥为辅，氮、磷、钾、微量元素结合，按配方施肥。

①重施花前肥　用于满足春梢生长和花穗抽生的需求。此次施肥以速效化肥为主，农家肥配合。每株施腐熟人粪尿50kg加复合肥3kg和过磷酸钙1.5～2kg，于2～3月在树冠滴水线外30cm处挖深、宽各25cm的环状沟淋施，然后覆土。

②壮果肥　用于保果壮果和促进秋梢抽生。此次施肥以氮、钾为主。橄榄谢花后15～20d即进入果实迅速膨大期，可于谢花后15d施进口复合肥5kg和氯化钾2kg。在果实迅速膨大期前，可增加根外追肥2～3次，以促进果实膨大，提高产量和品质。

③秋梢结果母枝肥　用于树体恢复，保证秋梢结果母枝的健壮生长。此肥以有机肥为主，并增施磷、钾肥，同时结合深耕培土，每株施入饼肥10～15kg，或鸡、鸭粪肥20～30kg或土杂肥100～150kg加钙镁磷肥5～10kg。

3. 水分管理

(1)灌溉

橄榄虽然是深根性果树，抗旱能力强，但从幼果迅速膨大期至硬核期约45d内，也是新梢生长期，迫切需要水分。此期是橄榄需水的重要时期。若此期水分不足，不仅抑制新梢生长，而且影响果实发育，甚至导致落果。正确的灌水时期，不是等果树已从形态上显露出缺水状态(如叶片卷曲、果实皱缩等)时再灌溉，而是要在果实受到缺水影响前进行。否则，橄榄的生长与结果都会受到影响。橄榄每次抽梢也需要适当的水分。

(2)排水

橄榄耐旱，不耐涝，根系忌水。积水很容易引起烂根。因此，遇雨天，果园有积水现象时，要及时排除积水，以免引起根系生长不良，甚至烂根。橄榄园排水主要是设置合理的排水系统，平地果园可顺地势在园内及四周开设排水沟；山地果园要做好水土保持工程，利用其排灌系统做到旱灌、涝排。

4. 修剪

(1)修剪时间

结果树修剪一般在采果后立即进行。

(2)修剪方法

结果树修剪主要目的是调节树势和改善树冠的通风透光条件，调节营养枝与结果枝的比例，使其连年丰产。壮龄结果树，主要采用回缩和疏剪的方法，疏剪去内膛枝、弱枝、下垂枝、树冠内过密枝与交叉枝、枯枝和病虫危害枝条，尽可能保留强壮枝和向阳枝，使养分集中，通风透光，促发秋梢。橄榄顶端优势明显，秋梢顶芽大多抽生翌年结果枝，因此，对于结果树，冬季修剪一般少短截摘心，多疏剪。但对于翌年的大年树，为了调节生长与结果的平衡，可以适当短截部分枝梢，减少当年挂果量。此外，对于密植的果园和盛产期荫蔽果园，对非永久株要进行回缩，并及时间伐。

5. 高接换种

橄榄是南方特有的亚热带常绿果树，以实生栽培较为普遍。虽然一些实生橄榄产量相对较高，但是种植投产慢，种植7年以后才能投产，而且树冠高大，管理不便，种子后代变异大，苗木品质混杂，低产、劣质植株比例占30%以上，有的甚至不开花、不结果，成为一些橄榄园低产的主要原因之一。目前对橄榄低劣树主要是通过嫁接优良品种进行高接换种。高接换种方法有主干高接、主枝高接、侧枝高接、幼龄树低位高接等几种。

6. 保花保果

花蕾期、幼果期加强病虫防治，盛花期严禁喷农药。谢花后至幼果期增施磷、钾肥或复合肥，并要注重根外追肥，花蕾期、谢花后各喷一次0.1%硼砂，幼果期喷0.2%磷酸二氢钾或核苷酸、保果素等专用保果剂2~3次(浓度按使用说明)，可大幅减少落果和促进幼果增大。

(三)衰老期更新复壮

对生长衰弱而多年不结果或少结果的植株，仅加强肥水管理难以恢复正常生长和结果，必须采用一系列的技术措施，促进老树、弱树更新复壮。

1. 更新复壮措施

(1)扩穴改土

一般在冬季进行深耕改良土壤，采用逐年深翻扩穴压绿法，即在树冠滴水线内侧，挖两条长1m、宽60cm、深60cm左右的环形沟，沿沟壁剪去露出的根。每平方米分3~4层埋入人畜粪50~100kg、钙镁磷肥2~2.5kg、石灰1~2kg，肥和土应充分拌匀。在湿润的情况下，一个月左右老树或衰弱树会长出新根。对仍有结果能力的橄榄老树，还要施好花前肥、壮果肥和采后肥。对于土壤流失严重的，还要对植株进行培土。

(2)更新修剪

应在初春进行。此时气温回暖且渐渐升高，空气湿度和土壤湿度增加，阴天多，日照不强，有利于操作和修剪后的枝干保护、萌芽、长枝叶、发根。对树势衰老较严重的植株，根据主枝强弱，在距主枝基部1~2m处锯断，剪口呈45°倾斜，并用接蜡涂断口。同时对断口以下的枝条进行短截摘心，以促进侧枝生长，增加分枝级数，一般2~3年后可恢复结果。对树势衰退、枝条纤弱、叶片较少但仍可结少量果的树，在疏剪部分纤弱小枝后，可将树冠外围粗3cm以下的枝条全部短截，只保留骨干枝。这样，当年即可抽发大量新梢，迅速恢复树势，翌年便可结果。对虽然树势开始衰退，但部分枝条仍较壮旺的，则应根据树势，对衰弱的枝组短截重剪，对保留的枝组疏剪，剪去过密弱枝，保留大部分强枝。此法在更新复壮的同时，仍可保持一定产量。

2. 更新复壮后护理

(1)疏梢、定梢，短截促分枝

剪、锯断枝干后，切口附近的潜伏芽相继萌发生长成枝。对过密新梢，要及早疏去弱小和位置不适的新梢，以利于留存枝梢的生长。按照基枝的粗细决定留存枝的数量后，多余的枝梢及早除去；若其位置不影响留存枝的生长，也可作为辅养枝，日后再除去。由于橄榄枝梢的顶端优势强，自然情况下仅顶芽萌发成为延长枝，侧芽不萌发而分枝性弱，故为了促进分枝，尽快形成枝叶繁茂的树冠，必须对已转绿的枝梢留长20~40cm短截。

(2)合理施肥，促进枝梢及时老熟

更新后长出的新梢，需及时施以氮为主的速效肥，同时于每次新梢展叶后喷施2~3次0.3%尿素+0.2%磷酸二氢钾，以促进枝梢转绿、变壮。

六、有害生物防治

受高温多湿气候影响，橄榄病虫害比较严重。特别是星室木虱，是危害橄榄的重要害虫，最近在福建莆田和闽清橄榄产区多次暴发成灾，使橄榄大量落叶、落果，树势衰退，并诱发煤烟病，历经3~5年仍不能恢复，甚至枯死，导致产量剧减。因此要及时防治病虫害，保证新梢健康生长。危害较重、分布较广的8种病害和8种虫害如下。

(一)橄榄主要病害

橄榄病害主要有叶斑病、炭疽病、煤烟病等。注意：橄榄幼梢对波尔多液、石硫合剂较敏感，易受伤害，不宜在春、秋两季使用，只可在冬季清园时使用。

1. 叶斑病

(1)发病症状

致病菌为多种真菌，主要危害春梢转绿期叶片，幼果也会感病。高温、高湿环境易发病。叶片刚开始发病时会出现圆形灰褐色病斑，后期病斑变成灰白色或灰色，每片叶有3~12个病斑，病斑大小约4mm，中部有小黑点，干枯后脱落形成圆形小孔。幼果感病后，病斑变黑，幼果腐烂脱落。

(2)发生规律

病菌在病残体或地表层越冬，翌年发病期随风、雨传播侵染寄主。连作、过度密植、通风不良、湿度过大均有利于发病。

(3)防治方法

a.注意果园排灌，降低果园湿度。b.加强树体管理，提高抗性。c.及时清除落叶和病叶，并集中烧毁或深埋，以减少病源。d.喷药防治：橄榄叶斑病应在春梢展叶、发病初期防治，常用的药剂有70%甲基托布津可湿性粉剂1500~2000倍液或氧氯化铜600倍液等，每隔10~15d喷一次，连用2~3次。

2. 炭疽病

(1)发病症状

主要危害橄榄的叶和果实。叶片被害状：叶片受侵染时，先从叶缘或叶尖开始，为半圆形或不规则形病斑，病斑颜色随环境的空气湿度而变，雨后空气潮湿时病部有朱红色黏性小点，天气干燥时病斑则呈灰白色，并有散生或呈轮纹状排列的黑色小点。叶片被害严重时容易脱落。高温、高湿及偏施氮肥环境易发病。果实被害状：幼果受害呈暗绿色油渍状，容易脱落。贮藏期间的果实，发病初期呈浅褐色水渍状，后呈暗褐色，最终腐烂。

（2）发生规律

病菌以菌丝体潜伏。春季气温回升，产生大量孢子。菌丝生长适温为 18～25℃。春雨来临，逢阴雨天气，病斑上涌现大量橘黄色分生孢子，侵染叶、果、嫩梢等器官，在水膜中萌发，借雨水或昆虫传播。

（3）防治方法

a.平衡施肥，特别注意不要偏施氮肥。b.及时排水，防止积水，以降低空气湿度，减少病害。c.冬季清园，剪除病叶，减少病源。d.喷药防治：新梢展叶或发病初期，用70%甲基托布津可湿性粉剂 1500～2000 倍液、40%炭疽福美 1000 倍液、64%卡霉通 600～800 倍液或 50%多菌灵可湿性粉剂 800～1000 倍液喷雾防治。

3. 煤烟病

参照柑橘主要病害。

4. 藻斑病

（1）发病症状

地衣和蕨类植物附生于橄榄树体上，吸取树体中的营养，树体被寄生后，生长受阻，树势渐衰，严重感染的嫩枝常枯萎死亡。

（2）发生规律

以营养体在寄主染病组织中越冬。每年 5～6 月，在炎热潮湿的气候条件下产生孢囊梗和游动孢子囊。成熟的孢子囊很容易脱落，借雨滴飞溅或气流传播。孢子囊在水中散放出游动孢子，从气孔侵入叶片组织。在嫩枝上，侵入外部皮层，使病部略显肿大，为其他病原物的侵染提供有利条件。土壤瘠薄、缺肥、干旱或水涝、管理不善等原因造成树势衰弱，均会导致藻斑病的发展蔓延。

（3）防治方法

a.加强管理，合理施肥，注意排水及灌溉，控制土壤肥力和水分，及时修剪，避免过密，通风透光，提高抗病能力。b.冬季要清园，平时注意清除病枝落叶，减少病源。c.在病区内，每年 4～5 月定期喷洒 0.6%～0.7%石灰半量式波尔多液，可抑制病害的发生和发展。d.在春季雨后用竹片、刷子或刀刮除苔藓、地衣后再进行药剂处理。刮下来的地衣、苔藓必须收集烧毁或集中处理，避免继续传播。

5. 果实黑斑病

（1）发病症状

受害果的表面特别是果顶部位呈现灰色至浅黑色点状或不规则圆形油渍状斑，常连成一片。

(2)发生规律

病菌于旧病组织中越冬,多雨高温有助于发病。虫害发生、农药使用不当、不良气候影响和果园密闭等诸多因素,都可能直接或间接对果实造成危害。

(3)防治方法

a.治虫防病:积极防治传播媒介橄榄星室木虱,尽可能降低虫口密度,减轻危害程度。b.喷药防治:在发病前期,用5%多菌灵可湿性粉剂800~1000倍液喷雾防治。

6. 青霉病

(1)发病症状

致病菌为青霉菌,危害贮藏期的果实,病果表面出现霉斑,初为病菌的白色菌丝,以后产生青绿色粉粒状分生孢子,随之果实腐烂。

(2)发生规律

空气中含有大量青霉菌的分生孢子,通过气流传播,经橄榄伤口及果蒂剪口侵入果实。在贮藏期间,也可通过病果和健果接触传染。病菌侵入果皮后,分泌果胶酶,破坏细胞中的胶层,菌丝蔓延于细胞之间,使果皮细胞组织腐烂,产生软腐症状。

(3)防治方法

a.采前防护:采前用50%多菌灵可湿性粉剂1000~1500倍液或50%甲基托布津可湿性粉剂800~1000倍液杀菌。b.保护果实:采收时不要击打果实,采后要轻拿轻放,避免产生伤口。c.低温贮藏:果实贮于6~10℃的环境,可有效抑制病菌的发生。

7. 褐霉病

(1)发病症状

病原菌为交链孢子属霉菌,危害贮藏期的果实,初期在果实表面出现淡褐色病斑,扩大后病部微凹陷,长出灰白色菌丝,以后逐渐变成灰褐色霉层,病部腐烂。

(2)发生规律

病菌以菌核及分生孢子在病部和土壤中越冬,由气流传播,阴雨连绵则严重发病。花期和幼果期天气干燥时,发病轻或不发生。

(3)防治方法

参照青霉病的防治方法。

8. 流胶病

(1)发病症状

由真菌引起,病原菌主要危害枝条。新梢被侵入后产生以皮孔为中心的瘤状突起,翌年5月开始流胶。多年生枝干感病后产生水泡状隆起,病部随即流出褐色胶液,雨天从病部溢出大量病菌进行再侵染。田间病树、枯枝是主要的病菌来源。此病多见于土壤干旱贫瘠、偏施氮肥的橄榄园,或是一些嫁接愈合不良和衰弱的树体。树体发病后,植株衰弱,产量降低。

(2)发生规律

一年有两个发病高峰,第一个在3~6月,第二个在9~11月。病菌借风雨传播,在高温多雨季节有利于发病。病菌由自然孔口侵入当年生新梢或由伤口侵入多年生枝干。田间病树、枯枝是主要的病菌来源。

(3) 防治方法

先用刀尖刮除病斑，然后用0.8%~1%的波尔多液或30%的氧氯化铜悬浮剂600倍液、4%春雷霉素可湿性粉剂5~8倍液清洗病部。

(二) 橄榄主要虫害

据调查，橄榄虫害有60种以上，其中危害严重的有橄榄星室木虱、黑刺粉虱、橄榄枯叶蛾、橄榄小黄卷叶蛾、橄榄野螟等。橄榄树对乐果、敌敌畏等有机磷农药敏感，表现为叶片斑状枯萎，严重的叶片全部脱落，应慎用。

1. 橄榄星室木虱

(1) 形态特征

成虫体长1~2mm，黄色，雌雄异形，雌虫体较大。触角10节，黑黄相间，末端2叉。前胸背板有2条深黄色纵纹。翅膜质，透明，前翅在黄褐色的翅脉上布有10个黑色斑点。腹部两侧黑褐色。成虫能跳会飞，但飞翔力不强。具有一定趋光性，但光照较强时，常藏于叶背等阴凉处。卵鲜黄色，椭圆形，长约0.2mm，有一极短小细丝状柄。卵散产，但主要集中产于嫩芽和嫩叶背面，以丝状柄紧连贴于叶背主、侧脉处，有时排列较为紧凑而呈线状，较少产于叶面，无覆盖物。刚产不久的卵为淡黄色，表面光滑，以后色泽逐渐加深，外观浑浊粗糙。若虫椭圆形，黄色，复眼红色，体周缘有细毛。若虫5龄，1龄若虫长约0.2mm，2龄若虫长约0.3mm，3龄若虫长约0.5mm，4龄若虫长约0.8mm，5龄若虫长约1.0mm。若虫常群集刺吸嫩叶汁液，使叶面失绿而成小老叶或枯死脱落，其白色线状排泄物可使寄主树感染煤污病。

(2) 危害症状

该虫以若虫和成虫聚集于橄榄嫩梢和嫩叶上刺吸汁液。新梢受害后，不能正常生长，枝梢渐次纤弱，导致少结果或不结果；叶片被刺吸后，叶面凹凸不平，扭曲畸形，失绿黄化，甚至脱落，并诱发煤烟病。

(3) 发生规律

此虫一年发生数代，世代重叠现象严重。据报道，该虫在福州有两个危害高峰期：第一个危害高峰期在4月中旬，危害春梢，影响当年产量；第二个危害高峰期在10月上旬，危害秋梢，影响翌年产量。

(4) 防治方法

a.保护瓢虫、草蛉、黄斑盘虫、黄褐新圆蛛和寄生蜂等橄榄星室木虱天敌。b.消灭越冬虫源，12月下旬和翌年3月中旬用20%灭扫利1000倍液清园，同时，园内撒施石灰粉，树干刷白，消灭越冬虫源。c.喷药防治：嫩梢抽发期，要喷药保护新梢，特别是春梢和秋梢。常用农药有：20%灭扫利乳油4000~5000倍液、5%木虱净乳油2000~3000倍液、10%大功臣可湿性粉剂2000倍液等。梢期不整齐的果园相隔10~15d要重喷一次。

2. 黑刺粉虱

(1)形态特征

成虫体长约1.3mm，体橙黄色，覆有蜡质白色粉状物。前翅紫褐色，有7个不规则白斑；后翅无斑纹，较小，淡紫褐色。复眼红色。雄虫体较小。卵长椭圆形，基部有一小柄黏附在叶背面，初产时淡黄色，孵化前呈紫黑色。若虫共3龄，初孵若虫椭圆形，体扁平、淡黄色，体周缘呈锯齿状，尾端有4根尾毛。后渐转黑色，并在体躯周围分泌1白色蜡圈。随虫体增大，蜡圈增粗。老熟若虫体漆黑色，体背有14对刺毛，周围白色蜡圈明显。蛹椭圆形，周围附有白色绵状蜡质边缘，背面中央有一隆起纵脊，体背盘区胸部有9对刺，腹部有10对刺。两侧边缘雌蛹有刺11对，雄蛹有刺10对，都向上竖立。

(2)危害症状

幼虫群集在叶片背面吸食汁液，使被害处形成黄斑。枝叶受害后发黑、落叶，导致树势衰弱，严重时枝条枯死，降低产量，影响果实品质。黑刺粉虱危害后会分泌蜜露，诱发煤烟病。

(3)发生规律

一年发生4~5代，世代不整齐，以4~5代龄幼虫在叶背上越冬，5~11月是黑刺粉虱的盛发期。

(4)防治方法

a.保护和利用刺粉虱黑蜂、刀角瓢虫、黄盾食蚜蚜小蜂、草蛉及红点唇瓢虫等橄榄黑刺粉虱的天敌。b.合理修剪，改善通风透光条件，可抑制粉虱的发生。c.喷药防治：若虫盛发期喷施20%灭扫利乳油4000~5000倍液，或48%乐斯本乳油1500倍液，或25%扑虱灵1500倍液等，喷药时叶背要喷湿。

3. 枯叶蛾

(1)形态特征

成虫雌虫体长约35mm，棕褐色。前翅中室端白色不明显，全翅有3条横带，亚外缘部有约7个黑褐色斑点，后翅外半部暗褐色。雄虫体长约30mm，赤褐色，前翅色深暗，中部有一三角形深咖啡色斑，色斑被银灰色的内、外横带所包围，三角斑内有一黄褐色新月形小斑纹，亚外缘部点列黑褐色，后翅外半部有污褐色斜横带。卵灰白色，近圆球形，有褐色的大、小圆斑各2个。幼虫灰褐色至黑色，从前胸至第七腹节的各节间白色，有许多毛丛，毛丛有毒。老熟幼虫体长约60mm，灰褐色，头部背面黑色，由白线分隔成3个部分，胸、腹背线和亚背线灰色，其间有黄白和红色斑点，以及浅蓝色眼斑两列；背毛黑色，体侧毛灰白色。蛹暗红褐色，长逾30mm。

(2)危害症状

幼虫白天常见群栖于树干或叶片上，蚕食叶片，前期危害新梢、幼果，果实被啃食后结疤，影响产量。当虫量大时危害老叶，严重时全树叶片可被吃光，呈火烧状，使当年与翌年不结果。

(3)发生规律

在福州一年发生2代。幼虫白天常见成片群栖于树干或叶片上,夜间取食叶片。5月中旬老熟幼虫在叶间做茧化蛹,6月中、下旬成虫羽化,6月下旬至7月上旬新一代幼虫发生,低龄幼虫成片栖息于叶上,并成群迁移,有吊丝现象。

(4)防治方法

a.生物防治:春季湿度大时,可施用白僵菌粉剂或苏云金杆菌。b.喷药防治:利用幼虫白天群集于树干或叶片的特性,用25%灭幼脲悬浮剂1000倍液或5%高效灭百可1500~2000倍液等喷施防治。

4. 小黄卷叶蛾

(1)形态特征

成虫长6~8mm,体黄褐色,静止时呈钟罩形;前翅基斑褐色,中带上半部狭,下半部向外侧突然增宽,似斜"h"形。卵扁平,椭圆形,淡黄色,数十粒排成鱼鳞状卵块。幼虫老熟时体长13~18mm,黄绿色至翠绿色,臀栉6~8根。蛹长9~11mm,黄褐色,腹部2~7节背面各有两行小刺,后行小而密。

(2)危害症状

以幼虫危害新梢叶片为主。在广东、福建等地一年发生6代,世代重叠。春梢、幼果生长期为幼虫数量危害高峰期,以老熟幼虫在树皮裂缝和枯枝落叶中结茧越冬。越冬蛹在3月开始羽化,产卵于新抽发的春梢嫩叶背面,数十粒聚成一块。幼虫孵化后吐丝下垂,借风飘荡转移到新梢危害,将一片至多片叶网卷成巢。幼虫白天于巢内取食,黄昏后出巢活动。幼虫不仅食害嫩梢、幼果,导致大量落花、落果,致使橄榄减产,危害严重时,还可食害橄榄的全部叶片,导致植株枯死。

(3)发生规律

小黄卷叶蛾在福州地区每年发生6代,世代重叠。以老熟幼虫在树皮裂缝中结茧化蛹越冬。越冬蛹在3月下旬开始羽化,产卵于橄榄新抽发的春梢嫩叶背面,卵块呈鱼鳞状,第一代幼虫4月中旬开始孵化并危害春梢叶片。成虫白天不活跃,多栖息在橄榄叶片背面或草丛间,20:00~22:00活动,有趋光性和趋化性。

(4)防治方法

a.冬季清园,剪除卷叶和虫茧,以减少虫源。b.灯光诱杀:利用成虫的趋光性,用黑光灯诱杀。c.生物防治:用50亿个活芽孢/g蜡螟亚种苏云金杆菌+1.8mg/g阿维菌素,或100亿个活芽孢/g螟螟亚种苏云金杆菌+1mg/g阿维菌素,或10亿个/g棉铃虫多角体病毒粉剂,分别配制成浓度为0.067%、0.04%、0.067%、0.033%的溶液喷施。d.药剂防治:可用2.5%功夫乳油5000~6000倍液等喷杀。

5. 橄榄野螟

(1)形态特征

成虫体长9~14mm,翅展25~28mm,全体橙黄色;前翅正面散生27~28个大小不等的黑斑,后翅有15~16个黑斑;雌蛾腹部末端圆锥形,雄蛾腹部末端有黑色毛丛。5龄幼虫初黄白色,后期草绿色,体长 10.8～17.5mm,虫体各节前缘圈带鲜红色,前胸背板斑块黑色,中央 1 个"八"字形,后缘 4 个不规则斑块,黑斑之间分离完全。蛹体草绿色。

(2)危害症状

以幼虫取食叶片危害,初龄幼虫有群集性,吐丝把 3～5 片叶结成薄网,居于其中取食叶肉,留下表皮。壮龄幼虫则可以单虫结网,并蚕食叶片。网周叶片吃完后,即转移他处继续结网危害。该虫遇惊震动后,有退回薄网内藏身或吐丝下垂的特点。

(3)发生规律

橄榄野螟在潮汕地区一年约发生 3 代,以老熟幼虫或蛹在枯枝上越冬,翌年 5 月中旬(日平均气温 26.4℃)第一代幼虫开始危害。老熟幼虫在果内取食一段时间之后,一般就爬出果外沿枝条寻找化蛹场所。橄榄野螟主要在寄主枯枝上化蛹。

(4)防治方法

a.利用幼虫的结巢习性,摘除虫巢并消灭。b.喷药防治:用 2.5％功夫乳油 5000～6000 倍液或 2.5％敌杀死乳油 5000～6000 倍液喷杀。

6. 橄榄皮细蛾

(1)形态特征

成虫为细小蛾类,雌虫头和前胸银白,触角淡灰褐色;复眼黑色;中后胸黄褐色,被同色毛;前翅黄褐色,有光泽,翅面有 4 道斜行白斑,白斑的前后缘均镶有黑条纹,翅端为 1 个大黑斑,后翅灰褐色;腹部腹面具黑白相间横纹;足及唇须有黑纹。卵薄扁平,圆形或椭圆形,长径 0.25～0.31mm,卵壳上有花纹,能反光,初产时呈乳白色透明。1～2 龄幼虫头部和胸部明显宽大,腹部小,体薄扁,呈矢尖形图,口器特化,上颚高度发达,似剪刀形。3～4 龄幼虫头部、胸部和腹部的比例较匀称,体躯转变为圆形,口器转变为正常的咀嚼式口器。4 龄幼虫吐丝结茧,由黄白色转为金黄色,2～3d 后化蛹。

(2)危害症状

以幼虫潜食和蛀食橄榄幼果、嫩茎和叶片。潜食期幼虫靠移动器移动躯体,潜皮危害。潜食前期其隧道小而弯曲,后期隧道大且隧道间常连通。果实被蛀害后,表皮皱缩,经露水、雨水浸泡后常呈破棉絮状,极大地影响产量和品质。

(3)发生规律

在福州地区一年发生 4 代,有世代重叠现象。立冬前后(11 月上旬)以预蛹期幼虫在橄榄秋梢嫩茎和复叶叶轴的基部至中部上吐丝结茧越冬,越冬代成虫于 5 月初羽化,以后各代成虫羽化期分别在 5 月下旬至 6 月中旬、7 月、8 月上旬至 9 月上旬。

(4)防治方法

a.保护天敌:姬小蜂是橄榄皮细蛾幼虫期的天敌,要加以保护。b.喷药防治:5 月中、下旬橄榄坐果期和春梢生长期及夏梢抽出期,是防治橄榄皮细蛾的关键时期,可用 2.5％功夫乳油 5000～6000 倍液喷雾,3d 后再喷一次药。

7. 小直缘跳甲

(1)形态特征

小直缘跳甲属鞘翅目甲虫科跳甲属。成虫褐色,体长 5～7mm,宽 3～4mm;鞘翅上具有白色斑点，后足腿节显著膨大，善跳跃。卵淡黄色，椭圆形，长 1mm 左右，被褐色分泌物覆盖形成块状，每块卵块内有卵 15～35 粒。幼虫体长 10mm 左右，负排出的粪便于背上取食、爬行。蛹淡黄色，体长 7mm，离蛹。

(2)危害症状

以幼虫取食橄榄春、秋梢嫩叶，受害后的春、秋梢呈现枯萎状。成虫取食橄榄小叶的叶肉，被害后的小叶剩下叶脉，凋萎脱落。橄榄受其反复危害后，造成大量枯枝，丧失开花结果能力，严重的可导致整株死亡。

(3)发生规律

一年发生 2 代，以成虫在橄榄树上的受害叶片越冬。翌年 3 月中、下旬，越冬成虫开始补充营养、交尾、产卵。卵产在橄榄树成熟秋梢先端的叶芽处。4 月上旬出现第一代幼虫，危害春梢的嫩叶，使春梢凋萎。第二代幼虫出现在 8 月中旬至 9 月中旬，10 月中旬出现第二代成虫，开始越冬。

(4)防治方法

a.人工摘卵块：小直缘跳甲第一代虫卵的孵化率较高，且第一代幼虫、成虫的危害性较大，因此，可人工摘卵块，以减少卵块数及其孵化率，减轻危害。b.喷药防治：春梢期和秋梢期是小直缘跳甲幼虫发生危害的高峰期，也是防治小直缘跳甲的最适时期，可用 2.5% 敌杀死乳油 5000～6000 倍液喷杀。

8. 橄榄锄须丛螟

(1)形态特征

成虫翅展 22～28mm；头黑色，头顶灰白色；下唇须黑色，第一节前伸，第二节向上超过头顶，雄性 2 节基部向前突出，靠端部 2/3 膨大内侧凹陷，边缘及外侧密布鳞片及刚毛，第三节短小、瘤状，下颚须棕黄色、刷状，触角基节有小鳞突；雌性第二节端部鳞片扩展向前突出第三节细尖，下颚须丝状，触角黑褐色纤毛状。卵散产，长 0.7～0.9mm，乳白色，椭圆形，稍扁平。老熟幼虫体长 26～30mm；体色刚蜕皮时呈黄绿色，随后体色逐渐变深至黄褐色；化蛹前虫体变短，体色变深红色；体背有 1 条黄色宽带，其两侧各有 2 条浅黄色线；体两侧沿气门各有 1 条黑褐色纵带；每节背面有刚毛 6 根。蛹长 11～13mm，深红褐色，腹末有钩刺 8 根。

(2)危害症状

以幼虫取食橄榄嫩梢、叶片，幼虫吐丝将叶片粘在一起，匿居其中取食，影响树木的正常生长，造成树体生长势减弱，产量下降。严重危害时，可食去整株叶片的 1/2，导致枯梢，甚至整株枯死。

(3)发生规律

在广东汕头一年发生 4 代，林间世代重叠现象严重。10 月中旬至 12 月中旬老熟幼虫陆续下树入土在表土层 1～3cm 处或枯枝落叶层结茧越冬。翌年 3 月上旬至 4 月中旬化蛹，3 月中旬至 4 月下旬成虫羽化。4 月上旬出现第一代幼虫，6 月上旬出现第二代幼虫，7 月下旬出现第三代幼虫，9 月中旬出现第四代幼虫。

(4)防治方法

a.冬耕除蛹：利用该虫下地入土化蛹的习性，冬耕除草，并将表土层焚烧以杀死虫蛹。b.灯光诱杀：利用成虫的趋光性，用黑光灯诱杀成虫。c.保护天敌：橄榄锄须丛螟的天敌有茧蜂、草蛉、蜘蛛等，应加以保护。d.药剂防治：低龄幼虫时，可用2.5%功夫乳油5000~6000倍、2.5%敌杀死乳油5000~6000倍液喷杀。

七、采收及采后处理

1. 采收时期

橄榄果实早采或晚采都不好。采收要适时，通常早熟品种寒露至霜降采收，晚熟品种在立冬前后采收。过早采收，核未硬化，肉质未充分成熟，影响产量和质量，且皮易皱缩，不耐贮藏；采收过迟，易掉果，且果吸收枝条的营养，会影响翌年产量。橄榄适宜采收期应根据品种、用途、地区而定，一般在11~12月。供加工凉果、蜜饯的可在7~8月采收青果，但产量会受到一定影响；作为鲜食的，要待果实充分成熟、果皮着色良好时才采收，此时果实品质优良，也耐贮藏。生产上通常以九成熟作为鲜食橄榄果实的适宜采收期。对一般橄榄品种而言，适当早采的果实较耐贮藏，但太早采收果实苦涩味太重，果实易失水皱缩。有的品种可以在树上挂果贮藏，但在霜冻前一定要采收。

2. 采收方法

橄榄树冠高大，采摘困难，费时、费工，目前生产上主要采用3种方法进行采收：

(1)传统采收方法(竹竿打落法)

在橄榄成熟后，用长竹竿敲打果穗，使果实下落，然后收集起来。为了便于采收，在采收前要将树冠下的杂草清理干净，铺上薄膜，使果实落于其上。这种方法的缺点是容易打伤果实，致使果实品质下降，引起烂果，不耐贮运等，更严重时会打落大量枝梢、新叶和打伤枝梢顶芽，影响翌年开花结果，导致大小年结果或隔年结果。

(2)手工采收法

用长梯架到树上进行逐一果穗采收。这种方法比较费工，也比较危险，但果实和树体不易受伤，果实耐贮藏，不影响品质。

(3)乙烯催化采果法

在果实成熟期，用40%的乙烯利300~400倍液附加0.2%的中性洗衣粉喷洒于果实表面，4d后震动树干，脱果率可达95%以上。要注意乙烯利的浓度，浓度适当时，不会对树体有伤害；若浓度过大，会造成树体落叶，影响下一年结果；浓度过小，则不能达到良好的效果。不同品种、地区、采收时间、树体状况、天气情况等都会影响采收效果，要小范围试验后再使用。

3. 采后处理

果实采收后，在贮藏前还要对果实进行前处理。

(1)清洗

果实采后，基部伤口分泌黏液，易沾染灰尘等，要清洗干净。

（2）凉果

果实清洗后，果皮附着的水分要晾干。若带水入贮，果堆水分过多，果实会生产异常水味，引起变质。可用干净的竹筐作容器，盛半筐果实，放于室内，每天翻动5~6次，2d内可阴干。

（3）分拣

晾果后，要按果实大小分拣成两类，同时拣净病果（黑痘果）、皱果、碰伤果及残留的枯枝残叶等杂物，保持贮藏果的完整洁净。

栽培管理月历

1月

◆物候期

花芽分化期。

◆农事要点

①防寒：树盘用稻草覆盖，树干用生石灰15~20kg、硫黄粉0.5kg、水30kg混匀后进行涂白。在霜冻或寒潮到来之前，园内用垃圾、湿柴和杂草等生火熏烟，可加热园内空气，抵御短期低温；或于严寒前在树干周围用杂草等覆盖并培土，以防地面冻结，保持土壤湿度；或在寒潮到来之前灌水，可增加土壤含水量，补偿树体蒸腾失水，在一定程度上阻止气温骤变，有效地减轻冻害和寒害。

②促花：若遇冬季干旱应及时灌溉，促发春梢；对生长特别旺盛的树，可在主枝、副主枝上进行环割或环扎；对生长势旺的植株进行断根；用40%乙烯利1000倍液喷布。

③深翻：果园翻耕不宜过深，以15~20cm为宜，以免伤及骨干根而产生流胶。

④清园：主要疏剪枯枝、过密枝、交叉重叠枝、内膛枝、徒长枝和病虫枝，并将枯枝和病虫枝集中烧毁。刮除枝干病部，涂1%的波尔多液或0.01%~0.1%的α-萘乙酸。喷布1~2波美度的石硫合剂，以预防病害。

2月

◆物候期

花芽分化期；春梢萌动期。

◆农事要点

①防寒、促花：继续做好防寒、促花工作。

②施春肥：幼年树第一次施肥，每株施尿素0.1~0.3kg，复合肥、钾肥各0.1~0.3kg。结果树施花前肥，每株施腐熟的人畜粪尿或禽畜肥15~20kg，也可施复合肥0.5kg。

③幼树定植：海拔较高的地区应选花期晚、易抽生腋生花序或较耐寒的品种作为主栽品种，适当配植其他品种，以利于授粉。定植裸根苗时，每株用200mg/L的萘乙酸或50~100mg/L的ABT生根粉浇根，可显著提高定植成活率。定植营养袋苗时，可直接将营养袋连苗放入定植穴内，割破并去掉营养袋后进行覆土。株行距为(4~5)m×(4~5)m。定植后要淋足定根水，树盘可覆盖一层细土、杂草等。

④除萌整形：可将过多的新梢抹除，同时调整新梢伸展方向，改善树体结构。

3月

◆物候期

开花期。

◆农事要点

①施花前肥：现蕾时，每株施复合肥

0.2~0.3kg，以促花、壮花。根外追肥，可喷施0.1%硼砂和0.2%尿素混合液，以补充硼元素，提高坐果率。

②防花期病虫害：防治橄榄叶斑病、炭疽病、橄榄煤烟病、橄榄星室木虱、橄榄叶蝉、介壳虫。

4月

◆物候期

盛花期。

◆农事要点

盛花期喷布0.1%硼砂+0.2%~0.3%磷酸二氢钾溶液，以改善花质。谢花后7~10d喷一次50mg/L的赤霉素保果。

5月

◆物候期

果实膨大期。

◆农事要点

①施壮果肥：此期处于生理落果期，树体营养消耗大，应施壮果肥。每株施复合肥1.0~1.5kg、硫酸钾0.5kg。

②保花保果：谢花后20~30d，喷10mg/L的2,4-D或50~100mg/L的赤霉素，可提高坐果率。

③抹除夏梢：为了减少梢、果竞争养分，应抹除早夏梢，使养分集中供给果实，以减少落果，促进果实增大。

④病虫害防治：枯叶蛾、小黄卷叶蛾、橄榄皮细蛾、流胶病。

6~7月

◆物候期

果实迅速膨大期；夏梢抽发期。

◆农事要点

①抹除夏梢：橄榄以秋梢和春梢为结果母枝，因此要把结果树抽生的夏梢抹除，以免消耗树体养分。

②撑枝防风：为防止因结果多或大风引起大枝断裂，在主枝开始下垂时应进行撑枝、吊枝。

③保花保果：为提高果实品质，可在幼果期实施根外追肥（喷布0.2%~0.3%的磷酸二氢钾溶液）。

④病虫害防治：防治煤烟病和叶斑病、星天牛、小黄卷叶蛾。

8月

◆物候期

果实迅速膨大期；秋梢抽发期。

◆农事要点

①施壮果肥：8月中、下旬每株施腐熟人畜粪尿15~20kg，或复合肥5kg、硫酸钾0.5kg，以促进果实膨大和秋梢抽发。

②树体更新复壮：对于因树体长期失管、植株大量结果而营养失调导致树体衰弱的植株，可在秋梢萌发前的8月上、中旬进行更新复壮。对部分枝条衰退而另一部分枝条还能结果的衰老树，可对部分衰退的侧枝进行短截，分2~3年轮换更新全部树冠；对抽枝力差、很少结果或不结果的衰老树，可将侧枝从分枝点以上全部剪除，仅保留骨干枝，在新梢老熟后，可进行根外追肥，以尽快恢复树冠；对枝干受天牛危害或遭受严重冻害、台风袭击而衰老的树，一般要将主要骨干枝重度短截，剪去细弱枝、弯曲多节的大枝，以保证抽发强壮的新梢；切断部分老根，保护裸露的根，促进新根生长；对被台风袭击而倒斜的树，应小心扶正，用土将空洞填实；对其他的衰弱树，主要通过松土、培土、扩穴改土、增施腐熟有机肥等措施来进行根系更新。

9月

◆物候期

果实生长成熟期。

◆农事要点

①施采前肥：9月上、中旬每株施尿素0.5kg、饼肥0.25kg。在秋梢长至10~

15cm、叶片基本展开时，用0.3%磷酸二氢钾喷布，促使结果母枝健壮生长。

②抗旱保墒：橄榄根系发达，吸收土壤深层水分能力较强，抗旱能力也很强，但遇长时间的干旱易导致落果，若遇连续15~20d晴天无雨，则需进行灌水保墒，土壤水分含量一般以达到最大持水量的60%~80%为宜。

10月

◆物候期

采收期；秋梢生长老熟期。

◆农事要点

①采收：橄榄在采收过程中，由于外果皮直接与环境接触，极易造成机械损伤而变色。因此，鲜果采收时用手工摘果，容器内垫一些柔软垫层。由于果枝顶芽可抽生翌年的结果枝，所以采收时不能损伤果枝顶芽。

②采后修剪：盛果期的橄榄树修剪以疏剪枯枝、过密枝、交叉枝、衰老枝和直立徒长枝为主，尽量少用短截。短截时不伤及结果枝的顶芽，以保证秋梢正常生长。修剪时一般先剪大枝，后剪小枝；先剪上部，后剪下部；先剪内膛，后剪外围。做到上部少留枝，下部多留枝，树冠通风透气良好。

③病虫害防治：防治果实黑斑病、橄榄煤烟病。

11月

◆物候期

秋梢老熟期；养分开始积累。

◆农事要点

①追肥：采果后喷施0.2%~0.3%尿素、0.2%~0.3%磷酸二氢钾溶液，以迅速恢复树势。

②控水：控制果园土壤水分，促进秋梢壮实。

12月

◆物候期

花芽分化期。

◆农事要点

①施过冬肥：盛果期树每株施腐熟人粪尿50~75kg、复合肥1~2kg，配施2~3kg的饼麸肥，可促进枝梢强壮，促使花芽分化。

②控冬梢、摘花穗：若冬梢不老熟，易受冻，而且消耗树体养分，应将其全部抹除；暖冬易抽生早花穗，因其花芽分化时间短，花质差，易受冻，应将预计在2月以前就会抽出的花穗分批摘除。通常在花穗长至10cm左右时摘去，这样可把盛花期延迟到3~4月。

③清园、防寒：清园、防寒工作同1月。

实践技能

实训8-1　橄榄的整形修剪

一、实训目的

初步掌握幼树整形和结果树修剪的基本原则及方法。

二、场所、材料与用具

(1) 场所：校园附近橄榄园。

(2) 材料及用具：橄榄幼树和结果树，枝剪、手锯、柴刀、梯子、木桩、绳子等。

三、方法及步骤

1. 幼树整形修剪

(1)定干：橄榄幼树长至高1.5~2.0m时，春梢萌发之前，在1.0~1.2m处短剪进行定干。

(2)培养主枝：定干后，选留靠近顶端均匀分布的3个壮芽培育主枝，其他芽抹除。主枝萌芽后，在每个主枝上留2~3个芽培育副主枝，其他全部抹除。

(3)培养侧枝：副主枝抽梢后，留枝长50~80cm摘心或短剪，促进侧枝的健壮生长和成熟。

2. 结果树修剪

(1)疏剪：疏剪荫枝、弱枝、下垂枝、过密枝、交叉枝、枯枝和病虫枝，尽可能保留强壮枝和向阳枝。经修剪后，树冠枝条疏密适度，以阳光透过树冠后在地面散布均匀的小光圈为宜。

(2)回缩：弱树、老树轻剪，旺树及青壮年树重剪；对老树多年生枝条进行回缩更新处理，促发新枝。

四、要求

(1)根据实际操作的体会，总结不同树龄、树势的橄榄的修剪要点。

(2)不同橄榄品种结果习性差异比较大，修剪前要熟悉橄榄品种及其结果习性。

思考题

1. 简述橄榄育苗技术措施。
2. 如何提高橄榄嫁接成活率？
3. 如何延长橄榄贮藏时间？

项目 9 葡萄生产

学习目标

【知识目标】
1. 理解并掌握葡萄的生物学特性。
2. 掌握葡萄的优质高产栽培要点。

【技能目标】
1. 能够识别葡萄的主要种类、品种。
2. 能够熟练进行葡萄园土肥水管理、整形修剪和花果管理等操作。

一、生产概况

葡萄是一种多年生的藤本果树,原产于北半球的温带和亚热带地区,而广泛栽培的欧洲葡萄主要起源于中南欧、北非、西亚等地。中国是葡萄重要的原产地之一,有许多宝贵的野生葡萄资源。

葡萄是栽培历史最悠久的果树之一,栽培适应性强。我国葡萄主产区在新疆、湖北、山东、辽宁、河南等地。2007—2017 年,我国葡萄栽培面积和产量整体呈上升的趋势。根据 2018 年农业部统计年鉴数据:截至 2017 年底,我国葡萄栽培面积为 87 万 hm^2,同比增加 7.5%;产量为 1308.3 万 t。我国葡萄每公顷产量约为 15t,相比 2007 年增加了 7.1%。我国葡萄产量排名前 15 的省份其葡萄产量之和占全国葡萄总产量的 90%。鲜食葡萄栽培集中于新疆、辽宁、山东、陕西、江苏、浙江、广西、云南等地;全国 60% 的酿酒葡萄主要分布在河北、山东、宁夏、甘肃和新疆地区;制干葡萄主产地仍在新疆。从我国葡萄分布和发展趋势来看,长江以南地区发展势头强劲,2017 年南方 13 个省份(广东、海南除外)葡萄栽培总面积占全国葡萄栽培总面积近 40%,产量占全国葡萄总产量的 36%。

葡萄果实不仅味美可口,而且营养价值很高。成熟的葡萄果实中含糖量高达 10%~30%,以葡萄糖为主。葡萄中的多种果酸有助于消化,适当多吃些葡萄,能健脾和胃。葡萄中含有矿物质钙、钾、磷、铁及维生素 B_1、维生素 B_2、维生素 B_6、维生素 C 和维生素 P 等,还含有多种人体所需的氨基酸,常食葡萄对缓解神经衰弱、过度疲劳大有裨益。

二、生物学和生态学特性

葡萄科葡萄属,木质藤本。小枝圆柱形,有纵棱纹,无毛或被稀疏柔毛。卷须二叉分枝,每隔2节间断与叶对生。叶卵圆形,显著3~5浅裂或中裂,长7~18cm,宽6~16cm,中裂片顶端急尖,裂片常靠合,基部常缢缩,裂缺狭窄,间或宽阔,基部深心形,基缺凹成圆形,两侧常靠合,果实球形或椭圆形,直径1.5~2cm;种子倒卵椭圆形,顶端近圆形,基部有短喙,种脐在种子背面中部呈椭圆形,种脊微突出,腹面中棱脊突起,两侧洼穴宽沟状,向上达种子1/4处。花期4~5月,果期8~9月。

(一)生长结果习性

1. 根

葡萄根系发达,再生力强,根压大,吸收力强,故葡萄抗旱、耐寒、耐盐碱,不怕耕作伤根。植株蔓性,不能直立,需设支架扶持。枝条称为枝蔓,生长迅速,节间长,借卷须向上攀缘生长,年生长量可达10m以上。新梢由单轴生长和合轴生长交替进行形成,使新梢上的卷须呈规律性分布。欧洲葡萄的卷须及花序呈间歇性,美洲葡萄的卷须及花序呈连续性,欧美杂种的卷须及花序则间歇性不规则。葡萄新梢不形成顶芽,只要气温适宜,可以一直生长。自然生长情况下,养分不易积累,上部枝蔓多成熟不良。栽培上应勤加摘心,限制其加长生长。枝蔓生长具明显的顶端优势和垂直优势。

2. 芽

葡萄的芽为复混合芽,又称"芽眼"。每节叶腋中存在2个芽,即夏芽和冬芽。夏芽是裸芽,随新梢生长当年萌发为副梢,有的品种副梢上可以生有花穗。冬芽外有鳞片包裹,一般在第二年春天萌发。冬芽中除主芽外,还可包含3~8个预备芽,其中仅2~3个发育较好。春季萌芽叶,经常产生双发芽、三发芽的现象。当主芽受损时,预备芽能补充萌发取代。葡萄的花芽为混合芽,但冬前花原基分化较浅,外形上不易与叶芽相区别。一般从枝蔓(结果母蔓)基部第1~2节开始,直至第20节以上,各节均能形成花芽。生长势较弱的品种,花芽着生位置较低;生长势强的品种,花芽着生位置较高。此外,还受气候和栽培技术影响。花芽质量多以枝蔓中下部(基部第4节以上,15节以下)的为最好。葡萄的预备芽与主芽一样,可以发生花穗的分化,但分化程度一般比主芽低,并依品种而异。

3. 花

葡萄的花序为复总状花序(圆锥花序),一般着生在结果新梢的第3~8节上。欧洲葡萄一般有1~4个花序,美洲葡萄一般有3~4个花序。每一花序上有小花200~1500朵,依品种而异。不着生花序的节位上,则相应着生卷须。在花序与卷须之间有各种过渡类型。大多数葡萄品种的花为两性花,自花授粉能正常结实。葡萄落花落果较严重,花后3~7d开始落果,花后9d左右为落果高峰,前后持续约14d,其后一般很少再脱落。除品种因子外,花期低温阴雨,枝梢徒长,或是树势衰弱,土壤缺硼,都会造成大量落果。有些葡萄品种,有单性结实或种子中途败育的特性或趋向,可以形成无籽葡萄,后者如'无核白'品种。有时则在正常的葡萄果穗中产生"豆果",引起浆果大小不一、成熟不一的现象，应予避免。一般美洲葡萄和欧美杂种葡萄的浆果内多具有肉囊。

(二)对环境条件的要求

葡萄原产暖温带及亚热带地区，喜温暖干燥的气候，但不同种类和品种其适生的条件和适应性不同。

1. 温度

葡萄各种群在各个生长时期对温度要求是不同的。如早春平均气温达10℃左右，地下30cm土温在7~10℃时，欧亚和欧美杂交种开始萌芽；山葡萄及其杂种可在土温5~7℃时开始萌芽。随着气温增高，萌发出的新梢加速生长。最适于新梢生长和花芽分化的温度是8~38℃，气温低于14℃时不利于开花授粉。浆果成熟期最适宜的温度是28~32℃，气温低于16℃或超过38℃时对浆果发育和成熟不利，使品质降低。根系开始活动的温度是7~10℃，在25~30℃时生长最快。不同熟期品种都要求一定的有效积温，如早熟品种需有效积温2100℃、中熟品种需2500℃、晚熟品种需3300℃才能充分成熟。

葡萄对低温的忍受能力因各种群和各器官不同而异，如欧亚种和欧美杂种，萌发时芽可忍受-4~-3℃的低温，嫩梢和幼叶在-1℃、花序在0℃时发生冻害。在休眠期，欧亚品种成熟新梢的冬芽可忍受-17~-16℃，多年生的老蔓在-20℃时发生冻害。根系抗寒力较弱，欧亚群的根系在-5~-4℃时发生轻度冻害，-6℃时经2d左右被冻死。

2. 光照

葡萄是喜光植物，对光的要求较高，光照时数长短对葡萄生长发育、产量和品质有很大影响。光照不足时，新梢生长细弱，叶片薄，叶色淡，果穗小，落花落果多，产量低，品质差，冬芽分化不良。

3. 水分

水在葡萄生命活动中有重要作用。土壤过分干旱，根很难从土壤中吸收水分和养分，光合作用减弱，易出现老叶黄化、脱落，甚至植株凋萎死亡。但水分过多也有害生长，汛期淹水，一般不超过7d，水渗下后仍能照常生长；淹水10d以上，会使根系窒息，同样可造成叶片黄化、脱落，新梢不充实，花芽分化不良，甚至植株死亡。

葡萄各物候期对水分要求不同。在早春萌芽、新梢生长期、幼果膨大期均要求有充足的水分供应，以土壤含水量达70%左右为宜，在浆果成熟期前后土壤含水量达60%左右较好。若雨量过多，要注意及时排水，以免湿度过大影响浆果质量，还易发生病害。若雨水过少，要每隔10d左右灌一次水，否则久旱逢雨易出现裂果，造成经济损失。

4. 土壤

葡萄对土壤的适应性较强，除了沼泽地和重盐碱地不适宜生长外，其余各类型土壤都能栽培，而以肥沃的砂壤土最为适宜。不同土壤对葡萄生长发育和品质有不同的影响。不适宜栽培地区，可以通过农业工程及栽培技术进行改土栽培。

5. 其他

在葡萄栽培中，除了要考虑葡萄对适宜气候条件的要求外，还必须注意避免灾害性的气候如久旱、洪涝、严重霜冻、大风及冰雹等的危害，这些都可能对葡萄生产造成重大损失。例如,生长季的大风常吹折新梢、刮掉果穗,甚至吹毁葡萄架。夏季的冰雹则经常破坏枝叶、果穗,严重影响葡萄的产量和品质。

三、种类与品种

(一)种类和品种系统

葡萄属于葡萄科葡萄属的植物。按起源和分布地大体分为3个种群,即欧亚种群、北美种群和东亚种群。其品种系统如下。

1. 欧洲葡萄品种系统

(1)欧洲品种群

原产地中海、黑海沿岸和高加索、中亚细亚一带,是葡萄属中最重要的一个种,有5000多个品种。特点:卷须间歇,果皮与果肉黏着不易分离,丰产,含糖量高、含酸量低、风味美;抗寒性、抗病性较差,绝大多数品种对葡萄根瘤蚜没有抵抗力。是鲜食、酿酒、制干、制汁的最好原料。主要品种有'无核白''无核黑''牛奶''可口甘''粉红太妃''尼木兰''亚历山大'等,以及原产我国的'龙眼''瓶儿''白鸡心''黑鸡心'等。

(2)黑海品种群

分布于格鲁吉亚和摩尔达维亚共和国及罗马尼亚、保加利亚、希腊和土耳其等黑海沿岸各国。特点:果穗中大,多紧密;果粒中大,多圆形;果肉多汁;生长期较短,抗寒性较强,但抗旱性较差。主要适于酿酒,少数用于鲜食。酿酒品种有'晚红蜜''白羽''富明特'等;鲜食品种主要有'花叶白鸡心''白玉''保加尔'等。

(3)西欧品种群

分布于西欧的一些国家,如法国、西班牙、意大利、德国、葡萄牙、荷兰等,是在较好的生态条件下形成的品种群。特点:果穗小、紧密,圆柱形或圆锥形;果粒小或中,圆形;果肉多汁。优良的酿酒品种有'意斯林''黑比诺''白比诺''阿里戈特''赤霞珠''小白玫瑰''小红玫瑰''法国蓝''佳利酿''雷司令''品丽珠'等。

2. 北美种群品种系统

特点:卷须连续,果皮易与果肉分离,种子与果肉不易分离;具有特殊的狐臭味或草莓香味。可作为选育抗逆性品种砧木的原材料。代表品种有'康可''香槟''大叶葡萄'等。

3. 欧美杂种品种系统

特点:欧洲葡萄与北美种群一代杂交、回交或多亲杂交育成的品种。如'康拜尔早生''罗也尔玫瑰''白香蕉''黑佳酿''吉香''康太''巨峰''先锋''黑奥林''高墨''奥林匹亚''伊豆锦''阳光玫瑰'等(图9-1、图9-2)。

4. 欧亚杂种品种系统

东亚种群×欧洲葡萄。特点:杂种后代在形态上多倾向于野生亲本,在品质方面多劣于栽培亲本。常用亲本:东亚种群的山葡萄、'婴奥'葡萄(抗寒),欧洲品种'黑汉''玫瑰香''白玫瑰'等(品质优良)。获得品种:'北玫''北红''北醇''公酿一号''公酿二号'等。杂种与欧洲葡萄回交选育的品种有'北方晚红蜜''早紫'等。

图9-1 '巨峰'葡萄　　　　图9-2 '阳光玫瑰'葡萄

5. 圆叶葡萄品种系统

只在美国东南部的一些地方栽培。特点：果实具有特殊的芳香气味和风味，葡萄酒也别具一格；采收后香味很快就损失掉。品种有'斯卡佩隆''汉特''托马斯'等。

(二)主要栽培品种

1. 鲜食品种

(1)'早玫瑰'

欧亚种，西北农学院1963年用'玫瑰香'与'沙巴珍珠'杂交育成，1975年定名。果穗中等大，重210～290g，最大穗重365g，圆锥形，紧密。果粒中等大，平均3.1～3.6g，最大粒重6.5g，圆形，紫红色，果粉厚；果皮中厚；肉厚多汁，味酸甜，玫瑰香味浓郁。品质上等，抗病力中等。适宜砂壤土和有灌溉条件的地段栽培。

(2)'乍娜'

欧亚种，1975年由阿尔巴尼亚引入我国。果穗大，平均重360～850g，最大穗重可达1100g，圆锥形，常带副穗，中等紧密或松散。果粒大至极大，平均重4.5～10.2g，最大粒重17g，圆形或椭圆形，粉红色，果粉薄；果皮中等厚；肉脆，味淡，稍有清香味，味酸甜，品质中上。产量较高，但易裂果，不抗白粉病和黑痘病。负载量过大时，易落果，果穗松散。越冬性弱。

(3)'里扎玛'

欧亚种，别名'玫瑰牛奶'，1961年最先引入我国。果穗大至极大，平均重650～1000g，分枝状圆锥形，中等紧密。果粒极大，平均重10.4～12g，圆柱形，红色，充分成熟时紫红色；果皮极薄；肉脆厚，味甜美。为早熟品种，品质优，但树势旺，抗病性差。干旱地区的最佳鲜食品种之一，宜用大篱架或棚架栽培。

(4)'玫瑰香'

欧亚种,原产英国。果穗中等大,平均重150～350g,圆锥形或分枝形,中等紧密或松散。果粒大,平均重5g左右,紫红色,果粉厚;果皮中等厚;肉多,汁中,汁无色,玫瑰香味浓;味甜酸。品质极优,在良好管理条件下很丰产,因而是全世界著名的优良鲜食葡萄品种。

此外,还有'巨峰''藤念''京秀''粉红亚都蜜''红双味''维多利亚''无核白鸡心''金星无核''夏黑''无核白'和'晚红'(红提)等优良品种。

2. 酿酒品种

(1)'雷司令'

欧亚种。含糖量高,产量中等,在欧洲葡萄品种中抗寒性较强,但果皮薄,易感病。酿制的白葡萄酒浅黄绿色,澄清发亮,果香浓郁,醇和爽口,回味绵延,是酿制干白葡萄酒的优良品种。

(2)'意斯林'

欧亚种,最早于1892年从西欧引入我国烟台。果穗小或中等大,圆柱形,果粒中等大,为晚熟品种。适应性强,较抗寒,抗病力中等,产量中等至较高。酿造的白葡萄酒禾秆黄色,清香爽口,回味绵延,酒质优。也是酿制起泡葡萄酒和白兰地的优质原料。

(3)'霞多丽'

欧亚种,原产法国,1951年首次从匈牙利引入我国。果穗小,果粒中小。为早熟品种,产量中等,在果实成熟过程中糖度增加较快,酸度降低较慢。果实抗黑痘病和白腐病能力中等。酿制的白葡萄酒黄绿色,澄清透亮,香气完整,味道醇绵协调,回味幽雅,酒质极佳。中国长城葡萄酒有限公司还用以酿制起泡葡萄酒。

此外,还有'白羽''赤霞珠''佳利酿''梅鹿特'等优良品种。

四、育苗与建园

(一)育苗

1. 扦插育苗

葡萄扦插苗是利用优良品种和抗性砧木的木质化枝条或半木质化的绿枝进行扦插繁殖的苗木,又称自根苗或营养苗。扦插育苗是当前葡萄生产应用较广泛的育苗方法之一。

(1)插条采集与贮藏

插条要求在品种纯、植株健壮、无病虫害的丰产树上采集。在冬剪时剪取充分成熟、节间长度适中、芽眼饱满的砧木枝条作为扦插繁殖的种条。一般采集的种条应每6～8个节截成一段,50～100根为一捆,用塑料绳捆好,拴上品种名标牌,防止混杂。

插条采后要用湿沙埋上,防止失水抽干。埋种条时要求在背风向阳、地势略高的地段挖东西向的贮藏沟,其深和宽各1m左右,长度按插条数量而定。贮藏前,先将插条用多菌灵或甲基托布津等500～800倍液喷布或浸泡2～3min,取出阴干后再进行贮藏。

(2)插条剪截与清水浸泡

插条长度12～15cm,以留2～3个节位剪截为宜。顶芽要求饱满,距芽上1～2cm平剪,下剪口距下芽1~3cm斜剪,以便识别上下,防止顶芽浸药和扦插时上下颠倒。将剪好的插条每50根捆成1捆,用清水浸泡12~24h后取出,待表水阴干后再浸生根药剂。

(3)催根处理

为了促进葡萄种条良好发根,应采用低毒的生根药剂进行处理。一般萘乙酸的适宜浓度为50~100mg/L。浸泡插条时,首先将配好的药水倒入平底的大水盆或水池中,药液深3~5cm,然后将用清水泡好且表水晾干的插条下部对齐,一捆挨一捆地立放在药池中。插条斜面向下,注意防止上下颠倒和顶芽浸药。浸泡时间8~12h,取出后可直接进行田间扦插,发根率较高,一般能达95%左右,而且发根整齐。

2. 嫁接育苗

随着无病毒品种及抗性砧木的推广,各地区选用适宜当地的抗性砧木嫁接优良品种育苗是今后发展的方向。

当前生产上都因地制宜地选择抗性砧木的插条苗或砧木种子实生苗,用适应当地的优良品种进行劈接育苗。先用锋利的芽接刀在砧木剪口中间垂直劈开,深度2~2.5cm;再取与砧木粗度接近的品种接穗,用单芽嫁接,在芽上1~1.5cm和芽下2~2.5cm处断开后,放在小塑料桶中用湿毛巾盖上备用;嫁接时,将接芽取出,于接芽下方0.5~1cm处削成两侧平滑的长2~2.5cm的楔形斜面,立即插入砧木劈口中,使砧、穗形成层对齐;若砧、穗粗度不一致,一侧形成层对齐;接穗斜面刀口上露出1~2mm,俗称"露白",以利于愈合;最后用1cm宽无毒、有弹力的塑料薄膜条(带),从砧木接口下边向上缠绕(留出接芽),一直缠绑到接穗顶部刀口,封严后返回打结即可。

(二)建园

1. 园地选择

园地选择要考虑地形与地势,山地坡度要小于15°,平原地下水位在0.8m以下。避免在低洼田建园,应选择相对地势高、排灌方便的地块。葡萄是喜光果树,故宜选择向阳的南坡。还需考虑水源的位置,保证旱能灌,涝能排。

2. 种植方式

(1)篱架式

篱架分单篱架、宽顶单篱架、双篱架。架面高1.8~2m,行距2.25~2.5m,株距1.5m左右,每隔4m立一支柱,挂3~4道铁丝(图9-3A、B和C)。优点是通风好、光照足、栽培操作方便。

搭设葡萄架的支柱用钢筋水泥柱或木杆,粗10cm×12cm,长1.4m×2.6m,埋设深度60cm。拉铁丝的边柱应加粗到12cm×14cm,长3m,向外倾斜。

(2)棚架式

通风透光好,葡萄病害发生较轻,尤适用于南方多雨、潮湿的地区,栽种生长势强的品种。棚高一般1.6~2m,每隔4m设立支柱,上端齐平,柱顶上架设木杆,再在其上纵横拉8号或12号铁丝做成格子状棚面,格眼长、宽均40cm左右。葡萄栽种于棚下一侧或中央,枝蔓向架面另一侧或向四周均匀分布(图9-3D)。

(3) 棚篱架式

株距 1.3～1.5m，行距 4～5m，每两行为一组合，组合间相距 1.5m。有平顶式和连叠式等。平顶式架面高 1.8～2m。连叠式前部架高 2.2～2.4m，后部架高 1.5～1.8m。定植后 3～4 年以篱架结果，以后篱架、棚架形成立体结果(图 9-3E)。立体架的优点在于：兼有棚架、篱架两种架面的综合优点，结果早，空间营养面积大，单位面积产量高。

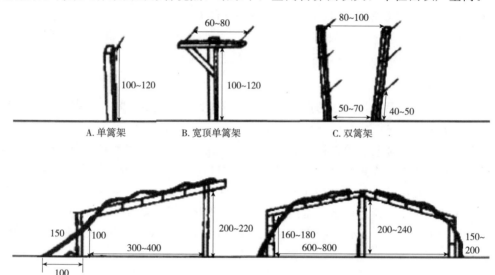

图 9-3 葡萄架式主要类型(单位：cm)(许邦丽，2011)

3. 定植

(1) 定植时间

葡萄春季和秋季均可栽植，因农事关系，多为春植。春植以 2 月为宜，此时地温回升，葡萄根系开始活动且芽眼即将萌动。春植最迟不超过 3 月中旬(芽眼萌动期)，秋植时间定在落叶前 50d 左右。栽后及时浇水保持土壤的湿度，以利于苗木恢复生长。

(2) 苗木选择与修整

苗木要尽量选用健壮的一级苗。定植前对机械损伤的主、侧根和细根进行适当的修整，但避免修剪过重，尽量保证苗木根系的完整性。

(3) 整地挖沟(穴)

定植前需做好开沟作畦、挖定植沟(穴)等工作。砂土结构的园地可采用穴植，穴深 60～80cm。质地黏重的园地和红黄壤丘陵地建园，采用沟植为好，因为沟植排灌水方便，能起到抗旱排涝的作用。沟深 60～80cm，沟宽 80～100cm。挖时取出的表土和深层土分别放置于沟穴上部的两侧。对于土层较薄且底层土壤坚硬的园地，需采用高畦种植，畦高 25cm、宽 100～120cm。

(4) 施足基肥

每亩施优质有机肥 5000kg(以堆肥或厩肥为主)、过磷酸钙 50kg(红、黄壤结构的用钙镁磷肥)。沟(穴)植在底部填 20cm 左右的垃圾或杂草、秸秆之类的材料并踏实，然后将有机肥、磷肥与表土混拌均匀或分层填入，再整成高15cm、宽100cm的畦待植。施肥时，离畦面30cm的范围内不要施用肥料，以免烧根死苗。高畦种植的，先将足量的有机肥和磷肥撒施于土层表面，然后进行深翻土，再整成高25cm、宽100～120cm的畦待植。

(5)定植方法

按株行距定点挖穴定植，边栽边培土，同时轻提苗木，使土壤尽量进入根系间，再培土压实，浇透水，掌握浅栽原则，使嫁接口露出地面3～5cm。

(6)定植后覆盖地膜

定植后，可以通过覆盖地膜，利用其增温、保水、保肥等优点，促进葡萄植株早发根、多发根，加速恢复根系的生长活动。覆盖地膜后，需将根际的破口（露出部分）用土封好，防止雨水大量进入。每株幼苗覆盖的地膜面积应在 $1m^2$ 以上，最好整畦覆盖，起到增湿、保肥、保水的作用，并可在多雨的年份避免土壤的持水量过多而引起烂根。在春季冷空气过后，温度回升过高时（有时地膜内温度达40℃以上），必须在根系分布范围的地膜上加盖杂草等覆盖物，避免温度过高烫伤幼根（因为根系生长的最适温度为25～30℃）。撤膜一般应在当地气温相对稳定、春季有短时间的高温来临前进行。不可在冷空气来临前撤膜，否则新发的幼嫩根系会因适应不了气温的急剧变化而受损，影响葡萄植株的健康生长。

五、果园管理

(一)土肥水管理

1. 排水与灌溉

由于南方雨水大多集中在春季和梅雨季节，平原地区的园地易内涝积水，严重影响葡萄的生长。因此，为做好雨季的排涝工作，必须使园地内沟沟相通，达到雨后畦面干燥快、畦沟不积水。在冬季要整修排水沟渠，夏、秋季清理沟内杂草和泥块，保持沟渠畅通。

灌溉要视土壤墒情进行。一般要求土壤始终保持持水量在60%左右。在采前15d应停止灌水，以免降低果品质量。每次灌水量以土壤深度40～50cm（根群密集处）达到湿润为宜。

2. 施肥

对幼树施肥只是为了保证其营养生长的需要，促使植株生长旺盛，扩大树冠，达到早结果、早丰产的目的。而对结果树施肥不但要保证枝梢等营养生长的需要，还要保证开花、结果等生殖生长的需要，因此在施肥种类和方法上应所区别。

(1)幼树施肥

幼树定植前虽然已施基肥，但多是迟效性肥料，当年不可能全部分解而被植株所吸收。因此，在生长期中，需采取薄肥勤施的原则，追施速效肥，保证幼树生长发育对养分的需求。幼树施肥，应做到以下两点：a.第一次追肥在新梢长至8～10片叶后进行，以后每隔7～10d施一次。8月前，一般以速效氮肥为主，8月后，以磷、钾肥为主，到10月下旬为止。b.除上述施肥外，每隔10d，在傍晚（或上午露水干后，但以傍晚时效果最好）进行一次根外追肥。用作根外追肥的肥料有0.3%尿素、0.5%磷酸二氢钾、0.3%氯化钾等。在缺素严重的地方，还需注意对微量元素的施用。

(2)结果树施肥

结果树必须保持营养生长和生殖生长的平衡，因此在施肥上必须采取科学的方法。

①催芽肥　萌芽前，追施一次速效氮肥，以促进枝梢和花穗发育，扩大叶面积。每亩施肥量15kg左右。方法是结合松土，在植株的根际周围挖浅沟施入。

②花前肥　开花前，施一次磷、钾为主的复合肥料，以满足开花坐果的需要。方法同催芽肥。此次施肥要控制氮肥的数量，否则会造成枝梢生长过旺，影响开花坐果。

③膨果肥　谢花坐果后（一般8～10d），每亩施尿素10kg、复合肥10kg，以满足幼果膨大的需要。

④催熟肥　膨果肥施后10d左右，每亩施钾肥20kg，以促进果粒进一步增大，提高果实的含糖量。方法是先撒施于土层表面，再浅翻入土中，然后浇透水。钾肥的施用不宜过迟，否则在挂果过多的情况下，对促进当年的果实成熟作用不大，同时使果实的抗病力下降，造成丰产不丰收。

⑤复壮肥　采收后，为了补充大量损耗的养分，需及时追施一次速效氮肥。隔15d后，再施一次以磷、钾为主的肥料，以恢复树势，防止早期落叶，增强光合作用。9月底至10月初，以有机肥为主，加适量的速效氮肥，每株施肥量为20kg左右，促进损伤的部分根系愈合快，有利于根系的新陈代谢，保证第二年丰产稳产。具体操作：在植株一侧（下年在另一侧，交替进行）挖一条深25cm、宽40cm的沟（随树龄增大而加深），将腐熟的有机肥与过磷酸钙施入沟内（比例为100∶1），与土相拌，加土覆盖，然后浇透水。此次施肥后，当年不需再施肥。

(二)整形修剪

整形修剪即枝蔓管理，其目的是使枝蔓合理布满架面，充分利用阳光和生长空间，构成丰产稳产的树形。要依据立地条件、品种、栽培习惯、架式等要求通过夏季修剪和冬季修剪来进行。一般原则是：山坡地采用独龙干式，温暖多雨地区采用主干形；篱架常采用扇形或水平形，棚架多采用龙干形。

1. 夏季修剪

葡萄栽培过程中，夏季修剪非常重要。通过这项工作可以及时调节生长与结果的关系，改善通风透光条件，减少病虫害。同时，有利于花芽分化，促使果穗和果粒充分发育，保证枝蔓和果实能及时而充分地成熟，为当年和翌年结果创造良好的条件。葡萄夏季修剪是一项技术要求很高的工作，幼树和结果树所采取的方式有所不同。

(1)幼树夏季修剪（以篱架单蔓龙干式为例）

做好幼树定植当年的夏季整形修剪工作，能使葡萄提早结果，保证定植后第二年达到一定的丰产性。具体方法为：

①抹芽　在可辨别芽的质量好坏时进行。留强去弱，留接近地面的一个壮芽生长，其余一律抹除。

②除卷须　在人工栽培的情况下，卷须有害无益，既妨碍植株生长，又消耗养分，故应在幼嫩时及时除去。

③摘心　当幼树生长出8～10叶时，第一次摘心，以后除留顶端一个副梢继续生长

外,抹除其他的副梢,培养成一个主蔓。定蔓后,及时引缚(但不宜缚得过紧)。当顶端副梢长出10~12片叶时,第二次摘心。此次摘心后,除顶端留一副梢继续生长外,抽发的其余副梢均留1~2片叶反复摘心。但在梅雨季节,应多留几片叶摘心,目的是缓和树势,防止主蔓的冬芽因雨水过多而萌发,保证翌年能够结果。第二次摘心后,当主蔓生长到1.6m左右时,再行摘心。此后顶端留2~3个副梢、4~5片叶反复摘心。至10月初,对各个生长点再进行一次全面摘心,从而完成幼树的夏季修剪。

(2)结果树夏季修剪

结果树的夏季修剪包括抹芽、定梢、主梢摘心、副梢摘心、绑蔓、除卷须等工作,目的是节省并集中树体养分,改善通风透光条件,保证当年高产丰收。

①抹芽　在4月上旬萌芽后进行若干次抹芽,目的是保证架面通风透光,枝蔓、花、果充分发育和成熟。抹芽方式:a.对根际及老蔓上的不定芽除需留作更新蔓和补空外,一律抹去。b.对结果母枝抹芽,需根据主蔓粗度和预定产量所要求的新梢数,确定抽发新梢所需的主芽数,抹去基部的弱芽,朝上或向下生长的芽和所有副芽,同时按一定距离疏除病芽。只有在主芽萌发的结果枝不足时,才保留一部分相对健壮的副芽,以便抽生结果枝结果,保证具有一定的结果量。抹芽程度必须控制得当,开始时不宜过重,否则会引起新梢旺长,导致落花落果。强树和幼旺树可稍迟抹芽,弱树和老树则应提早抹芽。

②定梢　a.定梢时间:分两次进行。第一次在新梢上出现花序,能区别结果枝与营养枝时进行。第二次在花前5~7d或结合新梢摘心同时进行。b.定梢数量:根据预计的产量而定,保证有一定比例的结果枝和不结果的预备新枝,旺树可多留,小树应少留,结果枝的比例稍大于预备枝。结果枝基本上每15~20cm留一个。c.定梢方法:第一次定梢以除去营养枝为主,凡细弱、过密、部位不当的枝条(背生枝、交叉枝)及不作预备枝更新用的营养枝等都除去,保留结果枝和补空、更新用的营养枝。此次除梢量占总除梢量的70%~80%。第二次定梢量最终决定架面的新梢密度,补充第一次除梢的不足(除梢量仅占除梢总量的20%~30%)。按所需新梢的数量,选留理想的结果枝和更新用的营养枝,除去有病虫、穗小和部位不合理的结果枝等。但在花序数不足的年份,则应保留全部结果枝,见花即留,以保证产量。

③主梢摘心　目的是避免浪费营养,集中养分供应给花、果实和增加树体养分的积累。结果枝摘心在花前7d进行,预备枝摘心在5月底至6月底进行。结果枝摘心根据生长势而定,在花穗以上留6~9片叶摘心。原则上是中庸枝留6~7片叶,强壮枝留8~9片叶。预备枝摘心,除延长枝外,一般留8~10片叶摘心。主蔓延长枝摘心可根据具体要求而定。

④副梢摘心　除副梢顶端1~2个下一级副梢留3~4片叶反复摘心外,其余副梢都采用"留一绝后"或"留二绝后"的方法处理。对摘心再抽生的副梢及早除去。副梢处理的程度应达到保证葡萄的叶果比30:1的要求。

⑤绑蔓　绑蔓工作必须根据整形的要求进行。冬季修剪后就要进行绑蔓,以后随着新梢的生长,不断进行绑蔓。绑蔓时采用"8"字形扣,打扣时不宜过紧,以免绞伤枝蔓。预备枝上新梢的引缚以促进生长为主,架面上单枝更新结果母枝的新梢除了结果枝倾斜引缚外,应在其基部选一新梢直立引缚,作为更新枝。

⑥除卷须　在整个葡萄生长期，结合其他栽培管理措施，及时摘除所有卷须，以节省养分。

2. 冬季修剪

葡萄冬季修剪一般在落叶后至翌年伤流期来临前进行，以12月至翌年1月最为适宜。若过早，会影响树体营养积累；过晚则会引起大量伤流，导致植株衰弱，影响开花结果。

（1）定植当年幼树冬季修剪（以单蔓龙干形为例）

在夏季修剪的基础上，为了保证第二年有一定产量，冬季修剪树形应以单蔓龙干形为好。剪留的长度应根据主蔓的粗度确定。若主蔓离地面20cm处直径能达到1.8~2.0cm（只要定植当年加强栽培管理，一般都能达到标准），冬季修剪时，留15个左右饱满芽，剪除其余部分。主蔓上的副梢必须全部剪除。

（2）定植第二年的树体修剪

利用当年的结果枝，每隔20~25cm组成一个结果枝组。除顶端结果枝采用长梢或超长梢修剪作为延长枝外，其余结果枝一律短截、中梢修剪，并以中梢修剪为主。

（3）结果树修剪

从第二年起，结果树的树形已基本形成，因此冬季修剪原则是以产定剪。根据所预定的产量指标确定修剪量，安排合理的结果母枝数。优质的枝条应充分成熟，节间较短，节部突出，不平直；芽高耸，形大，充实，鳞片包紧；枝褐色，髓部小，横断面圆形。否则为劣质枝条，不宜作结果母枝。对已经结过果的结果枝全部剪除。对生长枝进行短、中梢修剪，强枝中梢修剪，中庸枝短梢修剪，作为翌年的结果母枝。掌握循环修剪的原则，有计划、有目的地进行重剪回缩，利用隐芽的萌发重新培养结果母枝，控制结果部位上移。为防止剪口芽失水抽干，剪截结果母枝时应在节间进行，可留2cm以上的桩或剪在上一节的节上。缩剪或疏剪时一般留1cm的桩头，疏剪时要防止破伤。

（三）花果管理

1. 葡萄落花落果原因

（1）生理缺陷与品种本身特性

胚珠发育异常，雌蕊发育不健全，部分花粉不育，从而导致落花落果。如'巨峰'品种。

（2）气候异常

葡萄开花期要求白天气温在20~28℃，最低气温在14℃以上，相对空气湿度65%左右，有较好的光照条件。开花期气候异常，如低温、降雨、干旱等气候条件，将直接影响受粉和受精，导致落花落果。

（3）树体营养贮备不足

葡萄开花时需要较多的营养物质，主要是由茎部和根部贮藏的养分供给。若上年度负载量过多或病虫害严重，造成枝条成熟不好或提早落叶，使树体营养贮备不足，花序原始体分化不良，发育不健全，必然导致开花期落花，花后落果。

（4）树体营养调节分配不当

葡萄开花前到开花期其营养生长与生殖生长共同进行，互相争夺养分。若抹芽、定枝、摘心、副梢处理不及时，浪费大量树体营养，使生殖生长营养不足，则花器官分化不良，造成受粉和受精不良，将导致落花落果。

(5)综合管理技术不协调

抹芽、定枝、摘心没有及时进行，通风透光不良；花期灌水或喷施农药；或氮肥施用量偏多，新梢徒长；病虫害防治不及时，霜霉病、穗轴褐枯病等病虫害发生严重。以上都将造成落花落果。

2. 保花保果措施

(1)物理措施

①花穗整理　在开花前7d到盛开时将副穗及以下小穗去除，保留13~15片叶，略掐去穗尖。过早，不易区分保留部分；过迟，影响坐果。

②疏果穗　a.在落果结束之后立即进行，此时为花后10~20d内完成。一枝留一穗，弱枝及畸形枝上的果穗疏去。预备枝上的果穗原则上全部疏去。疏果之后的穗数必须要符合预定产量的目标数，而且营养枝应占全部新梢的1/3~1/2。b.在疏果穗的同时，疏去过密、内生、横生、上下向交叉、畸形、小粒等果粒，留下向外平伸的果粒。每一支穗最多不宜超过4粒。'巨峰'一般每穗保留30~40粒，'藤念'保留30~35粒即可；大穗型欧亚种保留60~80粒。

(2)化学措施

①花前喷硼　硼能促进花粉粒的萌发、受粉和受精及子房的发育，缺硼会使花芽分化、花粉发育和萌发受到抑制。一般在开花前10d左右喷施1~2次0.1%~0.2%硼砂溶液，可有效提高坐果率，减少落花落果。

②使用赤霉素等生长调节剂　赤霉素在葡萄生产上主要是用于增大果粒及诱导无核果实。利用赤霉素增大无核品种果粒及诱导有核品种无核化栽培，不同品种、不同时期、不同方法其所用浓度有所不同，应试验后再应用。也可参考表9-1中所列的处理浓度及方法。

表9-1　赤霉素在不同葡萄品种上的处理浓度及方法

品种	处理方法	处理时期及浓度	处理目的
'无核白鸡心'	用微型喷雾器喷果穗或用容器盛液蘸果穗	花前3~4d,10~20mg/L；盛花后10d左右,25~50mg/L	增大果粒
'无核早红'（代号8611）	用微型喷雾器喷果穗或用容器盛液蘸果穗	花前3~4d,10~15mg/L；盛花后10~15d,25mg/L	增大果粒，提高无核率
'巨峰'	用微型喷雾器喷果穗或用容器盛液蘸果穗	盛花后4~5d,20mg/L；盛花后15d左右,25mg/L	防治落果，增大果粒

赤霉素不易溶于水，使用时先用少量酒精或高浓度的白酒将药剂溶解，然后再加水至所需浓度使用。处理后，果实的成熟期一般能提早5~7d；若处理不当，会延迟成熟且降低品质。

(3)农业措施

①控制产量,贮备营养　根据土壤肥力、管理水平、气候、品种等严格控制负载量。鲜食品种产量控制在1500~2000kg/亩,酿酒和制汁品种产量控制在1300kg/亩。保证果实、枝条正常充分成熟,花芽分化良好,使树体营养积累充足,完全能够满足翌年生长、开花、受粉和受精等对养分的需求。

②增施有机肥,提高土壤肥力　根据土壤肥力秋施优质基肥5000~8000kg/亩,并根据树体各物候期对营养元素的需求,适时、适量追施速效性化肥,以提高土壤肥力,保证营养元素的均衡供应,并且能够改善土壤结构,为葡萄根系生长创造良好的环境条件,增加根系的吸收能力。

③及时抹芽、定枝、摘心和处理副梢　及时抹芽、定枝,减少养分的消耗,促进花序的进一步发育。通过摘心使养分更多地流向花序。根据预期产量,及时疏除多余的花序和整形,节省养分,可保证开花、受粉和受精对养分的需求。

④花前喷磷肥　在开花前7~10d喷施1~2次0.3%硼砂溶液,促进花粉萌发及花粉管伸长,对提高坐果率及增加产量、提高果实品质有明显的效果。

⑤初花期环剥　为了积累营养,提高坐果率,应在开花期用双刃环剥刀或芽接刀在结果枝着生果穗的前部约3cm处或前一个节间进行环剥。剥口深达木质部,宽2~3mm。环剥后,将剥皮拿掉,用洁净的塑料薄膜将剥口包扎严紧,以利于剥口愈合。

六、有害生物防治

(一)葡萄主要病害

1. 黑痘病

(1)发病症状

主要为叶片和嫩梢受害,初呈针眼大小的圆形褐色斑点,扩大后中央呈灰褐色,边缘色深,病斑直径1~4mm。随着叶的生长,病斑常形成穿孔。新梢、卷须、叶柄受害,病斑呈暗褐色、圆形或不规则形凹陷,后期病斑中央稍淡,边缘深褐,病部常龟裂。幼果受害,病斑中央凹陷,呈灰白色,边缘褐至深褐色,形似鸟眼状,后期病斑硬化、龟裂、果小而味酸不能食用。

(2)发生规律

由半知菌亚门痂圆孢属真菌的无性阶段侵染所致。主要以菌丝体在病蔓的溃疡斑内越冬。翌年5月产生分生孢子,借风雨传播。孢子萌发后,芽管直接侵入幼嫩组织内,形成初次侵染;以后病部产生分生孢子进行多次再侵染。多雨、高湿有利于分生孢子的形成、传播和萌发侵染,也有利于寄主生长。

(3)防治方法

a.少施氮肥,适量灌水,防止植株徒长。雨后及时排水,合理修剪,及时剪除病果、病梢、病叶,减少菌源。b.春天芽萌动后至展叶前喷3~5波美度石硫合剂。展叶后每隔15d喷一次1∶0.5∶200倍波尔多液或80%必备(波尔多可湿性粉剂)300~400倍液。花前、花后两次喷药一定要喷均匀。亦可用78%科博可湿性粉剂500~600倍液(保护剂),

或10%世高水分散粒剂2000～3000倍液。

2. 白腐病

(1) 发病症状

主要危害果实和穗轴，也能危害枝蔓和叶片。果实发病，病菌主要从小果梗或穗轴侵入，病斑初呈水渍状、淡褐色、边缘不明显的斑点，然后病斑扩展并通过穗梗蔓延到整个果粒，受害果粒腐烂，上面着生灰白色的小粒点，为病原菌的分生孢子器。最后病果皱缩、干枯成为有明显棱角的僵果。果实前期发病易失水干枯，黑褐色的僵果往往挂在树上不落。枝蔓及新梢摘心处初发病时，病斑呈淡黄色、水渍状，手触时有黏滑感，随后表皮变褐、纵裂，韧皮部与木质部分离，呈乱麻状。有时在病斑的上端病健交界处由于养分输送受阻而变粗或呈瘤状，对植株影响很大。病果、病蔓都有一种特殊的霉烂味，这是该病最大的特点之一。叶片受害，多在叶缘或破伤部位发生，病斑初呈水渍状、浅褐色、圆形或不规则形，逐渐向叶片中部蔓延，并形成深浅不同的轮纹，病组织枯死后易破裂。天气潮湿时，也形成分生孢子器。

(2) 发生规律

常见的无性世代属半知菌亚门白腐盾壳霉菌属。病原菌以分生孢子器及菌丝体在病部组织中越冬，散落在土壤中的病残体是翌年初侵染的主要来源。靠风雨、昆虫传播。雨水使带有分生孢子的土壤颗粒飞溅到果穗和接近地面的新梢上，从而侵染发病。一般6月中、下旬开始发病，7月下旬和8月上旬为盛期。夏季高温多雨易造成病害流行。果园地势低洼、排水不良或管理粗放，发病严重。病菌为弱寄生菌，主要由伤口侵入，如田间操作的机械伤、虫咬伤以及风害、雹害造成的伤口和叶片的气孔等，都是病菌侵入的门户。

(3) 防治方法

a. 合理施肥，多施有机肥，以增强树势，提高树体抗病力。b. 提高结果部位，50cm以下不留果穗，以减少病菌侵染的机会。c. 合理确定负载量，新梢间距离不得小于10cm，使通风透光良好。d. 及时摘心、绑蔓和中耕除草。注意果园排水，降低田间湿度。葡萄生长季节勤检查，及时剪除病果、病蔓；冬季修剪后，把病残体和枯枝落叶深埋或烧毁，以减少翌年的侵染源。e. 在发病初期可用78%科博可湿性粉剂500～600倍液喷雾，每隔7～10d喷一次，共喷4～5次。生长季节可喷50%多菌灵或50%甲基托布津、50%福美双800倍液，或70%代森锰锌、64%杀毒矾700倍液，都能取得良好的防治效果。为提高药效，雨季可在药液中加入2000倍的皮胶或其他黏着剂。用药时要两种以上药剂交替使用，以减少病虫的抗药性。

3. 霜霉病

(1) 发病症状

叶片受害，叶面最初呈现油渍状小斑点，扩大后为黄褐色、多角形病斑。环境潮湿时，病斑背面产生一层白色霉状物，即病原菌的孢囊梗及孢子囊。嫩梢、花梗、叶柄发病后，油渍状病斑很快变成黄褐色凹陷状，潮湿时病部也产生稀少的白色霉层，病梢停止生长、扭曲甚至枯死。幼果感病，最初果面变灰绿色，上面布满白色霉层，后期病果呈褐色并干枯脱落。

(2)发生规律

由鞭毛菌亚门、单轴霉菌属侵染所致。以孢子在病叶等病残组织中越冬。翌年在适宜的条件下萌发,产生孢子囊,孢子囊萌发产生6～8个游动孢子,借雨水飞溅传播,由气孔、水孔侵入寄主组织,经7～12d潜育期,又产生孢子囊,进行再侵染。5～6月开始发病,8月下旬至9月为发病盛期。

(3)防治方法

a.加强果园管理,及时摘心、绑蔓和中耕除草,冬季修剪后彻底清除病残体。b.在发病前,每15d喷一次1:1:(160～200)倍波尔多液或80%必备(波尔多可湿性粉剂)300～400倍液,连喷4～5次;或在病斑出现以前,用75%易保水分散粒剂(保护剂)800～1200倍液喷雾。生长季可用80%乙膦铝可湿性粉剂600倍液、72%霜脲·锰锌可湿性粉剂600倍液喷雾。其中,甲霜灵若连续使用,病原菌较易产生抗药性,因此用药次数每季不超过3次,间隔期为10～14d。在霜霉病发病较重、其他药剂不能奏效的情况下,用甲霜灵补救,将收到良好效果。

4. 炭疽病

(1)发病症状

果实初发病时,果面上发生水渍状淡褐色斑点或雪花状病斑。以后逐渐扩大呈圆形、深褐色、稍凹陷的病斑,其上产生许多黑色小粒点,并排列成同心轮纹状。在潮湿的情况下,小粒点涌出粉红色黏稠状物,即为病原菌的分生孢子团。该病侵染新梢、叶片时,一般不表现症状,因此,认为该病具有潜伏侵染的特性。

(2)发生规律

常见的无性世代属于半知菌亚门盘长孢菌属。病菌主要以菌丝体在结果母枝和挂在架面的病残体上越冬。翌年5～6月条件适宜时,带菌蔓上便产生分生孢子,借雨水或昆虫传播。当分生孢子随雨水滴落到果实上,便萌发并侵入引起初次侵染。当传播到新梢、叶片上时,病菌萌发侵入后便潜伏在皮层内,表面看不出异常,这种带菌的新梢又将成为下年的初次侵染源。7～8月高温多雨,常导致病害流行。

(3)防治方法

a.加强田园管理,使通风透光良好。冬季修剪后,将病残体集中深埋或烧毁。b.春天芽萌动后、展叶前往结果母枝上喷3波美度石硫合剂或80%必备(波尔多可湿性粉剂)300～400倍液。发病前或发病初期,用78%科博可湿性粉剂500～600倍液喷雾,每隔7～10d喷一次,共喷4～5次。生长季可用50%多菌灵可湿性粉剂600～700倍液或50%苯菌灵可湿性粉剂1500～1600倍液,重点喷结果母枝。

5. 白粉病

(1)发病症状

叶片受害后在叶面产生一层白色至灰白色的粉质霉层,即病原菌的菌丝、分生孢子梗及分生孢子。当粉斑蔓延到整个叶面时,叶面变褐、焦枯。新梢受害,表皮出现很多褐色网状花纹,有时枝蔓不易成熟。果梗、穗轴受害,质地变脆,极易折断。果实受害,停止生长,有时变畸形。在多雨时感病,病果易纵向开裂,果肉外露,极易腐烂。

(2)发生规律

由子囊菌亚门钩丝壳属侵染所致。该病菌以菌丝在枝蔓的组织内越冬,翌年条件适宜时形成分生孢子,借风力传播。孢子萌发后,以吸器侵入寄主表皮细胞内吸取养分而形成褐色的网状花纹,菌丝体在表皮扩展营外寄生生活。一般6月中旬开始发病,7月上旬至8月为发病盛期。闷热天气易流行。栽植过密、氮肥过多、通风透光不良,均有利于发病。

(3)防治方法

a.加强管理和清洁田园。b.展叶前喷杀菌剂。生长期可喷0.2~0.3波美度石硫合剂,或25%粉锈宁可湿性粉剂1000倍液,均可控制该病发生。

6. 穗轴褐枯病

(1)发病症状

此病主要危害葡萄花穗的花梗、果穗的果梗和穗轴。穗轴、花梗受害,初为淡褐色水渍状病斑,扩展后渐渐变为深褐色、稍凹陷的病斑,湿度大时病斑上可见褐色霉层。若小分枝穗轴发病,当病斑环绕1周时,其上面的花蕾或幼果也将萎缩、干枯、脱落。发生严重时,几乎全部花蕾或幼果落光。

(2)发生规律

病原菌为半知菌亚门葡萄链格孢菌。病菌以分生孢子和菌丝体在母枝芽的鳞片及枝蔓表皮内越冬,翌年条件适宜时萌发侵入寄主组织。5月上、中旬的低温、多雨有利于病菌的侵染、蔓延。病菌危害幼嫩的花穗、花蕾、穗轴或幼果,引起花蕾及幼果萎缩、干枯,造成大量落花落果,一般减产10%~30%,严重时可减产40%以上。南方的梅雨天气,有利于该病的发生蔓延。'巨峰'易感此类病害,'康拜尔''玫瑰露'等品种较抗病。

(3)防治方法

a.冬季修剪后,彻底清洁田园,把病残体集中烧毁或深埋。b.芽萌动后,喷3波美度石硫合剂。c.发病前或发病初期,用78%科博可湿性粉剂500~600倍液喷雾,每隔7~10d喷一次,共喷4~5次。使用50%多菌灵可湿性粉剂或75%百菌清可湿性粉剂800倍液,亦可控制该病的扩展。

7. 褐斑病

(1)发病症状

褐斑病有大褐斑病和小褐斑病两种。大褐斑病主要危害叶片,侵染点发病初期呈淡褐色、不规则的角状斑点,病斑逐渐扩展,直径可达1cm;病斑由淡褐变褐,进而变赤褐色,周缘黄绿色,严重时数斑连合成大斑,边缘清晰,叶背面周边模糊;后期病部枯死,多雨或湿度大时发生灰褐色霉状物。有些品种病斑带有不明显的轮纹。小褐斑病侵染点发病出现黄绿色小圆斑点并逐渐扩展为2~3mm的圆形病斑,病斑部逐渐枯死变褐进而变茶褐色,后期叶背面病斑生出黑色霉层。

(2)发生规律

属半知菌亚门拟尾孢属。大褐斑病病菌分生孢子寿命长,可在枝蔓表面附着越冬,借风雨传播,在高湿条件下萌发,从叶背面气孔侵入,潜育期约20d。多雨季节可多次重复侵染，造成大面积发病。在江苏、浙江、上海等地有两次发病高峰，分别在6月和8月。小褐斑病的发生与大褐斑病相似。

(3)防治方法

a.彻底清除枯枝落叶，以减少病源。b.合理施肥，科学整枝，增施多元素复合肥，以增强树势，提高抗病力。科学留枝，及时摘心整枝，改善通风透光条件。c.发芽前喷3～5波美度石硫合剂。d.发病严重的地区，结合其他病害防治，6月可喷一次等量式200倍波尔多液或40%必备可湿性粉剂400倍液，7～9月可喷10%宝丽安（多抗霉素）可湿性粉剂800倍液，或50%多菌灵可湿性粉剂800倍液，或72%百菌清可湿性粉剂600～800倍液，交替使用，每10～15d喷一次药。

8. 房枯病

(1)发病症状

果穗发病，先在果梗基部接近果粒处呈现淡褐色病斑，后病斑变为褐色并蔓延到穗轴上。当病斑绕果梗1周时，则果梗萎缩干枯。果粒受害，先由果蒂部失水萎蔫，扩展到整个果粒并呈灰褐色，最后干缩成僵果，挂在树上经久不落。病果表面产生稀疏而较大的黑色小粒点（即分生孢子器）。这是与白腐病、黑腐病病果的主要区别。病叶发病时，出现灰白色圆形病斑，其上也产生分生孢子器。

(2)发生规律

无性世代属半知菌亚门大茎点菌属。病原菌以分生孢子器在病僵果和病残体上越冬，翌年5～7月释放出分生孢子，借风雨传播，进行初次侵染。病菌发育的最适温度为35℃左右。在高温多雨的5～7月，气温在15～35℃时，适于病害的发生，但病害流行的最适宜温度为24～28℃。分生孢子在24～28℃的温度下经4h即能萌发。一般欧亚种葡萄较易感病。

(3)防治方法

a.注意果园卫生，秋季要彻底清除病枝、叶、果等，并集中烧毁或深埋。b.加强果园管理，注意排水，及时剪副梢，改善通风透光条件，增施肥料，增强植株抵抗力。c.落花后开始喷1∶0.7∶200波尔多液或80%必备可湿性粉剂400倍液，每15d喷一次，共喷3～5次。或喷80%敌菌丹可湿性粉剂1500倍液，喷药时应注意使果穗均匀着药。d.发病严重地区两次喷药间隔时间为10～15d，发病轻的地区可适当延长，注意交替用药。

9. 灰霉病

(1)发病症状

主要危害花序、穗梗及果实，也危害叶片。发病初期花序似热水烫状，后变暗褐色，病部组织软腐，表面密生灰霉，即分生孢子。稍加触动，孢子呈烟雾状飞散。被害花序萎蔫，幼果极易脱落。果实近成熟期和贮藏期发病，先产生淡褐色凹陷病斑，很快扩展至全果，使果实腐烂。果梗感病后，变成黑褐色，有时病斑上产生黑色块状的菌核。严重时新梢、叶片也能感病，产生不规则的褐色病斑，叶上病斑有时出现不规则的轮纹。在空气潮湿条件下，病斑上产生灰色霉层，即分生孢子梗和分生孢子。

(2)发生规律

葡萄灰霉病是一种真菌病害。病菌以菌丝体、菌核或分生孢子随病残组织在土壤中越冬。翌春以菌丝体和菌核产生的分生孢子及越冬后残存的分生孢子借风雨传播,通过伤口和幼嫩组织皮孔侵入。葡萄灰霉病一年有两次发病期。第一次在5~6月,危害花序。第二次是在果实着色至成熟期。若久旱逢雨,水分饱和,引起裂果,病菌从伤口侵入,导致果粒大量腐烂。果园氮肥过多,枝叶徒长,土壤黏重、排水不良等,均能促进发病。品种间发病有差异,如'巨峰''新玫瑰''洋红蜜''白玫瑰''胜利'等品种发病较重,葡萄园中'皇后''玫瑰香''白香蕉'等品种发病轻,'尼加拉''黑汉''红加利亚''黑大粒'等品种很少发病。

(3)防治方法

a.消灭病源:在秋季落叶和冬剪时,彻底清扫枯枝病叶,并集中烧毁。b.加强果园管理:露地栽培和保护地栽培都要注意土壤排水,合理灌水,降低湿度,同时少施氮肥,防止徒长,控制病菌扩散再侵染。c.药剂防治:应以花前防治为主,在花前7d喷一次药,临近开花时再喷一次药,花期停止喷药,花后立刻喷药,以后每10d左右喷一次药,即可控制发病。主要用50%速克灵500~3000倍液或40%嘧霉胺或50%甲基托布津500~600倍液。

10. 根癌病

(1)发病症状

主要发生在1~3年生枝蔓的根颈部,嫁接苗多发生在接口附近,形成似愈伤组织的肿瘤。病初肿瘤为乳白色,近球形,直径2~5mm,组织柔嫩,表面光滑,以后癌瘤不断增大,逐渐变褐色、深褐色,质地变硬,表面粗糙。瘤的大小不一,有圆形或扁圆形,由数十个小瘤形成一个大瘤。老熟瘤体表面出现龟裂,在阴雨潮湿天气腐烂脱落,并放出腥臭味。受害植株因皮层及输导组织被破坏,生长衰弱,叶小、黄化,严重时死亡;果穗少而小,果粒大小不齐,成熟不一致。

(2)发生规律

由一种杆状细菌引起。病菌随病残体在土壤里越冬。条件适宜时通过伤口、嫁接口和冻伤口侵入植株体内,或通过灌水、雨水扩散传播。细菌侵入植株后,刺激周围细胞加速分裂而形成肿瘤。病菌的潜育期由几周至1年以上,过晚侵入可潜伏到翌春发病。一般气温适宜、雨量多、湿度大,肿瘤发生量也大。砂质土壤、地下排水不良、碱性土壤等发病较重。切接苗比芽接苗发病重,给幼树锄草、松土时伤根颈者易发病。品种间感病有差异,如'巨峰''玫瑰香''新玫瑰''黄金后'等品种较易感病,'康拜尔''尼加拉''罗也尔玫瑰''龙眼''贝达'等品种抗性较强。

(3)防治方法

a.幼苗消毒:新建园栽苗前用1%硫酸铜液浸泡5min,再放入2%石灰水浸泡1min,或用3%次氯酸钠浸泡3min,或用5波美度石硫合剂浸泡1min,杀死附在根部的细菌。b.加强检疫:引进苗木和种条、接穗时要严格检疫,并用1%硫酸铜液或抗菌剂消毒3min后方可分散栽植。一旦发现死株及时拔掉,在补栽前用1%硫酸铜液或抗菌剂50倍液对土壤进行消毒。有条件时更换根际 1m³ 土壤后再行补栽。c. 加强田间管理，增施有机肥料。适当多施些微酸性肥料，给细菌造成不利环境，以减少发病。田间各项作业，注意防止根颈发生伤口，以减少细菌侵入机会。灌水时，防止从病区流向无病区，以免扩散传播。d. 药剂防治：田间发现病株，先切除肿瘤，然后用石硫合剂或抗菌剂 402、抗菌剂 401 的 50 倍液，或链霉素 400 倍液、石硫合剂原液涂抹，均可收到较好效果。

(二) 葡萄主要虫害

1. 葡萄透翅蛾

(1) 形态特征

葡萄透翅蛾又称为透羽蛾，属鳞翅目透翅蛾科。成虫体长 18～20mm，翅展 30～33mm，形似黄蜂。体黑褐色。头顶、颈部、后胸两侧以及腹部各连接处为橙黄色；前翅红褐色，后翅半透明；腹部有 3 条黄色横带，以第四腹节的一条最宽。雄虫末端两侧各有 1 束黑毛，触角棒状。卵椭圆形，长约 1.1mm，略扁平，上面稍凹，表面有网纹，红褐色。幼虫末龄体长约 38mm，头部红褐色，口器黑色，胴部淡黄色，老熟时则带紫红色，全体疏生细毛。裸蛹，圆桶形，红褐色，体长 18mm 左右。

(2) 危害症状

主要以幼虫蛀食 1 年生枝蔓。幼虫蛀入枝蔓后，被害部位膨大如肿瘤，表皮变为紫红色，内部形成较长的孔道，在蛀孔的周围有堆积的褐色虫粪。树体受害后营养输送受阻，叶片枯黄脱落，果实脱落，枝条枯死。

(3) 发生规律

每年发生 1 代，以老熟幼虫在葡萄枝蔓内越冬。翌年 4 月下旬化蛹，蛹期 5～15d，5 月上旬至 7 月上旬羽化为成虫。成虫将卵产在叶腋、芽的缝隙、叶片及嫩梢上，卵期 7～10d。刚孵化的幼虫，由新梢叶柄基部蛀入嫩茎内，危害髓部。一般幼虫可转移危害 1～2 次。7～8 月幼虫危害最重，9～10 月幼虫老熟越冬。

(4) 防治方法

a. 结合冬剪，将被害的膨大枝蔓剪掉并烧毁，消灭越冬虫源。b. 6～7 月经常检查嫩枝，发现被害枝要及时剪掉。c. 在粗枝上发现危害时，可从蛀孔塞入磷化铝后将蛀孔堵死，熏杀幼虫。d. 幼虫孵化期，以 25% 灭幼脲 3 号 2000 倍液或 20% 杀铃脲悬浮剂 1000 倍液或 50% 杀螟硫磷乳油 1000 倍液喷雾 2～3 次。

2. 葡萄虎蛾

(1) 形态特征

葡萄虎蛾又称为葡萄修虎蛾、葡萄虎夜蛾、葡萄黏虫、葡萄狗子等。成虫体长 18～22mm，翅展 44～47mm，头胸及前翅紫褐色，触角丝状，复眼绿褐色。体翅上密生黑色鳞片，前翅中央有肾形纹和环形纹各 1 个；后翅橙黄色，外缘黑色，臀角有一橘黄色斑，中室有一黑点。腹部杏黄色，背面有一列紫棕色毛簇。卵圆形，直径约 1mm，乳白色。老熟幼虫体长 32～42mm，头部黄色、上面有黑点。胸腹背面淡绿色，每节有大小黑色斑点，疏生白色长毛。蛹红褐色，体长 18～20mm，尾端齐，左、右有突起。

(2)危害症状

幼虫主要危害葡萄叶片,将叶片啃食成缺刻或孔洞,严重时仅残留粗脉或叶柄,有时还咬断幼穗穗轴和果梗。

(3)发生规律

每年发生2代,以蛹在葡萄根部附近土内越冬。翌年4月下旬开始羽化为成虫。5月中、下旬幼虫发生,取食嫩叶。7月中旬化蛹,7月下旬至8月中旬出现当年第一代成虫。8月中旬至9月中旬为第二代幼虫危害期,9月下旬幼虫老熟后入土化蛹越冬。幼虫具有白天静伏叶背的习性,受惊扰时常吐黄绿色黏液。成虫白天隐蔽在叶背或杂草丛内,夜间交尾产卵,有趋光性。

(4)防治方法

a.成虫发生期用诱虫灯诱杀,同时结合田间管理人工捕杀幼虫。b.幼虫发生量大时,可喷25%灭幼脲3号2000倍液、10%奸灭乳油4000倍液,均有较好的防治效果。

3. 葡萄缺节瘿螨

(1)形态特征

葡萄缺节瘿螨又称葡萄锈壁虱、葡萄毛毡病。属蛛形纲蜱螨亚纲瘿螨科。成螨体长0.15～0.20mm,宽0.05mm,雄螨比雌螨略小。淡黄白色或淡灰色,近长圆锥形,腹末渐细。喙向下弯曲,头胸背板呈三角形,有不规则的纵条纹,背瘤紧位于背板后缘,背毛伸向前方或斜向中央。具2对足,爪呈羽状,具5个侧枝。腹部具74～76个暗色环纹,体腹面的侧毛和3对腹毛分别位于第9、第26、第43环纹和倒数第5环纹处。尾端无刚毛,有1对长尾毛。生殖器位于后半体的前端,其生殖盖有许多纵肋,排成两横排。卵球形,直径约0.03mm,淡黄色。若螨共2龄,淡黄白色。

(2)危害症状

成螨、若螨主要危害葡萄叶部,发生严重时,也危害嫩梢、幼果、卷须、花梗等。叶片受害时,初期叶背呈现苍白色斑,叶组织因受刺激长出密集的茸毛而呈毛毡状斑块,斑块常受较大叶脉所限制,茸毛初为灰白色,渐变为茶褐色以至黑褐色;在叶面出现肿胀而凹凸不平的褪色斑,嫩叶面的虫斑多呈淡红色,严重时叶皱缩干枯;花梗、嫩果、嫩茎、卷须受害后生长停滞。

(3)发生规律

一年发生3代,以成螨在芽鳞茸毛内、枝蔓粗皮裂缝等处潜伏越冬,以枝条上部芽鳞内越冬虫口最多,可达数十头至数百头。春季葡萄发芽后越冬虫出蛰危害,迁移到嫩叶的背面皮毛间隙中吸取养分,展叶后又迁移到新的嫩叶上危害。5～6月危害最盛,7～8月高温多雨不利于发育,虫口有下降趋势。成螨、若螨均在茸毛内取食活动,将卵产于茸毛间,秋季以枝梢先端嫩叶受害最重,秋末渐次爬向成熟枝条芽内越冬。干旱年份发生较重。

(4)防治方法

a.防止通过苗木传播:从病区引苗必须用温汤消毒,即先用30～40℃热水浸5～7min,再用50℃热水浸5～7min,以杀死潜伏瘿螨。b.冬季清园,将修剪下的枝条、落叶、翘皮等清理出园外烧掉。c.在春季大部分芽已萌动、芽长在1cm以下时进行药剂防治，可喷0.3~0.5波美度石硫合剂、5%霸螨灵乳油1500倍液、10%天王星乳油4000倍液。

4. 葡萄斑叶蝉及二黄斑叶蝉

(1)形态特征

葡萄斑叶蝉及葡萄二黄斑叶蝉属同翅目叶蝉科。葡萄斑叶蝉又称浮尘子，成虫体长2.9~3.7mm，淡黄白色，头顶上有2个明显的圆形小黑斑，前胸背板前缘有几个淡褐色小斑点，中央具有暗褐色纵纹。小盾板前缘左、右各有1条大的三角形黑纹。翅透明，黄白色，有淡褐色条纹。卵黄白色，肾状，长0.6mm。若虫黄白色，末龄体长2.5mm。

葡萄二黄斑叶蝉又称二星叶蝉、二点浮尘子、小叶蝉。成虫体长3~3.5mm，头部淡黄白色，复眼黑色，头顶前缘有2个黑色的小圆点，前胸背板前缘有3个黑褐色小圆点。前翅表面大部为暗褐色，后缘各有近半圆形的淡黄色区两处。两翅合拢后形成两个近圆形的淡黄色斑纹。若虫末龄体长约1.6mm，紫红色，触角、足、体节间、背中线均为淡黄白色。体略短宽，腹末数节向上方翘举。

(2)危害症状

以成虫、若虫聚集在叶背面吸食汁液，被害处形成针头大小的白色斑点，有时白点连成片，整个叶片失绿苍白，然后枯萎脱落，影响光合作用、花芽分化和枝条成熟。

(3)发生规律

葡萄斑叶蝉一年发生2~3代。以成虫在葡萄园附近的落叶、杂草、石缝中越冬。翌年春天，越冬成虫先在桃、梨、樱桃、山楂树上危害。葡萄展叶后迁移到葡萄上危害。成虫产卵于叶背面叶脉组织内或茸毛中。5月中旬出现若虫，5月下旬、6月上旬发生第一代成虫。8月中旬和9~10月分别为第二代和第三代成虫盛发期，在葡萄整个生长季节均可危害，一直危害至葡萄初落叶时，才寻找合适场所越冬。

葡萄二黄斑叶蝉一年发生3~4代，以成虫在杂草、枯叶等隐蔽处越冬。翌年3月越冬成虫出蛰，先在园边发芽早的杂草及多种花卉上危害。4月下旬葡萄展叶后迁移到叶背危害。成虫将卵产在叶背叶脉的表皮下，5月中旬即有若虫出现，以后各代重叠。危害特点是：先从新梢基部的老叶开始，逐渐向上蔓延危害，不爱危害嫩叶。末代成虫9~10月发生，一直危害到葡萄落叶，才进入越冬场所隐蔽越冬。枝蔓过密、通风不良时，该虫害发生严重。

(4)防治方法

a.秋后、初春彻底清扫园内落叶和杂草，并集中烧毁，以减少越冬虫源。b.加强田间管理，使架面通风透光良好。c.5月中旬至6月上旬是若虫发生期，喷施25%阿克泰水分散粒剂5000~10000倍液、50%杀螟松乳油1000倍液或2.5%吡虫啉可湿性粉剂1000~2000倍液。根据发生情况，确定喷药防治时间和次数。

5. 根结线虫

(1)形态特征

根结线虫在全国各地葡萄产区均有发生，是国内外检疫对象。危害葡萄的根结线虫有南方根结线虫、泰晤士根结线虫、爪哇根结线虫和北方根结线虫4种，在我国发生的主要是第一种。幼虫线形，体长0.4mm，宽0.02mm。雌虫后端膨大，豆梨形，长0.5～0.8mm，卵块在雌虫成虫膨大部分形成并排出体外后部。雄成虫细长，长0.8mm，宽0.04mm。

(2) 危害症状

根结线虫侵染葡萄植株根系后，地上部的茎叶均不表现具诊断特征的症状，但葡萄植株生长衰弱，表现矮小、黄化、萎蔫、果实小等。根结线虫在土壤中呈斑块型分布，在有线虫存在的地块，植株生长弱；在没有线虫或线虫数量极少的地块，葡萄植株生长旺盛。因此，葡萄植株的生长势在田间也表现出块状分布，容易与缺素症、病毒病混淆。根结线虫危害葡萄植株后，引起吸收根和次生根膨大和形成根结。单条线虫可以引起很小的瘤，多条线虫的侵染可以使根结变大。严重侵染可使所有吸收根死亡，影响葡萄根系吸收养分和水分。根结线虫还能侵染地下主根的组织。砂壤土中发病较重；重茬或前茬为花生、番茄、黄瓜，易诱发此虫。

(3) 发生规律

每年可发生5～10代。1龄幼虫在卵中发育并蜕皮一次，形成2龄幼虫，出壳后从根尖侵入皮层内，当其头部与维管组织接触后便停止不动而吸取汁液。被取食的细胞受刺激后，不断分裂形成巨型细胞，其周围的细胞则不断提供养分，供幼虫生长发育。幼虫在根内经3次蜕皮，最后发育成梨形的白色雌成虫。孤雌生殖，产卵于体后的胶质卵袋中。雄虫呈线形，也经4次蜕皮。根结线虫主要以胶质卵袋中的卵发育的幼虫进行越冬。

(4) 防治方法

a. 选用抗性砧木：目前，在欧洲应用的砧木有'SO$_4$''5BB''420A''5C''99R'，美国应用的砧木有'道格''自由和谐''1616C'和'Salt Greek'，抗线虫效果均较好。b. 严格检疫：种植时应采用经过检疫的无线虫的带根苗木。c. 加强耕作、增施有机肥、覆盖地膜、翻晒土壤等可以减少线虫数量。d. 禁止使用杀线虫的高毒制剂，这种高毒制剂对土壤污染严重。35%威百亩和48%威百亩水剂、90%～100%棉隆（必速灭、二甲硫嗪）微粒剂及50%棉隆、75%棉隆、80%棉隆可湿性粉剂均为低毒农药，施用时应根据实际情况，按药剂说明书要求使用。e. 再植处理：对根结线虫危害严重的葡萄园，应考虑重新栽植，并彻底清除残根。休园3年后，采用抗根结线虫砧木及无根结线虫苗木建园。

6. 葡萄根瘤蚜

(1) 形态特征

葡萄根瘤蚜属同翅目根瘤蚜科，分根瘤型和叶瘿型，在欧洲种葡萄上只有根瘤型。美洲种葡萄上两种型都能发生。根瘤型蚜成虫体长1.2～1.5mm，长卵形，复眼红色，由3个小眼组成，触角3节；体鲜黄色至黄褐色，有时稍带绿色，腹面较平；体背有许多瘤状突起，各突起上有1～2条刚毛。若蚜从卵孵出时为淡黄色，触角及足半透明，以后体略深色，足变黄色。卵长椭圆形，长0.3mm，宽0.15mm，黄色，略有光泽，后期变绿色。叶瘿型成虫体近圆形，体长0.9～1mm，黄色，体背高度隆起；各体节背面无小瘤，表面可见微细颗粒状突起；触角3节，末节有5根刺毛；无翅。卵长椭圆形，似根瘤，较明亮。

(2)危害症状

根瘤型是在根的表面刺吸汁液进行危害。被害的粗根表面常形成根瘤，细根形成结节状根瘤，引起根部腐烂。叶瘿型是在寄主叶片表面定居危害，受害处向叶背面凹陷，在叶背形成虫瘿将虫包在瘿内，严重者叶片畸形萎缩，生长发育不良甚至枯死。

(3)发生规律

该虫主要行孤雌生殖，只在秋末进行一次两性生殖，产受精卵越冬。生活史较复杂，概括起来有两种类型：一是完整生活史型。受精卵在2~3年生枝上越冬—干母—叶瘿型—根瘤型—有翅蚜—有性型(雌×雄)—受精卵越冬。主要发生在美洲种葡萄上。二是不完整生活史型。在欧洲种葡萄上只有根瘤型，我国的根瘤蚜亦属于根瘤型。一年发生8代，主要以1龄若虫在根皮缝内越冬。4月下旬至10月中旬可繁殖8代，以第八代的1龄若虫越冬，少数以卵越冬。全年以5月中旬至6月下旬和9月虫口密度最高。6月开始出现有翅型若蚜，8~9月最多，羽化后大部仍在根上，少数爬到枝叶上，但尚未发现产卵。远程传播主要靠苗木的调运。有团粒结构的疏松土壤发生重，黏土或砂土发生轻。

(4)防治方法

a.培育抗蚜品种并加强检疫，不从有虫地区引进苗木。b.因砂地栽培发生较轻，实行砂地育苗，生产无根瘤蚜苗木。c.对被根瘤蚜危害的植株，也可用50%辛硫磷乳油2000倍液或48%乐斯本乳油1500倍液于5月上、中旬灌根，每株灌10~15kg。

📅 栽培管理月历

上一年12月至当年2月

◆物候期

休眠期。

◆农事要点

①结束冬季修剪，继续把枯枝、落叶从园地清除并烧毁。

②及时整理支架，调换生锈铁丝或腐烂竹竿、树枝，引绑枝蔓。

③果园喷施3~5波美度石硫合剂+0.2%合成洗衣粉，或1波美度石硫合剂+0.3%~0.5%五氯酚钠消灭越冬害虫。

3月

◆物候期

伤流期；萌芽期。

◆农事要点

①施芽前肥：在萌芽前约10d施芽前肥，以速效性氮肥为主，占全年用氮量的50%~60%。

②高接换种：对于品质差的葡萄园，在萌芽之前可采集优良品种的枝蔓进行高接换种。

③疏芽：疏除着生部位不当的芽及弱小芽。

④病虫害防治：萌芽前喷3~5波美度石硫合剂或硫酸铵10~20倍液，3~5d一次，预防黑痘病等。

4月

◆物候期

新梢生长期；显序期；开花期。

◆农事要点

①春梢管理：疏除着生部位不当的芽、弱小芽、过密芽，使萌枝健壮、位置适当；对已定梢的新梢进行绑缚，要求枝条分布

合理；对已长有12片以上叶的枝条留10～12片叶进行摘心，摘除卷须。

②根外追肥：叶面喷施0.3%尿素＋0.3%磷酸二氢钾＋0.1%硼砂，每10d喷一次，促新梢尽快老熟，提高花器质量。

③中耕除草：清除杂草，松畦面表土，用草覆盖畦面，并整理排水沟，以防积水。

④疏花穗：对小花穗疏除，剪除副穗。开花前约5d掐除花序尖端1/5～1/3，疏除过多花序。

⑤病虫害防治：喷波尔多液300倍液，或多菌灵500倍液或代森锌500倍液预防黑痘病、霜霉病等，约10d喷一次，逢雨后应补喷。

5月至6月上旬

◆物候期

开花期；幼果生长期。

◆农事要点

①施壮果肥：在果粒绿豆大小、坐果稳定后及时追肥。以复合肥为主，或施麸水肥。每亩施复合肥15～20kg。

②抹芽疏枝：定梢摘心后，对副梢进行控制、摘心，控梢摘心时留副梢1～2个，每个3～5叶，摘除卷须。

③根外追肥：谢花后即喷1～2次0.3%尿素＋0.3%磷酸二氢钾＋0.1%硼砂，以提高坐果率。

④中耕除草：注意保持畦面土壤疏松，及时清除杂草。

⑤果实管理：果粒绿豆大小时进行疏果处理，及时疏除小果、圆形果、穗内果及穗顶果，每穗留果40～60粒。疏果后，于晴天上午喷药后用白色单层纸袋进行套袋，保护果实免受病虫危害及避免裂果。

⑥病虫害防治：注意喷药防治黑痘病、白粉病、褐斑病、霜霉病、叶斑病、红蜘蛛、葡萄天蛾等病虫害。药剂可用多菌灵500倍液或退菌特800倍液等。

6月中旬至8月上旬

◆物候期

硬核期；着色期；成熟期。

◆农事要点

①施肥：在果实硬核期，应增施磷、钾肥，促进果实提早着色、成熟。本期内忌施氮肥和灌水。以免影响果实着色成熟及产生裂果。

②中耕除草：本期雨水较多，应及时清除杂草，覆盖畦面，保持土壤疏松，并挖好排水沟，以防积水。

③解袋：在果实着色时及时解袋，尽量使果实着色好、着色快，提高果品质。

④果实采收：及时做好果实的采收、包装及贮运工作。

⑤病虫害防治：剪除病果、病枝、病叶，着色前喷一次波尔多液250～300倍液，或百菌清600倍液、退菌特800倍液等，主要防治白腐病，兼防治黑痘病、霜霉病、白粉病、炭疽病等。

8月中旬至9月

◆物候期

果实成熟期；枝蔓成熟期。

◆农事要点

①果实采收：及时采收二次果，结束采收，做好施基肥准备工作。

②中耕除草：除掉果园杂草及掉果；注意保持园地水分，遇旱及时灌水，避免提早落叶；种植绿肥或间作作物。

③病虫害防治：主要防治白腐病、炭疽病、红蜘蛛、二星叶蝉等。每隔15～20d喷药一次。

10～11月

◆物候期

落叶期。

◆农事要点

①施基肥：对畦面土壤深耕40～

60cm，重施基肥。基肥以有机肥为主，施肥量占全年施肥量的50%～60%。

②冬季清园：对已落完叶的果园进行冬季修剪，修剪下的枝条可作为翌年扦插用插条(将插条沙藏)，清除果园病虫枝叶、枯枝、落叶、杂草等，并集中烧毁。

③病虫害防治：全园喷布3～5波美度石硫合剂＋0.2%洗衣粉或1～3波美度石硫合剂＋0.3%～0.5%五氯酚钠溶液消毒。

实践技能

实训9-1 葡萄生长结果习性观察

一、实训目的

通过对葡萄的枝蔓、卷须、花序等的观察，了解其生长结果习性。

二、场所、材料与用具

(1)场所：校园附近的葡萄园。
(2)材料及用具：当地主要葡萄品种3～5个，卡尺、钢卷尺、塑料牌。

三、方法及步骤

调查当地成年投产的葡萄园，选择3～5个葡萄品种，对其枝蔓、卷须、花序形态特征进行观察并记录。

(1)枝蔓：主蔓(长度、粗度和皮颜色)；侧蔓(数量、长度、粗度)；结果母蔓(数量、长度、粗度)；结果蔓(数量、长度、粗度)。
(2)卷须：着生位置、形状、长度。
(3)花序：着生节位、形状、花数量。

四、要求

(1)葡萄不同品种花序着生位置不同，要熟悉花序着生位置以指导葡萄整形修剪。
(2)不同品种结果习性不同，根据观察结果总结所观察葡萄品种的生长结果习性。

实训9-2 葡萄整形修剪技术

一、实训目的

初步掌握葡萄生长期修剪和冬季修剪的原则及方法。

二、场所、材料与用具

(1)场所：校园附近的葡萄园。
(2)材料及用具：葡萄树，修枝剪、手锯、绳子、绑扎机、卡扣等。

三、方法及步骤

1. 幼树整形（以棚架一株双蔓为例）

葡萄定植后，用草绳、布条、麻绳、塑料绳等，将枝蔓引绑固定到铁丝即可。

苗木萌芽后在地表上要选 2 个壮芽培养主蔓，其余抹掉。当主蔓生长到 1.5m 左右时，留 1~1.2m，其顶端留 1~2 个副梢长放生长，8 月中旬摘心。其余副梢留 1 片叶反复摘心。冬剪时，主蔓直径可达 0.8cm，留 1~1.2m 长，在饱满芽处剪截，并将副梢从基部剪掉。第二年春季，双龙蔓上架时，人工做成 3 个蔓弯：第一个弯在主蔓基部顺着行向与地面呈 35°倾斜引绑；第二个弯是主蔓向立架面呈 45°左右上架，使主蔓基部呈"鹅脖"弯状；第三个弯在立架面向棚架面延伸时呈 135°左右引绑。

2. 生长期修剪

（1）抹芽：早春萌发的芽芽长到 1cm 左右时进行第一次抹芽。先将主蔓基部 40~50cm 以下无用的芽一次抹去；结果母枝基部几个节上发育不良的瘦、弱芽抹去，双芽、三芽的保留一个粗大而扁的芽。第二次抹芽在芽长出 2~3cm，能够看清有无花序时进行，将结果母枝前端无花序及基部位置不当的瘦弱芽抹掉，保留结果母枝前端有花序的芽作为结果枝及基部位置好的芽作预备枝，培养营养枝。

（2）定枝：棚架龙干形或自由扇形架面上留新梢 10~14 个/m²。在新梢长到 10~15cm，能够看清花序大小时进行定枝。选留有花序的中庸健壮新梢，抹去过密的发育枝，使新梢分布合理，长势均衡。

（3）结果枝新梢摘心：'玫瑰香''巨峰'等，开花前 3~5d 在花序上留 5~6 片叶摘心；'京秀''红香妃'等，初花期在花序上留 4~5 片叶摘心；生长势较弱的品种也可以不摘心；'红地球''美人指'等品种，开花期或花后在花序上留 7~9 片叶摘心。

（4）营养枝新梢摘心：葡萄的营养枝留 12~14 片叶摘心。侧蔓延长梢 80~100cm 时，进行第一次摘心，留顶端第一个副梢；长到 70~80cm 时，再进行摘心。

（5）结果枝副梢处理：结果枝花序以下的副梢及早从基部抹掉；结果枝摘心后顶端的 1~2 个副梢留 5~6 片叶摘心，其他副梢留 1 片叶反复摘心，并去除副梢上的腋芽。'红地球''美人指'等易发生日灼的品种，在花序上部 1~2 个副梢留 2~3 片叶摘心。

（6）营养枝副梢处理：营养枝摘心后，顶端 1~2 个副梢留 3~5 片叶反复摘心，其余副梢均留 1 片叶摘心，并去除副梢上的腋芽。

（7）花序修剪：疏花序按粗壮果枝留 1~2 个花序、中庸枝留 1 个花序、细弱枝不留的原则进行。对于花序较大、坐果率较高的品种，其结果枝与营养枝之比为 2∶1 左右；而花序较小、坐果率较低的品种，其结果枝与营养枝之比为(3~4)∶1。花序整形：对果穗较大、副穗明显的应及早剪掉，并掐去全穗长 1/4 或 1/5 的穗尖，使全穗长保持在 15cm 左右。对特大的果穗要疏掉上部的 2~3 个支穗。

（8）疏果粒：第一次疏果粒在自然落果后进行，第二次疏果在果粒黄豆粒大小时进行。

3. 冬季修剪

结果枝和营养枝一般留 3~5 个芽，预备枝要少些，留 2~3 个芽即可。每年冬剪时主要更新结果枝组，调节树势，使架面枝条分布均匀，通风透光，生产优质果实。

四、要求

(1)不同葡萄结果习性不同,修剪方法和强度也不一样,修剪前要认清品种。

(2)葡萄修剪量比较大,修剪下来的枝条要及时转移到果园外销毁。

思考题

1. 当地主栽葡萄品种有哪些?简述其结果习性。
2. 简述葡萄伤流对葡萄生长的影响。
3. 简述葡萄单枝更新和双枝更新的方法及优缺点。

项目 10 桃生产

学习目标

【知识目标】
1. 掌握桃的生长结果习性及生态特性。
2. 掌握桃的优质高产栽培要点。

【技能目标】
1. 能够识别桃的主要种类、品种。
2. 能进行桃园土肥水管理、整形修剪和花果管理等操作。

一、生产概况

桃原产于我国陕西、甘肃、西藏东部和东南部高原地带。在陕西、甘肃、黄河及长江之间、云南西部、西藏南部仍有野生桃分布。

桃树适应性强，栽培管理容易，进入结果期较早，早期栽培效益高，易获丰产，因此栽培广泛。2019 年全国各地区桃园总面积为 86 万 hm^2，全国桃产量达到 1500 万 t。我国桃产量占世界桃总产量的 70.01%，是世界第一的产桃大国，其次为意大利和美国。我国桃产量前 10 位的省份依次是：山东、河北、河南、山西、湖北、陕西、安徽、江苏、辽宁、四川，其产量总和占全国总产量的 80.4%。

二、生物学和生态学特性

(一)生长结果习性

桃为多年生喜光小乔木，树高 3~5m，干性弱，层性不明显，树冠较为平展，内膛易光秃。发枝力强，树冠形成快，结果早，一般定植后 2~3 年结果。丰产早，定植后 5~6 年进入盛果期，早期经济效益好。桃经济寿命短，15~20 年后渐进入衰老期。

1. 根

桃为浅根性果树，根系的形态及分布主要因砧木的种类及土壤特性不同而不同。一般根系的垂直分布主要集中在距地面 1m 的土层内,但吸收根主要集中在距地面 10～40cm 的土层内。根系水平分布于树冠直径 2～3 倍的范围内,吸收根主要集中在树冠垂直投影内。

在年周期内,只要外界条件适宜,桃的根系没有明显的休眠期。在南方地区土壤通气条件良好,冬季根系也能生长。但一般在春季萌动前 60～70d 就开始活动,当土温达到 4～5℃时,根系开始发新根。新根生长的适宜温度为 15～20℃,30℃以上时生长发育不良或停止生长。根系在年周期中有两次生长高峰期,第一次生长高峰期在 5～6 月,是一年中根系生长最旺盛的时期;第二次生长高峰期在 9～10 月,此时根系生长较前次弱。

2. 芽

桃芽按芽的性质分叶芽和花芽两种,按芽的数量分单芽和复芽。新梢顶芽为单一的叶芽,叶芽为单芽。着生于新梢叶腋部位的腋芽多为复芽,常见的复芽为一个花芽与一个叶芽并生的双复芽和两侧花芽、中间叶芽的三复芽,也可见双花芽、三花芽而无叶芽的。此外,还有着生于枝条下部的少量潜伏芽。

桃叶芽的萌发力和成枝力均较强,树冠形成快,投产早。桃芽还具有早熟性,生长旺盛的新梢一年可抽生二次或三次枝。枝条基部的少数芽不萌发而形成潜伏芽。潜伏芽的寿命短,树冠下部和内膛枝条易衰老而出现光秃,且不易更新。

桃花芽属夏秋分化型,其分化开始的时间因气候、品种、栽培管理及树龄树势而异。花芽分化主要集中于 7～8 月,此时枝梢大多已停止生长,树体养分供应充足,利于花芽分化。一般幼树比成年树晚,长枝比短枝晚,枝条上部比中下部晚。可以通过夏季修剪、适当追肥等措施促进花芽分化。

3. 枝

(1)枝的分类

桃的枝条分为生长枝和结果枝。

①生长枝　按其生长强弱和形态可分为徒长枝、普通生长枝和叶丛枝,前两种主要形成树冠骨干。徒长枝生长强旺,枝条粗壮,节间长且组织不充实,一般长度在 80cm 以上,可抽生二次或三次枝,主要用于培养枝组或骨干枝更新。普通生长枝生长中庸,枝条组织充实,芽体饱满,多着生叶芽,花芽少,多分布于骨干枝的外围,一般长度在 60cm 左右,主要用于培养骨干枝或枝组。叶丛枝是只有一个顶生叶芽的极短枝,长度较短,多为 1cm 左右,着生于枝条下部,营养状况好的可形成中、短果枝,否则第二年枯死。

②结果枝　按其形态和长度可分为徒长性结果枝、长果枝、中果枝、短果枝、花束状短果枝。徒长性结果枝生长较旺,长度多在 70cm 以上,有少量二次枝。枝条上花芽多,且为复芽,但花芽质量差,坐果率低。一般见于树冠上部或内膛,可培养成枝组或作更新枝,也可将其拉平,利用其结果。长果枝生长健壮,组织充实,长度多为 30～70cm,一般无二次枝。枝条中部多为复花芽,芽体饱满,坐果率高,是多数品种的主要结果枝。一般多分布于树冠的中上部及外围,以斜生枝为好。中果枝生长中庸,枝条较细,长度为 10～30cm,无副梢。枝条着生有单花芽、复花芽,但多为单花芽。多分布于树冠的中部,为部分品种的主要结果枝。短果枝枝条长度较短,为 5～10cm。多为单芽,复芽少。多分

布于树冠的中下部,是北方品种群的主要结果枝。花束状短果枝长度在 5cm 以下,多分布于枝条的下部。生长弱,节间短,结果后不发枝或发枝弱。老树及弱树较常见。

上述各类枝条,因品种、树龄、树势及栽培条件不同而有所变化。南方品种群以中、长果枝结果为主,北方品种群以短果枝、花束状短果枝结果为主。幼树枝条多为徒长枝或徒长性结果枝;结果初期至盛果期结果枝数量逐渐增加,多为中、长果枝;进入衰老期,短果枝、花束状短果枝及叶丛枝明显增多。

(2)枝条生长

桃的新梢在生长期内一般有 2 次生长高峰期,幼树或强旺树会出现 3 次生长高峰期。桃多数品种 3 月上、中旬萌动,3 月下旬展叶,第一次生长高峰期出现在 4 月下旬至 5 月上旬,5 月中旬生长趋于缓慢。第二次生长高峰期出现在 5 月下旬至 6 月上旬,6 月下旬渐缓,至 7 月上旬基本停止生长,停长后枝条逐步充实成熟。但部分强旺的幼树直至 8 月上旬才停长,出现第三次生长高峰期。10 月下旬至 11 月落叶,进入休眠期。

4. 花

桃树自花结实率高,但有部分品种自花结实率低,需配置授粉树。桃在平均温度达到 10℃ 以上时进入开花期,适宜温度为 12～14℃。花期一般延续 3～4d,多的为 7～10d。开花的早晚与品种、气候有关,同一植株内花的着生位置决定开花的早晚,而坐果与开花早晚有显著关系。一般上部花比中、下部花先开,坐果也较好。

5. 果实

受精后,果实开始发育,通常经历 3 个时期:

(1)幼果迅速生长期

自落花后子房膨大到核层开始硬化前,此时期子房细胞迅速分裂,细胞数量迅速增加,幼果迅速增大,果核大小定型。一般需要 45d 左右,早、中、晚熟品种均无较大区别。

(2)缓慢生长期

又称硬核期,自核层开始硬化到硬化完成。此期果实外观变化不大,主要是核层硬化及胚的发育。其时间长短因品种不同而异,早熟品种为 14～21d,中熟品种为 28～35d,晚熟品种为 42～49d 或更长。

(3)果实迅速膨大期

自果核硬化完成到果实成熟,此时细胞数量不再增加,主要是细胞体积和细胞间隙的增大,以及细胞内容物成分的变化。外观上表现为体积迅速增大、重量增加、果面变色、果实硬度降低(图 10-1)。

(二)对环境条件的要求

1. 温度

桃是喜温的温带果树,年平均气温南方品种

图 10-1　桃树结果状

群以 12~17℃、北方品种群以 8~14℃ 为适宜。生长期的适宜气温为 18~23℃，果实成熟期为 24℃ 左右。桃进入休眠期后需要一定的低温才能通过休眠，需要 7.2℃ 以下的低温时数因品种而异，每年多为 400~1200h。需 400h 以下的品种为低温品种，适宜在南方栽培。休眠期低温时数不足，第二年萌芽、开花不整齐，开花质量较差。

桃的耐寒力较弱，花芽在休眠期遇 −18℃ 的低温即遭冻害，花蕾期极低温为 −6.6~−1.7℃，开花期极低温为 −2~−1℃，幼果期极低温为 −1.1℃。

2. 水分

桃喜干燥且较耐旱，但在生长期仍需要充足的水分，否则影响开花、坐果、枝梢生长及果实发育。桃不耐涝，桃园积水 1~3d，即出现涝害甚至死亡。因此，建园时应因地制宜考虑水源及排灌条件。

3. 光照

桃最喜光，有"当阳桃"之称。但直射光过强，常引起枝干日灼，削弱树势。

4. 土壤

桃对土壤要求不严，一般的土壤均可栽培，但以微酸性及中性的砂壤土最为适宜。土壤要求通透性良好，pH 5~6 时生长最佳。桃在砂质土和砾质土栽培时，生长容易控制，结果早、品质好，病害不易发生，盛果期长且易丰产。

此外，桃根系浅，在风大地区建园时，应设置防风林。

三、种类和品种

(一)主要种类

桃属于蔷薇科李亚科桃属，主要有以下几种：

1. 桃（毛桃、普通桃）

原产我国，主要栽培桃均属本种。有 3 个主要变种：

(1)油桃

毛桃芽变而来，主要特征为果实圆或扁圆形，果皮光滑无毛。

(2)蟠桃

主要特征为果实扁圆形，两端凹入，核小，扁圆形，有深刻纹。

(3)寿星桃

主要特征为树形极矮小，花重瓣，花色有大红、粉红、白色 3 种。为观赏桃树，可作矮化砧或育种用。

2. 山桃

北方桃的主要砧木。树干表皮光滑，枝细、直立，果小。

3. 扁桃（巴旦杏）

原产伊朗，果实熟后开裂，可取仁食用或药用。

4. 光核桃

原产我国西藏，其果核光滑无裂纹。

此外，还有四川扁桃、甘肃桃、新疆桃等种类。

(二)品种群

桃的栽培品种较多，全世界有3000个以上，我国有800个以上。国内栽培上根据品种起源、栽培历史、生态适应性及果实性状，将桃分为以下5个品种群。

(1)北方品种群

主要分布在黄河流域、西北和东北等地，以甘肃、陕西、河北、山西、山东、河南等省栽培最多。树冠较直立，果实带尖顶，肉质较硬，较耐贮运，抗寒、抗旱能力强，若移至南方，抗病性差，产量低。按果实肉质分为蜜桃亚群、脆桃亚群、面桃亚群3个亚群。代表优良品种有'肥城桃''深州蜜桃''5月鲜''4月白'等。

(2)南方品种群

主要分布在长江流域，以江苏、浙江、云南等省栽培较多。树冠较开张，果实顶部平圆或微凹，复花芽多，耐寒、耐旱能力差。适宜温暖湿润的气候，部分品种也适宜北方地区栽培。根据果肉肉质可分为硬肉桃亚群、水蜜桃亚群两个亚群。

(3)黄肉桃品种群

主要分布在西北、西南等地。树势强旺，树冠较直立。果实圆形或长圆形，果肉呈金黄色，肉质紧密，适宜加工制罐。

(4)蟠桃品种群

南北均有分布，江浙一带栽培较多。树势强健，树冠开张，发枝力强，复花芽多。果实扁圆形，两端凹入，果核纵裂，果肉柔软多汁，味甜，果实成熟时较易剥皮，多黏核。代表优良品种有'白芒蟠桃''撒花红蟠桃'等。

(5)油桃品种群

主要分布在新疆、甘肃等地。果皮光滑无毛，肉质紧密，离核或半离核。

(三)主要栽培品种

1. 普通桃

(1)'上海水蜜'

果实圆形或椭圆形，果顶微凹，平均单果重120g，最大果重190g。果实底色黄绿色，阳面有鲜红霞；果肉乳白色，近核处微红色，柔软多汁，味甜，香气浓，纤维较少，硬溶质，品质中上；黏核。果实在鲁中一带7月下旬成熟，生育期125d左右。树姿半开张，树势中强，以中长果枝结果为主，花粉少，产量中等。

(2)'玫瑰蜜'

果实圆形，果皮底色淡绿色，着玫瑰色红晕，外观美丽，平均单果重达140g，最大果重205g；果肉白色，风味甜，有香气；黏核，一般不裂核。树势较强健，树姿半开张，以中长果枝结果为主，坐果率高，丰产，适合露地或保护地栽培。

(3)'砂子早生'

果实卵圆形，平均单果重170g，最大果重300g；果皮黄白色，顶部及阳面有红晕；果肉乳白色，质细而脆，多汁，味酸甜适度；半离核，品质上。山东中部地区7月初成熟，耐贮运。树势中庸，半开张，树冠半圆形。以中短果枝结果为主，无花粉，需配置授粉树，花芽易受冻害。较丰产，适应性强。

此外，还有'大久保''雨花露''5月火''春蕾''安农水蜜''早凤王''春艳''中华沙红'等优良品种。

2. 油桃

(1)'中油5号'

果实短椭圆形或近圆形，平均单果重175g，最大果重可达300g以上；果皮底色绿白，着玫瑰红色；果肉白色，硬溶质，肉质致密，耐贮运，不裂果，风味甜，香气中等；品质优，黏核。3月上、中旬开花，5月下旬成熟，果实发育期72d。属早熟白肉甜油桃新品种，树势强健，树姿较直立，花粉量大，适应性强，极丰产。

(2)'南方早红'

平均单果重120g，最大果重240g；果面着浓红色，果肉特硬，白肉，浓甜，具香气，品质极优。不裂果，不需要套袋，成熟后可留树10d不软、不裂顶，是目前最耐贮运的油桃品种。自花结实，极丰产，果实在重庆5月中、下旬成熟，适应性强。

(3)'早红珠'

果实近圆形，平均单果重92～97g，最大果重120g；果皮底色白，着鲜红色，果肉白色，果顶及皮下稍有红色，近核处无红晕；肉质细，硬度中等，汁液多，风味浓甜，芳香浓郁；黏核，耐贮运，品质上。果实发育期62d。

3. 蟠桃

(1)'早露蟠桃'

果实扁平形，平均单果重68g，最大果重95g；果皮底色乳黄，果面10%覆盖红晕，茸毛中等，易剥离；果肉乳白色，近核处微红，硬溶质，质细，微香，风味甜；黏核，裂核极少。在郑州地区6月10日果实成熟，为早熟优良蟠桃新品种。品质优，丰产。

(2)'早魁蜜'

果实扁平形，平均单果重130g，最大果重200g；果皮乳黄色，果面有红晕；果肉乳白色，肉厚，肉质软溶，柔软多汁，风味浓甜，有香气，品质上等；黏核。于6月底至7月初成熟，果实生育期95d左右。

(3)'碧霞蟠桃'

果实扁平，平均单果重130g；果面绿黄色，有红晕；果肉乳白色，肉质细，汁液中等多，纤维少；味甜，品质上等；黏核，核小。北京地区9月中、下旬果实成熟。

(4)'美国红蟠桃'

美国引入。平均单果重185g，最大果重400g；果实扁平，果面100%着艳红色；硬溶质，味特甜，品质极优；核小，离核；无采前落果现象，抗裂果，即使遇长期阴雨也不裂顶、裂果。自花结实，极丰产，较耐贮运。需冷量低，无枯芽现象。

四、育苗与建园

(一)育苗

1. 砧木苗培育

生产上普遍使用的砧木有山桃和毛桃。山桃为华北、西北、东北等地桃的主要砧木,南方地区多采用毛桃。毛桃能适应南方温暖多湿的气候条件,与栽培品种的亲和力强,嫁接成活率高,接后生长发育良好,根系发达,吸收能力强,耐受干旱和瘠薄能力强,寿命长。

砧木苗通常采用实生繁殖,春播的种子要进行层积处理,层积时间 60~90d,秋播的种子不用层积处理。

2. 嫁接

桃的嫁接在春、夏、秋 3 个季节均可进行,但秋季嫁接的成活率较高。桃树嫁接的方法较多,生产上常用芽接和枝接两种。

芽接的适宜时间是 7~9 月,此时砧木茎干增粗快。若要求当年出苗,则应适当提前至 5 月中旬,最迟不能晚于 6 月中旬。芽接方法常采用嵌芽接和"T"形芽接。枝接应选择生长充实的长果枝,取其中段作为接穗,常用劈接、切接两种方法。

(二)建园

1. 园址选择

桃园应选择光照充足、地势较高、排灌条件良好、交通便利的地点建园。桃忌连作,注意不能选择前茬作物为桃或其他核果类的地块,若要种植,需间隔数年。

2. 品种选择与配置

要根据当地的气候、土壤、栽培技术及市场需求选择适宜的品种,做到适树适地适销。同时,注意早、中、晚熟品种的合理搭配,以及授粉品种的合理配置。

3. 栽植

(1)栽植时期

嫁接苗宜在落叶后至萌动前栽植,即 11 月至翌年 1 月间。

(2)栽植密度及方式

桃树的栽植密度应根据品种、土壤、栽培技术来具体确定。若栽培品种生长强旺,土层深厚,则宜采用大株行距栽植。栽培管理水平高的可密植,反之稀植。一般在山地、丘陵株行距可采用(3~4)m×(4~5)m,平地(3~4)m×(5~6)m。栽植方式较多,有长方形、正方形及等高栽植,应因地制宜选用。

(3)栽植技术

桃树的定植穴一般要求深 80cm,穴底宽 100cm,挖好后每穴施入足量底肥(腐熟农家肥 100kg、尿素 1kg、过磷酸钙 1kg),并与穴土混匀填入穴内,栽苗覆土,定盘浇水。

五、果园管理

(一) 土肥水管理

1. 土壤管理

桃园土壤管理应做好土壤深翻、中耕除草、行间间作等工作。深翻改土应在秋季落叶后结合基肥施用逐年进行,深度在30~60cm。根据降水、杂草生长等情况,在生长期内适时进行3~4次中耕除草,深度10cm左右,保证园土疏松,无杂草。幼龄桃园为了提高土地利用率,可在行间进行间作,常种植瓜类、豆类等蔬菜,也可种植绿肥。

2. 施肥

桃树施肥的时间及肥料种类、用量,主要根据桃树年周期内生长发育特点,以及品种、树龄、树势、产量及土壤、气候等因素来确定。一般每年2~4次。

(1) 基肥

基肥通常在秋季落叶后至休眠前施用,不宜过晚,常与深翻改土同时进行。基肥以迟效性的有机肥为主,辅以适量的速效性氮、磷、钾肥。

(2) 追肥

追肥通常分花前肥、壮果肥、采前肥,具体施用的时间、肥料用量根据树势、产量、物候期等实际情况确定。树体营养状况好时,也可以少施或不施肥。肥料用速效性的氮、磷、钾肥,前期以氮肥为主,后期以磷、钾肥为主。

3. 水分管理

桃耐旱忌涝,在生长期内要有充足的水分供应。同时,南方夏季雨水较多,管理时应注意灌水与排水,做到适时适量,以保证树体正常生长及结果。

(二) 整形修剪

1. 整形

桃树树形较多,应依据其生长结果习性和栽培方式等因素来确定。南方常用的树形有自然开心形、"Y"字形等。

(1) 自然开心形

自然开心形具有整形容易、结构牢固合理、寿命长等特点。整形要点:主干高度30~50cm,留整形带20cm左右,第一年选择3个生长健壮、着生位置好、方向好的新梢作为主枝。适当开张角度,第一主枝角度为60°~70°,第二、第三主枝角度为40°~60°。以后各主枝选留2~3个侧枝,角度为70°~80°,树高控制在3m以内。同时,注意培养枝组及结果枝。

(2) "Y"字形

"Y"字形结构简单,整形容易,通风透光良好,便于管理,适宜矮化密植。整形要点:主干高度30cm,留整形带20cm左右,第一年选择2个生长健壮、着生位置好、垂直于行向的新梢作为主枝。适当开张角度(角度为45°~55°),各主枝选留3个侧枝。第一侧枝距中心干30~35cm,第二侧枝距第一侧枝40~45cm,第三侧枝距第二侧枝45~50cm,

各侧枝上注意配置枝组及结果枝，树高控制在 2m 左右。

此外，还可以采用自然杯状形、多主枝自然形及其他整形方式。

2. 修剪

桃树的修剪根据树龄可分为幼树修剪、结果期修剪和衰老期修剪。

(1) 幼树修剪（以自然开心形为例）

主要指定植后 3 年内的修剪，主要任务是构建树形，扩大树冠，培养枝组及结果枝。

①定植当年修剪　定植后根据树形及时定干，高度为主干高加整形带长度（即 70cm 左右），剪口下方留 5~7 个饱满芽。新梢长至 20cm 左右时，选留 4~5 个生长方向合适且生长健壮的新梢，其余的疏除。留下的新梢长度达 30cm 以上时，选择 3 个生长方向好、长势旺的新梢作为主枝培养，其余的摘心作辅养枝备用。冬剪时，适当开张角度，并在距主干 40cm 处短截，剪口芽宜为下芽或侧芽，以便培养侧枝。若已有侧枝，应在适当范围内选留侧向枝为第一侧枝，并在枝条中部选外芽短截。

②第二年修剪　春季萌动后，对主枝进行摘心，促发新梢以便选留侧枝。注意主枝与第一侧枝方向垂直，距离保持在 40cm 左右。控制内膛直立枝及过密枝，可疏除或摘心，尽量加以利用。进入冬季，继续培养侧枝及枝组。

③第三年修剪　春季萌动后，注意选留主枝延长枝，培养第三侧枝。同时，控制强旺枝、过密枝，利用其形成枝组或辅养树体。冬季修剪，注意合理促控，维持树形，有意识地培养结果枝或结果枝组，形成早期产量。

(2) 结果期修剪

经过 3 年的培养，树形已基本形成，树体开始有一定的产量，即进入结果期。结果期修剪的主要任务是维持树形，保证树势强健，调节营养生长与生殖生长的均衡关系，保持高产、稳产。

骨干枝的修剪应本着维持骨干枝强健、控制其向外扩展的原则进行，并注意保持树势平衡，防止出现上强下弱及外强内弱的现象。结果枝的修剪，一般长果枝留 5~7 节花芽，中果枝留 3~5 节，短果枝留 1~2 节；花束状短果枝留强疏弱；徒长性结果枝轻截长放或改变角度，以果压势，再回缩形成枝组。果枝结果后发枝力减弱，需及时更新。具体方法有单枝更新和双枝更新。单枝更新是选较弱的中、长果枝，留 3~4 节芽重截，促其发壮枝，翌年用于结果。双枝更新是同一母枝选相邻两个果枝，上部枝轻截使其结果，下部枝留 2~3 节重截，促其发壮枝，积累养分翌年结果。

(3) 衰老期修剪

桃树一般在 15~20 年后进入衰老期，此时树冠下部及内膛逐步枯死，结果部位外移，中、长果枝减少，短果枝、花束状短果枝数量剧增。修剪时，注意逐年分批重缩骨干枝，刺激抽生强旺枝。也可利用徒长枝替代骨干枝或枝组，延长结果寿命。

(三) 花果管理

1. 预防落花落果

桃的生理落花落果有 3 次。第一次在花后 10~15d，发育不完全的花脱落。此次落花主要由于上一年度养分供应不足，致使花芽分化不完全，影响花器发育。因此，应在上年度加强管理,增强树势。第二次在花后25~30d,受精不良的幼果带果柄脱落。此次落果是由于授粉或受精不良引起,生产上可进行人工授粉或养蜂传粉,提高受精率。第三次在果核硬核期,主要由于各器官间养分矛盾突出,养分供应不足而果实脱落,因此,可通过夏季修剪减少无效养分消耗,同时及时追施速效性肥料保果。此外,部分品种在果实采收前出现果实脱落,称为采前落果。水肥过量、病虫害、修剪不当、自然灾害等,均会造成落花落果,应根据具体原因采取相应措施。

2. 疏花、疏果

在花期疏除多余的花,注意要考虑到生理落花落果现象的存在,不宜疏除过多的花。为避免造成人为减产,也可以不进行疏花。疏果应在第二次落果后,待果实数量稳定后进行。注意坐果率高的品种宜早疏,早熟品种果实发育期短,也宜早疏。

疏果采用人工的方法,留果量视树势强弱、树冠大小、枝叶数量而定。一般早熟品种20叶留一果,中熟品种25叶留一果,晚熟品种30叶留一果;也可根据果枝类型留果,长果枝留2~4个,中短果枝留1~2个,徒长性结果枝留4~5个。长果枝枝势强的留果部位以中部为好,中庸枝留大疏小,中、短果枝留在先端。优先疏除畸形果、小果、病虫果等,保留大果,同时注意生长方向。疏果后,将疏除的果集中,并在远离桃园的地方处理,以免滋生病虫害。

3. 果实套袋

主要作用是减少病虫害,防止裂果发生,保持果面清洁,提高果实外观品质。套袋应在最后一次疏果完成后2~3d开始进行,此外,还要考虑当地病虫害发生的时间,应在病虫害发生前完成套袋。为了保证果实着色良好,在果实采收前7d摘袋着色。

六、有害生物防治

(一)桃主要病害

1. 炭疽病

(1)发病症状

主要危害果实,也侵害叶片和新梢。幼果感染,果面呈暗褐色,发育停滞,萎缩硬化。稍大的果实发病,初生淡褐色水渍状斑点,以后逐渐扩大,呈红褐色,圆形或椭圆形,显著凹陷。后在病斑上有橘红色的小粒点长出,这是病菌的分生孢子盘。染病的幼果,除少数干缩成为僵果留在枝上不落外,大多数会在5月脱落。果实将近成熟时染病,初期果面产生淡褐色小斑点,逐渐扩大,成为圆形或椭圆形的红褐色病斑,显著凹陷,其上散生橘红色小粒点,并有明显的同心环状皱纹。果实上病斑数自一个至数个不等,常互相连合成不规则形的大病斑。最后病果软化腐败,多数脱落,也有干缩成为僵果,悬挂在枝条上。新梢受害,初在表面产生暗绿色水渍状长椭圆形的病斑,后渐变为褐色,边缘带红褐色,略凹陷,表面也长有橘红色的小粒点。

(2)发生规律

病原菌为半知菌亚门真菌。病部所见的橘红色小粒点是分生孢子盘。病菌主要靠雨水传播，发育最适温度为25℃左右，最低4℃，最高32℃，致死温度为48℃10min。4~6月降水量为300mm的地方，本病几乎不发生；在降水量300~400mm的地方，尚可以栽培一般桃品种，经济上有效益，当降水量超过500mm时，发病严重，只有栽植抗病的桃品种才能有收入，慎选品质优良但易感病的黄肉桃品种。

(3)防治方法

a.剪除病枝，对防治本病非常有效。在落叶之前，可将出现卷叶症状的病枝剪掉。b.加强桃园管理，也是防止该病发生的有效措施。做好排水工作，增施磷、钾肥，提高植株抗病能力。c.适时喷药，早防早治。在早春桃树刚萌芽时喷施药剂，清除树上越冬病原菌。药剂可选用4~5波美度石硫合剂，或1∶1∶100波尔多液。在生长期，于花前、花后及幼果期喷3~4次药。可用80%炭疽福美可湿性粉剂500~600倍液，或65%代森锌可湿性粉剂500倍液。

2. 褐腐病

(1)发病症状

可危害果、花、叶、茎，从幼果至成熟期均可发病，以果实接近成熟时发病重。果实病斑褐色圆形，水渍状腐烂，扩展快；长出灰褐色绒状霉层，呈同心轮纹状排列或平铺。果腐或成僵果。花、嫩叶褐色水渍状腐烂，灰色霉，在干燥条件下萎垂、经久不落。

(2)发生规律

子囊菌亚门链核盘菌属，有3个种。花期、幼果期低温多雨，果实成熟期温暖多雨，贮藏期高温、高湿(最适温度22~24℃)，通风透光差，则危害严重；地势低洼、树势弱时易发病；皮薄、柔嫩、多汁、味甜的品种易发病。

(3)防治方法

a.在病害多发、降雨频繁、湿度大的年份，喷布药剂防治本病有困难。因此，要特别注意搞好桃园的卫生。要把树上的被害果和被害枝剪下来，并彻底清除地面的落果和树枝，一并加以烧毁。冬天进行此项工作，越彻底越好。及早发现发病部位，及时清除，以减少以后的传染。b.及时防治害虫，包括咀嚼口器害虫和刺吸口器害虫，如桃蛀螟、桃椿象、桃象虫和桃食心虫等。这些害虫既是病菌的传播者，也能造成大量伤口，为病菌提供侵入果实的门户。c.适时喷药灭菌：在桃树萌芽前喷布一次5波美度石硫合剂，可以消除树上部分病源和越冬害虫。落花后10d至采收前20d，喷布65%代森锌可湿性粉剂500倍液(或80%代森锌可湿性粉剂700倍液)，或30%绿得保胶悬剂400~500倍液。花腐现象发生多的地方，在初花期(花开约20%时)需要增加喷药一次，药剂以代森锌可湿性粉剂为宜。在多雨高湿的情况下，要抓住短暂的晴天，及时喷药灭菌。

3. 实腐病

(1)发病症状

染病成熟果最初出现圆形、淡褐色小斑点，后扩大，稍凹陷，病斑逐渐表现轮纹症状，最后全果软腐，烂果表面出现灰黑色小粒点，即为病原菌的分生孢子器。湿润时，喷出污黄白色的孢子角。枝条发生病斑后，翌年新芽和枝条常先端枯死。

(2)发生规律

本病的病原菌为扁桃拟茎点霉,属半知菌亚门球壳孢目。果实从幼果期到采收前均可感染此病,但病症要到采收前或采收后才表现出来。枝条从春天到秋天均可感染,尤以6~9月为多,感染的当年并不发病,但翌年新芽枯死,枝条顶端也枯死。病斑在6月以后形成分生孢子器,气温15~25℃时形成的最多。孢子角从分生孢子器喷出,分生孢子飞散传染。飞散时期为5~10月,6月中旬以后逐渐增加。夏天盛暑时,孢子飞散减少,但8月下旬至9月又增加。

(3)防治方法

发病初期,喷布70%甲基托布津1000倍液,或50%多菌灵500倍液。潮湿多雨时,要注意喷药。

4. 疮痂病(又称黑星病)

(1)发病症状

桃树染病后,果实最初出现绿色水渍状、直径0.5~1mm的圆形斑点。后来,病斑扩大至2~3mm,呈黑绿色,有些病斑连在一起。病斑周围的果皮着色,但仍带绿色。本病症状与细菌性穿孔病很相似,但后者呈黑褐色,病斑内部开裂,并凹陷。黑星病病斑只限于果皮,不深入果肉。后期的病斑木栓化,并龟裂。病斑多出现于果实的阳面,尤以果肩部为多。这是由于病菌孢子散落于果面后,在阳光较强烈的情况下,其潜育期较短的缘故。幼嫩新梢染病后,出现椭圆形或圆形稍隆起的病斑,起初为暗绿色,后变为浅褐色。秋天,病斑变为灰褐色至褐色,周围为暗褐色至紫褐色。第二年病斑不明显,第三年病枝显现治愈状态。叶片染病后,出现0.5~1mm大小的淡褐色病斑,病斑周围为紫红色,呈圆形或不整齐形状。叶片出现病斑的情况不多。在苗圃,叶柄也发病,出现黄绿色至黑绿色病斑,使叶片黄化并早落。

(2)发生规律

病原菌为嗜果枝孢菌半知菌亚门丝孢纲丝梗孢目。病菌以菌丝在1年生枝病斑上越冬,菌丝在未生长好时,即潜伏于表皮细胞的角皮层下。翌年春季,气温上升,皮层组织的还原糖增加,菌丝开始生长。多雨或潮湿的天气,有利于病害的流行,尤以春季和初夏降水量多时为最合适。

(3)防治方法

a.加强果园管理:冬天修剪时,彻底剪除树上病梢,进行集中烧毁,消灭树上的病源,以减少病菌在植株生长期间侵染的机会。改善果园通风透光条件,选择适当树形和密度,防止树冠相互交接,降低湿度,营造不利于病菌侵染的环境。b.适时喷药:在桃树萌芽前,喷施5波美度石硫合剂,可以减轻初侵染的程度或延迟发病。生长期喷保护剂,落花后15d开始到6月,约每隔15d喷一次下列任何一种药剂:30%绿得保胶悬剂400~500倍液,65%代森锌可湿性粉剂500倍液,50%托布津可湿性粉剂500倍液,或1:2:200硫酸锌石灰液等。

5. 缩叶病

(1) 发病症状

该病在叶、花、新梢和幼果上的症状：有卷叶症状的，通常限于当年生叶，很少扩展到上一年的器官。春天，刚展叶时，病叶变厚，叶肉膨胀，叶缘向内卷，使反面成为凹腔。大多全叶表现这种症状，但也有局部表现此症状的叶片。病叶出现不久，随即变为红色或紫红色，外观很明显。不久，其叶绿素即完全消失，鲜艳的色泽变为黄红色或灰黄色。最后，病叶变为褐黄色，萎蔫并脱落。病叶脱落的时间因天气情况而异，干热天气加速落叶。如果有相当数量叶片脱落，通常由冬眠芽长出新叶。在严重感染时，病枝肿大，并稍带黄色，病叶早落，枝条矮化。感染的花和果实常早落，但也有病果维持到采收。后者病斑通常是局部性的，有亮光、隆起和瘤状突起物，也和叶片一样，色泽明显。

(2) 发生规律

病原菌为畸形外囊菌，属子囊菌亚门半子囊菌纲外囊菌目外囊菌科。桃树刚展叶时，叶片幼嫩，容易被病菌侵染。其后，气温超过24℃，对病原菌的生长不利，而且叶组织对病原菌的抗性也增大，故病害发生减少。病菌也侵染幼果，使果实异常膨大，色泽由黄绿色变为红色，病果畸形。

(3) 防治方法

a. 管理好桃园，及时摘除病叶。刚发现病叶，尚未形成白色粉状病源物时，及时将其摘除并烧毁，可避免病菌进一步传播。b. 适时喷药：在花芽露红而又未展开时及时喷药防治。由于病菌只侵染幼嫩叶片，所以防治只需集中在植株生长初期进行。具体方法是：喷施一次3波美度石硫合剂，或1∶1∶100波尔多液，或30%绿得保胶悬剂200~300倍液。喷药质量若能掌握好，桃树发芽后一般不需要再喷药。但是，如果遇到冷凉多雨天气，有利于病菌侵染，则需再喷25%多菌灵可湿性粉剂300倍液1~2次。

6. 霉斑穿孔病

(1) 发病症状

在叶片两面发生圆形或近圆形病斑，边缘紫色或红褐色略带环纹，大小1~4mm；后期病斑上长出灰褐色霉状物，中部干枯脱落，形成穿孔，穿孔的边缘整齐。穿孔多时，叶片脱落。新梢、果实染病，症状与叶片相似，均产生灰褐色霉状物。

(2) 发生规律

病原菌为半知菌亚门丝孢纲丝孢目核果尾孢属的真菌。病菌以菌丝体在病叶或枝梢病组织内越冬，翌春气温回升，降雨后产生分生孢子，借风雨传播，侵染叶片、新梢和果实。以后，病部产生的分生孢子进行再侵染。病菌发育温度7~37℃，适温25~28℃。低温多雨有利于病害发生和流行。

(3) 防治方法

本病防治重点，是在冬季清园前喷一次4~5波美度石硫合剂，压制树上越冬病源。最好选择天晴无风之日进行喷药，这样能有效地把药液均匀喷布到树冠各个部位，收到较好效果。也可选用1∶1∶100波尔多液进行喷施。在5~6月生长期的多雨天，可喷1~2

次保护剂保护叶片,如30%绿得保胶悬剂500倍液,或65%代森锌可湿性粉剂500倍液,效果不错。

7. 桃细菌性穿孔病

(1)发病症状

病叶最初出现黄白色至白色的圆形小斑点,直径为0.5～1mm。当斑点达1mm左右时,则变为多角形,散生于叶面。后来斑点变为浅褐色,四周有浅黄绿色晕。斑点逐渐发展成紫褐色,最后干枯脱落,呈现穿孔,本病因而得名。病重叶片最后脱落。果实于幼果时即表现症状,但无明显病斑,病果干枯,并僵化,长期残留于树上。果实稍长大时染病,出现直径约1mm的褐色斑点。其生长后期的病斑为黑褐色,形状不规整,直径为1～2mm,表现有裂纹。有些病斑连合在一起,成为直径2～3mm的大型病斑。新梢多于芽附近出现病斑,病斑以皮孔为中心,最初暗绿色,水浸状,逐渐变为褐色,并上、下扩展成形状不规整的病斑,表面龟裂。

(2)发生规律

病原菌是黄单胞细菌。病原菌从气孔侵入叶片。从田间观察,可见树上有溃疡,其下面的叶片出现圆锥形侵染斑。这是雨水传播病原菌的特点。叶片病害的潜育期,16℃时为16d,20℃时为9d,25～26℃时为4～5d,30℃时为8d,在25～26℃的适温情况下,10d后发病率为100%。当遇到降雨并有大风的天气时,该病害发生多。由于风把叶面水分从气孔吹入细胞间隙,加速了病原菌的侵入。幼果感病后的潜育期为2～3周。随着果实的长大,潜育期也延长,需40d。新梢被感染后,则形成夏溃疡,病菌在枝条皮层组织内越冬,翌春开始活动。

(3)防治方法

a.不要与其他核果类果树混栽:细菌性穿孔病对杏树和李树感染性很强,易形成此病在果园的发病中心。因此,在桃园中应将李、杏等果树移植到园外较远的地方。b.加强果园管理,改善果园环境条件和树体生理条件,以减轻病害发生的程度。c.适时喷布药剂:桃树萌芽前,喷1:1:(100～150)波尔多液,可灭杀越冬病菌和抑制病原菌从病枝溢出传染。生长初期和展叶以后,可喷洒硫酸锌石灰液1～2次。其配制浓度为:硫酸锌500g,消石灰2000d,水120L。也可使用30%绿得保胶悬剂500倍液,或65%代森锌可湿性粉剂500倍液。链霉素和杜登对防止桃树果实感染效果良好。

8. 根癌病

(1)发病症状

病瘤发生于桃树的根、根颈等部位,其中尤以从根颈长出的大根发生最为典型。光滑的嫩瘤增长很快,逐渐变硬并木质化,表面不规则。瘤的大小各异,小的要用放大镜才能看清,大的直径有30cm。瘤的外部色泽与寄主的树皮相一致,内部色泽与寄主正常木质部相同。最后瘤坏死,裂开。一些次生菌借伤口侵入,进一步削弱寄主,如蜜环菌就可进入瘤组织。

(2)发生规律

根癌病的病原菌是根瘤土壤杆菌,属根瘤菌科。在果园,细菌通常从树的裂口或伤口侵入。在豇豆、番茄和大麦等一年生植物中,病原菌附着于根毛和延长根。碰断的根是细菌集结的主要部位,而根冠则可抑制细菌。环境的酸碱度也影响细菌的存在。在 pH 5.4 时,细菌集结在根的伤口面;当 pH 6 时,细菌则集结在根毛和根的延长部分。瘤依靠植株而生长,且只有在桃树的生长季节才进行生长。瘤在果园的潜育期为 2～11 周,但在一年之中,因为温度对瘤的形成有影响,所以随着季节的不同潜育期也有差异。其最长的潜育期在春天,最短的潜育期在夏天。病原菌在秋天的侵染不形成瘤,要等到翌年春天植株开始生长才形成。

(3) 防治方法

a. 在苗圃,起苗时应把病苗淘汰掉。在栽植时,应选用健壮苗木,这是控制病害传入果园的重要措施。凡调出的苗木,应在其发芽之前将嫁接口以下部位用 1‰ 硫酸铜溶液浸 5min,再放入 2‰ 石灰水中浸 1min 消毒。要选择未发生过根癌病的地块建立桃的苗圃和果园。b. 对于大树的病瘤,可用快刀将其切除,并用 1‰ 硫酸铜溶液或 5 波美度石硫合剂、抗菌剂 402 的 50 倍液对切口进行消毒保护;也可用 400IU/mL 链霉素涂切口,外加凡士林进行保护。对切下的病瘤碎片要烧毁,以免传染。

(二)桃主要虫害

1. 桃蚜

(1) 形态特征

雄蚜体长约 2.6mm,宽 1.1mm,体色有黄绿色、赤褐色。腹管长筒形,是尾片的 2.37 倍。尾片黑褐色,两侧各有 3 根长毛。有翅孤雌蚜体长 2mm,腹部有黑褐色斑纹,翅无色透明,翅基灰黄色或青黄色。卵椭圆形,长 0.5～0.7mm,初为橙黄色,后变成漆黑色且有光泽。

(2) 危害症状

每年春季当桃树发芽生叶时,蚜虫群集于嫩芽、幼叶上,吸食汁液。被害部分出现黑色、红色和黄色小斑点,使叶片逐渐变白卷缩,引起脱落,削弱树势,影响花芽的形成及果实的产量。蚜虫排泄的蜜露污染叶面及枝梢,使树体的生理代谢受阻滞,并常造成煤烟病,加速早期落叶。

(3) 发生规律

一年发生 10～30 代,以卵在桃树的枝梢、芽腋、小枝杈及枝条缝隙中越冬。翌年早春,桃芽萌发至开花期,卵开始孵化,群集于嫩芽上吸食汁液,3 月下旬开始孤雌胎生繁殖。新梢嫩叶展开后,群集叶片背面危害,使被害叶片向背面卷缩,并排泄黏液污染枝梢和叶面,抑制新梢生长,引起落叶。繁殖几代后,至 5 月初数量骤增,危害最重,并开始产生有翅蚜,迁飞到烟草和蔬菜上繁殖、危害。8 月下旬至 9 月上旬,又大量产生有翅蚜,向大白菜等蔬菜上迁飞。繁殖几代后,至 10 月中旬,产生有翅蚜,迁回桃树,产生性蚜,交配后产卵越冬。

(4) 防治方法

a. 加强果园管理:结合春季修剪,剪除被害枝梢,并集中烧毁。b. 合理配置树种和间作作物:在桃树行间或果园附近,不宜种植烟草、白菜等农作物,以减少蚜虫的夏季繁殖场所。c.保护天敌：蚜虫的天敌很多，有瓢虫、食蚜蝇、草蛉和寄生蜂等，对蚜虫抑制作用很强。因此，要尽量少喷洒广谱性农药，同时避免在天敌多的时期喷洒。d.药剂涂主干：用40%氧乐果乳剂1份，加水3份，用毛刷在主干周围涂6cm宽的药环。涂药后，用纸或塑料布包好，残效期可维持15d左右。若树皮粗糙，可将粗皮刮掉后再涂药。e.树干注液：在主干上用铁锥由上向下斜着刺孔，深达木质部，用8号注射器注入40%氧乐果乳剂1mL，2~3d后，树上蚜虫即死亡。f.喷洒农药：春季蚜虫卵孵化后，在桃树开花和展叶前，及时喷洒40%氧乐果乳剂1500倍液。防治桃粉蚜，可在药液中加入0.3%肥皂或洗衣粉，增加黏着力，以提高杀伤效果（对梅和杏不宜使用，易引起药害）。花后至初夏，根据虫情可再喷药1~2次。

2. 铜绿丽金龟

(1)形态特征

成虫铜绿色，因而得名。体长16~22mm，宽8.3~12mm，长卵形。触角9节。幼虫乳白色，头褐色。蛹为裸蛹，白色至浅褐色。

(2)危害症状

铜绿金龟子成虫咬食叶片，重者将叶片吃光，只留叶柄，轻者使叶片残缺不全。幼虫危害树根，但问题不大。

(3)发生规律

此虫一年发生1代。幼虫在土中越冬，天气暖和后，幼虫逐渐从土壤深层上升到地表，取食树根。4月下旬至5月上旬，幼虫化蛹。6月下旬至7月上旬，成虫大量发生。成虫有假死性和趋光性。孵化的幼虫取食树根，秋季深入土中越冬。

(4)防治方法

a.及时捕捉成虫：在成虫盛发期，迅速组织人力捕捉成虫。由于成虫有假死性，因而可震动树枝，待其掉落地面后予以捕杀。b.黑光灯诱杀：成虫有趋光性，故可安设黑光灯诱杀。c.药剂防治：在成虫出土期，特别是雨后，可对地面喷布50%辛硫磷乳油300倍液，并在施药后浅锄耙平桃园土地。在成虫发生盛期，可对树上喷布90%晶体敌百虫1000倍液，杀灭其成虫。

3. 二斑叶螨

(1)形态特征

雄成螨菱形，长0.3mm，黄绿色至浅绿色。雌成螨椭圆形，长约0.5mm，灰绿色或黄绿色。越冬型雌螨体色橙黄。卵圆球形，直径约0.1mm，白色至淡黄色，有光泽。若蛹椭圆形，黄绿色。

(2)危害症状

以成螨、若螨危害桃叶。初时叶片只在中脉附近出现褪绿斑点，以后逐渐扩大，成为大面积失绿斑。虫口密度大时，吐丝拉网，将卵产于其上。叶片严重受害时枯黄脱落。

(3)发生规律

一年发生10余代。雌成螨在树干翘皮下、粗皮缝、杂草、落叶和土缝内越冬。翌年春天，当气温上升到10℃时，越冬雌螨出蛰。先危害花芽，后产卵。幼螨孵化后即刺吸叶片汁液。6月以前，该害螨在树冠内膛危害和繁殖。到7月，该害螨向树冠外围扩散，并吐丝传播。夏季高温，害螨繁殖快，有各种虫态。8月下旬，果园天敌多，对其发生有抑制作用。10月雌成螨越冬。

（4）防治方法

a.强化桃园管理：及时清除桃园杂草，并烧毁，可消灭草上害螨。b.桃园种绿肥：在桃园种植紫花苜蓿或白车轴草，能够大量培养害螨的天敌，可控制害螨的发生。c.喷药防治：在害螨发生期喷施0.3波美度石硫合剂或50％硫黄胶悬剂300倍液，对该害螨有良好防治作用。

4. 桃潜叶蛾

（1）形态特征

成虫体长3～4mm，翅展7～8mm。虫体银白色，触角长于身体。前翅白色，缘毛长，中室端部有一圆形黄褐色斑块。前缘和后缘的两条黑色斜纹在它的末端汇合，外面有一个三角形黄褐色端斑，斑的端部缘毛上有黑圆点及一撮黑色毛丛。后翅灰色，缘毛长。卵圆形，乳白色。幼虫体长6mm，头小而扁，淡褐色，身体扁平，淡绿色。蛹体长3mm。

（2）危害症状

潜叶虫类，在桃树产区发生较为普遍，尤其是管理粗放的果园受害更为严重。这类害虫的危害特点是：幼虫潜入叶肉组织内取食，使被害部分表皮变白，严重时整个叶片都被潜食，引起落叶，对当年产量及树势影响很大。

（3）发生规律

每年发生7代，以蛹在被害叶片上结白色丝质薄茧越冬。翌年4月桃展叶后，成虫开始羽化，产卵于叶片。幼虫孵化后潜入叶肉取食，串成弯曲的隧道，并将粪便充塞其中，使被害处表皮变白，但不破裂。幼虫老熟后，由隧道钻出，多在叶背吐丝结茧化蛹。少数在枝干上结茧化蛹。5月上旬，成虫羽化。最后一代幼虫危害至9月，开始结茧化蛹越冬。

（4）防治方法

a.加强果园管理：冬季结合清园彻底清除落叶，并集中烧毁，以消灭越冬蛹或幼虫。b.喷洒农药：在成虫发生期和幼虫初孵化时，喷洒50％杀螟松乳剂1000倍液，或40％硫酸烟碱800倍液，杀灭效果均好。

5. 桃小绿叶蝉

（1）形态特征

成虫体长3mm左右。全体绿色，头顶中央有一个黑点。翅绿色，半透明。卵长椭圆形，一端略尖，乳白色。若虫全体淡绿色，复眼紫黑色。

（2）危害症状

成虫和若虫群集于叶片，吸食汁液。被害处出现白色斑点，严重时，白点相连，使叶片呈苍白色，甚至提早脱落，引起部分花芽在当年秋季开放，降低翌年结果量。

(3)发生规律

一年发生4~6代,以成虫在落叶内或桃园附近的常绿树叶丛中或杂草中越冬。翌年3~4月,桃树萌芽时,开始从越冬场所迁飞到桃树嫩叶上刺吸危害。成虫产卵于叶背主脉内,以近基部为多,少数卵产在叶柄内。雌虫一生产卵46~165粒。若虫孵化后,喜群集于叶片背面吸食危害,受惊时很快横行爬动。第一代成虫发生于6月初,第二代发生于7月上旬,第三代发生于8月中旬,第四代发生于9月上旬。第四代成虫于10月在绿色草丛间、越冬作物上或松柏等常绿树丛中越冬。

(4)防治方法

a.加强果园管理:秋、冬季彻底清除落叶,铲除杂草,并集中烧毁,消灭越冬成虫。b.喷洒农药:在桃树发芽后,成虫向桃树上迁飞时,以及各代若虫孵化盛期,喷洒50%马拉松乳剂2000倍液,或50%杀螟松乳剂1000倍液,杀灭效果均好。

6. 大袋蛾

(1)形态特征

成虫雌蛾无翅,乳白色,体长22mm。雄蛾有翅,体长20mm,翅展29~35mm;翅灰褐色,翅面有4个透明斑。雌蚜无触角及翅,体长22~33mm。卵扁圆形,肉红色。幼虫紫褐色,有胸足3对,较发达,腹足退化。雄蛹赤褐色,雌蛹黑褐色。

(2)危害症状

幼虫吐丝营袋,终生潜居其中,取食时把头伸出,把周围叶片咬成孔洞。8月上、中旬,幼虫近老熟时,食量剧增,很快把叶片吃光。

(3)发生规律

每年发生1代,个别发生2代,但第二代幼虫越冬后大都死亡。幼虫在袋内越冬,翌年不再活动取食,5月上、中旬开始化蛹、羽化。雌蛾羽化后仍留在袋内,等待雄蛾飞来交配。雌蛾产卵于袋内,每雌可产卵2000~4000粒。6月中旬幼虫孵化后,蜂拥而出,群集于叶面,有时吐丝下垂,借风传播。幼虫固定于叶片后,很快吐丝做袋,隐居其中。转移时,负袋行动。9月初幼虫老熟,吐丝下垂,转移到周围灌木丛中,或直接在枝条上吐丝织袋过冬。

(4)防治方法

a.人工摘袋:冬季组织人力摘除树上虫袋,置于果园附近,第二年待寄生蝇和寄生蜂羽化飞出后,再把虫袋放于果园附近利于天敌寄生。b.保护益鸟:在果园内不要任意打鸟、惊鸟,使其能自由捕食害虫。c.喷洒农药:幼虫孵化后,及时喷洒90%敌百虫1000倍液,或50%辛硫磷1000倍液,或灭幼脲3号2000倍液,杀灭幼虫。

7. 黄刺蛾

(1)形态特征

成虫体长13~16mm,翅展30~34mm,体黄色至黄褐色,鳞毛较厚而密。前翅自顶角向后缘斜伸两条褐色细线,内侧线的内半部为黄色,外侧为黄褐色。外侧一条细线止于臀角处。卵扁平,椭圆形,黄绿色。幼虫黄绿色,体长25mm,头小,淡褐色,胸、腹部肥大，体背有一大型前后宽、中间细的紫褐色斑和许多突起的毛刺。蛹椭圆形，体长12mm，黄褐色。茧灰白色，质地坚硬，表面光滑。茧壳上有几道褐色、长短不一的纵纹，形似雀蛋。

(2) 危害症状

食性很杂，危害桃、李、柿、苹果和山楂等多种果树与林木。初龄幼虫啃食叶肉，残留叶脉。幼虫稍大后，食量增大，常把叶片吃光，仅残留叶柄，严重时可把整株树叶吃光。

(3) 发生规律

每年发生2代，以幼虫在小枝杈处及树干粗皮上结茧越冬。翌年5~6月成虫羽化。成虫有趋光性，产卵于叶背面，常数十粒连成一块，也有散产的。卵期7d左右。第一代幼虫于6月中旬孵化。初龄幼虫喜群集于一处，多在叶片背面啃食叶肉，长大后逐渐分散。第二代幼虫7月底开始危害，8月下旬老熟，在枝杈或树皮上结茧越冬。

(4) 防治方法

a. 利用天敌：上海青蜂和黑小蜂寄生率很高，冬季结合修剪彻底剪除越冬虫茧，并将其放在铁纱笼中，待翌年寄生蜂羽化后飞出，到果园重新寄生。b. 喷洒农药：在幼虫发生期，喷洒90%敌百虫1000倍液，或青虫菌800倍液，毒杀幼虫。

8. 蚧类

参照柑橘主要虫害。

9. 星天牛

参照柑橘主要虫害。

10. 桃蛀螟

(1) 形态特征

成虫体长9~14mm，翅展20~25mm，体橙黄色。前翅、后翅及胸、腹背面有黑色鳞片组成的黑斑。其中，前翅有20余个黑斑，后翅有10余个黑斑。腹部第1~5节背面，各有两个横列的黑斑，第六腹节仅有一个黑斑。卵椭圆形，初为乳白色，后变为红褐色。幼虫体长22~27mm，体色变化较大，有淡褐色、暗红色等，背面紫红色，腹面多为淡绿色。腹部各节毛片灰褐色。蛹长椭圆形，黄褐色。

(2) 危害症状

幼虫蛀入桃果内危害，使蛀孔外堆满虫粪，并有黄褐色胶液流出。果内也有虫粪，最终受害果变黄脱落。对桃果的产量和品质造成极大的不良影响。

(3) 发生规律

每年发生的代数因地区而异。在华北地区，每年发生2代；在黄河至淮河地区，每年发生3代；在长江流域，每年发生4~5代。均以老熟幼虫越冬。在黄淮流域，其越冬幼虫一般于翌年4月开始化蛹，5月上、中旬开始羽化。成虫白天隐伏，夜晚活动，有趋光性。雌成虫产卵于枝叶茂密的桃果上，或果与果相连接处。卵散产。早熟品种着卵早，晚熟品种则着卵晚。晚熟桃比中熟桃着卵多，受害重。幼虫孵化后，先在果梗、果蒂基部吐丝蛀食果皮，从果梗基部沿果核蛀入果心危害。果外有蛀孔，常由孔中流出胶质，并排出褐色颗粒状粪便与流胶黏结，附贴在果面。该虫可转果危害。老熟幼虫一般在果内或结果枝及两果相连处结白色茧化蛹，也有在果内化蛹的。第二代成虫于6月下旬发生，第三代于8月上、中旬发生，第四代于9月上、中旬发生。

(4)防治方法

a.清整越冬场所：冬季清除玉米、向日葵和高粱等作物的残株，刮除老树皮，消灭越冬蛹。b.诱杀成虫：利用糖醋液诱杀成虫。c.摘除虫果：摘除有虫果实，拾净落果，消灭果内幼虫。d.喷洒农药：掌握时机，在第一、第二代成虫产卵高峰期，喷洒50%杀螟松乳剂1000倍液，或90%敌百虫1000倍液，毒杀成虫及虫卵。e.全面防治：加强对桃园周围其他农作物病虫害的防治，以降低其对桃树的危害程度。

11. 桃小食心虫

(1)形态特征

成虫体长5~8mm，翅展13~18mm，全体灰褐色。前翅前缘中部有一蓝黑色近三角形的大斑，翅基部及中央部分具有黄褐色或蓝褐色的斜立鳞毛。后翅灰色。卵淡红色，椭圆形。幼虫体长13~16mm，全体桃红色，腹部末端无臀栉。蛹长6~8mm，黄褐色。越冬茧扁圆形，夏茧纺锤形。

(2)危害症状

危害桃、苹果、梨、山楂、枣、李和杏等的果实，已成为桃和枣树上的主要害虫。其幼虫蛀入果内进行食害，使果面变形，果肉腐烂，失去食用价值。

(3)发生规律

该虫一年发生1~3代，以第二代为主。老熟幼虫在土中做茧越冬。翌年5月下旬至6月上旬，幼虫从越冬茧中钻出，在地面吐丝缀合细土粒做茧。雨后出土最多。经逾10d化蛹，羽化为成虫。雌成虫产卵于果实的萼凹内，一个果上一般产卵20~30粒。幼虫孵化后，在果面爬行不久，即从果实胴部啃咬果皮，将其放在一边，然后蛀入果内。入果后，先在皮下取食果肉，因而使果面出现凹陷的潜痕，果实变形，成为畸形果。幼虫长大后，食量大增，在果内纵横取食，形成空桃，并排粪于果内，使果实变质腐烂，不能食用。幼虫老熟后，咬孔外出，落地入土结茧，其中有一部分幼虫潜藏于茧中越冬，一部分幼虫继续化蛹。蛹羽化为成虫后，继续产卵繁殖。第二代幼虫盛发于8月下旬，危害至9月，离果入土，做茧越冬。一部分幼虫随果实被带到果库或贮藏所，随后离果，在果筐或包装物中做茧越冬。

(4)防治方法

a.树盘覆地膜：根据幼虫离果后大部分潜伏于树冠下土中的特性，于成虫羽化前，在树冠下地面覆盖地膜，以阻止成虫羽化后飞出。b.药剂处理土壤：在越冬幼虫出土期，用50%地亚农或32%辛硫磷微胶囊撒在树下，再用铁耙翻动土壤。其用量为0.5kg/亩，残效期可达逾30d。另外，亦可在幼虫出土期用50%辛硫磷(1kg/亩)稀释成30倍液，喷到细土中，然后将药土撒在树盘下。每隔10d左右喷一次，连续喷2~3次。雨后应及时补喷。在山地果园，可用40%敌马粉或5%辛硫磷粉直接喷施在树冠下，用量为5~8kg/亩。c.施放线虫：在平地果园，当土壤湿度较大时，可在土壤中施放线虫，每平方米施放46万~91万头，约2亿头/亩。这对春季出土幼虫和秋季离果入土幼虫都有很好的杀灭效果。

d. 树上喷药：根据桃小食心虫的虫情测报，在成虫羽化产卵和幼虫孵化期及时喷洒50％杀螟松乳剂1000倍液，毒杀该虫。e. 果实套袋：对于优质品种，或在人力较充足的条件下，在成虫产卵前套袋，果实成熟前7d去袋，可避免该虫的危害。

七、果实采收

桃的果实，必须在树上完成其品质、色泽、风味的形成，因此采收的时期尤为重要。要根据品种特性、果实外观品质、销售需求来决定采收时期，不宜过早或过迟。

桃的采收成熟期可分为：硬熟期，用于制罐、远运的水蜜桃或硬桃于此期采收，果实绿色减褪，渐变淡绿色即可采收；完熟期，就地供应市场的桃，可待果实由淡绿转绿白或淡黄色，阳面呈红霞（或红斑），果皮可剥离时采收。

栽培管理月历

1月

◆物候期

休眠期。

◆农事要点

①整形修剪：定植后在苗木离地面50~60cm处短截定干；成年树进行冬季修剪。

②清园：收集枯枝落叶并集中烧毁，以减少病虫源。全园喷布1波美度石硫合剂。

2月

◆物候期

根系开始活动；芽萌动。

◆农事要点

①修整沟渠系统：清除沟渠中杂物，修补沟渠漏洞。

②病虫害防治：花芽开始萌动时，喷布20％氰戊菊酯2000倍液，以杀死越冬蚜虫和新孵化的若虫。萌芽前喷1∶1.2∶120的波尔多液，防治缩叶病与细菌性穿孔病。但要注意喷布时间与喷布石硫合剂相隔不少于20d。

3月

◆物候期

开花；萌芽期。

◆农事要点

盛花期喷布30mg/L赤霉素＋0.05％硼砂溶液。在幼果期、果实膨大期、采收前期，可外源喷雾植物生长调节剂（赤霉素、细胞分裂素、生长素等）平衡树体内源激素，同时加强肥水管理，以减轻落果现象。

4月

◆物候期

晚熟品种开花期；早熟品种果实开始膨大。

◆农事要点

①保果：中、晚熟品种的保果，方法同3月。

②疏果：结果过多常引起树势弱、果小且质劣，所以必须进行适当疏果，一般在第二次生理落果后进行。

③病虫害防治：防治桑白蚧、炭疽病。

5月

◆物候期

果实膨大；早熟品种月底成熟；新梢生长。

◆农事要点

①施肥：为了促进果实膨大、枝梢充

实和花芽分化，应追施一次速效肥，可每株施人畜粪尿25kg、硫酸钾0.5kg，或每株施复合肥1kg+过磷酸钙、硫酸钾（或氯化钾）各0.5kg。

②疏果、套袋：5月上、中旬应再疏果一次，进行定果。一般早熟品种每20叶、中熟品种每25叶、晚熟品种每30叶留一果。中、短果枝各留1~2个果，长果枝留2~4个果。生长势强的长果枝，留果部位以中部为最好，中、短果枝宜留在先端。果实在树冠应均匀分布。套袋通常在疏果后2~3d即可开始进行。

③病虫害防治：防治桃蛀螟、梨小食心虫。

④果实采收：早熟品种有的已成熟，可陆续采收。

6月

◆物候期

早熟品种果实成熟；中、晚熟品种果实膨大期。

◆农事要点

①果实采收：桃果实的品质、色泽、风味必须在树上形成，所以不宜过早采收；但若过迟采收，果肉变软，易腐烂，不耐贮运。

②施采果肥：在采果后立即补施一次以氮肥为主的速效肥，每株施腐熟人粪尿20kg或复合肥1kg，以恢复树势和促进花芽分化。

③病虫害防治：防治炭疽病、梨小食心虫第二代幼虫。

7月

◆物候期

中、晚熟品种果实成熟；花芽分化。

◆农事要点

①果实采收：中、晚熟品种的采收。

②施采果肥：对于晚熟品种可提前到采收前10d施肥。

③病虫害防治：防治桃一点叶蝉。

8~9月

◆物候期

花芽分化。

◆农事要点

①防旱保叶：秋季干旱，注意灌水抗旱，确保叶片生长正常，避免提早落叶而导致的秋季开花。

②病虫害防治：防治桃白锈病、桃褐锈病、白粉病、白霉病、桃一点叶蝉、红颈天牛。

10~11月

◆物候期

枝梢停止生长；落叶、休眠期。

◆农事要点

①深翻改土：桃喜疏松土壤，所以幼年树需在定植穴已改土的基础上逐年扩穴改土。成年树要在秋、冬进行深翻（深度20~30cm，靠近树干处宜浅些），结合施肥来改良土壤。

②施基肥：施用基肥显得更为重要。早熟品种基肥用量应占全年施肥量的60%~70%，晚熟品种基肥用量占全年用肥量的50%~60%。秋施基肥有利于有机肥料的转化，并有利于根系恢复生长和增强吸收能力。在树冠滴水线处挖条沟施肥，每株施有机肥50kg、火烧土20kg、腐熟人粪尿50kg、钙镁磷肥1kg。

12月

◆物候期

休眠期。

◆农事要点

修剪和清园。

同1月。

> **实践技能**

实训 10-1　桃生长结果习性观察

一、实训目的

认识桃各器官的外部形态和生长特性,观察并记录生长结果习性。

二、场所、材料与用具

(1)场所:学校桃园实训基地。

(2)材料及工具:处于结果初期或盛果期的早、中、晚熟桃树各 2~3 株,枝剪、钢卷尺、记录本和绘图工具。

三、方法及步骤

1. 树体结构观察

(1)观察桃树的树姿:开张、直立或下垂。

(2)统计观察对象有无中心干,主枝、副主枝数量,以及主枝开张角度等,判断观察对象属于哪一种树形。

2. 枝芽特性观察

(1)观察桃树芽的外部形态、着生位置,并判断芽的类型,如单芽或复芽,纯花芽或混合花芽,早熟芽或晚熟芽等。

(2)观察桃树的枝条,判断其萌芽力和成枝力强弱。

(3)统计一株树上长、中、短果枝数量及不同结果枝挂果数量,分析其结果能力。

3. 开花习性观察

(1)调查桃树初花期、盛花期、终花期的时间和特点。

(2)观察桃树花器官结构,判断其属于单性花还是两性花,查阅资料判断该品种是否可以自花结实,属于虫媒花还是风媒花。

4. 果实发育动态观察

(1)果实生长发育观察:观察并记录早、中、晚熟品种果实发育的 3 个时期(幼果迅速生长期、缓慢生长期、果实迅速膨大期)的时间及特点。

(2)生理落花落果观察:观察并记录桃树 3 次生理落花落果出现时间及特点。

四、要求

(1)桃不同生长期的时间长短不同,要及时观察并记录。

(2)调查桃树品种、生长期等项目较多,时间较长,容易混淆,一定要挂好标签。

(3)如果时间未到指定物候期,要课下做好调查计划并按时观察。

实训 10-2　桃的整形修剪技术

一、实训目的

练习桃树整形和修剪的基本方法，理解整形修剪的作用、原则和依据，熟练掌握桃树整形修剪技术。

二、场所、材料与用具

(1) 场所：学校桃园实训基地。
(2) 材料及工具：成年桃树，扶梯、手锯、修枝剪、布条、伤口保护剂等。

三、方法及步骤

1. 树龄和形态识别

(1) 识别花芽和叶芽：根据外形识别花芽及叶芽，芽体饱满圆钝为花芽，细小狭长为叶芽。
(2) 判断枝条年龄：根据枝条着生部位、颜色等判断其属于 1 年生枝或多年生枝。

2. 修剪

(1) 疏枝：疏除病虫枝、重叠枝、密生枝、下垂枝、纤弱枝等。
(2) 回缩：衰老树骨干枝强旺的枝条保留 20cm 左右进行回缩更新修剪。
(3) 短剪：树冠中下部生长枝，若有空间，适当短剪，以促发新枝；长果枝留 4～6 节花芽，中果枝留 3～4 节，短果枝留 2～3 节；树冠中上部枝条，可根据树势选择长放或疏除，以达到控上促下的目的。
(4) 拉枝：对于树形较为直立、分枝角度较小的树体，应采用拉枝将主枝开张角度。
(5) 抹芽、除萌：桃芽萌发后生长到大约 5cm 时抹去背上多余的徒长芽，剪、锯口下无用的丛生芽，以及延长头剪口下的双芽或三芽、竞争芽。对幼树延长头要去弱留强，背上枝要去强留弱，双枝"去一留一"。
(6) 摘心：在新梢长到 20～30cm 时摘心，枝条下部就可以形成饱满的花芽。
(7) 扭梢：对有生长空间的直立徒长枝和其他旺长枝，待新梢生长到约 30cm，还未木质化时，在枝梢基部以上 5～10cm 处把枝条扭转 180°。
(8) 盛果期树结果枝修剪：长果枝剪留 5～8 节花芽，枝条过密时疏除直立枝，留平斜枝；中果枝剪留 3～5 节花芽，剪口芽留叶芽；短果枝和花束状结果枝一般只疏不截；徒长性结果枝坐果率低、生长旺，短截后可以抽生几个良好的结果枝。

四、要求

(1) 安全操作，正确使用剪刀和手锯。
(2) 根据枝条的性质、长势、角度选择合适的修剪方法。

(3)注意调整生长枝和结果枝的比例。
(4)锯口较大时要及时涂抹伤口保护剂。

思考题

1. 桃树品种群划分根据是什么?
2. 桃树建园对园地条件有什么要求?
3. 桃树常用的丰产树形有哪些?其结构特点是什么?
4. 桃树夏季修剪要抓住哪几个关键时期?其工作内容是什么?

项目 11 猕猴桃生产

学习目标

【知识目标】

(1) 了解猕猴桃的生产概况及经济价值。
(2) 熟悉猕猴桃的生长与结果习性。
(3) 掌握本地区常见的猕猴桃品种以及相关的栽培管理技术。

【技能目标】

(1) 能够因地制宜地运用扦插、嫁接技术进行育苗。
(2) 会根据当地的生态环境条件选择适宜的品种建园(包括主栽品种及授粉品种的配置)。
(3) 能进行猕猴桃园管理。

一、生产概况

猕猴桃属猕猴桃科猕猴桃属木质藤本果树。《本草纲目》称:"其形如梨,其色如桃,而猕猴喜食,故有诸名。"猕猴桃除鲜食外,还可加工罐头、果干、果粉、果酱等。树体枝叶优美,花大而多,具芳香,除建立果园,也可作为庭院长廊、绿篱等建筑物的绿化树种。

猕猴桃原产于中国,分布于陕西、河南、江苏、浙江、安徽、甘肃、湖南、湖北、江西、四川、贵州、广西等10余个省份,其中以陕西、河南、湖南、安徽、江苏、广西分布较多,种质资源也十分丰富。

近10年来,全球猕猴桃栽培面积和产量增长速度分别超过70%和55%,超过苹果、柑橘等常用水果,跻身于世界主流消费水果之列。中国猕猴桃的栽培面积和产量均居世界第一。近5年来,年均增幅达20%以上。截至2019年底,全国猕猴桃栽培面积436万亩,总产量300万t,以陕西、四川、贵州、湖南、江西、河南居多。陕西的周至县、眉县因盛产猕猴桃被誉为"猕猴桃之乡"。国外猕猴桃产业发展得比较好的国家有新西兰、美国、意大利、日本、法国、智利等。

二、生物学和生态学特性

(一)生长习性

1. 根系

猕猴桃属于浅根性果树,主根极不发达,侧根和须根多而密集,为须根性根系,因此猕猴桃不耐旱。根系在土壤中的垂直分布较浅,水平分布范围较广。一般微酸性砂质壤土最有利于根系生长,1年生苗根系水平分布30~40cm,垂直分布20~30cm。成年树根系垂直分布可达80cm以上,水平分布一般为冠幅的2~4倍。根系年生长高峰期出现在6月和9月。根能产生不定芽和不定根,再生能力强。

2. 芽、枝蔓

芽为鳞芽,外被黄褐色毛状鳞片。复芽分主芽和副芽。猕猴桃的主芽易发育为新梢,副芽不易萌发而成为潜伏芽,一旦萌发,多发育为徒长枝。枝条基部的芽凹陷,多为盲芽,一般不萌发枝条。中上部的芽饱满充实。结果枝由当年生枝中下部饱满芽发育而成。当年生枝条顶端生长扭曲,自然萎蔫,称为"自枯现象"。主蔓具有左螺旋缠绕特性。当年萌发的新蔓分为生长枝和结果枝。生长枝是只能进行营养生长不能开花结果的枝条,根据其生长势的强弱分为:徒长枝、营养枝、细弱枝。营养枝是生长的基础,主要从幼龄树和强壮枝中部萌发,长势中庸,大多成为第二年的结果母枝。成年中庸健壮的树体一般营养枝比例占到80%。结果枝是雌株上能开花结果的枝条。雄株上只开花不结果的枝条称为花枝。结果枝依据其生长势分为徒长性结果枝(1.5m以上)、长果枝(0.5~1.5m)、中果枝(0.3~0.5m)、短果枝(0.1~0.3m)。

3. 叶

叶为单叶互生,叶形有圆形、椭圆形、卵圆形、扇形、披针形等。大多品种叶长5~10cm,宽6~18cm。叶片的大小、薄厚不一,叶尖有急尖、渐尖、圆、平。叶面绿色被茸毛。

(二)开花结果习性

1. 开花

花着生在结果枝下部叶腋间。雌花着生在结果枝基部叶腋间,以第2~6叶腋间居多;雄花从结果枝基部开始着生。开花的早晚主要取决于春天的气温。春天回暖早,气温高,开花提前,反之则推迟。在河南西峡一般4月下旬至5月上旬初花,5月中旬盛花,5月下旬末花。中华猕猴桃比美味猕猴桃开花期早10d左右。同一植株上,开花顺序一般为先内后外,先下后上;在同一枝条上,在同一个花序中,顶花先开,侧花后开。

雌、雄花多在5:00左右开放,但也有下午开放的现象。特别是晴转阴天气,全天都有雌、雄花开放。雌花花期为2~6d,多为3~5d;雄花花期3~6d,多为3~4d。花的寿命易受天气的影响。若开花期天气晴朗、多风、干燥、气温高,花的寿命就短;若遇阴天、无风、多雨、气温低,则花的寿命较长(图11-1)。

雌花柱头在开花前2d到花后3~4d有生命力，雄花花粉在开花前1~2d到花后4~5d具有生命力。由于猕猴桃的叶片大，夏季生长繁茂，经常遮盖了部分待授粉的花朵，因此花期放蜂增加授粉效果，对提高授粉率效果较好。

2. 结果

猕猴桃是结果较早、丰产性较强的树种。目前各地区建立猕猴桃园大多采用嫁接苗，定植后一般2~3年就能开花结果，4~5年进入盛果期，经济效益显著。

猕猴桃主要以短果枝、短缩果枝结果为主，结果母枝一般可抽生3~5个结果枝，长势中庸健壮的可以抽生8~9个结果枝。生长中等的结果枝可在第二年转化为结果母枝。在当年生长期间对生长充实的徒长枝进行合理的夏、秋季修剪，如摘心、短截，可为第二年培养徒长性的结果母枝，增加翌年的结果量。这在其他一些果树树种中是不常见的。

结果母枝从基部第3~7节开始抽生结果枝，结果枝于茎干第2~3节开始开花结果，一个结果枝一般着生3~5个果实。由开花末期到果实发育成熟一般需要130d左右。中华猕猴桃的成熟期在9月下旬；美味猕猴桃成熟期在10月上旬至11月上旬。未经过采摘的成熟果实，经霜冻后仍可挂在植株上（图11-2）。

图11-1 猕猴桃开花

(三)对环境条件的要求

1. 温度

猕猴桃大多数品种要求温暖湿润的气候，主要分布在18°~34°N的地区，年平均气温11.3~16.9℃，极端最高气温42.6℃，极端最低气温约－20.3℃，10℃以上的有效积温4500~5200℃，无霜期160~270d。

2. 水分

猕猴桃既需水，又怕涝，属于生理耐旱性弱、耐湿性弱的果树。因此，对土壤水分和空气湿度的要求比较高。一般来说，年降水量1000~2000mm、空气湿度80%左右的地区都能满足猕猴桃生长发育对水分的需求。年降水量低于500mm的地区要考虑设置良好的灌溉设施。

图11-2 猕猴桃结果状

3. 光照

多数猕猴桃种类喜半阴环境，忌强烈的直射光，喜漫射光和反射光。所需日照时间为1300~2600h。

4. 土壤

以深厚肥沃、地下水位在1m以下、有机质含量高、pH 5.5～6.5的微酸性砂质土为宜。

5. 海拔

在海拔800～1800m处都能种植，以1000～1600m较为适宜。

6. 其他

猕猴桃抗风能力弱，易受风害。建园尽量避免迎风口、山脊等。适宜选背风坡，坡向以早阳坡、晚阳坡为好。

三、种类和品种

(一)主要种类

猕猴桃的种类繁多，其中经济价值较高、栽培最为广泛的是中华猕猴桃和美味猕猴桃两大类。另外，适合鲜食或加工的还有毛花猕猴桃、软枣猕猴桃、阔叶猕猴桃。

1. 中华猕猴桃

果实上的茸毛短而柔，过熟时易脱落。果皮一般较光滑，耐贮性较差。果实成熟期较早。代表品种：'庐山香''金丰''魁密''武植3号''华光2号''早鲜''红日''金农'等。

2. 美味猕猴桃

果实上茸毛较长，粗硬，脱落迟。果皮较粗糙，耐贮性较好。果实成熟期较晚。代表品种：'金魁''秦美''米良1号''徐香''金香''华美1号'及'海沃德'(Hayward)。

3. 毛花猕猴桃

分布于长江以南各地，又名"毛冬瓜"。花腋生，聚伞花序，3～5朵，多3朵；花瓣粉红色，多5瓣。雌雄异株，果实短圆柱形，近圆形、短椭圆形，重约30g，果皮密被浅灰白色厚实茸毛，似蚕茧。果肉翠绿色，多汁味酸。果实鲜食兼加工。代表品种为福建的'沙农18号'。

4. 软枣猕猴桃

又名软枣子，主要分布于东北、西北及长江流域。代表品种：吉林选育的'魁绿'，耐寒性强；新西兰选育的'黄瓜'，是软枣猕猴桃与美味猕猴桃杂交培育而成，其果形似黄瓜，果皮绿色，果重100g左右。

5. 阔叶猕猴桃

分布于广东、广西、云南、贵州、湖南、湖北、四川、安徽、浙江等地。果实以富含维生素C闻名。每100g果肉中维生素C含量高达2140mg，被誉为"维C之王"。

(二)主要栽培品种

1. '秦美'（图11-3）

果实椭圆形。果皮褐色，密被黄褐色硬毛，其毛易脱落。平均单果重102.5g，最大果重204g。果实纵径约7.2cm，横径约6.0cm。果肉绿色，肉质细嫩多汁，酸甜适口，有香味。可溶性固形物含量为10.2%～17%，100g鲜果肉的维生素C含量为190～354.6mg。

2.'瑞玉'

以'秦美'作母本、'K56'作父本进行杂交选育的美味系早中熟绿肉新优品种,2015年1月通过陕西省果树品种审定委员会审定。果实长圆柱形兼扁圆形,平均单果重95g,最大果重142g。果皮褐色,被金黄色硬毛,果顶微凸。平均每个果实有种子450粒。果肉绿色,细腻多汁,风味香甜。可溶性固形物含量21.3%,平均干物质含量23%,可滴定酸含量0.82%,可溶性总糖含量11.55%,糖酸比14.09,100g鲜果肉的维生素C含量118.09mg。常温下后熟期20~25d,货架期30d左右,冷藏可贮藏5个月左右。

3.'翠香'

果实卵形,果喙端较尖,果实美观端正、整齐、椭圆形(与新西兰'园艺A-16'极相似),横径3.5~4cm,长7~7.5cm。最大果重130g,平均单果重82g,单株树上有70%的单果重可达100g,商品率90%。果肉深绿色,味香甜,芳香味极浓,品质佳,适口性好,质地细而果汁多。硬果可溶性固形物含量11.57%,较软果可溶性固形物含量可达17%以上,总糖含量5.5%,总酸含量1.3%。100g鲜果肉的维生素C含量185mg,含17种人体需要的氨基酸,营养丰富。刚采收的果实硬度19.7kg/m^2,果皮绿褐色,果皮薄,易剥离,食用方便。是一个鲜食的优良品种,较耐贮藏运输,采后室温下可存放20~23d,0~1℃可贮藏4~5个月,且货架期长。

4.'徐香'

1990年通过鉴定,1992年在中国猕猴桃基地品种鉴评会上获优良品种奖。果实圆柱形,整齐度高,果实平均纵径5.8cm,横径5.1cm,侧径4.8cm,平均单果重70~110g,最大果重137g。果皮黄绿色,被黄褐色茸毛,梗洼平齐,果顶微突,果皮薄,易剥离。果肉绿色,汁液多,肉质细致,具果香味,酸甜适口,含可溶性固形物15.3%~19.8%,100g鲜果肉的维生素C含量99.4~123.0mg,含酸1.34%,含糖12.1%,可溶性糖含量8.5%,糖酸比6.3。果实后熟期15~20d,货架期15~25d,室内常温下可存放30d左右,在0~2℃冷库中可存放3个月以上。在江苏北部、沿江地区、上海郊县和山东、河南等黄淮地区,引种栽植均表现良好,适应性强。在碱性土壤条件下,叶片黄化和叶缘焦枯较少。由于其萌芽率、成枝率和坐果率均高,表现出丰产、稳产。在深厚肥沃、通气良好的砂壤土中生长最好。

5.'红阳'

又名'红心奇异果''红心猕猴桃',特性是果实中大、整齐;果实为短圆柱形,果皮呈绿褐色、无毛。含糖分高,富含钙、铁、钾等多种矿物质及17种氨基酸,100g鲜果肉的维生素C含量高达135mg。果肉翠绿色,果汁甜酸适中,清香爽口,品质极优。可直接食用,也可制作工艺菜肴。

6.'东红'

红肉品系的新秀,中国科学院武汉植物园选育,2013年通过国家品种审定,是目前为止综合性状(种植户主要考虑的是抗病性、丰产性和果实的耐贮运性)最优秀的红肉品种,抗逆性和丰产性也优于'红阳'。生长旺,长势强,叶片大而浓绿,夏季不焦枯,因此抗风、抗旱、抗涝、抗病力都优于'红阳'。在相同的地块栽培，产量高于'红阳'。果肉金黄色，果心四周红色鲜艳，质地细嫩，风味浓甜，香气浓郁，不使用膨大剂的情况下平均单果重70g，果实较大，不空心，口感好。在常温下存放40d左右开始软熟，是一个值得大力发展的品种。

7. '红什二号'

以'红阳'为母本杂交选育而成。果实成椭圆形，微扁。果皮草绿色，有微量的短茸毛均匀地分布在果皮表面，易脱落。树冠紧凑，长势较强。1年生枝条浅褐色，嫩枝薄被灰色茸毛，早脱，光滑无毛，皮孔长梭形、灰白色。平均单果重78g，果皮较粗糙，果肉黄绿色。完熟后果肉黄色，果实横断面呈黄绿相间图案，非常美观。味道甜，可溶性固形物含量17%，糖酸比符合中国人的口味，在四川蒲江9月上、中旬成熟，属早中熟品种，丰产性优于'红阳'。

8. '脐红'

'红阳'的芽变优系。2014年3月通过陕西省果树品种审定委员会审定。树势旺，抗逆性较强。果实近圆柱形，平均单果重97g。果皮绿色，无茸毛，果顶下凹，萼洼处有明显的肚脐状突起。果肉黄绿色，肉质细，多汁，鲜果含总糖12.56%，软熟后可溶性固形物含量19.9%。在陕西关中地区9月下旬成熟，适宜在秦岭以南及类似生态区栽培，也可在陕西秦岭北麓不容易发生冻害的区域栽培。

'脐红'属于第二代改良型的红心猕猴桃品种，比'红阳'好种，果实个头也大，但相对于最近两年涌现的新品种红心猕猴桃优势并不明显，适合搭配种植，辅栽为主。

9. '海沃德'（图11-4）

美味猕猴桃系列，中国猕猴桃主栽品种之一。该品种果肉翠绿，味道甜酸可口，有浓厚的清香味，维生素含量极高。其最大特点是果形美、品质优、耐贮藏、货架期长，具有较好的丰产性，大面积发展该品种能够较大地提高猕猴桃的种植效益。

'海沃德'生长势强，1年生枝灰白色，表面密集灰白色长茸毛。老枝和结果母枝为褐色，皮孔明显，数量中等，皮孔颜色为淡黄褐色。成熟叶长卵形，叶正面绿色、无茸毛，叶背淡绿色，叶脉明显。叶柄淡绿色，多白色长茸毛。果实长圆柱形，果皮绿褐色，密集灰白色长茸毛。果肉绿色，髓射线明显。果实大，平均单果重82g，可溶性固形物含量14.7%，含酸1.41%。

10. '庐山香'（图11-5）

江西庐山植物园1979年从野生猕猴桃群体中选出的优株。1985年进行品种鉴定。果实近圆柱形，整齐均匀，外形美观。果皮棕黄色，被有稀疏的容易脱落的短柔毛。平均单果重87.5g，最大果重140g。纵径约6.0cm，横径约5.2cm，侧径约5.0cm。果肉淡黄色，质细多汁，稍有香味。100g鲜果肉的维生素C含量159.40~170.60mg，含糖12.6%，含酸1.48%，风味甜酸。果实在冷藏条件下能贮藏4个月，货架期约5d。更是适于加工果汁的品种。在江西庐山和瑞昌等地表现为生长势较强，3年生植株的枝条总数62个，结果枝35个，其中长果枝占14.3%，中果枝占40.0%，短果枝占45.1%，以中、短果枝结果为主。

图 11-3 '秦美'（6月果实）　　图 11-4 '海沃德'（新西兰主栽品种）　　图 11-5 '庐山香'

11. '武植3号'

中国科学院武汉植物园所选育，为中晚熟鲜食加工兼用品种。果实椭圆形，平均单果重80～90g，最大果重150g。果肉浅绿色，质细多汁，甜酸适口，有浓香。100g鲜果肉含维生素C 250～300mg。在武汉果实9月下旬至10月上旬成熟。该品种早果、大果、优质，丰产稳产，适应性和抗旱性强，耐渍性弱，可以在中部浅山区推广，不宜在平原区发展。

12. '米良1号'

果实圆柱形，平均单果重70～80g，最大果重125g。果皮褐绿色，果面光滑无毛。果实近中央部分中轴周围呈艳丽的红色，横切面呈放射状彩色图案，极为美观诱人。果肉细嫩，汁多，风味浓甜可口，可溶性固形物含量16.5%～23%，含酸量为1.47%，糖酸比11.2，香气浓郁，品质上等。果实极耐贮藏，在常温下可贮藏30d左右。

13. '金魁'

湖北省农业科学院果树茶叶研究所选育，1993年通过省级品种审定。果实被毛，棕褐色，阔椭圆形或圆柱形，平均单果重100g以上。果肉翠绿色，汁液多，风味特浓，甜酸可口，芳香，品质极上。每100g鲜果肉中含维生素C 110～240mg，含可溶性固形物18%～26%。

14. '陶木里'

花期较晚，为晚花期美味猕猴桃和中华猕猴桃雌性品种的授粉品种。其花期长达5～10d，花粉量大，每花序有3～5朵花。可用作'海沃德''秦美''秦翠''东山峰79-09''东山峰78-15''川猕1号''川猕3号''庐山香''郑州90-1'等品种、品系的授粉树。

国外引入的品种主要还有：'艾伯特''蒙蒂''布鲁诺''阿利森''马吐阿'等。'马吐阿'多作为雄株授粉品种。

四、育苗与建园

（一）育苗

生产上多采用嫁接或扦插法繁殖苗木，以保持母本的优良性状。在进行嫁接及扦插时,都要注意将雌雄株分接、分育,不要混杂。

1. 嫁接育苗

(1) 砧木培育

砧木多用种子育苗。猕猴桃种子细小,育苗时必须细致小心。采集优良母株上充分成熟的果实,自然存放,待后熟变软后立即洗种,阴干存放。播种前60~80d(一般从12月中、下旬开始),将种子先放在温水中浸泡2~3h,使其充分吸水,然后用5~10倍的干净细河沙混合,湿度以含水5%~10%为宜,再置于容器中低温沙藏,进行层积处理,以提高种子的发芽率。容器可放在背阴冷凉处或放置在地窖,上盖木板,再覆土,厚度约50cm,以防冻害等。

选择土壤疏松、排灌方便的砂质壤土作为育苗地。施足基肥后深翻细耙,把土块敲碎,然后耙平作畦,畦面宽度一般1m。播种前用多菌灵200倍液喷洒土壤进行消毒,也可以用高锰酸钾或福尔马林等。播种前若土壤干旱,先灌足底水,待水分下渗后再进行播种。可以采取撒播,也可以条播。将混有细沙的种子均匀地播撒于畦面,然后薄薄地覆盖一层约3mm的细沙或腐殖质土,均匀喷水。

由于猕猴桃喜阴湿的环境,播种后畦面需盖上一层稻草,以防土壤板结,并保持土壤湿润。出苗后及时去除稻草,注意幼苗的遮阴,在畦面上方搭设荫棚。幼苗生长期间注意水肥管理,用尿素溶液追施2~3次。当幼苗长出2~3片真叶时就可以间苗,长出6~7片真叶时就可以定苗。保持行距20~30cm,株距10cm。待形成壮苗,苗木地径达0.8~1cm,就可作为砧木待嫁接使用。

(2) 嫁接

在6~8月可用嵌芽接,春季可用切接,注意避开伤流期。

①嵌芽接 是带木质部的一种嫁接方法。首先从接芽上方约1.5cm处往芽下方斜削一刀,长度超过芽下方约1.5cm。削的角度小一些,平缓一些。然后在芽下方1cm左右处由上往下斜切一刀,与枝条约呈45°角。将芽体取下。砧木的处理与取接芽相同,切一个与接穗相似的切口。将芽体嵌入切口内,若芽体与砧木切口不能完全对齐,应保证有一侧砧、穗形成层对齐。最后用塑料薄膜绑缚严实,露出芽或叶柄。

②切接 是枝接的一种,适用于直径1~2cm的砧木。首先将接穗削一个长切面,长约3cm,再在长削面的对面削一个长度约1cm的短削面。注意处理接穗时倒拿整个枝条,待处理完削面再剪制成长6~8cm、含2~3个芽或3~4个芽的穗段(在最上芽上方0.8cm左右剪平口)。

砧木处理:在横截面的1/4或1/3处纵向用切接刀切开长3~4cm的切口。将接穗长削面向厚的一边、短削面向薄的一边纵向插入砧木切口,插入的深度以接穗削面露出2~3mm为宜,使接穗与砧木的形成层对齐。若接穗与砧木粗细不一致,不能两边对齐,则要保证一边对齐。最后用塑料薄膜绑缚严实。

2. 扦插育苗

扦插法也常用来繁殖猕猴桃苗木。在生长期间,进行带叶绿枝扦插比春季硬枝扦插更易生根。但插床上须搭荫棚,做好保湿降温工作。

(二)建园

中华猕猴桃和美味猕猴桃喜温暖湿润的气候条件，在疏松肥沃、水源充足、富含腐殖质的土壤中生长良好，适应性较广。江淮流域，特别是丘陵山区最宜发展栽培。

猕猴桃为雌雄异株植物，在建立猕猴桃园时，需要配置一定比例的授粉树[雄、雌比例一般为1：(6~8)]。雄株要分布均匀(图11-6)。栽植株行距依架式而异，单篱架式栽培，行间保持3~5m，株间保持2~4m，每公顷栽植500~1600株。水平棚架式栽培，行距保持4~6m，株距保持4~5m，每公顷栽植330~620株。目前生产上多采用单篱架式栽培。此外，还有在单篱架的柱顶上架设1~1.5m长的横梁，上拉铁丝，形成"T"形小棚架的。这种架式可充分利用空间，提高单位面积产量。

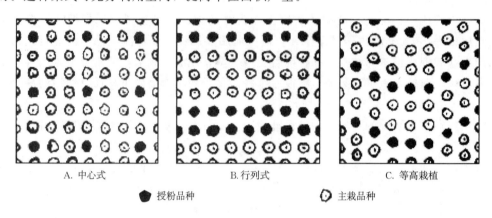

图 11-6 授粉品种的配置

五、果园管理

(一)土肥水管理

1. 土壤管理

生长季节，园内进行中耕除草、松土，也可在行间种植豆科等绿肥作物，割草深翻或覆盖于树盘周围以利于保墒。条件好的果园可以采用农机耕作提高效率。

2. 肥料管理

猕猴桃生长量大，对肥料的需求高。实践证明：施肥能有效促进生长。在春季、秋季可以采用沟施基肥。根据树龄、树盘的大小灵活采用环状、放射状、穴状等沟施。沟深30~40cm。肥料一般用堆肥、厩肥、豆饼肥等有机肥料，事先要堆沤腐熟及消毒处理，再混入一定量的田园土。为提高树势，促进枝条木质化，增强树体抗逆性，可混入少量的钾肥和草木灰。4~7月生长期间以追肥为主，前期以氮肥为主，施尿素溶液3000~5000mg/kg，2~3次；后期以磷、钾复合肥为主，施用氮、磷、钾的比例为5：4：5或5：3：4。

3. 水分管理

根据猕猴桃各个物候期对水分的需求，结合季节降水和土壤水分状况进行适时灌水和控水。花前灌水2~3次,促进萌芽、展叶、新梢生长以及花序继续分化和生长。开花期要适当控水,防止新梢徒长和受粉不良。果实膨大期灌水,成熟后期适当控水,以利于提高果实的品质,防病害,防裂果。果实采收后至土壤封冻前灌封冻水。

(二)整形修剪

猕猴桃整形修剪是根据不同的栽培品种、树龄、树势,通过各种修剪方法调整植株内的枝蔓、花果,使枝蔓能够均匀地分布在架面上,协调植株营养生长与生殖生长的平衡,使果园实现高产、优质的生产目标。

1. 整形

整形主要是根据不同的栽培架式培养不同的树形。幼树期需逐步培养好树体的骨架,将枝蔓引缚上架。

(1)篱架式

苗木定植后,留3~5个饱满芽进行短截。在春季萌发的新梢经过一个生长季的生长,冬季时从中选取2~3个健壮的新梢作为主蔓培养,并在50~60cm处短截,其余的均疏除。在以后的1~2年每个主蔓再培养2~3个壮枝,作为侧蔓培养,侧蔓上选留结果母枝。将主、侧蔓在架面上向左、右两边引缚,促使形成多主蔓扇形树形(图11-7A)。

(2)棚架(倾斜、平顶)式

由于猕猴桃的生长势较葡萄强旺,故架面要大一些。架高2m,架长5m,支柱间距4m,栽在两支柱中间,株距4m。当主干长到1.8m,新梢生长至架面10cm时,对主干进行摘心或短截,使其促发2~4个健壮的新梢,作为永久性主蔓培养。分别将这些主蔓引缚到架面两边或引缚到架面的不同方位,注意主蔓在架面上要分布均匀,以保证后期的通风透光(图11-7B)。

(3)"T"形架式

又称宽顶单篱架式。在主干长到1.8m左右,新梢生长超过架面10cm时,对主干进行摘心,促使主干顶端抽生3~4个新梢,并选择其中2个健壮的新梢作为主蔓培养,其余的疏除。待主蔓长到30~40cm时,分别引缚到支柱的中心铁丝上,使之在架面上呈"Y"字形分布。主蔓每隔40~50cm选留一个结果母枝,结果母枝每隔30cm选留一个结果枝(图11-7C)。此架式的特点是:不培养侧蔓,直接在主蔓上培养结果母枝;架面立体,能实现立体结果的效果,通风透光。

(4)倒"V"字形

在支架两边架设成与之形呈60°角的两个倾斜架面,将植株的主蔓分别引缚到左、右架面上,采用直立单干形整形法,对主要枝蔓采用弓形引缚或吊挂(图11-7D)。适宜于矮化密植栽培园,建园投资少,园地便于农机耕翻。

2. 修剪

猕猴桃生长势很强,必须用冬季修剪、夏季修剪来加以控制,平衡长势。若不修剪或修剪不当,常出现结果部位外移、隔年结果的现象。由于枝蔓过密,常造成植株的下部枝条生长衰弱,容易干枯,果实发育小。

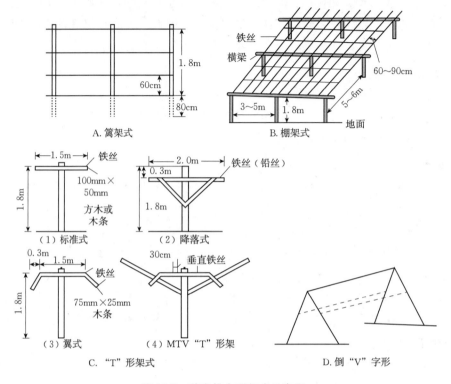

图 11-7 猕猴桃主要架式示意图

（1）冬季修剪

猕猴桃的伤流现象比葡萄要严重，因此要特别注意修剪的时期。一般地区从入冬至翌年1月底修剪比较适宜。2～3月修剪容易发生伤流，严重影响花的萌发，甚至导致枝条枯死。修剪主要采用疏枝和短截。疏去过多、过密的细弱枝、交叉枝、重叠枝、病虫枝。短截时要注意剪口在芽上方3cm处，不要太近，否则剪口下枯干，影响芽的生长。对结果母枝的修剪应当根据不同品种的特点进行，如'金魁'等结果母枝抽生结果枝部位比较高的品种，对健壮的结果母枝尽量采用长梢、中梢修剪。粗度1.3～1.5cm的结果母枝留12～15个芽，0.8～1cm的结果母枝留8～10个芽，0.5～0.8cm的结果母枝留6个芽。对于结果母枝抽生结果枝比较低的品种，主要采用中梢、短梢修剪。

（2）夏季修剪

主要是剪除基部徒长枝，疏除过密枝。在生长季的4～8月多次进行。方法有除萌、抹芽、摘心、疏花疏果、新梢引缚、雄株修剪等。

①除萌　除去根基部的萌蘖和主干、主蔓及剪口、锯口下的无用萌蘖。

②抹芽　抹除过密、位置不当的芽，抹除下部芽、瘦弱芽、晚发的芽，保留早发的芽、健壮芽。

③摘心　花前7d对结果枝摘心，可以促使营养转向花序供应，有利于坐果和果实的生长发育。后期摘心可以改善光照条件，促进花芽分化。

④疏花疏果　从节省营养的角度考虑，宜早不宜迟，疏花优于疏果。疏去畸形花、花

序中的侧花、花枝上两端的花，疏去畸形果、侧果、病果等。

⑤新梢引缚　猕猴桃新梢的生长量大，当新梢长至40cm以上、半木质化时，应当及时引缚，固定在架面上。要特别小心，避免折断新梢。

⑥雄株修剪　猕猴桃雌雄异株，建园时需配置一定数量的雄株作为授粉树。雄株的修剪重点是在夏季修剪。具体方法：将开过花的雄花枝从基部剪去，再从主干附近的主蔓、侧蔓上选留生长健壮、方位好的新梢加以培养，使其成为第二年的花枝。

(三)越冬防寒

北部较冷地区栽培主要注意防霜冻，防早春的晚霜和晚秋的早霜。中部及南部地区尤以早霜影响更大，气候异常，常出现倒春寒，影响展叶中的新梢发育，甚至使花芽受冻脱落，造成结果不良。风大的地区预防风害，避免刮断枝蔓影响树形，损伤叶片及果实，使果面生疤，降低商品价值。采取的措施：建园时尽量选用抗冻性较强的树种，如'金魁'抗冻性强，'秦美'不太抗冻，对于陕西以'秦美'为主的大片产区要积极调整品种。果园适栽区建立防护林，有效地降低风速。秋、冬季增施磷、钾肥，树干涂白，根颈部位培土等，也能提高树体抗性，减轻霜冻危害。

六、有害生物防治

(一)猕猴桃主要病害

1. 黑斑病

(1)危害症状

危害叶片、枝蔓和果实。在枝叶病部出现黄褐色或褐色病斑，病部表皮或坏死组织产生黑色小粒点或灰色绒霉层。受害果实6月上旬出现病斑，近圆形、凹陷，刮除表皮，果肉呈褐色至紫褐色坏死，形成锥状硬块，最后果实变软、变酸，不堪食用。

(2)发生规律

受猕猴桃假尾孢侵染，随风雨传播。5~7月首先危害枝叶，8月上旬至10月危害果实，9月达到发病高峰。5~7月连续阴雨天多的年份发病重。

(3)防治方法

a.冬季清园：清除枯枝、落叶，剪除病枝，并集中烧毁，以消除病源。b.药剂防治：春季萌芽前喷布3~5波美度石硫合剂。用70%甲基托布津可湿性粉剂1000倍液于花芽膨大至终花期喷第一次药，以后每隔15~20d喷一次，连续喷4~5次。

2. 果实熟腐病

(1)危害症状

受害果实初期出现大拇指压痕状斑，凹陷、褐色、酒窝状，表皮并不破，皮层内果肉呈淡黄色，中间常呈锥形腐烂、乳白色，数天内可扩展到整个果实。该病可导致贮藏期间果实腐烂率高达30%。

(2)发生规律

气温介于18~28℃时，春梢茂密，叶片硕大，果园透气性弱，湿度大，谢花后脱落的

花瓣黏附在幼果表面，为病害发生创造了条件。

(3) 防治方法

a.幼果套袋：落花后7d进行幼果套袋，避免侵染。b.药剂处理：落花后14d至果实膨大期喷布50%多菌灵800倍液，或80%托布津可湿性粉剂1000倍液，喷2～3次，间隔约20d。c.冬季清园：清除枯枝落叶并集中烧毁，以减少病菌寄生场所。

3. 蒂腐病

(1) 危害症状

被害果实初期在果蒂处出现水渍状病斑，然后向下均匀扩展，果肉腐烂，蔓延全果，有酒味，病部果皮上长出一层不均匀的灰色霉菌。蒂腐病可导致猕猴桃贮藏期间烂果率达24%～40%。病菌以分生孢子在病部越冬，通过气流传播。春季先侵染花，引起花腐。果实感染发生于采收、分级和包装过程中。

(2) 发生规律

病菌随病残组织在土中越冬，借风雨传播，通过伤口及幼嫩组织侵入。该病一年两次侵入期：第一次侵入在花期前后，造成花腐；第二次侵入在果实采收、分级、包装过程中，贮藏数周发病明显。

(3) 防治方法

a.搞好冬季清园工作。b.及时摘除病花并集中烧毁。开花后期和采收前各喷一次杀菌剂，如倍量式波尔多液或65%代森锌500倍液。药液尽量喷洒到果蒂处。c.采后24h内用药剂处理伤口和全果，如50%多菌灵1000倍液加2,4-D 100～200mg/L浸果1min。

4. 炭疽病

(1) 危害症状

叶片感病时，一般从叶片边缘开始，初呈水渍状，后变为褐色不规则形病斑，病健交界明显；病斑后期中间变为灰白色，边缘深褐色。受害叶片边缘卷曲，干燥时叶片易破裂，病斑正面散生许多小黑点。

果实感病时，发病初期，绿色果面出现针头大小的淡褐色小斑点，圆形，边缘清晰；发病后期，白斑逐渐扩大，变为褐色或深褐色，表面略凹陷，由病部纵向剖开，病果的果肉变褐腐烂，可烂至果心。

(2) 发生规律

病菌主要以菌丝体或分生孢子盘在病残体或芽鳞、腋芽等都位越冬。病菌从伤口、气孔侵入或直接侵入，有潜伏侵染现象。树势衰弱、高温、多雨、高湿条件下，易发病。

(3) 防治方法

a.合理修剪，使果园通风透光。b.合理施用氮、磷、钾肥，提高植株抗病能力。c.注意雨后排水，防止积水。d.采果后清扫果园，剪除病虫枝、枯枝并集中烧毁，以减少病虫侵染源。e.发芽前，全园喷一次5波美度石硫合剂；谢花后和套袋前可喷施一次25%咪鲜胺乳油800～1500倍液，或25%嘧菌酯悬浮剂1000～1500倍液，或50%多菌灵可湿性粉剂600倍液，或70%甲基托布津可湿性粉剂800～1000倍液。

5. 叶斑病

(1)危害症状

叶片感病初时形成圆形、近圆形或不规则形红褐斑,后病斑不断扩大,沿叶缘纵深扩展,使多个病斑连合,但受叶脉限制,多数病斑较小。后期病斑颜色稍浅,有的呈灰色,表面有黑色小粒点。

(2)发生规律

病菌以菌丝体或分生孢子在病残体上越冬,翌年产生分生孢子,随雨水传播侵染。施肥不足或不当,造成土壤瘠薄,可加重发病;果园地下水位高,排水不良,树冠郁闭,通风透光差,则发病严重。

(3)防治方法

a.重病区选用抗病品种,增施有机肥,合理修剪,增强树势,提高抗病能力。秋、冬认真清园,并集中烧毁病残体,以减少越冬菌源。b.发病初期可喷施70%甲基托布津可湿性粉剂1000倍液,或80%代森锰锌可湿性粉剂1000倍液,或25%嘧菌酯悬浮剂2000倍液,或10%苯醚甲环唑水分散粒剂1500~2000倍液,隔7~10d喷一次,连续喷施3次。

(二)猕猴桃主要虫害

1. 叶蝉

危害黄河流域以南地区猕猴桃的叶蝉种类主要为猩红小绿叶蝉、小绿叶蝉、八点广翅蜡蝉和桃一点斑叶蝉4种。

(1)猩红小绿叶蝉

成虫体长2.6mm,猩红色至红色。成虫、若虫吸食猕猴桃芽、叶、枝梢的汁液,被害叶面初期出现黄白色斑点,渐扩展成片,严重时全叶苍白早落,导致树体衰弱,产量大减。一年发生4代,以第四代成虫在冬季绿肥或杂草中越冬。

防治方法 a.选择抗性品种:美味猕猴桃比中华猕猴桃受害轻,叶片厚的品种比叶片薄的品种受害轻。b.选择适宜的架式:"T"形架、篱架比棚架受害轻。c.清园消毒:冬季绿肥及时翻耕回填,清除园内外杂草。d.药剂防治:成虫发生盛期喷布40%乐果1200倍液,或10%多来宝2500倍液;若虫发生盛期喷布20%叶蝉散乳油800倍液,或50%抗蚜威可湿性粉剂4000倍液及其菊酯类药剂。

(2)小绿叶蝉

成虫长3.3~3.7mm,淡绿色至绿色。一年发生4~6代,以成虫在落叶、树皮缝、杂草或矮绿色植物中越冬。

危害特点及防治方法同猩红小绿叶蝉。

(3)八点广翅蜡蝉

成虫体长11.5~13.5mm,翅展23.5~26mm,黑褐色疏被白蜡粉。一年发生1代,以卵于枝条内越冬。

防治方法 a.结合冬、春季修剪,剪除有卵的枝条并集中处理,以减少虫源。b.危害期间喷洒菊酯类药剂,混入0.3%~0.4%柴油乳剂(虫体被有蜡粉)。

(4)桃一点斑叶蝉

成虫体长 3.0～3.3mm，全体黄绿色或暗绿色，头顶钝圆，顶端有一个小黑点，外围有一白色晕圈，以成虫、若虫刺吸植物汁液。

防治方法　a.人工防治：冬季清园，消灭越冬虫源，设置星光灯诱杀成虫。b.化学防治：春季萌芽，用 10%吡虫啉可湿性粉剂 4000 倍液。叶蝉初盛期喷洒 4.5%高效氯氰菊酯乳油 2000 倍液。

2. 蜗牛

(1)危害症状

主要取食猕猴桃嫩茎叶咬成不规则的缺口。成虫和幼体爬过的茎叶表面留有一层光亮的白色胶质，这种胶质可造成嫩叶枯萎或死亡。

(2)发生规律

一般一年发生 1 代，以幼螺或成螺在草丛、落叶及浅土层越冬，3 月开始活动。4～5 月交配产卵于树盘表面、枯枝落叶及浅土层，主要危害时期是 5～11 月。

(3)防治方法

a.人工捕捉：在阴雨天蜗牛大量出土活动时进行人工捕捉。b.诱杀：在猕猴桃园内每隔 3.5～5m 放青草一堆，每天清晨在草堆下捕杀。c.中耕暴卵：在蜗牛产卵盛期进行中耕松土，将卵块暴露于土面，经阳光暴晒而死。d.化学防治：在猕猴桃园内每公顷撒施茶籽饼粉 60～75kg 或石灰粉 375kg。

3. 金龟子

(1)危害症状

金龟子主要危害叶片和根部。幼苗根部被取食后，常表现为整株枯萎，叶片变黄、萎蔫。

(2)发生规律

大多数一年发生 1 代，少数 2 年发生 1 代。一般春末夏初出土危害地上部。成虫羽化出土早晚与温度和湿度的变化相关。7～8 月幼虫孵化，冬季来临前，以 2 龄、3 龄幼虫或成虫状态包裹于球形的土窝中越冬。

(3)防治方法

抓住成虫上树前的时机在树下施药防治。在成虫发生期，可喷施辛硫磷乳剂 1000 倍液或西维因粉剂 800～1000 倍液，隔 10～15d 喷一次，连喷 2 次。

4. 桑白蚧

(1)危害症状

以若虫和成虫群集于枝干、枝条和叶片上，以针状口器刺入树皮吸食汁液，严重时整株盖满介壳，影响枝条的发育。危害果实则降低果实的商品性。

(2)发生规律

一般一年发生 2 代。3 月中、下旬越冬成虫开始取食，4 月中旬产卵于壳下。第一代若虫 5 月下旬进入孵化盛期，7 月下旬为第二代若虫孵化盛期。

（3）防治方法

早春猕猴桃发芽以前喷5波美度石硫合剂。以卵孵化期防治效果最好（壳点变红且周围有小红点时）。

栽培管理月历

1月

◆物候期

休眠期。

◆农事要点

①整形：幼树期侧重于整形，把植株的骨架培养起来，把枝蔓引缚上架。采用"T"形架，单主干上架后采用"Y"形向架两边延伸形成2个主蔓。

②修剪：成年树以修剪为主，维持树势的中庸健壮。合理地处理结果母枝、发育枝、徒长枝。短截与疏枝相结合，长、中、短枝相结合修剪。对于萌发力强、结果枝节位靠上的品种，采取中、长梢修剪；对于萌发力比较弱、结果枝靠近基部的品种，采取中梢、短梢修剪为主。对于老龄树或局部弱枝，采取加重修剪以利于更新复壮。

③清园：收集枯枝落叶，集中烧毁深埋。

④插穗处理：对于一些地区的一些品种，采取硬枝扦插成活率较高，可以结合冬季修剪收集生长健壮的枝蔓，50个一捆，集中进行沙藏层积处理，待早春扦插剪制插穗用。

⑤支架维修和加固：包括横梁的加固，铁丝牵引等。

2月

◆物候期

休眠期。

◆农事要点

①土壤改良：园地土壤以通透性能好、有机质含量较高、pH 6.5~7.5的砂质壤土为佳，其他土壤需改良。对过于砂质化土壤，加入淤泥、河塘泥；对于黏重土，适当掺沙改良。

②栽植：检查园地主栽品种，需补栽的要及时进行；检查雄株授粉树，适当抬高授粉树的架面铁丝。

③疏通沟渠：明渠内若有泥土、枯枝落叶、杂物堵塞，应及时疏通；检查地下暗渠能否正常使用。

3月

◆物候期

萌芽期。

◆农事要点

①补栽：同2月。

②高接：对于栽后品种雌、雄不对的，及时高接换头。

③追肥：幼树施氮肥约60g，成龄树追施全年氮肥的2/3。

④松土：对灌溉条件较差的地块，雨后松土保墒或覆盖保墒并及时追肥。

4月

◆物候期

初生长期。

◆农事要点

①除萌：对无生长空间的多余萌芽疏除，双芽去一，弱芽抹除，一般每平方米留12~17个强壮芽即可。

②追春肥：3月末追肥的果园尽快补施春肥。

③中耕除草：此时是去除越冬杂草的良好时机，既可松土保墒，又可使越冬杂草不能形成种子，减少翌年杂草。

④防虫：注意金龟子的防治。清晨或傍晚地面喷布辛硫磷颗粒剂；结合深翻果园捡拾成虫、幼虫，减少虫量。

⑤复剪：对冬季修剪不足之处重新检查修剪，一般对枝多、枝乱、未剪的病虫枝进行疏截。

5月

◆物候期

旺长期。

◆农事要点

①遮阴：对植株适当遮阴，早春可在行间种植其他作物遮阴。

②枝蔓引缚：对新梢及时引缚上架，避免被折断或扰乱树形。

③摘心：5月下旬起对70cm左右新梢及时摘心，节省养分，既可提高当年产量和品质，又对花芽形成有利。

④除草：5月初应及时去除杂草，做到"除早、除小、除了"。

⑤追肥：花前每株施复合肥0.3kg，不但对壮果、促梢、扩冠及提高产量有很大作用，也促进花芽分化。

⑥授粉：可放蜂、鼓风促花粉传播。花期若遇阴天、低温时需人工授粉，方法是将雄花采集到器皿中，花粉散开后，用毛笔将花粉涂到雌花柱头上。

6月

◆物候期

旺长坐果期。

◆农事要点

①结果枝摘心：对结果枝从最后一个着果节位起留7~8片叶，连续多次摘心。摘心只适用于局部处理一个枝条，过密时要疏枝，保持叶果比为(8~9):1。

②疏果：对3个果的，留中去两边；长果枝去两头，中部留5~7个果，中果枝留中部3~5个果，短果枝留2~3个果，疏去畸形果、病虫果、伤果、小果。

③防病虫：做好病虫观测，注意金龟子、红蜘蛛、二星叶蝉、椿象的及时防治。

④灌水：注意观察，在叶片刚开始萎蔫时及时灌水。注意雨季长的地区不要灌水。灌水要把握时机，看天、看地、看树。

⑤追肥和中耕除草：6月下旬开始施壮果肥，以磷、钾复合肥为主，每株施0.2~0.5kg复合肥，既可提高果实品质，又可弥补后期枝梢生长的养分，同时结合追肥搞好中耕除草，可将肥料撒到地面，然后深锄翻入土中。也可采用放射状沟施。

7月

◆物候期

果实初生长期。

◆农事要点

①灌水：灌水是7月的关键，干旱时应6~10d灌一次。砂质土的保肥保水性差，更应注意及时灌水。

②绑枝：成龄园结合进一步的夏剪搞好绑枝。

③防虫：注意红蜘蛛的大发生，做到勤观察，及时防治。

④疏果：在幼果迅长期后进行疏果，疏除过密果、病虫果、畸形果，使果实分布均匀。一般6~7月疏3次效果最佳。

⑤中耕除草：根据园地杂草生长情况随时进行中耕除草，以减少与树体的营养竞争兼保墒。

⑥覆盖保墒：灌水条件差的果园可采用杂草、秸秆覆盖保墒，覆盖物腐烂后翻入土壤，还可改良土壤。

8月

◆物候期

果实生长期。

◆农事要点

①夏剪：对新萌发的徒长枝，有生长

空间的摘心保留，无生长空间的疏除。注意新梢的及时摘心，促其枝条木质化。

②中耕除草。

③灌水：此期是高温干旱季节，应注意及时灌水，始终保持土壤湿润。

④防虫：高温干旱季节，红蜘蛛发生猖獗，发生初期用灭扫利、克螨特防治。

9月

◆物候期

果实缓慢生长期。

◆农事要点

①剪梢：幼树期及时剪梢或摘心，以促进枝蔓发育充实，提高抗性。

②疏果：摘除植株上的伤果、畸形果、病虫果、过小果，以提高果实的整齐度。

10月

◆物候期

果实成熟期。

◆农事要点

①采果：'秦美'以10月中旬采摘为佳，切忌早采。采果时，将果实向上推，不能硬拉。轻拿轻放，按分级标准分级包装，待贮待销。

②采果后是施基肥的最佳时期，应做好施基肥的准备工作。

11月

◆物候期

落叶期。

◆农事要点

①施基肥：基肥有厩肥、鸡粪、人粪、饼肥等，并加入过磷酸钙。

②栽植：此期是栽植的好时机，此时栽树，经冬季苗木根系与土壤的结合，加之断根伤口经冬季将会愈合良好，很利于翌年苗木生长。栽植方法同2月。

③清园：包括清理园内病虫枝叶、果实，深埋或远离果园烧毁。

12月

◆物候期

休眠期。

◆农事要点

①冬剪及补施基肥：落叶7d后即可开始修剪，修剪方法同1月。另外，11月未结束的施基肥工作应尽快结束。

②灌封冻水：在冻结前灌一次封冻水，既可防冻，又可促进土壤改良。

实践技能

实训11-1　猕猴桃生长结果习性观察

一、实训目的

认识猕猴桃物候期特点，掌握猕猴桃结果习性。

二、场所、材料与用具

(1)场所：学校经济林实训基地的猕猴桃园或当地猕猴桃园。

(2)材料及用具：结果的猕猴桃树2~3株，人字梯、卡尺、钢卷尺、塑料牌、挂绳、记号笔、记录本等。

三、方法及步骤

1. 猕猴桃植株选取

每组选定相应数量的猕猴桃植株，用记号笔在标牌上按顺序写上编号，用挂绳挂在待观测的枝梢上。

2. 生长结果习性观察

(1)枝蔓：主蔓、侧蔓、结果母蔓、生长蔓、结果蔓特征。
(2)叶：叶形、叶色、有无茸毛。
(3)花：雌雄异株，雌花、雄花组成，花形、花色。
(4)花序：着生节位。

四、要求

(1)本实训内容由于时间跨度大，在生长期内最好在课堂实训1~2次，班级可以分小组进行，之后主要以小组在课下不同物候期进行观测及记录。
(2)根据观察结果，归纳所观察品种的生长结果习性并形成实训报告。

实训11-2　猕猴桃整形修剪技术

一、实训目的

掌握猕猴桃整形和修剪的基本方法，理解整形修剪的作用、原则和依据，熟练掌握猕猴桃整形修剪技术。

二、场所、材料与用具

(1)场所：学校经济林实训基地的猕猴桃园或当地猕猴桃园。
(2)材料及工具：猕猴桃幼树和结果树各2~3株，修枝剪、小手锯、人字梯、细棉线、伤口保护剂等。

三、方法及步骤

1. 幼树整形

(1)篱架：苗木定植后，留3~5个饱满芽进行短剪，萌芽后选取2~3个健壮的新梢作为主蔓培养，其余的均疏除。冬季在主蔓50~60cm处短剪。以后的1~2年内每个主蔓再培养2~3个壮枝，作为侧蔓培养，侧蔓上选留结果母枝。将主、侧蔓在架面上向左、右两边引缚，促使形成多主蔓扇形树形。

(2)"T"形架：又称宽顶单篱架，定植后让主蔓长到1.8m左右，新梢生长超过架面10cm时，对主蔓进行摘心。摘心后能促使主蔓顶端抽生3~4个新梢，选择其中2个健壮的新梢作为主蔓培养，其余的疏除。待主蔓长到30~40cm时，分别引缚到支柱的中心铁丝上，使之在架面上呈"Y"字形分布。主蔓每隔40~50cm选留一个结果母枝，结果母枝每隔 30cm 选留一个结果枝。

(3)棚架(倾斜、平顶)：栽在两支柱中间。当主蔓长到 1.8m，新梢生长至架面 10cm 时，对主干进行摘心或短剪，使之促发 2～4 个健壮的新梢，作为永久性主蔓培养。分别将这些主蔓引缚到架面两边或引缚到架面的不同方位。

(4)倒"V"字形：将植株的主蔓分别引缚到左、右架面上，采用直立单干形整形法，对主要枝蔓采用弓形引缚或吊挂。

2. 结果树修剪

(1)冬季修剪：主要采用疏枝和短剪。疏去细弱枝、交叉枝、重叠枝、病虫枝。短剪时注意剪口要在芽上方 3cm 处，母枝粗度 1.3～1.5cm 的留 12～15 个芽，粗度 0.8～1cm 的留 8～10 个芽，粗度 0.5～0.8cm 的留 6 个芽。

(2)夏季修剪：在生长季(4～8 月)多次进行。主要是剪除基部徒长枝，疏除过密枝。

抹芽　抹除过密、位置不当的芽，以及下部芽、瘦弱芽、晚发的芽，保留早发的芽、健壮芽。

摘心　花前 7d 对结果枝摘心，促使营养转向花序。后期摘心可以改善光照条件，促进花芽分化。

疏花疏果　疏花序中的侧花和花枝上两端的花，疏去畸形果、侧果、病果等。

新梢引缚　新梢长至 40cm 以上半木质化时引缚，固定在架面上。

雄株修剪　将开过花的雄花枝从基部剪去，再从主干附近的主蔓、侧蔓上选留生长健壮、方位好的新梢。

四、要求

(1)本实训内容最好放在教学实训完成，可以分小组进行，在之前的课堂实训中可以穿插 1～2 次。

(2)修剪过程中注意安全操作，各小组成员团结协作。

(3)工完场清，每次修剪结束须及时清理修剪下来的枝叶。

思考题

1. 简述猕猴桃发生"伤流"原因及预防"伤流"发生的措施。
2. 猕猴桃种植如何配置雌、雄株？
3. 猕猴桃冬季修剪应注意哪些事项？

项目 12 樱桃生产

学习目标

【知识目标】
(1) 了解樱桃的生产概况及经济价值。
(2) 熟悉樱桃的生长与结果习性。
(3) 掌握本地区常见的樱桃品种以及相关的栽培管理技术。

【技能目标】
(1) 会选择适宜本地区的樱桃嫁接方法进行育苗。
(2) 会根据当地的生态环境条件选择适宜的品种(包括主栽品种及授粉品种)建园。
(3) 能够进行樱桃整形修剪操作。

一、生产概述

樱桃是我国古老的栽培果树之一,栽培历史达 3000 余年。在我国,除青藏高原、海南和台湾外,35°N 以南各地均有樱桃分布。主要产区为安徽宿州、太和、萧县,江苏南京,浙江诸暨,山东泰安、莱阳、青岛、平度,陕西蓝田,甘肃天水,以及云南、四川等地。东北北部、内蒙古、西北寒地栽培的多为毛樱桃。甜樱桃和酸樱桃分别在 19 世纪末和 20 世纪初传入我国,至今有 100 多年的栽培历史。我国甜樱桃主要产区为山东烟台、青岛地区,辽宁大连地区,河北北戴河、昌黎及北京等,还有以河南郑州、陕西西安、甘肃天水为主的陇海铁路沿线区,为甜樱桃新兴产区。目前,樱桃栽培面积迅速扩大,其他省份也都陆续引种和栽培,栽培品种已发展到 100 余个。据不完全统计,截至 2020 年,中国甜樱桃的栽培面积已接近 350 万亩,其中结果樱桃园 250 万亩,总产量约 140 万 t。

樱桃在世界各国栽培广泛,世界上樱桃栽培较多的国家有俄罗斯、德国、美国、意大利、法国和智利等。随着罐藏和冷冻包装业的发展,以及生产和果品处理的机械化,樱桃生产走向商业化,樱桃的加工制品亦受到广大消费者的欢迎。20 世纪 90 年代后,国内外兴起了樱桃的设施栽培，果实成熟期可提前15d左右，经济效益为露地栽培的几倍。可见，樱桃栽培前景广阔。

二、生物学和生态学特性

中国樱桃寿命一般可达50~70年，高者达100年，定植后3~4年开始结果，12~15年进入盛果期，单株产量可达50kg以上，经济结果年限15~20年。甜樱桃寿命可达80~100年，定植后4~5年开始结果，8年以后进入盛果期，单株产量可达300kg，经济结果年限一般维持20~25年，35年生左右的大树进入衰老期。酸樱桃、毛樱桃枝干的寿命10~15年，由于易发根蘖，可继续更新树冠；一般播种后第三年开始结果，5~6年进入盛果期，单株产量5kg左右。

(一)生长习性

1. 根系

樱桃的根系较浅，主根不发达，侧根和须根较多，但不同种类有所不同。中国樱桃的根系较短，主根长1m，分布在20~40cm深的土层内。酸樱桃的主根长达2~3m，主要分布在20~40cm深土层内。利用实生砧木繁殖的甜樱桃根系分布较深，可达4m以上，水平分布也较广。资料表明，一株27年生以草樱嫁接的甜樱桃，其水平根扩展范围达11m，约超过树冠的2.5倍。

2. 芽

樱桃的芽分为叶芽和纯花芽。幼树或强旺枝上的腋芽中以叶芽较多，成年或衰老树上的腋芽则多为花芽。樱桃枝条顶芽为叶芽，形状瘦长，尖圆锥形。樱桃的腋芽单生，每一叶腋中只形成一个叶芽或一个花芽。

樱桃的花芽为纯花芽，呈纺锤形，比叶芽鼓嫩、粗肥，每一花芽开2~7朵花。甜樱桃的花芽只能开花结果，不能抽枝、长叶；开花后，原着生处就光秃，如果不及时回缩更新，枝条内膛中空，结果部位迅速外移，降低产量。

樱桃枝条的萌芽率因种类、品种不同而有差异。酸樱桃和中国樱桃萌芽率最高，1年生枝上的芽几乎都能萌芽；甜樱桃萌芽率相对较低，甜樱桃品种以'黄玉''大紫''红灯'萌芽率较高，'那翁''滨库'其次，'养老''鸡心'较低。虽然萌芽率低，但甜樱桃的潜伏芽寿命可长达20多年，是骨干枝和树冠更新的基础，育苗时也常利用这一特性。甜樱桃的芽具有早熟性，枝条在一年中出现多次生长。实际生产中，可通过人工摘心，利用幼树旺枝抽生副梢来扩大树冠，实现早产早丰。

3. 枝

樱桃的叶芽萌动后，新梢有一个短促的生长期，可长成具有6~7片叶、长5~8cm的叶簇状新梢。开花期间，新梢停止生长；花谢后，转入迅速生长期；当果实进入硬核时期，新梢生长渐慢；当果实硬核时期结束，果实发育进入第二次高峰时，新梢几乎完全停止生长；果实成熟采收后，新梢又有一次迅速生长期，以后停止生长。

生长枝又称营养枝，具有大量的叶芽，萌发后抽枝展叶，形成树冠及增加结果枝的数量。

结果枝主要着生花芽,依其长度又可分为以下 5 种。混合枝:多为各级枝的延长枝,有生长、结果、形成新果枝 3 个作用。长 20cm 以上,基部 5~8 个腋芽为花芽,中上部的全为叶芽。其花芽质量差,果实成熟晚,品质也不好。长果枝:长度一般在 30cm 以上,除顶芽和前端几个芽为叶芽外,其余全为花芽。初果期和盛果初期的壮树上较多,坐果率不高,但果个大、品质好。中果枝:长度为 10~30cm,顶芽是叶芽,其余全是花芽。多着生在 2 年生以上的结果母枝的中上部。短果枝:长度在 10cm 以下,顶芽为叶芽,其余全为花芽。在成枝力强的品种的盛果期树上较多,其花芽充实,坐果率高。花束状果枝:是极短的果枝,长度 5cm 以下,着生在 2 年生以上的结果枝的中下部。顶端有叶芽、叶花芽簇生,开花结果。顶芽向前延伸,生长量很小,只有 1cm 左右。其生长量小,寿命长,坐果率高,外移慢,是高产稳产树的主要果枝。修剪时要促进多长花束状果枝,同时又要注意不损害顶芽。

中国樱桃、酸樱桃和毛樱桃的结果部位多在长、中、短果枝上。甜樱桃中的'那翁''大紫''黄玉''滨库'等品种一般以花束状果枝结果为主,而'早紫'等品种则多在中、长果枝上结果。

4. 落叶与休眠

我国北方地区樱桃在 10 月中旬(初霜开始时)落叶。樱桃的休眠期较短,特别是中国樱桃和甜樱桃,在冬末春初气温回暖时易萌动,一旦遇回寒,常遭冻害。在早春有寒潮的地区,要特别注意防寒。

(二)开花结果习性

1. 花芽分化

樱桃果实采后 10d 左右,花芽开始大量分化,具有分化时期集中、分化过程迅速的特点。叶芽萌动后,叶簇新梢基部各节腋芽多能分化为花芽,第二年结果,而花后长出的新梢顶部各节多不分化为花芽,这与其生长期短有关。

根据烟台地区的调查,'那翁'品种花束状果枝花芽的生理分化期主要在春、秋梢停止生长及采收后 10d 左右,而形态分化期在采果后 1~2 个月。

2. 开花

甜樱桃不同品种的开花期略有不同,但比酸樱桃早。中国樱桃的花期比甜樱桃早 20~25d。在开花期遇-1℃低温,花瓣就受冻害;-4℃时,花萼、雌蕊受冻害。因此,栽培时必须注意当地花期的气候条件,以防霜冻(图 12-1)。

3. 果实发育

樱桃从开花到果实成熟的时间短,仅 40~50d。甜樱桃的果实发育期,早熟品种一般为 30d 左右,中熟品种 40d,晚熟品种 45~50d,极晚熟品种为 60d(如'艳阳'等)(图 12-2)。

甜樱桃果实发育过程表现为 3 个时期:

①第一次速长期 从谢花后至硬核前,果实迅速膨大,胚乳也迅速发育。本阶段结束时,果实大小为采收果实大小的 50%~75%。

②硬核与胚发育期 此期果核开始木质化,随着胚的发育,胚乳渐被吸收,果实增长量仅仅为成熟时果实大小的 3.5%~8.5%。

图 12-1 樱桃开花

图 12-2 樱桃果实成熟

③第二次速长期　果实迅速膨大，横径比纵径增长快，果实增长量为成熟时果实大小的 23%~37%。

(三)对环境条件的要求

樱桃种类不同，对外界条件的要求也不同。中国樱桃原产长江流域，适应温暖而潮湿气候，耐寒力较弱，故以长江流域栽培较多。甜樱桃和酸樱桃原产于亚洲西部和欧洲等地，适应凉爽干燥气候，在我国华北、西北、山东以及东北南部栽培较适宜。毛樱桃原产于我国北部地区，分布广，抗寒力强，南北各地均有栽培。

目前，我国适宜栽培甜樱桃的区域只限于 33°~42°N。需年平均气温 7~12℃，日平均气温高于 10℃的时间 150~200d。萌芽期平均气温 7℃以上，最适气温 10℃；开花期平均气温 12℃以上，最适气温 15℃左右；果实发育期平均气温 20℃左右；冬季冻害的临界温度为 -20℃。甜樱桃对低温的适应性顺序：较耐寒的是甜樱桃杂交种，其次是软肉品种'黄玉''大紫'和'早紫'，再其次为硬肉品种'那翁''滨库'等。甜樱桃适于土层深厚的砂壤土和山地砾质壤土，土壤 pH 为 6.0~7.5。甜樱桃对盐碱反应敏感，在土壤含盐量超过 0.1%的地方，生长结果不良，不宜栽培。在地下水位过高或透水性不良的土壤中生长不良。

甜樱桃适宜在年降水量为 500~800mm 的地区生长。若初夏干旱，供水不足，会使新梢生长受阻并引起大量落果。樱桃为喜光树种，以甜樱桃为甚，其次为酸樱桃和毛樱桃，中国樱桃较耐阴。光照条件好时，树体健壮，花芽充实，坐果率高，果实成熟早，着色和品质好。

三、种类和品种

(一)主要种类

樱桃为蔷薇科樱桃属植物，目前我国栽培的有以下 4 个主要种。

1. 中国樱桃

小乔木或灌木。树干暗灰色，枝叶茂盛。叶片卵形或长卵圆形，暗绿色，质薄而柔软，叶缘尖，复锯齿。花白色或稍带红色，4~7朵呈总状花序，或2~7朵簇生，花期早。果较小，红色、橙黄色或黄色；果柄有长、短2种，长者为果实纵径的2~2.5倍；果肉多汁，皮薄，不耐运。易生根蘖。耐寒力较甜樱桃弱。主产于辽宁、河北、山东、安徽、陕西、甘肃、河南、江苏、浙江、江西、四川等地。本种在我国栽培已久，品种甚多，果实主供鲜食，也可酿酒。

2. 甜樱桃

又称西洋樱桃、欧洲甜樱桃、大樱桃等。乔木，树势强健，枝干直立。树皮暗灰褐色，有光泽。叶片大而厚，黄绿到绿色，长卵形或卵形，先端渐尖；叶柄暗红色，长3~4cm，其上有1~3个红色圆蜜腺。花白色，较大，2~5朵簇生，于展叶时开放。果大，直径1~2cm，果皮黄或紫红色，圆形或卵圆形，果柄长3~4cm。果肉和果皮不易离，肉质有软肉、硬肉2种，味甜，离核或黏核。原产欧洲和亚洲西部，1885年前后传入我国，主要分布在山东烟台、辽宁大连、北京市郊等，品种甚多，经济价值较高。

3. 酸樱桃

又称欧洲酸樱桃。灌木或小乔木，树势强健，树冠直立或开张，易生根，树干灰褐色，枝条细长而密生。叶小而厚，灰绿色或暗绿色，卵形或倒卵形，叶质硬，具细锯齿，叶柄长，其上具1~4个蜜腺。花白色，1~4朵簇生。果皮与果肉易分离，味酸，品质差，不耐贮运，但耐寒性强，结果早。利用根繁殖容易。原产欧洲和亚洲西部，传入我国的时间与甜樱桃大体相同，但栽培量不大，辽宁、河北、山东、江苏等地有少量栽培。

4. 毛樱桃

灌木，萌蘖力强，枝粗而密。叶小，倒卵形或椭圆形，叶面有皱纹和茸毛，叶缘具粗锯齿。花白色稍带淡粉红色。果小，圆形或椭圆形，直径1cm左右，果皮有鲜红、黄、黄白及白色，果皮上有短茸毛，果柄极短。种核大，味酸甜，可供生食或加工用。因叶片、果皮上均有短茸毛，故而得名。原产我国，分布较广，江苏、河南、河北、陕西、山东、甘肃、内蒙古和黑龙江等地有栽培。适应性广，抗寒力极强，较丰产，可作育种材料。生产上还常作为桃、李等的矮化砧木。

(二)主要栽培品种

1. 中国樱桃主要品种

中国樱桃品种多，适应性广，其优良品种简单介绍如下：

(1)'大鹰嘴'

产于安徽太和。树形直立，树势旺盛。叶片较大，卵圆形。果较大，卵圆形，先端有尖嘴，果柄细长；果皮较厚，易与果肉分离，完熟后的果为紫红色，鲜艳；果肉黄白色，汁多味甜，离核，品质优。5月上旬成熟，供鲜食。

(2)'垂丝'

产于南京，为当地优良品种之一。树势强健。果形大，平均单果重2.14g，汁多、味甜，肉质细腻；果色鲜艳，早熟，丰产。因果柄细长而下垂，故而得名。品质极佳，但因花期早，易遭霜冻。

(3)'大窝楼叶'

产于山东枣庄，为当地优良品种。树姿较直立，树势健壮。叶片大，卵圆形，表面皱缩不平，向后反卷，叶尖突尖而短，叶缘锯齿密，少数重锯齿。果较大，平均单果重2~2.5g，圆球形或扁球形，暗紫红色，有光泽，果皮较厚，果肉淡黄微带红色。果汁中多，肉质较致密，离核，味甜，有香气，品质优。5月上旬成熟。

2. 甜樱桃主要品种

世界上甜樱桃品种约600个，目前我国栽培的有100多个品种。

(1)'早丰'(代号2-11)

大连市农业科学研究所培育，由'黄玉'与'滨库'杂交育成，1973年开始推广。树势强健，生长旺盛，丰产性好，成熟期早。果实宽心脏形，平均单果重5.1g，深红色，大小整齐。肉质较软，汁多，味酸甜，核小，黏核，品质中上等。在山东半岛、大连地区5月下旬成熟，比早熟品种'早紫'早2d。

(2)'早紫'

又称'日出''日之出''小红袍'。树势强健，树冠大而略开张。萌芽率高，成枝力强，小枝细而多。叶较小，卵圆形或椭圆形；叶柄细长，其上着生2个紫红色蜜腺。一个花芽开花2~3朵，花白色，花梗细长。果实较小，心脏形，平均单果重3.56g，紫红色，果顶尖。果柄极长，一般在5cm以上，是本品种的突出特征。果皮薄而软，多汁，味甜酸，品质中等。5月下旬成熟。适应性强，但产量低，不耐贮运。

(3)'大紫'

又称'大叶子''红樱桃'。为我国主栽品种之一，也是重要的授粉树。树势强健，树冠高大，萌芽率高，成枝力强，小枝多，花束状结果枝多。叶片特大，在枝条下呈下垂状生长，是其主要特征。叶卵圆或椭圆形，有皱纹，叶柄基部有1~2个紫黑色、长肾形的大蜜腺。每花芽开花1~3朵，花白色。果实心脏形，平均单果重7.04g，果皮紫红色。肉软多汁，味甜，品质中上等。6月上旬成熟。适应性强，丰产，但耐旱性差，不耐贮运。

(4)'那翁'

又名'黄樱桃''大脆'。为当前世界各樱桃产区和我国栽培数量最多的甜樱桃品种之一。树势强健，树冠大，开张，萌芽率高，成枝力弱，花束状果枝多。多年生枝干浓褐色，枝条粗壮。叶形大，椭圆形至卵圆形，每花芽开花2~3朵，花白色。果实大，长心脏形，平均单果重7g左右。果皮黄底带红色，厚韧；肉质致密脆嫩，汁多，离核，味酸甜，品质上等。6月上旬成熟。适应性强，产量高，寿命长，耐贮运，为鲜食、加工兼用的优良品种。

(5)'红灯'(代号20-5)

大连市农业科学研究所选育，由'那翁'与'黄玉'杂交而成，1973年开始推广。树势强健，生长旺盛，萌芽率高，成枝力强，以短果枝和花束状果枝结果为主。多年生枝干紫色，枝条粗壮。叶片特大，阔椭圆形，长17cm，宽9cm，叶片厚，深绿色，有光泽。叶片在新梢上下垂生长，叶柄基部有2～3个紫红色、长肾形大蜜腺。果实大，肾形，平均单果重9.2g，最大果重达12g。果皮紫红色，有鲜艳光泽；肉厚而软，酸甜适口，品质上等。6月上旬成熟。丰产，质优，宜鲜食，耐贮运。若采果前遇雨，果实有轻微裂果，是其缺点。

(6)'芝罘红'

原名'烟台红樱桃'，为山东烟台市芝罘区农林局1979年发现的自然实生品种。树势强健，萌芽率高，成枝力强，枝条粗壮，多年生枝干紫褐色，以短果枝和花束状果枝结果为主。叶片大，叶缘锯齿稀而大。果实较大，阔心脏形，平均单果重6g，果色鲜艳，红色，有光泽。果皮厚，果肉脆硬，浅粉红色，汁多，离核，酸甜适度，品质上等。6月上旬成熟。适应性强，抗病，丰产，耐贮运，适宜发展。

(7)'滨库'

原产美国，已有100多年栽培历史。树势强健，树冠大，开张。枝条粗壮，分枝力弱，以花束状果枝结果为主。叶片大，呈卵形或倒卵形，质厚。每花芽开1～3朵花，花白色。果实宽心脏形，平均单果重5.3g。果皮厚韧，浓红至紫红色；肉质脆硬，粉红色，汁多，离核，酸甜适口，品质上等。6月中、下旬成熟，为丰产、质优、耐贮运的晚熟甜樱桃优良品种。若采果前遇雨，也易出现裂果现象。

(8)'黄玉'

又称'水晶''油皮子''马鞭子'等。树冠中大，树势较弱，树姿开张。叶片长椭圆形，叶缘具钝复锯齿。每花芽开花2～3朵，花白色，花梗淡绿色。果实宽心脏形，平均单果重5.3g，果肉黄色略带红晕，汁多，黏核，味甜，品质上等。6月上旬成熟。为良好的授粉品种。

此外，大连市农业科学研究所用'那翁'与'黄玉'杂交培育的'红蜜''红艳'等优良品种，在外观、色泽、风味、品质、耐贮运等方面均优于'黄玉'，目前已在其他地区成功推广栽培。

3. 酸樱桃主要品种

我国酸樱桃栽培数量很少，以'磨把酸'为主要栽培品种。

'磨把酸'又称'早利''玻璃灯''磨把子'。小乔木或丛状灌木，树势强健，树冠矮小，枝条开张，萌芽率高，成枝力强。枝条密集，倾斜或下垂状生长，以花束状果枝结果为主。叶小，椭圆形，灰绿色。一个花芽开花1～5朵，花瓣初为淡粉红色，后变白色。果实小，扁圆形，紫红色。果柄基部残留苞片呈小叶状，为本品种的典型特征。果实皮薄多汁，味酸甜，品质中下等。6月上、中旬采收。常用作甜樱桃的砧木或授粉树。

除以上介绍的甜樱桃、酸樱桃外，尚有一些杂交种，如'琉璃泡''玛瑙'等。近些年来，国内外科研人员进行种内杂交还选育出许多优良新品系或矮化、半矮化砧，这里不再详细介绍。

四、育苗与建园

中国樱桃和酸樱桃多采用分株和扦插法育苗，毛樱桃多采用实生播种法育苗，甜樱桃采用嫁接法育苗。现以甜樱桃为例，介绍嫁接育苗相关技术。

(一)育苗

1. 砧木繁殖

甜樱桃常用砧木有草樱系列、'磨把酸'、山樱系列、矮化系列。砧木的繁殖方法主要有种子直播、压条分株、组织培养等，这里主要介绍播种育苗技术。

(1)种子采集和处理

砧木种子要在种子充分成熟时采收，母树应生长健壮、无病虫危害。采果后，食用取种，或在水中搓洗取种。取种后，立即将种子浸入水中，以免内种皮干缩，降低发芽率。去掉漂浮的秕种，将沉在水底的成熟种子捞出，稍晾干，立即进行沙藏层积处理。按种子与湿沙1:(3~5)的比例混合拌匀，至稍低于地面时，顶部盖草保湿。翌年4月上旬土温回升时，将种子从原层积处取出，移至深为0.5m的坑内层积，促其萌芽。4月中旬当种子胚根"露白"时，取出播种。未萌发的种子继续层积，直至"露白"。

烟台地区采取"夏层积，冬冷冻，春催芽"的种子处理方法，具有早发芽、出苗齐的效果。夏层积，就是夏季先将种子放在1m深的坑中，按沙:种为1:3的比例沙藏。冬冷冻，就是12月土壤封冻后，将夏季沙藏的种子取出放在地面上，使种子在湿沙中自然结冰。春发芽，就是春季3~4月将冷冻过的种子移到蔬菜阳畦或室内促使萌动，待种子多数"露白"时进行田间播种。

不同种类的樱桃需要的层积时间不同，中国樱桃需100~180d，甜樱桃需150d左右，酸樱桃需200~300d，山樱桃需180~240d。

(2)圃地整理和播种

田间播种应选背风向阳地块作苗圃，以砂质壤土为宜，应有灌溉和排水条件，一般采用畦播。播种前，每公顷撒施细碎厩肥52.5~60t，深刨2cm，整成宽约70cm的长畦。播种前5d，在畦内灌足底水。播种行距一般为30cm，开沟深为20cm，将出芽种子撒入沟内，覆上细土，平畦后，再覆一层细沙，防止水分过分蒸发。

(3)播后管理和移栽

待幼芽顶土时扒去覆土。要保持畦面湿润，干后要用喷壶及时喷水，幼苗出土后至嫩茎木质化期间，要控制灌水，适当"蹲苗"。6月上旬嫩茎木质化后，要加大肥水，促使苗木生长。8月中旬以后，不再追肥、灌水，以利于苗茎充实，增强抗旱、抗寒能力。

砧苗落叶后进行分株移栽。砧苗要分级栽植，按大苗留20cm、小苗留10cm高的标准剪断茎干，同时剪去部分主根，以便于栽植。

2. 嫁接

(1)嫁接方法

樱桃的嫁接主要有芽接与枝接两种方法。生长期多采用芽接法，休眠期则采用枝接法。

①芽接法　生产上常用"T"字形芽接、方块芽接或带木质部芽接。在芽接季节如果持续干旱，不易剥皮，接后成活率低，必须在芽接前2~3d对砧木进行充分灌水以提高其成活率。而嫁接后则忌灌水，以免引起流胶，影响成活。采用"T"字形芽接时，削取的芽片

应尽量大一些,上削时可稍带木质部,剥芽时尽量不使芽片表皮有破裂;芽片放入切口时要轻,不能用芽片硬往下推。另外,绑缚要严密。接后15d左右成活者可去绑缚物,解除绑缚物过早、过晚都会影响愈合组织的形成及成活率。

②枝接法 樱桃枝接方法较多,但根据大连、烟台地区果农经验,繁殖甜樱桃时,多采用切接或劈接法,其方法与桃、杏等相同。

(2)嫁接时间

樱桃嫁接成活率的高低,嫁接技术固然是关键,嫁接时间也很重要。带木质部或枝接时间一般在3月下旬至4月末,可视砧木活动状况进行嫁接。当砧木叶芽顶尖露白时进行嫁接,成活率可达100%。不带木质部芽接,最佳时间在8月上旬,过早或过晚都会影响成活。

(二)建园

1. 园地选择

樱桃既不耐涝,也不耐盐碱,因此宜选择地下水位低、不积水的地段建园,不能在盐碱地建园。这在以草樱桃和莱阳矮樱桃作砧木时尤应重视。

要考虑有无花期霜冻,把园地选择在没有霜冻危害或霜冻危险较小的地方。在有霜害地区应选春季温度上升缓慢、空气流通的北坡或西北坡;无霜冻地区,可选南坡较平坦地段。

樱桃不抗旱,要考虑土壤条件和灌溉要求,最好选择土质疏松、深厚肥沃、透气好、排水良好、靠近水源或有浇水条件的砂质壤土或壤土建园。黏重土壤地块不宜建樱桃园。

樱桃的根系浅,易受风倒伏,应选不易遭受风害的背风地段,并注意营造防风林。

樱桃果实成熟期集中,耐贮性较差,应选择离销售地近、交通便利的地方建园。

2. 品种选择

(1)考虑丰产性和适应性

'那翁''大紫''芝罘红''红灯''红丰'等都比较丰产,均可以作为主栽品种。此外,根据园地的具体情况,选择适应园地条件的品种。例如,在容易出现晚霜危害的地方,要选择花期晚、耐寒力较强的酸樱桃品种'磨把酸'或杂交品种'琉璃泡'等。在土质较差的地方,要选择适应性强、长势旺的品种,如'早紫''小紫''大紫''红灯'和'滨库'等。在水分变动较大的地方,要选择那些不易裂果或抗裂果的品种,如'拉宾斯''斯太拉'和'萨米特'等。

(2)考虑栽培目的和经济价值

用于鲜食的,选择丰产质优的品种。如大果品种有'红灯''雷尼''滨库''拉宾斯'等。用于加工制罐的,要选择果大、肉质硬、产量高、品质好的黄色品种,如'那翁''雷尼'和'烟台1号'等。目前,市场上深色(红色或紫色)品种比浅色(黄色)品种更受欢迎,在选择主栽品种时,可优先考虑'芝罘红''红灯''先锋''滨库'和'拉宾斯'等深色品种。

(3)考虑成熟期和耐贮运能力

建园时,可选择2~3个既丰产、质优,又能互相授粉的品种作为主栽品种,再适量搭配其他早、中、晚熟品种,以利于分期采收、分批运输和加工。近年来,一些丰产质优的早熟品种如'芝罘红''红灯''大紫''早红'和'早黄'等,由于果实成熟期早,能提前上市,往往取得较高的经济效益,因此在选择品种时,特别是设施栽培中,应予重视。

3. 授粉树配置

中国樱桃自花结实率高,单植一个品种不配置授粉树,也能结果良好。酸樱桃的自花结实率仅次于中国樱桃,毛樱桃自花也能结实。但几乎所有的甜樱桃都表现为自花不结实,某些甜樱桃品种虽有自花结实能力,但结实率不到3%,故甜樱桃栽后必须配置授粉树,且注意选择适宜的授粉树品种。

配置授粉树时应考虑花期相遇、授粉亲和力强、主栽品种与授粉树之间的距离。生产经验认为,一般主栽品种宜占70%～80%,授粉品种可占20%～30%。根据山东烟台林业科学研究所的试验,主栽品种与授粉品种相距为9～16m时,坐果率可稳定在30%左右。未配置授粉树的成年果园,应采取挂花枝、人工授粉以及高接花枝等技术措施以提高坐果率。

4. 栽植密度

樱桃栽植密度根据土壤、砧木、种和品种而异。一般长势强的种类和品种,或采用主干疏层形整枝,而且土层肥厚、管理水平较高时,株行距宜大,栽植密度则低。反之,生长势弱的种类和品种,或利用矮化砧木,而且土层较浅、管理水平较差时,株行距宜小,栽植密度适当高一些。

另外,为充分利用土地,增加早期单位面积产量,幼年樱桃园可以适当加密栽植,待树体大时,再行疏伐或移栽。近年来,随着樱桃的矮化密植栽培和设施栽培的发展,如果管理措施得当,完全可以实行高密度栽培。如'莱阳'樱桃作砧木的株行距可达2m×3m或2m×4m,每公顷栽1665株或1250株,甚至株行距2m×2m或1m×1m,每公顷栽2500株或10000株。

5. 栽植

樱桃的栽植方式和栽植方法与其他果树基本相同,不再介绍。

樱桃栽植时间以春季为宜。由于树液流动早,栽植宜在土壤化冻后至苗木发芽前进行,一般以3月上、中旬最为适宜。在山东烟台的自然条件下,特别是冬季多风、干旱的地方,冬栽的苗木容易失水"抽干",降低成活率。因樱桃易遭风害而倒伏,栽植前要深耕土壤,扩大栽植穴。定植后,在苗木的两旁应立支柱或栽后培土堆。

五、果园管理

(一)土肥水管理

1. 勤松土

中耕松土,保持土壤通气良好,每次灌水和下雨之后都要及时松土,深度5～10cm为好。

2. 巧施肥

6月中旬以前,果实与新梢同时旺长,对养分需求量大。6月中、下旬以后,对养分需求量减少。果实采收后的10～40d，是新梢生长后期和花芽分化期，需水、需肥较多。因此，应在花期前、早秋和采收后施肥。

花前追肥　结果树每株追入粪尿30kg左右或尿素1～1.5kg，也可在盛花期叶面喷布1～2次0.3%尿素溶液。

早秋施基肥　幼树和初果期树，每株可施猪圈粪125kg，结果大树施猪圈粪250kg。

摘果后追肥　每株追施尿素1kg。

3. 供足水

花前水　这时气温低，灌水量要小。

长果水　要勤灌水，水量要足。当10～30cm土层内的土壤含水量还没降到12%时就要马上灌水。

封冻水　入冬前，若土壤干旱，应灌一次透水。

(二)整形修剪

1. 整形

樱桃的树形主要依砧木、种类以及气候条件而不同。目前生产上所用的树形，乔化树常采用自然丛状形、自然开心形或主干疏层形，矮化密植树常采用细纺锤形、矮干扁平形。

(1)自然丛状形

中国樱桃和酸樱桃树势较弱，一般采用自然丛状形，主枝5～6个，结果枝着生于各主枝上，经常利用萌蘖进行主枝的更新。

(2)自然开心形

甜樱桃的树形以自然开心形较适宜，成形快，修剪量轻，结果早，管理较方便，也有利于防风害。

图12-3　自然开心形

树体结构　干高30～40cm，全树有3～4个主枝，去除中心干(图12-3)。

整形过程　第一年在45～60cm处定干，第二年对发出的枝留60cm左右短截，不足60cm的可以不剪，中心干延长枝留70～80cm短截，第三年采用同法短截，第四年以后选第三、第四主枝及下层侧枝。对过密及直立的枝可以适当疏去一部分。因甜樱桃幼树枝条生长旺盛，直立性强，故一般最初4～5年内要暂时保留中心干。

(3)主干疏层形

对干性明显、层性较强的品种，如'那翁'等，可采用此种树形。但因修剪量较大，常延迟结果，同时树体高大，造成管理与采收不便，且易招致风害，故多风地不宜采用(图12-4)。

树体结构　干高50cm左右，全树6～8个主枝，分为3～4层，第一层3～4个主枝，第二层2个主枝，第三、第四层各有1个主枝，每一个主枝留1~3个侧枝。第一、第二层层间距为60cm，第二、第三层层间距为40~50cm，第三、第四层层间距为30~40cm。

整形过程　第一年在60~80cm处定干，第二、第三年选出第一层3~4个主枝及中心干，第三、第四年选第二层2个主枝及第一层侧枝。每年在各主、侧枝饱满芽处短截，促使延长生长，同时多留辅养枝，扩大树冠。

(4) 细纺锤形

适用于甜樱桃的矮化密植栽培，主要丰产树形之一。

树体结构　干高60cm，中心领导干保持优势生长，其上配备10~15个单轴延伸形主枝；主枝角度近水平，树高不超过3m，超过时落头开心；下部主枝略长，长度1m左右，上部主枝略短；全树细长，整个树冠呈细长纺锤形（图12-5）。

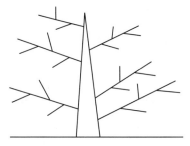
图12-4　主干疏层形示意

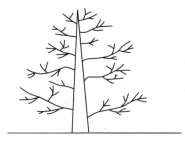
图12-5　细纺锤形示意

整形过程　第一年修剪，对整形带内的1年生枝选作主枝，一般可不短截，主要将每个主枝均匀拉向四方，拉枝角度90°。可采用生长中庸的竞争枝换头，使中心干略呈弯曲延伸。第二年重点在夏剪，对主枝上各类枝进行摘心，使其极早形成结果枝或枝组。3~4年后，树形基本形成。

(5) 矮干扁平形

树体结构　树冠骨干枝在幼枝时通过牵引、固定引导其水平生长，骨干枝上着生若干枝组。树形低矮扁平，结构稳定，不易封行。矮干扁平形有利于防风害，光照好，通透性良好，结果早，产量高，适合于密植栽培（图12-6）。

整形过程　定干60cm，栽植后当年发4~5个主枝，8月即可对主枝进行拉枝，冬剪时中心干延长枝留60cm。中心干可萌发出3~5个主枝，对主枝不进行短截。第二年修剪，对发出的主枝进行摘心，在大连地区摘心时间一般在6月20日前，烟台地区可晚些，甚至一年可进行2次摘心，增加分枝量。第三年中心干延长枝留50cm，中心干可萌发3~5个主枝，仍然进行拉枝和摘心。第四年进行落头，整个树形全部完成，树高不超过2m，冠幅不超过树高。

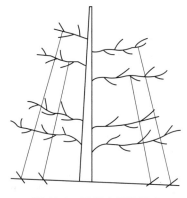
图12-6　矮干扁平形示意

2. 修剪

（1）乔化稀植树修剪

①幼树修剪　甜樱桃幼树时期，主要是建立强壮、牢固的骨架。在整形的基础上，对各类枝条的修剪要轻，除适当疏除一些过密枝、交叉枝外，要尽量多保留一些中等枝和小枝。对1年生枝适度短截，使其上部芽萌发为生长枝，中下部抽生中、短枝。延长枝一般宜剪留40～50cm，侧生枝宜短些，以利于枝条均衡生长。延长枝一般留外芽，或采取里芽外蹬和撑、拉枝的方法，以开张角度。树冠内的各级枝上的小枝基本不动，使其尽早形成果枝，以利于提早结果和早期丰产。在幼树修剪时，还要注意平衡树势，使各级骨干枝从属关系分明。当出现主、侧枝不均衡时，要压强扶弱，对过强的主、侧枝进行回缩，利用下部的背后枝作主枝头，延长枝适当重剪，这样树势可逐步达到平衡。

②盛果期树修剪　主要是保持强壮的树势，延长结果年限，获得连年丰产。通过修剪调节生长和结果的关系，疏弱枝，留强枝，保持较大的新梢生长量和形成一定数量的结果枝。同时更新复壮衰老的结果枝组，保证有效结果部位。对生长中庸健壮的1年生枝可以不短截，但对生长旺盛的1年生枝可以适当短截，以利于形成结果枝。对混合枝应视花芽着生部位进行修剪，一般可在花芽前3～4个叶芽处短截，以利于上部抽枝、下部结果。甜樱桃进入盛果期以后，树冠内的花束状、花簇状短果枝较多，还有多年生的下垂枝、细弱的冗长枝等，生长较弱，要经常进行更新复壮，回缩到良好分枝处，抬高枝头，以刺激营养枝与新果枝的不断形成，增强其长势。同时还应注意不断提高枝组中叶芽与花芽的比例。另外，应尽力控制树冠高度，并防止结果部位外移和树冠内部光秃。

③衰老树修剪　主要是及时更新复壮，重新恢复树冠。因樱桃的潜伏芽寿命长，大、中枝经回缩后容易发生徒长枝，对这些徒长枝择优培养，2～3年内便可重新恢复树冠。在截除大枝时，若在适当部位有生长正常的分枝，最好在此分枝的上端回缩更新。这种方法对树体损伤小，效果好，不致过多地影响产量。利用徒长枝培养新主枝时，应选择方向、位置、长势适当，并向外开展伸张的枝条，过多的应去除，余者短截，促发分枝，可形成大中型枝组。需要注意的是，去除大枝时，伤口往往不易愈合并常引起流胶病。根据大连地区群众经验，甜樱桃应在采果后去除大枝，则伤口愈合快且不流胶；或早春更新大枝时留短桩，等芽萌动后，再锯去树桩。衰老树的更新复壮除注意大枝的更新外，还应加强土肥水管理，才有利于树势恢复。

（2）矮化密植树修剪

①幼树修剪　主要是增加枝量，扩大树冠，尽快成形。要注意对每个抽生枝的合理培养，同时形成优势结果枝或结果枝组，为丰产稳产打下基础。修剪主要在夏季进行，重点是摘心、拉枝、环剥、刻伤、扭枝、拿枝和施用多效唑。

②盛果期树修剪　主要是保持树势中庸健壮，保证丰产稳产。控制外围新梢的生长量不超过30cm，枝条保持粗壮，但要防止竞争枝以强欺弱，出现多头延伸、内膛空虚现象。若出现这种局面，则应采取回缩的方法，抑强扶弱，防止结果部位外移或只长树不结果。对于各类结果枝组的修剪，要根据其长势强弱采取缩放结合的方法。对于发育良好，生长正常的短果枝、花束状果枝和花簇状果枝，放时以中庸枝带头，不短截；缩时轻截到2年

生枝段上,以保持足够的花芽量。此期修剪要冬、夏结合进行,且注意加强土肥水管理。

③衰老树修剪 利用潜伏芽寿命长的特点,在冬剪时,分批回缩结果枝组,使内膛或骨干枝下部萌发新枝,培养新的结果枝组,同时疏除病虫枝、枯死枝。此时,老枝组应为新枝组预留生长空间。对骨干枝尽量不疏除,多回缩。另外,可利用内膛徒长枝来培养大型结果枝组。当树势过弱,无恢复价值时,应考虑重新建园。

六、设施栽培

设施栽培就是通过人工设施,对甜樱桃进行保护地栽培的一种技术,其具有防止裂果、调节鲜果市场供应期等优点,可以获得更大经济效益。据不完全统计,截至2020年,我国甜樱桃产区设施栽培的面积已超过3300hm^2。

(一)适宜栽培品种

樱桃的设施栽培,在选择品种上要注意以下几个问题:一是选择树体相对矮小、树冠紧凑适于密植,且开始结果比较早、丰产性好的品种。二是樱桃设施栽培多为促成栽培,因此要选择果实发育期短的品种,一般以30~50d为好。所以应以早熟品种为主,适当搭配中早熟、中熟品种。三是设施栽培樱桃供应的是鲜食用果,要选择果个大、果肉硬、品质好、色泽艳丽的品种,市场销售好,价格高,效益好。四是要尽可能选择休眠期短的品种,以便能更早地催芽升温,提早开花结果,且同一个保护地内的栽培品种的休眠期要尽可能一致。

适宜于设施栽培的樱桃品种中,中国樱桃有'莱阳矮樱桃''大窝楼叶''短柄樱桃'等,甜樱桃品种较多。简单介绍如下:

1.'意大利早红'

平均单果重7~9g,果皮鲜红色,风味口感好。开花至成熟38d。

2.'莫利'

平均单果重10~12g,果皮红色,风味口感俱佳。开花至成熟34d。

3.'红灯'

平均单果重12~14g,果皮深红色,风味好。开花至成熟45d。

以上3个品种可作设施栽培主栽品种,都具有很高的丰产性,裂果轻,经济价值高。

4.'巨红'(代号13-38)

平均单果重13~14g,果皮底色为黄色,上有红晕,风味口感特佳。开花至成熟65d,虽然成熟晚,但与主栽品种花期相遇,是很好的授粉树。

5.'拉宾斯'

平均单果重7~9g,果皮鲜红色,风味口感较好。开花至成熟53d,花粉量大,丰产性特好,自花结实力强,是最好的授粉树。

6.'斯坦勒'

平均单果重8~9g,果皮深红色,风味口感较好。开花至成熟55d,花期一致,自花结实,是良好的授粉树。

7. '红蜜'

平均单果重 7~8g，果皮黄红色，风味口感好。开花至成熟 48d，花期一致，花粉量特大，是很好的授粉树。

8. '萨米脱'（Summit）

又名'皇帝'，加拿大夏地农业研究所育成的中晚熟品种。1988 年烟台果树研究所引进。果实特大，平均单果重达 10g 左右。果形长心脏形，稍长，果皮紫红色。在日本青森县栽培，含糖量 17.9%，含酸 0.78%，风味浓厚，品质佳。雨后裂果较多，成熟期比'那翁'晚 2~3d。树势强健，丰产性能极好，亩产可达 2500kg。初果期多以中、长果枝结果，盛果期以花束状果枝结果为主。

9. '早大果'

甜樱桃品种，1997 年从乌克兰引进。树势中庸，树姿开张，枝条不太密集，中心干上的侧生分枝基角角度较大；1 年生枝条黄绿色，较细软；结果枝以花束状果枝和长果枝为主。果实个大，近圆形，平均单果重 7~9g，略高于'红灯'，最大果重 13~15g；果皮深红色，充分成熟时紫黑色，鲜亮有光泽；果肉较硬，可溶性固形物含量 16.1%~17.6%，略高于'红灯'。成熟期比'红灯'早 3~5d，在泰安甜樱桃产区 5 月 10~17 日成熟，在烟台甜樱桃产区 5 月 27 日至 6 月 4 日成熟，果实发育期 35d 左右，属早熟品种。

10. '先锋'

由加拿大引入。树势强健，属于中晚熟品种。果面为紫红色，有光泽，艳丽美观。果梗短粗，属于大果型。形状和人的心（肾）脏有几分相像。平均单果重 8.5g，最大可达 10.5g。肉质丰满肥厚，汁多，甜酸可口，可溶性固形物含量达到 17%。果皮厚且有韧性，贮运方便，市场价值较高。果实生育期 50~55d，一般在 6 月中、下旬成熟，年年结果。不仅早果性好，丰产性也极强，并且很少裂果，可作为主栽品种发展。由于它的花粉量多，因此是一个极好的授粉品种。另外，因为是异花授粉，所以它也需要配置授粉树，'斯坦拉''那翁''滨库'都是它的良好授粉品种。

11. '雷尼'

美国华盛顿州 1954 年以'滨库'בPhn锋'杂交育成的黄色中熟品种，以华盛顿州雷尼山（Rainier）的名称命名。1983 年中国农业科学院郑州果树研究所引入我国，在山东地区已在烟台及鲁中南推广。

果实大型，平均单果重 8g，最大果重 12g。果形心脏形。果皮底色黄色，富鲜红色晕，光照良好时可全面红色，鲜艳美观。果肉无色，质地较硬，可溶性固形物含量高，可达 15%~17%，风味好，品质佳。离核，核小，可食部分 93%。抗裂果，耐贮运。成熟期比'那翁''滨库'早 3~7d，在山东半岛 6 月中旬成熟，在鲁中南山区 6 月初成熟。是一个丰产、质优的优良鲜食和加工兼用品种。

目前，烟台甜樱桃产区的设施栽培多在已结果的甜樱桃园中进行，品种主要有'大紫''那翁'和'芝罘红'等，也有少量'红灯''拉宾斯''雷尼''佐藤锦'等。

（二）栽植密度

樱桃设施栽培无论是用塑料大棚，还是日光温室，均宜采用南北行向及行距宽、株距小的长方形栽植方式。

株行距的确定要考虑种类。中国樱桃株行距可以小些，如以'莱阳'矮樱桃为主栽品种，株行距以(1～1.5)m×(2～2.5)m 为宜；甜樱桃的株行距则要适当大些，以(2～3)m×(3～4)m 为宜。若采用矮化砧，株行距还可以适当缩小。

确定适宜株行距，还要考虑品种的特性和土壤肥力条件。在土壤肥沃地段或长势较强的品种如'红灯''大紫'等，株行距宜大些；而在土壤肥力较低地段或长势较中庸的品种如'佐藤锦''芝罘红'等，则株行距可小些。

确定株行距还必须根据温室的跨度。如 8m 跨度的温室可栽 2 行，行距 4m，株距 2m，即 4m×2m；也可栽 3 行，即 3m×2m 或 2m×2m，甚至高密(1m×1m)也可以。

(三)整形修剪

设施栽培中，无论何种树形，只要能达到内膛充实、外围不偏重、通透性好、结果部位多的效果，就能丰产。下面仅简单介绍圆筒形整枝方法。即"见头就掐，见枝就拉"，使轮生在中心干的长枝紧紧围绕中心干，形成结果枝组，无大的主枝和侧枝。栽培中还应根据温室的形状，确定树形、树高，形成前低后高的斜面，有利于受光。在修剪上，前、中、后 3 行，定干高度应区别对待，前行定干高 20cm，中行定干高 40cm，后行定干高 60cm，既解决通透性，又利于管理。

不同的栽植密度宜采用的树形不同。高密度栽植应选圆筒形，密植的应选矮干扁平形或细纺锤形等。

(四)花果管护

1. 保花保果

设施栽培甜樱桃，虽建园时已配置好一定比例的授粉树，但室内温度、湿度高，通风条件较差，花期辅助授粉十分重要。

人工授粉　可以是点授或掸授，授粉时间一般以 9:00～10:00、15:00～16:00 为宜。

释放蜜蜂、壁蜂授粉　在升温时将蜂箱搬入室内，使蜜蜂随着室内温度的逐步升高而开始活动，至开花时，则完全适应室内温度，开始授粉。一般每公顷配 30 箱蜂，或 1500～3000 头壁蜂。

风力授粉　用小型鼓风机或手动小风箱在株与株之间吹轻微的风，也有一定的授粉作用。

花期喷硼　盛花期喷 0.3% 硼砂，可提高坐果率。盛花期前后喷布 30～50mg/L 的赤霉素，也有助于受粉和受精。

2. 疏花疏果

为保证果品质量，提高果实的整齐度，均衡树势，合理负载，应采取疏花疏果的方法。

疏花或疏花蕾　一般疏除瘦小的边花，留饱满的中间花，每个花束状果枝只留 7～8 朵花。

疏果　应在落花后 3 周(即生理落果后)进行，疏除结果过多部位的果实及小果、枝下果、双肩果、畸形果等，以减少养分消耗。

3. 果实着色期管理

为了提高果实的含糖量，促进果实着色，采前 15d 喷一次 0.5% 的磷酸二氢钾。另外，在果实开始着色时进行摘叶，以改善光照。注意摘叶不能过多，只把靠在果实上的叶片摘除即可。生产上还应在果实着色期，在树冠下铺设银色反光膜，以增强光照度，增进着色。

七、有害生物防治

(一)樱桃主要病害

1. 褐腐病

(1) 危害症状

主要危害果实，也可危害花、叶、枝。叶片展开前就开始发病，幼叶出现褐色病斑，然后沿叶主脉发生一些灰色粉块，使叶呈畸形，渐侵入叶柄，再侵入花丝的基部、花梗或柱头，使花枯死。幼果患病时，初期果面上出现褐色圆斑，以后病斑逐渐扩大，果肉变成褐色，果面上长出灰白色霉层，放出臭味。病菌在病枝、叶、芽或病果上越冬。

(2) 发生规律

病菌主要以菌核在病果中、以菌丝在僵果及枝梢溃疡斑中越冬，翌年产生大量的分生孢子，由分生孢子侵染花、果、叶，再蔓延到枝上。落花后遇雨或湿度大易发病。

(3) 防治方法

a. 结合修剪彻底清除病叶、病枝、僵果，集中烧毁，同时深翻入地，并保持树冠内膛通风透光良好。b. 及时防治病虫害，减少虫伤口。c. 发芽前喷 5 波美度石硫合剂。落花后喷一次 50% 速灭灵 1000 倍液或 70% 甲基托布津 1000 倍液。d. 温室内，在花蕾期及花后的夜晚释放百菌清烟雾剂防治。

2. 烂皮病

(1) 危害症状

多发生在主干、主枝、侧枝及树杈处。病斑为水渍状，纵向扩展较快，病部皮层深褐色，易腐烂，易剥落。

(2) 防治方法

应以加强栽培管理，增强树势、提高抗病能力为前提，再采取以下措施，方能取得较好的效果。a. 保护树干：晚秋对树干用石灰浆涂白，或在树的主干、主枝、侧枝上绑草绳，防止冻害，可减轻该病的发生。b. 刮治病疤：发病初期症状不易察觉，早春要细心查找，发现后用刀将病疤刮除，再用 70% 甲基托布津可湿性粉剂或 40% 福美胂可湿性粉剂 50 倍液涂抹伤口。应注意樱桃树体易流胶，所以在刮除病疤涂药治疗后，还必须另涂植物或动物油脂一类的伤口保护剂。

(二)樱桃主要虫害

1. 实蝇

(1) 危害症状

成虫产卵于果实内，果面上有稍凹陷、直径约为 1mm 的黑色斑点，剖开产卵部位观察，果皮下有椭圆形的空隙，内有 1 粒卵。孵化出的幼虫直接在果实内危害果肉。

(2) 发生规律

一年发生 1 代，以蛹态越冬，幼虫孵化后蛀入果实内危害。成虫出现在 5 月至 6 月下旬。

(3) 防治方法

a. 秋季或早春进行中耕，消灭越冬虫蛹。b. 成虫发生期（5～6 月），在树下喷噻嗪酮 1500～3000 倍液防治。

2. 樱桃实蜂

(1) 危害症状

以老龄幼虫结茧于土下越冬，翌年樱桃花期羽化上树，产卵于花萼下，初孵幼虫从幼果上端果面蛀入。蛀果孔初为浅褐色，附近有少量虫粪，后变为小黑点。果内充满虫粪，受害果提前变红掉落。幼虫老熟后从果柄附近咬一个脱果孔落地，钻入土中。

(2) 发生规律

一年发生 1 代，以老熟幼虫结茧在土中，12 月中旬化蛹越冬。翌年 3 月至 4 月中旬花期羽化，羽化盛期在樱桃始花期。初孵幼虫从果顶蛀入，4 月中旬老熟幼虫从果顶脱落，入土深处结茧。

(3) 防治方法

a. 及时摘除虫果，消灭幼虫。b. 翻耕树盘：绝大部分樱桃实蜂老龄幼虫入土较浅，一般在地表 1～8cm 处，所以翻耕树盘可以明显减轻虫果率。c. 消灭成虫：于樱桃初花期，喷施菊酯类杀虫剂，可杀死羽化盛期的成虫。d. 防治初孵幼虫：当田间调查卵孵化率达 5% 时，可喷施 45% 杀螟硫磷乳油 1000～2000 倍液。

栽培管理月历

2 月下旬至 3 月上旬

◆ 物候期

萌芽前。

◆ 农事要点

① 整形修剪：幼树以整形为主；盛果期树以维持中庸健壮的树势，更新结果枝组为主。修剪以抑上扶下、抑外围促内部为主，实现树冠的通风透光，平衡树体生长与结果的矛盾。采用短截与疏枝相结合，针对不同品种结果特性分别采用长、中、短枝结合修剪。对于弱树、弱枝、衰老树，则多采用回缩更新等。

② 清园：刮除老翘皮，集中收集并烧毁、深埋。

③ 追肥：年前未追肥的补追肥。

3 月中旬至 4 月上旬

◆ 物候期

萌芽、开花。

◆ 农事要点

① 病虫防治：全园喷 3～5 波美度石硫合剂，介壳虫发生严重的果园喷布杀螟硫磷乳油 1000～2000 倍液等。发芽后至 6 月

防治金龟子，喷三氟氯氰菊酯1500倍液，早期也可人工捕捉。

②拉枝开角：对树体拉枝开角，各个骨干枝加以固定。

③防冻：可采用灌水、熏烟等预防霜冻。

④授粉：放蜂，或人工辅助授粉，以增强授粉效果，提高坐果率。

4月中旬至5月上旬

◆物候期

果实膨大期。

◆农事要点

①防落果：施磷酸二氢钾等，加强树体营养。

②灌水：适度灌水。

5月上中旬至6月初

◆物候期

成熟期。

◆农事要点

①防裂果：小水勤灌。

②叶面喷钙：谢花至采收喷布氨基酸钙600倍液3～4次。

③防冻：设避雨棚防冻。

④摘心。

6月上、中旬

◆物候期

花芽形成期。

◆农事要点

①施肥：采果后施肥，以硫酸钾复合肥、磷酸二氢钾等为主。

②控制旺长：喷布100～300mg/L多效唑。

③防病虫：主要防治介壳虫、叶蝉、褐斑病等。

④排涝：雨季注意排涝。

6月下旬至8月

◆物候期

采后生长期。

◆农事要点

①防病虫：防治各类病害（见本章有害生物防治，主要注意流胶病）和虫害。

②夏季修剪：拉枝开角，疏除过多密集枝、强旺枝，改善通风透光条件。

③施肥：采果后追施复合肥一次。

④雨季排涝：地势低注、容易积水的园地，注意及时排涝。

9～10月

◆物候期

新梢缓慢生长期。

◆农事要点

①拉枝。

②防病虫：以防治早期落叶病、大青叶蝉为主。

③施肥：秋季施肥以农家肥为主，结合生物菌肥，每株3～4kg。

11月上旬至中旬

◆物候期

营养回流期。

◆农事要点

①施肥：补施基肥。

②灌水：根据土壤墒情进行灌水。

11月下旬至翌年2月中旬

◆物候期

休眠期。

◆农事要点

①清园：收集枯枝落叶，集中烧毁、深埋，以减少病虫害的越冬基数。

②树干涂白，减轻越冬冻害的发生。

③病虫防治：介壳虫发生严重的果园重点预防，用铁刷子刷破介壳虫的介壳，减少发生的概率。

> 实践技能

实训 12-1　樱桃生长结果习性观察

一、实训目的

认识樱桃各器官的外部形态和生长特性。

二、场所、材料与用具

(1)场所：学校经济林实训基地的樱桃园或当地樱桃园或设施樱桃园。

(2)材料及用具：结果樱桃树 2~3 株，人字梯、卡尺、钢卷尺、扩大镜、塑料牌、挂绳、记号笔、记录本等。

三、方法及步骤

1. 植株选取

每组选定 2~3 株结果樱桃树，用记号笔在标牌上按顺序写上编号，用挂绳挂在待观测的枝梢上。

2. 生长结果习性观测

(1)枝：主枝、侧枝、生长枝(长枝、中枝或短枝)、结果枝(长果枝、中果枝、短果枝或花束状短果枝)；新梢始长、停长时间。

(2)叶：叶形、叶色、叶长、叶宽，各类枝上叶片平均数量；叶芽膨大、开绽、展叶时间。

(3)花：雌花、雄花组成；花形、花色、各类结果枝上花平均数量；花芽萌动、膨大至落花时间。

(4)果：各类结果枝平均坐果数；落花后坐果时间；生理落果、果实着色期时间等。

四、要求

(1)本实训内容由于时间跨度大，在生长期内最好在课堂实训 1~2 次，班级可以分小组进行，之后主要以小组在课下不同物候期进行观测及记录。

(2)根据观察结果归纳所观察品种的生长结果习性并形成实训报告。

实训 12-2　樱桃整形修剪技术

一、实训目的

掌握樱桃树整形和修剪的基本方法，掌握桃树整形修剪技术。

二、场所、材料与用具

(1)场所:学校经济林实训基地的樱桃园或当地露地樱桃园或设施樱桃园。

(2)材料及工具:樱桃幼树和结果树各2~3株,修枝剪、高枝剪、手锯、人字梯、麻绳、伤口保护剂(接蜡、铅油、松油合剂)等。

三、方法及步骤

1. 幼树整形

(1)自然丛状形:中国樱桃和酸樱桃树势较弱,一般采用自然丛状形,主枝5~6个,结果枝着生于各主枝上,经常利用潜伏芽进行主枝的更新。

(2)自然开心形:甜樱桃第一年在45~60cm处定干,第二年对发出的枝留60cm左右短剪,不足60cm的可以不剪,中心干延长枝留70~80cm短剪,第三年采用同法短剪,第四年以后对过密及直立的枝可以适当疏去一部分。

(3)细纺锤形:第一年对整形带内的强壮枝留作主枝,一般可不短剪,主要将每个主枝均匀拉向四方,拉枝角度90°。可采用生长中庸的竞争枝换头,使中心干略呈弯曲延伸。第二年重点在夏剪,对主枝上各类枝进行摘心,使之及早形成结果枝或枝组,3~4年后,基本树形形成。

(4)矮干扁平形:栽植后定干60cm,当年发4~5个主枝,8月对主枝进行拉枝,人工拉平后,冬剪时中心干延长枝留60cm,对主枝不进行短剪。第二年对主枝发出的枝条进行摘心,一年可进行2次。第三年中心干延长枝留50cm,中心干可萌发3~5个主枝,仍然进行拉枝和摘心。第四年进行落头,整个树形全部完成树高不超过2m。

2. 结果树修剪

(1)疏枝:疏除细弱枝、病虫枝、徒长枝、重叠枝和过密枝。

(2)短剪:强壮结果枝剪去1年生枝全长的1/5以下,培养中果枝、短果枝、花束状果枝用。侧枝延长枝剪去1年生枝条全长的1/2,剪口下均为饱满芽。强壮营养枝剪去1年生枝全长的2/3~3/4,剪口下芽的饱满程度较差。发育枝、徒长性结果枝剪去1年生枝全长的5/6以上,促发弱枝。

(3)回缩:对多年生的下垂枝、细弱的冗长枝等回缩到良好分枝处进行更新复壮。

(4)长放:对生长势过强的徒长性结果枝或长果枝进行长放,可以削弱顶端优势,促进中短果枝的形成。

(5)除萌抹芽:对主枝、侧枝、主干上及大剪口附近发出的强旺枝、延长枝,剪口芽的竞争芽全部抹除。对砧木发出的萌蘖应尽早剪除。

(6)扭枝:主要是对枝少或主、侧枝易发生日灼部位的徒长枝等进行扭枝。

(7)拿枝:对侧生有徒长特性的新梢,60cm时进行拿枝改变生长方位。

(8)摘心:对主、侧枝延长枝进行摘心。

四、要求

(1)本实训内容最好放在教学实训完成,班级可以分小组进行,在之前的课堂实训可以穿插1~2次。

(2)修剪过程中注意安全操作,各小组成员团结协作。

(3)工完场清,每次修剪结束须及时清理修剪下来的枝叶。

思考题

1. 简述樱桃矮化密植管理注意事项。
2. 简述提高甜樱桃坐果率的措施。
3. 如何预防樱桃抽条?

参 考 文 献

蔡冬元, 2001. 果树栽培(南方本)[M]. 北京: 中国农业出版社.
陈哲, 张杰, 2014. 棚室大樱桃高校栽培[M]. 北京: 机械工业出版社.
傅秀红, 2007. 果树生产技术(南方本)[M]. 北京: 中国农业出版社.
韩凤珠, 赵岩, 2019. 甜樱桃优质高效生产技术[M]. 北京: 化学工业出版社.
河北农业大学, 1993. 果树栽培学各论(北方本)[M]. 北京: 农业出版社.
贺军虎, 2014. 菠萝新品种及优质高产栽培技术[M]. 北京: 中国农业科学技术出版社.
华敏, 苗平生, 2011. 龙眼产期调节栽培新技术[M]. 北京: 金盾出版社.
赖钟雄, 宫春云, 2007. 橄榄优质栽培与综合利用[M]. 北京: 中国三峡出版社.
李莉, 2003. 无公害果品生产技术手册[M]. 北京: 中国农业出版社.
李知行, 郑世锴, 杨有乾, 2004. 桃树病虫害防治[M]. 北京: 金盾出版社.
林碧英, 2007. 番木瓜大棚栽培技术[M]. 北京: 中国三峡出版社.
刘捍中, 2008. 葡萄栽培技术[M]. 北京: 金盾出版社.
刘荣光, 2001. 香蕉高产栽培技术[M]. 南宁: 广西科学技术出版社.
刘旭峰, 2005. 猕猴桃栽培新技术[M]. 杨凌: 西北农林科技大学出版社.
马宝焜, 徐继忠, 孙建设, 1995. 果树嫁接16法[M]. 北京: 中国农业出版社.
莫炳泉, 2000. 荔枝高产栽培技术[M]. 南宁: 广西科学技术出版社.
农业部种植业管理司, 全国农业技术推广服务中心, 国家荔枝产业技术体系组, 2011. 荔枝标准园生产技术[M]. 北京: 中国农业出版社.
钱光桢, 1999. 龙眼高产栽培技术[M]. 南宁: 广西科学技术出版社.
吴少华, 刘礼仕, 罗应贵, 2004. 枇杷无公害高效栽培[M]. 北京: 金盾出版社.
郗荣庭, 2009. 果树栽培总论[M]. 3版. 北京: 中国农业出版社.
谢深喜, 吴月娥, 卢晓鹏, 2014. 柑橘现代栽培技术[M]. 长沙: 湖南科学技术出版社.
许邦丽, 2011. 果树栽培技术(南方本)[M]. 北京: 中国农业大学出版社.
许长同, 余德生, 赖澄清, 1999. 橄榄栽培[M]. 北京: 中国农业出版社.
杨丕琼, 宋知春, 2011. 桃树栽培技术[M]. 昆明: 云南科学技术出版社.
余东, 刘星辉, 2009. 果树栽培农事月历[M]. 福州: 福建科学技术出版社.
张宝刚, 2003. 果树栽培[M]. 北京: 中国林业出版社.
张元二, 2009. 优质枇杷栽培技术[M]. 北京: 科学技术文献出版社.
郑诚乐, 2004. 荔枝无公害高效栽培[M]. 北京: 金盾出版社.
周鹏, 彭明, 2008. 番木瓜种植管理与开发利用[M]. 北京: 中国农业出版社.
朱鸿云, 2010. 猕猴桃高效栽培[M]. 北京: 中国林业出版社.

数字资源使用说明

PC端使用方法：

步骤一：刮开封底涂层获取数字资源授权码。

步骤二：注册/登录小途教育平台 https://edu.cfph.net。

步骤三：在"课程"中搜索教材名称，打开对应教材，点击"激活"，输入数字资源授权码即可阅读。

手机端使用方法：

步骤一：刮开封底涂层获取数字资源授权码。

步骤二：扫描下面的数字资源二维码，进入小途教育平台"注册/登录"界面。

步骤三：在"未获取授权"界面点击"获取授权"，输入授权码激活课程。

步骤四：激活成功后跳转至数字资源界面即可进行阅读。